高 等 学 校 教 材

建筑力学第一分册

理论力学 第6版

○ 湖南大学 哈尔滨工业大学 重庆大学 合编
○ 汪之松 李 鑫 邹昭文 主编
○ 汪之松 李 鑫 修订

中国教育出版传媒集团
高等教育出版社·北京

内容提要

本套建筑力学共分三册，本书为第一分册——理论力学。本书是在第5版（普通高等教育“十一五”国家级规划教材）的基础上，根据2019年教育部高等学校工科基础课程教学指导委员会编制的《高等学校工科基础课程教学基本要求》中关于“理论力学课程教学基本要求（B类）”修订而成的。

本书注意“理论联系实际”的方针和“少而精”的原则。本版仍保持前5版简明严谨、逻辑清晰、由浅入深的特点，对定理、推论等都给予简明的数学推导或相应的说明，并保留了前5版重视工程背景、突出土木工程各相关专业的特色。

全书共三篇，分别为静力学、运动学、动力学，各专业可根据教学需要选用。

本书适用于高等院校建筑学、环境工程、给排水科学与工程、建筑电气与智能化等专业，也可作为高等院校其他相关专业教材使用，还可供有关工程技术人员参考。

图书在版编目（CIP）数据

建筑力学. 第一分册，理论力学 / 湖南大学，哈尔滨工业大学，重庆大学合编；汪之松，李鑫，邹昭文主编. --6版. --北京：高等教育出版社，2023.1

ISBN 978-7-04-059377-8

Ⅰ. ①建… Ⅱ. ①湖… ②哈… ③重… ④汪… ⑤李… ⑥邹… Ⅲ. ①建筑科学-力学-高等学校-教材 Ⅳ. ①TU311

中国版本图书馆 CIP 数据核字（2022）第158872号

建筑力学第一分册 理论力学

JIANZHU LIXUE DI-YI FENCE LILUN LIXUE

策划编辑 赵向东　责任编辑 赵向东　封面设计 张申申　版式设计 徐艳妮
责任绘图 杨伟露　责任校对 胡美萍　责任印制 存 怡

出版发行	高等教育出版社	网　址	http://www.hep.edu.cn
社　址	北京市西城区德外大街4号		http://www.hep.com.cn
邮政编码	100120	网上订购	http://www.hepmall.com.cn
印　刷	大厂益利印刷有限公司		http://www.hepmall.com
开　本	787mm×1092mm 1/16		http://www.hepmall.cn
印　张	14.75	版　次	1978年12月第1版
字　数	310千字		2023年1月第6版
购书热线	010-58581118	印　次	2023年1月第1次印刷
咨询电话	400-810-0598	定　价	31.20元

物 料 号 59377-00

建筑力学第一分册

理论力学

第6版

1 计算机访问https://abook.hep.com.cn/12200111，或手机扫描二维码、下载并安装Abook应用。

2 注册并登录，进入“我的课程”。

3 输入封底数字课程账号（20位密码，刮开涂层可见），或通过Abook应用扫描封底数字课程账号二维码，完成课程绑定。

4 单击“进入课程”按钮，开始本数字课程的学习。

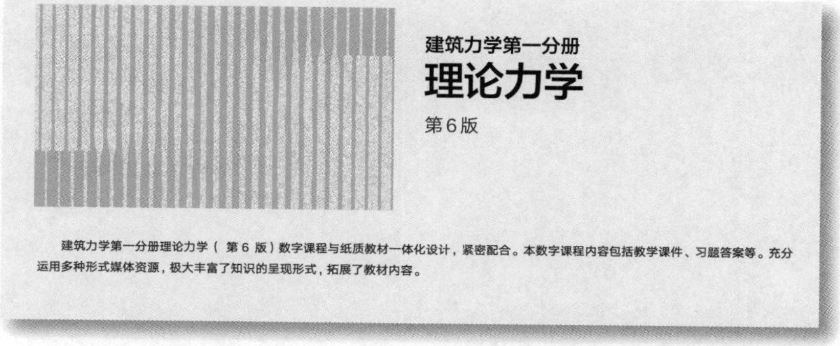
建筑力学第一分册
理论力学
第6版
建筑力学第一分册理论力学（第6版）数字课程与纸质教材一体化设计，紧密配合。本数字课程内容包括教学课件、习题答案等。充分运用多种形式媒体资源，极大丰富了知识的呈现形式，拓展了教材内容。

课程绑定后一年为数字课程使用有效期。受硬件限制，部分内容无法在手机端显示，请按提示通过计算机访问学习。

如有使用问题，请发邮件至abook@hep.com.cn。

扫描二维码
下载Abook应用

https://abook.hep.com.cn/12200111

第 6 版前言

本套教材是由湖南大学、哈尔滨工业大学、重庆大学合编的中少学时建筑力学教材，共分三册，本教材为第一分册——理论力学。本教材是在第 5 版（普通高等教育“十一五”国家级规划教材）的基础上，根据 2019 年教育部高等学校工科基础课程教学指导委员会编制的《高等学校工科基础课程教学基本要求》中关于“理论力学课程教学基本要求（B 类）”修订而成的。

为更好地适应中少学时各专业的教学要求，本次修订对教材内容做了一些调整，注重内容精选和简明阐述。

本教材与第 5 版教材相比，主要变动如下：

1. 修订了各章节的部分语言表述。
2. 删减了部分习题。
3. 删除了第 14 章虚位移原理。
4. 增加了各章内容的电子版教案。

第 6 版教材修订的指导思想和修订大纲由本套教材编委会确定，本教材的具体修订工作由汪之松、李鑫共同完成。

华南理工大学魏德敏教授审阅了本教材，并提出许多宝贵意见，编者谨此致谢！

限于编者水平，书中不妥之处在所难免，敬请广大教师和读者批评指正。

编　者

2022 年 3 月

第5版前言

本套建筑力学共分三册，本书为第一分册《理论力学》。本书是在第4版（普通高等教育“十一五”国家级规划教材）的基础上，根据2012年教育部高等学校力学教学指导委员会力学基础课程教学指导分委员会制定的《高等学校理工科非力学专业力学基础课程教学基本要求》修订而成。

本次修订保持了第4版“理论联系实际”的方针和“少而精”的原则。保留了前四版重视工程背景，突出土木工程各相关专业的特色，更换并增加了少量结合工程实际的习题。

本书适用于高等工科院校建筑学、工程管理、环境工程、给水排水工程、采暖通风、建筑材料等专业，也可供高等工科院校其他相关专业使用，或作为自学、函授教材。

本次修订工作由邹昭文、程光均、张祥东负责。第1至4章，第6、8章由邹昭文修订；第5、9、11、12章由程光均修订；第7、10、13、14章由张祥东修订；邹昭文负责全书的统稿工作。

由于修订者水平有限，书中不足之处在所难免，恳请广大教师和读者提出宝贵意见，以便不断改进和完善。

编　者

2016年8月

第4版前言

本套建筑力学为普通高等教育“十一五”国家级规划教材，共分三册，本书为第一分册《理论力学》(第4版)。为了适应当前教学改革的形势，我们对本书的第三版进行了修订。修订中，注意了贯彻“理论联系实际”的方针和“少而精”的原则。

修订时，考虑到目前本科各专业的培养计划学时在不断精简，静力学部分力系的简化与平衡改为先讲述平面力系，然后过渡到空间一般力系，由浅入深，循序渐进，以减轻学生学习的难度。在论述中，仍保留前三版的特点，对定理、推论等都给予简明的数学推导或相应的说明，力求注意力学现象的物理概念和内在联系，以及思路的严密性和逻辑性；适当精简了运动学和动力学的篇幅，更换并增加了部分习题。保留了前三版重视工程背景，突出土木工程各相关专业的特色。

本书适用于高等工科院校本科建筑学、工程管理、环境工程、给水排水工程、采暖通风、建筑材料等专业，也可供高等工科院校本科其他专业教材使用，或作为自学、函授教材。

本次修订工作由邹昭文、程光均、张祥东负责。第一、二、三、四、六、八章由邹昭文修订，第五、九、十一、十二章由程光均修订，第七、十、十三、十四章由张祥东修订。邹昭文负责全书的统稿工作。

本书由北京航空航天大学谢传锋教授审阅，提出了宝贵的意见，在此深表感谢。

本书得到重庆大学教材建设基金资助。

由于修订者水平有限，书中不足之处在所难免，恳请广大教师和读者提出宝贵意见，以便不断改进和完善。

编　者

2005年12月

第3版前言

本版是第3版。初版于1979年出版，1984年出版了第2版。本书第2版保留了第1版中的主要内容和教学体系，但基本内容的深广度有所增加，并增添了备选内容，既有利于教师的讲授，又便于学生自学，在国内得到了广泛的选用。

为了适应当前教学改革的形势和学生水平的普遍提高，现对本书第2版又作了较全面的修订。在修订中，本书仍沿用原有的公理体系，对定理、推论等都给予简明的数学推导或相应的说明。在论述中，力求注意力学现象的物理概念和内在联系，以及思路的严密性和逻辑性，以期在培养学生的正确思维方法方面能起到一定作用。

另一方面，对传统体系和内容也作了一些调整，力求提高起点，减少相关内容的重叠，精简理论篇幅，加强结合专业和工程应用的内容。例如，在静力学中，采取由基本力系到一般力系，由空间到平面的讲法；运用矢量合成法，则使力矩、力偶理论简化；动力学普遍定理直接从质点系讲起，质点情形只作为特例略加说明。本书内容覆盖了1995年修订的“理论力学课程教学基本要求（中、少学时）”的全部内容。

本版采用了国家标准GB 3100—3102—93《量和单位》中规定的有关符号。

修订工作由重庆建筑大学邹昭文负责，修订者有程光均（静力学）、邹昭文（运动学）、张祥东（动力学）等，全部插图由曾令彬重新绘制。

北京理工大学吕哲勤教授详细审阅了本稿，并提出了许多宝贵的意见和建议，在此表示衷心感谢。本书修订过程中，得到重庆建筑大学理论力学教研室全体同事的大力支持，并提出了许多中肯的意见，特此致谢。

由于修订者水平有限，书中难免有缺点，恳请广大教师和读者提出宝贵意见，以便今后改进。

编　者

1998年12月

第2版前言

本版是第2版。

由于1979年版与1980年5月在南京审订的《建筑力学教学大纲》(草案)(180学时)中的理论力学部分内容差别较大,为能更好地符合该大纲(草案)中的要求并使1979年版中所存在的其他问题得到一定程度的解决,特根据1980年大纲(草案)同时结合1982年12月工科理论力学教材编审小组扩大工作会议的精神对1979年版进行了修订。本修订版保留了原版中的主要内容和教学体系,但基本内容的深广度有所增加,并增添了备选内容。

本版主要在下列几方面作了修改:

(一)根据当前学生的入学水平、大学普通物理和高等数学的教学情况,适当地增加了理论力学教学的基本内容,并且在力求减少不必要的重复的情况下,仍注意有一定的复习和衔接。在点的运动学、刚体的平面运动和势力场与势能等处均作了较大的改动。

(二)为了加强基本内容和适应各有关专业后继课程的需要,本版删去了旧版中的一些章节,增加了新的内容。例如,删去了角速度矢量和角加速度矢量一节和单自由度体系的振动一章;加强了点的空间曲线运动和动量矩定理以及质心的概念;充实了刚体平面运动的内容并将它独立成章;增加了虚位移原理一章。同时,为能与动力学中惯性力系的简化相衔接并适当加强理论的完整性,也简略地阐述了空间一般力系的简化问题。此外,对旧版中个别比较陈旧的定义(如力场),也作了修改,以使它符合近代科学的发展。

(三)在保证基本内容学到手的前提下,为适应不同程度和不同学时学生的需要,本版按1982年工科理论力学编审小组扩大工作会议《关于解决当前工程力学和建筑力学中理论力学部分教学及教材问题的几点原则意见》增加了一部分备选内容以供教师选讲或学生自学,如用基点法研究平面运动刚体上点的加速度等。此外,也将旧版中的牵连运动为平移时的加速度合成定理与平面运动刚体惯性力系的简化划入备选内容。凡属备选内容均于标题上附加“ * ”号以表明之。

本修订稿曾由修订者在教学实践中试用过两届，并经重庆建筑工程学院理论力学教研组多数同志分别审阅和多次集体讨论。

修订工作由重庆建筑工程学院周光坝负责并执笔，李明孝协助并写出静力学部分的修改初稿，刘天予描图。此外，胡楚雄同志也曾多方给予帮助。

本版由同济大学余文铎、南京工学院胡乾善、鲍恩湛三位同志分别审稿，他们都从各方面提出了许多宝贵的意见，特此表示衷心的感谢。

本书适用于土建类建筑学、给水排水、供热和建筑材料等专业。

由于修订者的水平所限，本版中缺点和错误必仍不少，诚恳希望使用本书的同志批评指正。

编　者

1984 年 6 月

第 1 版编者的话

根据 1977 年 11 月教育部委托召开的高等学校工科基础课力学教材会议讨论的《建筑力学》编写大纲，湖南大学、哈尔滨建筑工程学院、重庆建筑工程学院三院校为土建类的建筑学、给水排水、采暖通风、建筑材料等专业编写了这套中学时的《建筑力学》教材。全书共分三个分册：第一分册为理论力学，第二分册为材料力学，第三分册为结构力学。为了便于选用，在编写时我们既注意了这三部分内容的相互联系和配合，又保持了各自相对的独立性和理论的系统性。

本书是《建筑力学》的第一分册——理论力学。我们在编写过程中注意做到：以马列主义、毛泽东思想为指导；贯彻理论联系实际的原则；并考虑有关专业的要求，使教材有一定的针对性；内容叙述由浅入深，力求精简，在加强物理概念叙述的同时，略去了某些次要的证明。

由于本书兼顾了几个专业的某些不同要求，因此，全部讲授完本书的内容需 80~90 学时。采用本教材时，可根据本专业的教学要求，对运动学和动力学两部分的内容酌情取舍。

本书由天津大学和西安冶金建筑学院主审，参加审稿会的还有北京工业大学、武汉建筑材料工业学院、南京工学院、北京建筑工程学院等院校。清华大学、同济大学等学校还对本教材提出了宝贵的书面意见。

参加本书编写工作的有：湖南大学黎邦隆（第一、二章）、彭绍佩（第三、四章），重庆建筑工程学院周光坝（第五、七章），王云祜（第六章），孟怀江（第八、十一、十二、十三章），胡楚雄（第九、十章）。由于编者水平有限，缺点和错误必定不少，希望使用本书的同志批评指正。

编　者

1978 年 12 月

目 录

第二篇　运　动　学

第三篇　动　力　学

绪论

建筑力学包括理论力学、材料力学和结构力学三门课程。理论力学研究物体机械运动的一般规律,即力学中最普遍、最基本的规律,这是学习材料力学、结构力学的重要理论基础。材料力学和结构力学分别着重研究杆状结构及杆系结构的强度、刚度及稳定性,为设计构件和结构提供理论依据和方法。这三门课程之间有着密切的内在联系并相互衔接。

物体机械运动是指物体在空间的位置随时间的变化。平衡是机械运动的特殊情况,它也包含在理论力学所研究的内容之中,而且对土木工程各专业来讲,这一部分是很重要的。

理论力学是以伽利略和牛顿所总结的基本力学规律为基础的,属于古典力学的范畴。所谓“古典”是相对于近代出现和发展起来的相对论和量子力学而言的。相对论力学研究速度可与光速(300 000 km/s)相比较的运动;量子力学研究微观粒子的运动;而古典力学则研究速度远小于光速的宏观物体的运动。因此,古典力学的研究范围有其局限性。但是,在现代科学技术中,古典力学仍有其重要的现实意义。这是因为,不仅在一般工程技术中,即使在一些尖端科学,如火箭技术、宇宙航行等方面,所研究的物体都是宏观物体,而且其运动速度也都远小于光速,所以也仍然可用古典力学的原理去解决有关的力学问题。

理论力学的内容,包括静力学、运动学和动力学三部分。静力学研究物体在力作用下平衡的一般规律;运动学研究物体机械运动的几何特征;动力学研究物体的机械运动与受力之间的关系。

机械运动现象十分普遍,在我们的周围处处可见。如车辆的行驶、机器的运转、水的流动、人造卫星和宇宙飞船的运行、建筑物的振动等都是机械运动。学习理论力学,了解机械运动规律,不仅能使人们理解机械运动的现象,而且更为重要的是为了应用这些规律去解决工程技术问题。实际工程技术涉及的力学问题是复杂的,有的可以直接应用理论力学基本理论去解决,有的则需要理论力学知识和其他专门知识共同来解决。所以,对于一个工程技术人员来说,理论力学知识是必不可少的。另一方面理论力学是研究机械运动的基本理论,是一系列后继的技术基础课和专业课的理论基础,所以学好理论力学,也是为学习一系列学科做好准备。

在形成理论力学的概念和理论系统的过程中,抽象化和数学演绎这两种方法起着重要的作用。抽象化方法,就是在一定的研究范围内,根据问题的性质,抓住主要的、起决定作用的因素,撇开次要的、偶然的因素,深入事物的本质,了解其内部联系的方法。例如,在研究地球绕太阳运行的轨道、周期等问题时,不考虑地球的大小和形状而将它抽象为一个点。又如,在研究物体的机械运动时,往往忽略物体受力时要变形的性质,而将物体简化为刚体等。数学演绎的方法,就是在经过实践证明为正确的公理和定理基础上,经过严密的数学推演,得到新的定理和公式构成系统理论的方法。理论力学中许多定理都是以牛顿定律为基础,经过严密推导得到的。但是,抽象必须是"科学的抽象",若不顾条件随意取舍,则其结果将是错误的。同时,数学推演的结果也只是在一定范围内成立,不能绝对化;此外,也不能把力学理论单纯地看成是数学演绎的结果而忽视其实践的作用。将实际工程中提出的问题,抽象化为力学问题,以已有的力学理论为依据,运用数学工具进行演绎求得解决,然后将结果运用到实践中去检验其正确性。如此循环往复使认识不断深化,这是力学理论发展的道路,也是所有科学发展的道路。

第一篇 静力学

第 1 章

静力学基本公理与物体的受力分析

§1-1 静力学基本概念

静力学主要研究力的基本性质和力系的合成规律以及力系的平衡理论。

在静力学中所提到的物体都是刚体。所谓刚体是指在运动中和受力作用后，其形状和大小都不发生改变，而且内部各点之间的距离不变的物体。实际上，任何物体在力的作用下都将发生变形，但有许多物体（例如，工程结构物的构件或机器的零件）受力时其变形很小，以致在所研究的问题中忽略此变形后对研究结果的精度并无显著影响，还可使问题大为简化，因此对这样的物体就应撇开其变形将之视为刚体。由此可见，刚体是从实际物体抽象得来的一个理想化的力学模型。

力，是物体间相互的机械作用，这种作用使物体的运动状态发生改变，同时使物体产生变形。

力使物体改变运动状态的效应称为力的运动效应（或外效应），使物体产生变形的效应称为力的变形效应（或内效应），理论力学只研究力的运动效应。

实践表明，力对物体的作用效应取决于力的大小、方向和作用点这三个要素。力的三要素中任何一个如有改变，则力对物体的作用效应也将改变。故力为矢量，本书中用黑斜体字母 $\boldsymbol{F}$ 表示力矢量，而用斜体字母 F 表示力的大小。在国际单位制中，力的单位是 N 或 kN。

平衡，是指物体相对于惯性参考系（如地面）处于静止或匀速直线平移的状态。在静力学中，平衡主要是指物体相对于地球处于静止状态。应当指出，一切平衡都是相对的、暂时的和有条件的，而运动则是绝对的、永恒的和无条件的。

1. 物体的受力分析和力系的等效简化

力系，是指作用于物体上的一组力或一群力。工程中，根据力系中各力作用线分布情况的不同可分为以下几种：若各力的作用线在同一平面内时，称为平面力系；否则称为空间力系。若各力的作用线都相互平行时，称为平行力系；若各力的作用线汇交于同一点时，称为汇交力系；若各力的作用线既不平行也不相交时，称为一般力系。若两个力系分别作用于同一物体上，其效应相同，则这两个力系互为等效力系。用一个简单力系等效地替换一个复杂力系称为力系的简化。特别地，如用一个力就可等效地代替原力系，则称此力为原力系的合力，而原力系中的各力称为此力的分力。若力系中各力对于物体作用的效应相互抵消而使物体处于平衡状态，则该力系称为平衡力系。

2. 力系的平衡条件及其应用

在工程实际中，作用于物体上的力系往往较为复杂。无论是研究物体的静力学问题或是动力学问题，都需要对力系进行简化（或合成），以便了解原来力系对物体作用的总效应。例如，在研究飞机的飞行规律等问题时必须知道飞机所受诸力的总效应，在设计水坝时也应先了解坝身所受重力和坝面所受水压力的总效应，否则便不能确定飞机飞行的规律和水坝是否安全。可见，静力学在工程技术中有着重要的地位和作用，同时它也是动力学的基础。

§1-2 静力学公理

静力学公理（原理、定理、定律、法则）是人们在生活和生产实践中长期积累的经验总结，再经过实践反复检验，被确认为符合客观实际的最普遍的规律，是人们关于力的基本性质的概括和总结，是研究静力学的基础。

一、力的平行四边形法则

作用于物体上同一点的两个力，可以合成为作用于该点的一个合力。合力的大小和方向，由这两个力为邻边构成的平行四边形的对角线确定，如图 1-1 所示。以 $\boldsymbol{F}_R$ 表示合力，以 $\boldsymbol{F}_1$ 和 $\boldsymbol{F}_2$ 分别表示原来的两力（称为分力），则有

$$\boldsymbol{F}_R=\boldsymbol{F}_1+\boldsymbol{F}_2 \tag{1-1}$$

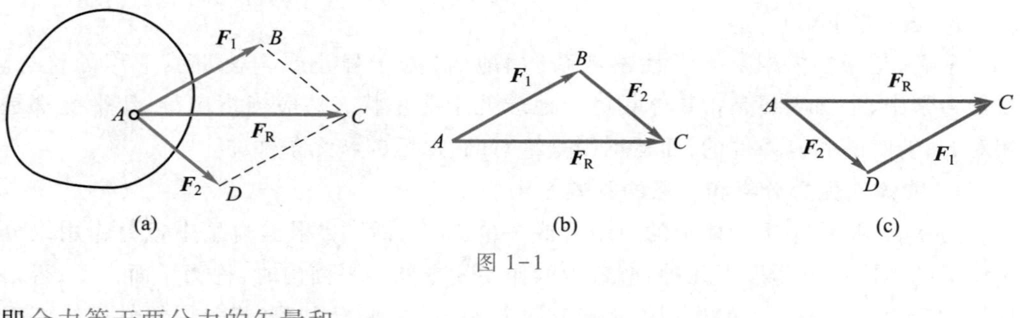

图 1-1

即合力等于两分力的矢量和。

为了简便，在利用作图法求两共点力的合力时，只需画出力平行四边形的一半即可，其方法是：先从两力的共同作用点 A 画出某一分力矢（力矢指仅代表力的大小和方向这两个要素的矢量），再自此分力矢的终点画出另一分力矢，最后由 A 点至第二

个分力矢的终点作一矢量，它就是合力 $\boldsymbol{F}_{\mathrm{R}}$，此方法也称为力的三角形法则（图 1-1b 或 c）。

这个公理总结了最简单力系的简化规律，它是复杂力系简化的基础。而且，它既是力的合成的基本法则，也是力的分解的基本法则。根据这个法则，可将一个力分解为作用于同一点的两个分力。由于用同一对角线可作出无穷多个不同的平行四边形，因此解答是不确定的。只有在另外附加条件的情况下（如还已知某分力的大小和方向，或已知两分力的方位等），才能得到确定的解答。

二、二力平衡公理

刚体在两个力作用下保持平衡的必要与充分条件是：此二力大小相等，方向相反，且作用在同一直线上（图 1-2）。

此公理表明了作用于刚体上最简单力系的平衡条件，又称为二力平衡条件。

仅在两点受力作用且处于平衡的构件，称为二力构件。二力构件所受的两力必沿此两力作用点的连线，且等值、反向，如图 1-3 所示。

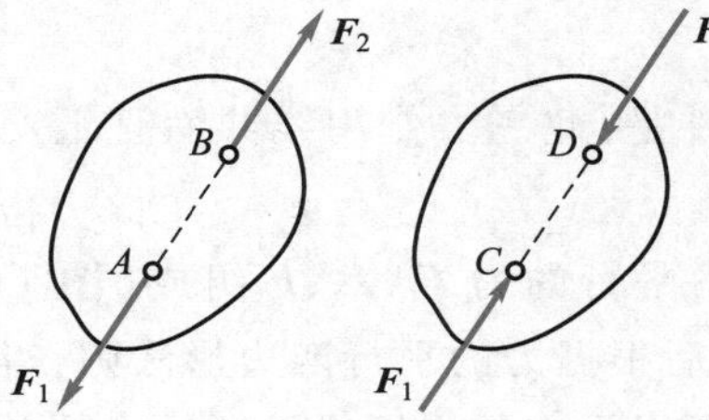

图 1-2

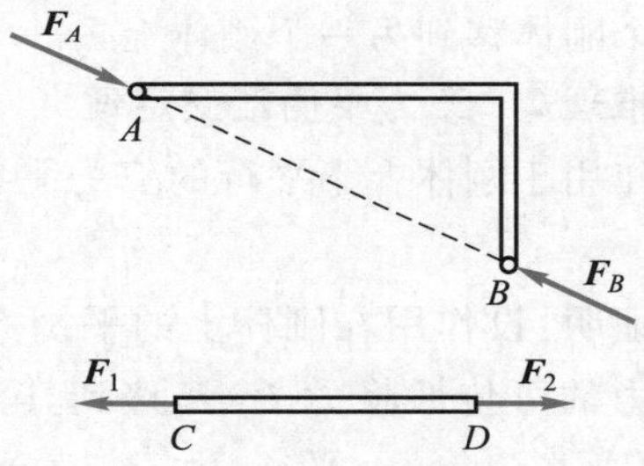

图 1-3

三、加减平衡力系原理

在作用于刚体上的任一力系中加入或减去一个平衡力系，并不改变原力系对刚体的作用。

这个公理只对刚体成立；对于变形体来说，增加或减去一个平衡力系，改变了变形体各处的受力状态，将引起其外效应和内效应的变化。

根据此公理，可在已知力系上加上或减去任一平衡力系，使此力系简化。可见，它是研究力系等效变换的重要依据。

根据上述公理可以导出下列推理：

推理 1　力的可传性

作用于刚体上某点的力，可以沿着它的作用线移到刚体内任意一点，并不改变该力对刚体的作用。

此等效的性质，称为力的可传性。

证明：设力 $\boldsymbol{F}$ 作用于刚体上的 A 点（图 1-4a）。在力 $\boldsymbol{F}$ 的作用线上任取 B 点，并

在 B 点加一对沿 AB 线的平衡力 $\boldsymbol{F}_1$ 和 $\boldsymbol{F}_2$，且使 $\boldsymbol{F}_1=-\boldsymbol{F}_2=\boldsymbol{F}$（图 1-4b）。由加减平衡力系原理可知，$\boldsymbol{F}_1$、$\boldsymbol{F}_2$、$\boldsymbol{F}$ 三个力组成的力系与原力 $\boldsymbol{F}$ 等效。再从该力系中去掉 $\boldsymbol{F}$ 与 $\boldsymbol{F}_2$ 组成的平衡力系，则剩下的力 $\boldsymbol{F}_1$（图 1-4c）与原力 $\boldsymbol{F}$ 等效。这样，就把原来作用在 A 点的力 $\boldsymbol{F}$ 沿其作用线移到了 B 点。

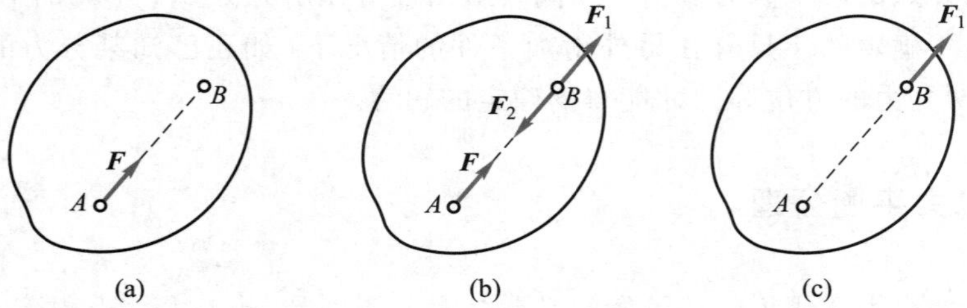

图 1-4

由力的可传性得知，在理论力学中，作用于刚体上的力的三要素的概念可扩充为：力的大小、方向和作用线。因此，作用于刚体上的力是滑动矢量。

显然，力的可传性不适用于变形体。而且只适用于同一刚体，不能将力的作用线由一个刚体移到另一个刚体上去。

推理 2　三力平衡汇交定理

作用于刚体上不平行的三力平衡的必要条件是：此三力作用线共面且汇交于同一点。

证明：设作用在刚体上的平衡力系由三个不平行的力 $\boldsymbol{F}_1$、$\boldsymbol{F}_2$、$\boldsymbol{F}_3$ 组成（图 1-5），根据力的可传性将力 $\boldsymbol{F}_1$、$\boldsymbol{F}_2$ 移到其汇交点 O，然后根据力的平行四边形法则，得合力 $\boldsymbol{F}_{R12}$。力 $\boldsymbol{F}_3$ 应与 $\boldsymbol{F}_{R12}$ 平衡，由于二力平衡必共线，所以力 $\boldsymbol{F}_3$ 的作用线必通过 O 点并与力 $\boldsymbol{F}_1$、$\boldsymbol{F}_2$ 共面，于是定理得证。

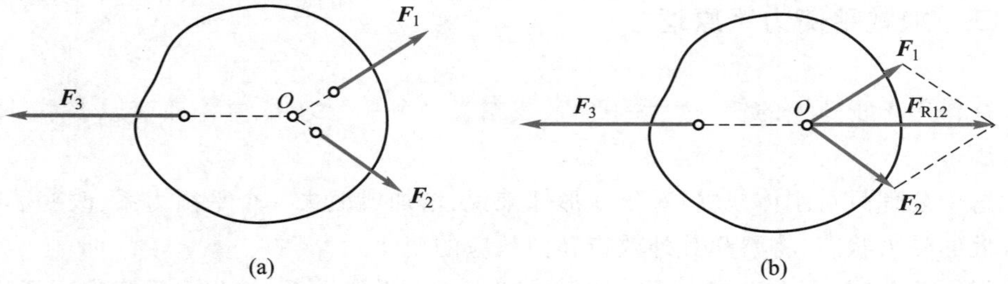

图 1-5

三力平衡汇交定理是三力平衡的必要条件，而不是充分条件。它常用来确定刚体在不平行的三力作用下平衡时，其中某一未知力的作用线位置。

四、作用与反作用定律

两物体相互作用的力（作用力和反作用力），总是大小相等、方向相反、沿同一直线，分别且同时作用在这两个物体上。

这个公理概括了物体之间相互作用力的关系，同时也表明力有成对出现的性质。由于作用力与反作用力分别作用在两个物体上，因此不能视为平衡力系。

五、刚化原理

变形体在某力系作用下处于平衡，如将此变形体刚化为刚体，则其平衡状态保持不变。

如图 1-6 所示，绳索在等值、共线、反向的两个拉力作用下处于平衡，若将绳索刚化为刚杆，其平衡状态保持不变。反之，在两个等值、共线、反向的压力作用下刚杆能保持平衡，而绳索则不能平衡，此时绳索就不能再刚化为刚体。

这说明对于变形体的平衡来说，除了满足刚体的平衡条件外，还必须满足与变形体的物理性质有关的附加条件（例如，绳索不能受压）。

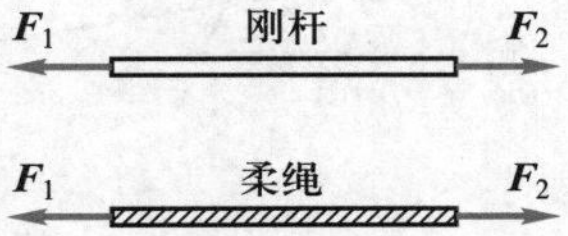

图 1-6

§1-3 约束与约束力

凡能在空间自由运动的物体称为自由体。例如，在空中飞行的炮弹、飞机或人造卫星等。如果物体的运动受到一定的限制，使其在某些方向的运动成为不可能，则这种物体称为非自由体。例如，沿轨道运行的机车，支承在柱子上的屋架，连接在人体躯干上的肢体等，都是非自由体。

对非自由体的运动所预加的限制条件称为约束。约束是通过物体间相互接触的方式形成的，例如轨道对机车、柱子对屋架、人体躯干对肢体等都是约束。它们分别限制了各相应物体在约束所限制的方向上的运动。

当物体沿着约束所能阻止的运动方向上有运动或运动趋势时，约束必有能阻止其运动或运动趋势的力作用于它，这种力称为该物体所受到的约束力，约束力的方向恒与约束所能阻止的运动方向相反。

主动使物体运动或使物体具有运动趋势的力称为主动力。例如，物体所受到的重力、风压力、水压力等都是主动力。显然，约束力由主动力所引起，并随主动力的改变而改变。在实际工程中，结构物、构件等所承受的主动力常称为荷载。

为了确定约束力的方向，必须对约束的构成方式和约束性质进行具体的分析。下面将工程中常见的约束抽象简化，归纳为几类典型约束，并根据各类约束的特性分别说明其约束力的表示方法。

一、柔索约束

由柔软而不计自重的绳索、带及链条等所构成的约束统称为柔索约束。这类约束的特点是只能阻止物体沿柔索的中心线离去的运动，故柔索对物体的约束力应沿柔索的中心线且为拉力，用 $\boldsymbol{F}_T$ 表示，如图 1-7 所示。

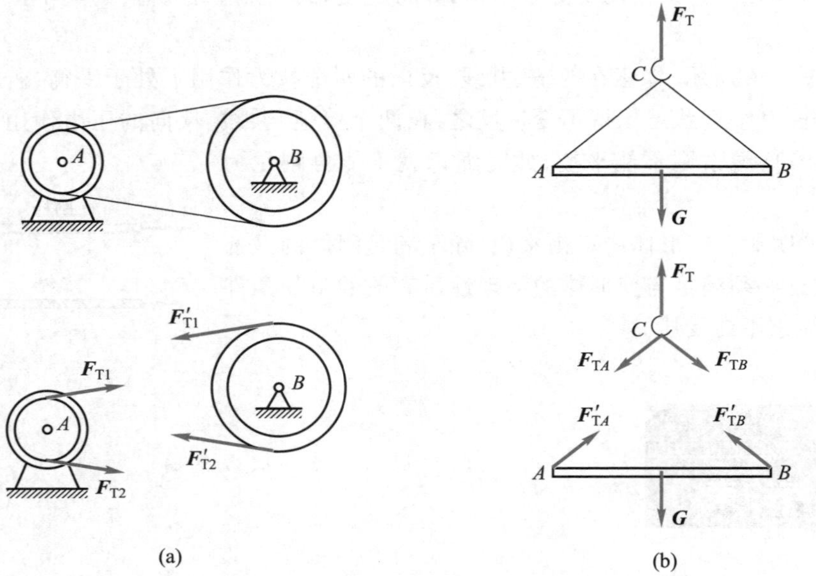

图 1-7

二、光滑接触表面约束

被约束物体与其他物体接触时，若接触表面光滑，则被约束物体可无阻碍地沿接触面的公切面运动，但却不能有沿通过接触点的公法线并朝向约束物体的运动。因此，光滑接触表面对物体的约束力作用于接触点，并沿接触面的公法线且指向被约束物体，用 $\boldsymbol{F}_N$ 表示，如图 1-8 所示。

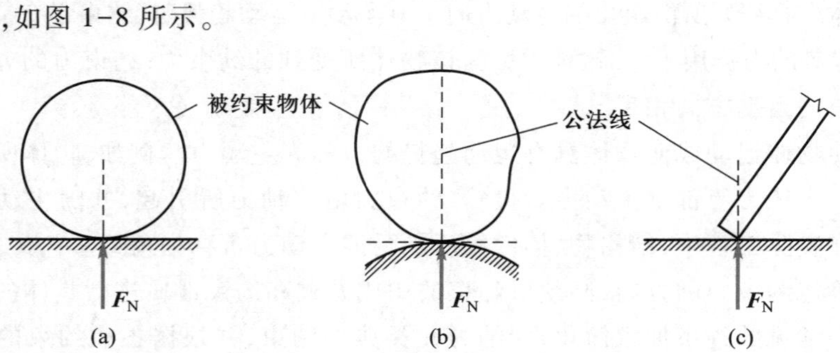

图 1-8

三、光滑圆柱铰链约束

两个物体分别被钻上直径相同的圆孔并用销钉连接起来，不计销钉与销钉孔壁之间的摩擦，这类约束称为光滑圆柱铰链约束，简称铰链约束（图 1-9a）。它可用图 1-9b 所示力学简图表示。这类约束的特点是只限制物体在垂直于销钉轴线的平面内沿任意方向的相对移动，但不能限制物体绕销钉轴线的相对转动和沿其轴线的相对滑动。因此，铰链的约束力作用在与销钉轴线垂直的平面内，并通过销钉中心，而方向待定（图 1-9c 所示 $\boldsymbol{F}_A$）。工程中常用通过铰链中心的互相垂直的两个分力 $\boldsymbol{F}_{Ax}$、$\boldsymbol{F}_{Ay}$ 表示（图 1-9d）。

光滑圆柱铰链只适用于平面机构或平面结构。

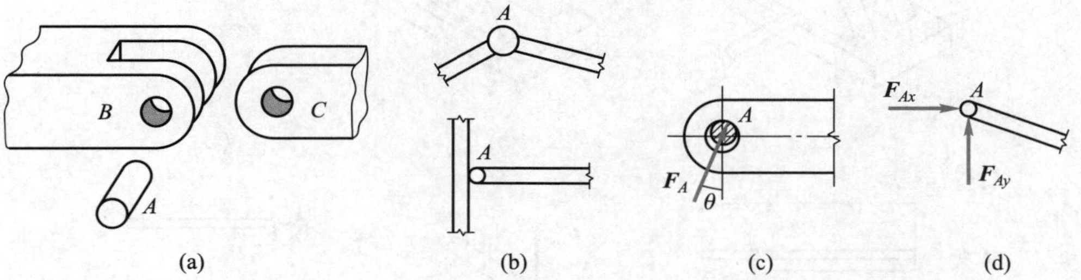

图 1-9

四、链杆约束

两端各以铰链与不同的两物体分别连接且中间不再受力（包括不计自重）的刚杆称为链杆（图 1-10a）。这种约束只能限制物体上的铰结点沿链杆轴线方向的运动，故链杆对物体的约束力沿链杆的轴线，且既可为拉力也可为压力。图 1-10b、c、d 分别为链杆的力学简图及其约束力表示法。

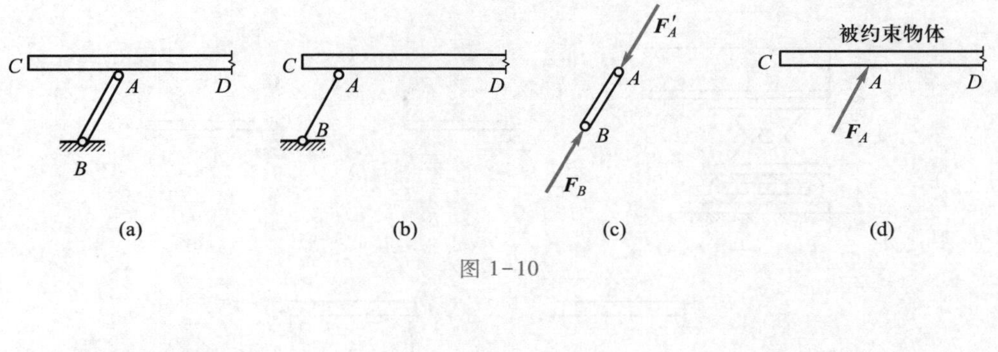

图 1-10

五、固定铰支座

将结构物或构件连接在墙、柱、机器的机身等支承物上的装置称为支座。用光滑圆柱铰链把结构或构件与支承底板连接，并将底板固定在支承物上而构成的支座，称为固定铰支座。图 1-11a、b 是其构造示意图，图 1-11c 是其力学简图。通常为避免因在构件上穿孔而削弱构件的承载能力，可在构件上固结另一用以穿孔的物体并将之称为上摇座，而将与底板固结的穿孔物体称为下摇座（图1-11d）。

与圆柱铰链相比较可知，固定铰支座作用于被约束物体上的约束力也应通过圆孔中心而方向不定，故常用通过铰心且互相垂直的两个分力 $\boldsymbol{F}_{Ax}$、$\boldsymbol{F}_{Ay}$ 表示（图 1-11e）。

固定铰支座的力学简图还可以用两根不平行的链杆来代替（图 1-11f）。

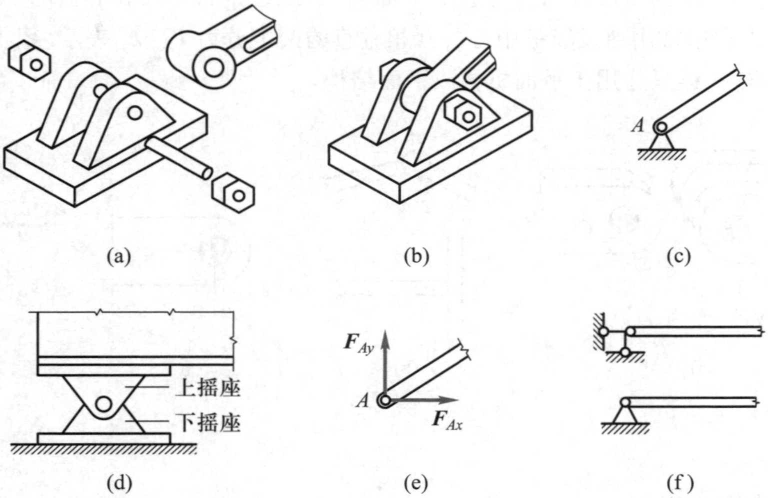

图 1-11

六、可动铰支座

若在固定铰支座的底座与支承物体之间安装几个滚轴，可构成可动铰支座，又称滚轴支座（图 1-12a）。其力学简图如图 1-12b、c、d 所示。

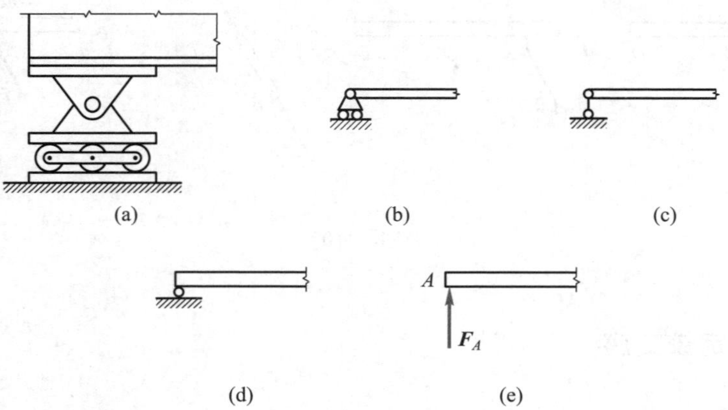

图 1-12

这种支座的约束特点是只能阻止物体沿垂直于支承面方向的(指向或背向支承面)移动,而不能阻止它绕销钉轴的转动和沿支承面的移动。故可动铰支座对物体的约束力应垂直于支承面,并通过铰链中心(图 1-12e),常用 $\boldsymbol{F}_A$ 或 $\boldsymbol{F}_{NA}$ 表示。可动铰支座也可表示为一垂直于支承面的链杆。

大型屋架、桥梁等结构在荷载、温度等影响下发生变形时,将绕其端部略有转动,且两端之间的距离也将略有改变,故通常均一端采用固定铰支座,另一端采用可动铰支座来简化替代,这种支承方式称为简支。

七、轴承

向心轴承:(图 1-13a、b、c)对轴的约束特点与固定铰支座对物体的约束特点相似。故向心轴承对轴的约束力应在与轴垂直的平面上,但方向不能确定,通常也以其互相垂直的两个分力 $\boldsymbol{F}_{Ax}$、$\boldsymbol{F}_{Ay}$ 来表示(图 1-13d、e)。

向心轴承又称为径向轴承,简称轴承。

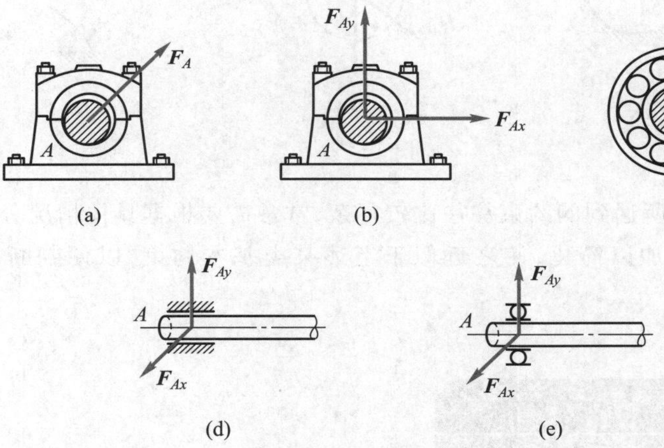

图 1-13

止推轴承可视为由一光滑面将向心轴承圆孔的一端封闭而成(图 1-14a、b)。因此,它同时具有向心轴承与光滑面接触这两类约束的作用。

故止推轴承的约束力可表示为如图 1-14c 所示的三个分力 $\boldsymbol{F}_{Ax}$、$\boldsymbol{F}_{Ay}$ 和 $\boldsymbol{F}_{Az}$。显然,$\boldsymbol{F}_{Ax}$、$\boldsymbol{F}_{Ay}$ 和 $\boldsymbol{F}_{Az}$ 两两垂直。

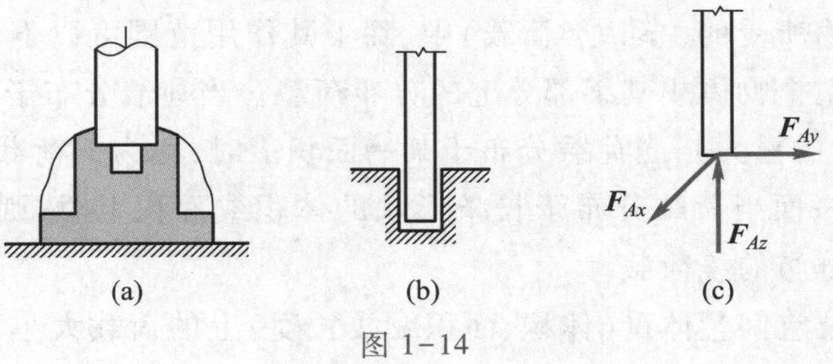

图 1-14

八、球铰链支座

将固结于物体一端的球体置于球窝形支座内，就形成了球铰链支座，简称球铰链（图 1-15a）。这种约束的特点是只能限制物体上的球体沿任意方向的移动，而不能限制物体绕球心的转动。若接触光滑，球铰链对物体的约束力必通过球心，但其方向不能确定。

将球铰链与止推轴承对物体运动方向的限制进行比较可知，球铰链对物体的约束力也同样可表示为过球心的三个互相垂直的分力 $\boldsymbol{F}_{Ax}$、$\boldsymbol{F}_{Ay}$ 和 $\boldsymbol{F}_{Az}$（图 1-15b），其简图如图 1-15c 所示。不过，图 1-14c 中所示的 $\boldsymbol{F}_{Az}$ 只能有图示的指向，而图 1-15b 中所示的 $\boldsymbol{F}_{Az}$，其指向既可与图示相同也可与图示相反。

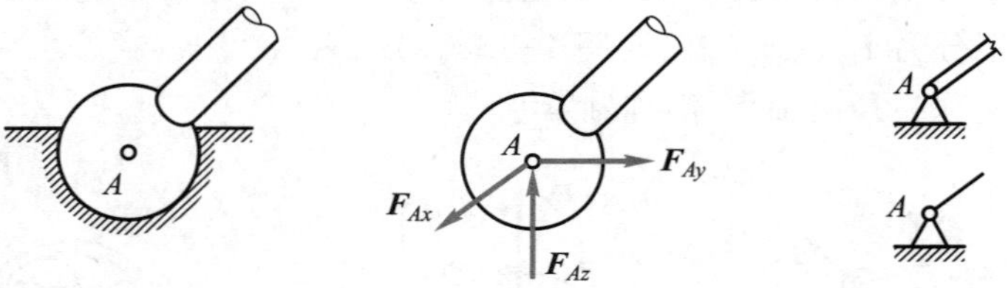

图 1-15

在工程实际中所遇到的约束往往比较复杂，常常需要根据具体情况分析它对物体运动的限制特点而加以简化，使之近似于上述某类基本约束，以便判断其约束力的方向。

§1-4 物体的受力分析和受力图

由于力有使物体运动的效应，所以无论是研究静力学问题还是动力学问题，一般均需首先分析所研究的物体究竟受到什么力的作用，其中哪些是已知的，哪些是未知的。这个过程称为对物体进行受力分析。

在工程结构物所受的主动力（荷载）中，除了其作用范围可以不计的集中荷载外，有时还有作用于整个物体或其某部分上的分布荷载。当荷载分布于某一体积上时，称为体荷载（如物体的重力）；当荷载分布于某一面积上时，称为面荷载（如风、雪、水、汽等对物体的压力）；而当荷载分布于长条形状的体积或面积上时，则可简化为沿其长度方向的中心线分布的线荷载。

某位置处单位空间量体量（体积、面积或线长度）上的荷载大小，称为该位置处的荷载集度,在荷载图中用字母 q 表示。若荷载集度为常量,荷载图为矩形或长方体时,称为均布荷载(图 1-16a),当荷载集度沿其分布的区域变化时,则称为非均布荷载(图 1-16b)。在国际单位制中,线荷载集度的单位是 N/m(或 kN/m),而面荷载集度与体荷载集度的单位则分别为 N/m^2 与 N/m^3。

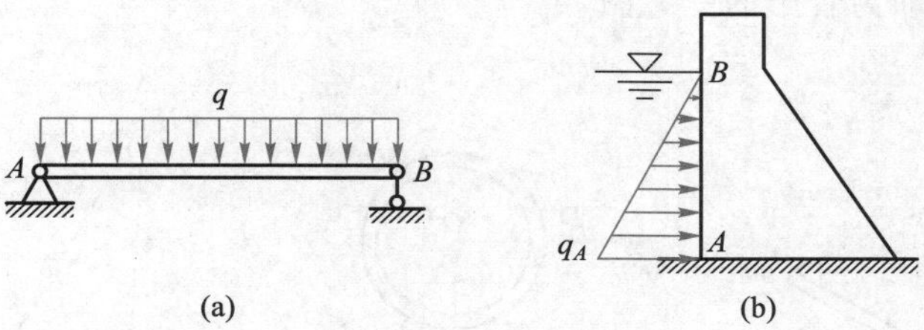

图 1-16

在工程实际中所遇到的物体一般都是非自由体,所以除主动力外,它们还受到约束力的作用。为了清楚地对所研究的物体进行受力分析,需将该物体从周围物体中分离出来,并单独画出其图形,此步骤称为取分离体,然后再画出它所受到的全部主动力与约束力,这样画成的图称为该物体的受力图。在受力图中,约束力代表了周围物体对所研究物体的限制作用,故除所研究物体外,不能有其他物体出现,此步骤称为解除约束。

受力图显示了所取研究对象及其受力情况,它是以后进行力学计算的基础和依据,因此十分重要。

[例 1-1] 画出图 1-17a 所示斜梁 AB 的受力图。

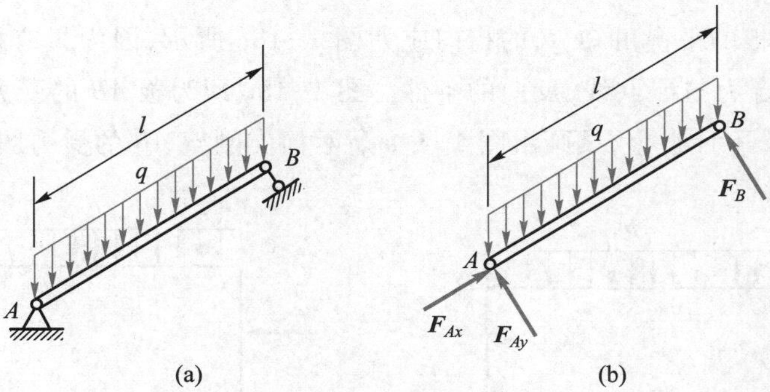

图 1-17

[解] 取斜梁 AB 为分离体。它所受的主动力为沿斜梁均匀分布的铅垂荷载,其集度为 q。梁在 A 端所受固定铰支座对它的约束力应在图平面内,且方向不能确定,今以其互相垂直的两分力 $\boldsymbol{F}_{Ax}$ 和 $\boldsymbol{F}_{Ay}$ 表示;梁在 B 端所受可动铰支座对它的约束力 $\boldsymbol{F}_B$ 也在图平面内,并垂直于支承面且应指向梁。图 1-17b 即为梁 AB 的受力图。

[例 1-2] 重为 G 的管子用不计自重的板 AB 和绳子 BC 支承于铅垂墙上(图 1-18a)。板在 A 端受到固定铰支座的约束。如所有接触面都是光滑的,试分别

画出管子 O 及板 AB 的受力图。

［解］　先取管子为分离体(图 1-18b 所示为管子的对称横截面)。它所受的主动力为重力 G。墙与板分别在 D、E 两点作用于管子的约束力为 $\boldsymbol{F}_D$和 $\boldsymbol{F}_E$。由于接触面光滑,所以 $\boldsymbol{F}_D$、$\boldsymbol{F}_E$的方向均沿各自所在的接触面的公法线,通过管子截面中心 O 并指向管子。图 1-18b 即为管子的受力图。

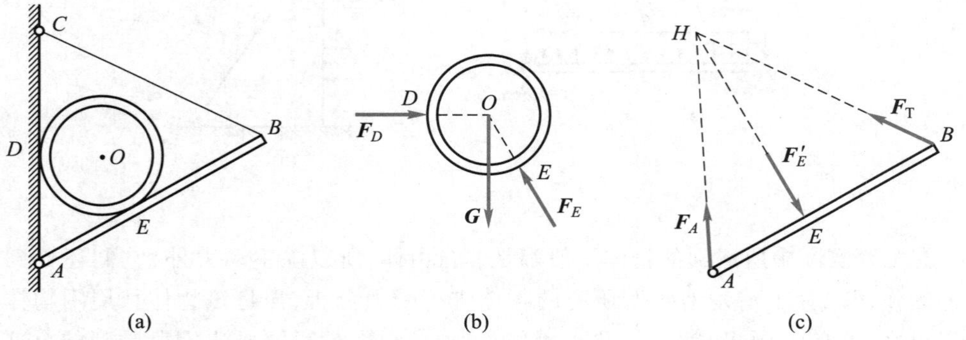

图 1-18

再取板 AB 为分离体。AB 板所受的主动力为管子在 E 点给它的压力 $\boldsymbol{F}'_E$,它与上述的 $\boldsymbol{F}_E$互为作用力与反作用力,二者应等值、共线、反向。此外,AB 板所受的约束力为 B 处绳子对它的拉力 $\boldsymbol{F}_{\mathrm{T}}$和 A 处固定铰支座给它的力 $\boldsymbol{F}_A$。由于板 AB 在 $\boldsymbol{F}'_E$、$\boldsymbol{F}_{\mathrm{T}}$和 $\boldsymbol{F}_A$三力共同作用下处于平衡,故由三力平衡汇交定理可知,此三力的作用线应汇交于一点。因此,在找到 $\boldsymbol{F}'_E$与 $\boldsymbol{F}_{\mathrm{T}}$两力作用线的交点 H 后,连接 A、H 两点的直线即为约束力 $\boldsymbol{F}_A$的作用线。

最后,根据板的平衡可知,$\boldsymbol{F}_A$的指向应如图 1-18c 所示,因为只有如此,才有可能满足 $\boldsymbol{F}_A$和 $\boldsymbol{F}_{\mathrm{T}}$的合力与$\boldsymbol{F}'_E$共线、反向的条件。图 1-18c 即为板 AB 的受力图。

［例 1-3］　不计自重,试画出图 1-19a 所示简支刚架 AB 的受力图。

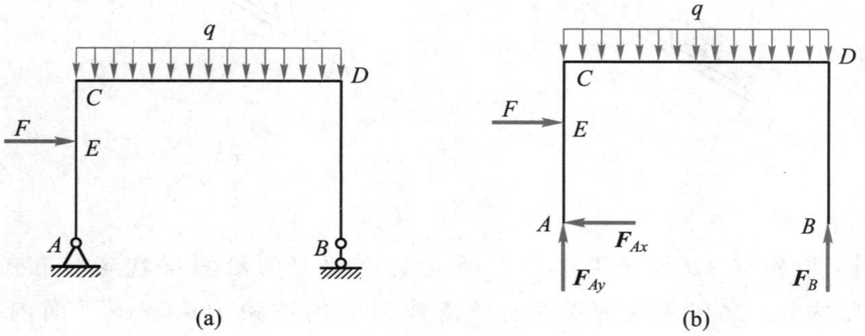

图 1-19

［解］　以 AB 刚架为研究对象,解除 A、B 处的约束,单独画出其简图。画出作用在 AB 刚架上的主动力,E 点受水平集中力 $\boldsymbol{F}$,CD 段受集度为 q 的均布荷载。B 处是可动铰支座,其约束力 $\boldsymbol{F}_B$通过铰链中心 B 并垂直于支承面,指向假定如图所示。A 处

为固定铰支座，其约束力用通过铰链中心 A 的两个分力 $\boldsymbol{F}_{Ax}$ 和 $\boldsymbol{F}_{Ay}$ 表示，受力图如图 1-19b 所示。

［例 1-4］ 不计自重，三铰刚架及其受力情况如图 1-20a 所示，试分别画出构件 AC，BC 和整体 ABC 的受力图。

［解］ (1) 首先，取 BC 为研究对象，解除 B、C 两处的约束，单独画出 BC 的简图。由于不计自重，BC 构件仅在 B、C 两点受力且平衡，故为二力构件。B、C 两处的约束力 $\boldsymbol{F}_B$、$\boldsymbol{F}_C$ 的作用线沿 B、C 两点连线，且 $\boldsymbol{F}_B=-\boldsymbol{F}_C$。受力如图 1-20b 所示。

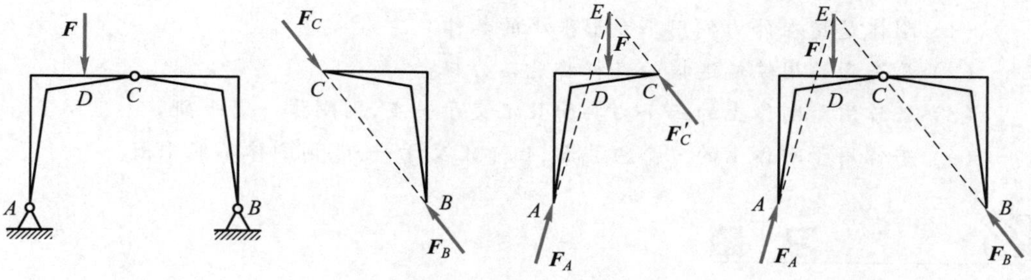

图 1-20

(2) 其次，以构件 AC 为研究对象，解除 A、C 两处的约束，单独画出其简图。构件 AC 受到主动力 $\boldsymbol{F}$、构件 BC 对它的约束力 $\boldsymbol{F}_C'$ 以及固定铰支座 A 的约束力 $\boldsymbol{F}_A$ 作用而平衡。由作用与反作用定律，有 $\boldsymbol{F}_C=-\boldsymbol{F}_C'$。且力 $\boldsymbol{F}$ 与 $\boldsymbol{F}_C'$ 的作用线交于 E 点，由三力平衡汇交定理，可确定 $\boldsymbol{F}_A$ 的作用线沿 A、E 两点连线，其受力如图 1-20c 所示。

(3) 最后取整体三铰刚架为研究对象，解除 A、B 处的约束（此过程中，C 处的约束为研究对象的一部分，不能解除），单独画出其简图。画上主动力 $\boldsymbol{F}$，约束力 $\boldsymbol{F}_A$ 和 $\boldsymbol{F}_B$。至于 AC 和 BC 两构件在 C 处的相互作用力，由于对 ABC 整体而言，它们是内力，总是成对出现，且等值、共线、反向，作用于同一研究对象上，它们对整体的作用效果相互抵消，故不必画出内力。三铰刚架 ABC 的受力如图 1-20d 所示。

通过以上几例可见，画受力图时应注意：

1. 研究对象所受的力要全部画出。除重力、电磁力等少数几种力外，物体之间都是通过直接接触才会出现相互作用的力。因此，凡研究对象与其他物体接触之处，一般都受到力的作用，不要遗漏。

2. 不是研究对象所受的力，一个也不能画出。为便于检查核对，最好利用专属的文字符号、箭头或箭尾的位置来表示所画的每个力的来源及其作用点位置。例如，以 $\boldsymbol{F}_\mathrm{T}$ 表示绳子对物体的拉力；以 $\boldsymbol{F}_\mathrm{RA}$ 表示固定铰支座 A 对物体的约束力；等等。

3. 约束力的方向应按照约束的性质判定。

4. 在分析两物体之间的相互作用力时，要注意作用力与反作用力之间的关系。作用力的方向确定（或假定）后，反作用力的方向就应与之相反。

思考题

1-1 哪几条公理或推理只适用于刚体？

1-2 二力平衡条件及作用与反作用定律，都是说二力等值、共线、反向，其区别在哪里？

1-3 判断下列说法是否正确，并给出理由。

(1) 刚体是指在外力作用下变形很小的物体。

(2) 凡是两端用铰链连接的直杆都是二力杆。

(3) 若作用于刚体上的三个力共面且汇交于一点，则刚体一定平衡。

(4) 若作用于刚体上的三个力共面，但不汇交于一点，则刚体不能平衡。

习 题

1-1 画出图示各物体的受力图。凡未特别注明者，物体的自重均不计，所有的接触面都是光滑的。

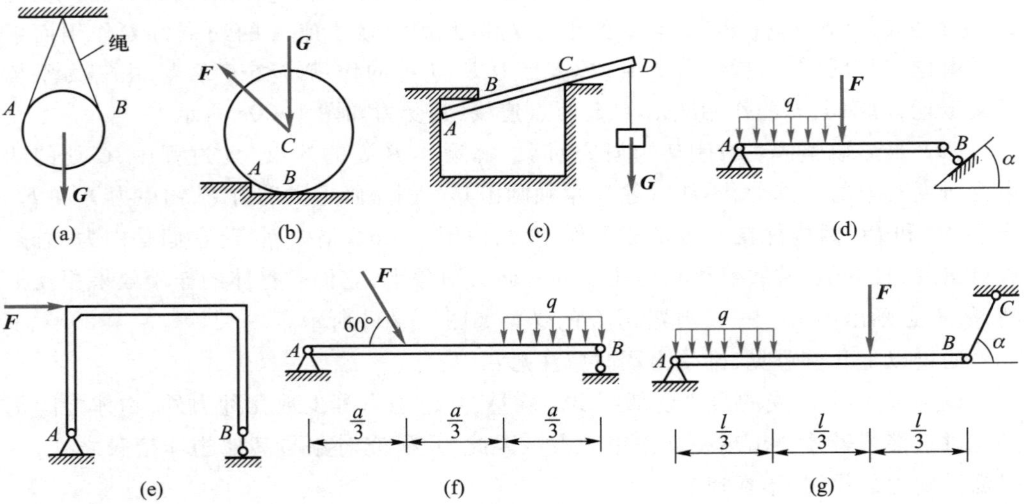

习题 1-1 图

1-2 画出图示各物体的受力图。凡未特别注明者，物体的自重均不计，所有的接触面都是光滑的。

1-3 图示为一排水孔闸门的计算简图，其中 A 是铰链，$\boldsymbol{F}$ 是闸门所受水压力的合力，$\boldsymbol{F}_T$是启动力。闸门重力为 $\boldsymbol{G}$，重心在其长度的中点。试画出：

(1) $\boldsymbol{F}_T$力不够大，未能启动闸门时，闸门的受力图。

(2) $\boldsymbol{F}_T$力刚好能将闸门启动时，闸门的受力图。

1-4　一重量为 G_1 的起重机停放在多跨梁上，被起吊物体的重量为 G_2，如图所示。试分别画出起重机，梁 AC 和 CD 的受力图。各接触面都是光滑的，不计各梁的自重。

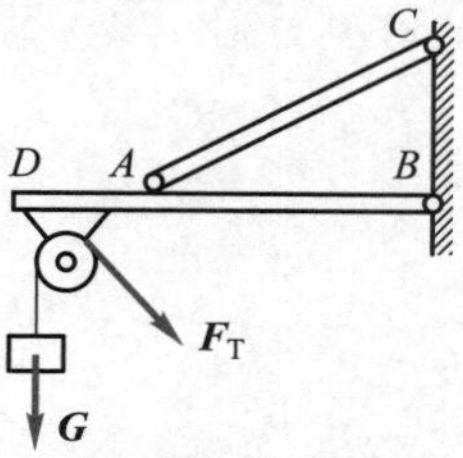

(a) 杆 AC；杆 BD 连同滑轮；整体

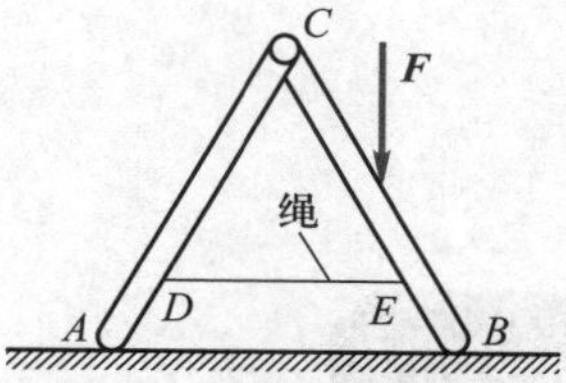

(b) 杆 AC；杆 BC；整体

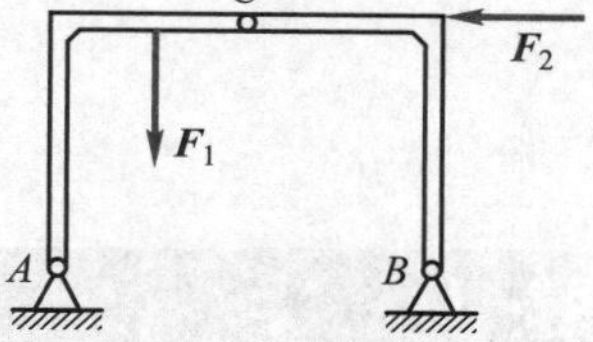

(c) 杆 AC；杆 BC；整体

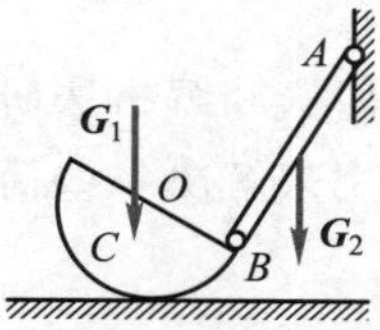

(d) 杆 AB；半球 O；整体

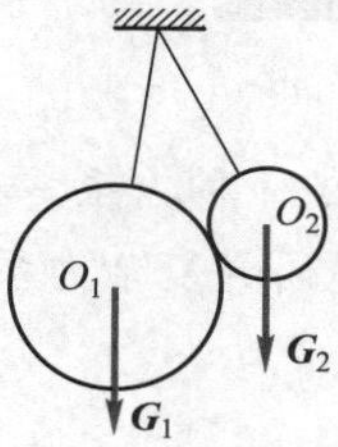

(e) 球 O_1；球 O_2

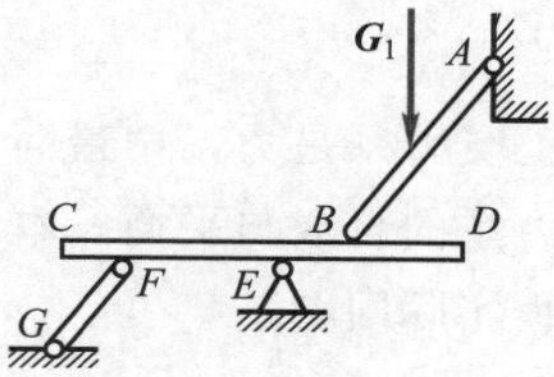

(f) 杆 AB；杆 CD；杆 FG

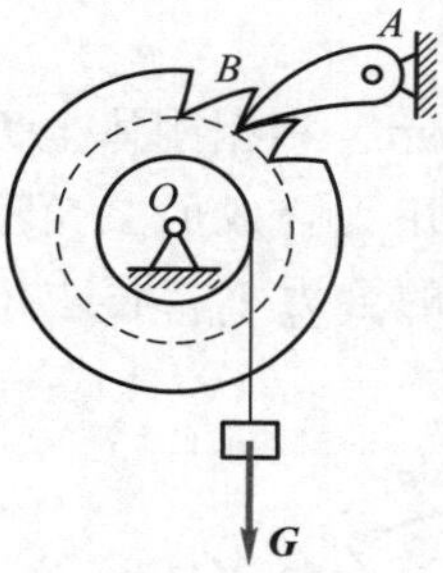

(g) 棘轮 O；棘爪 AB

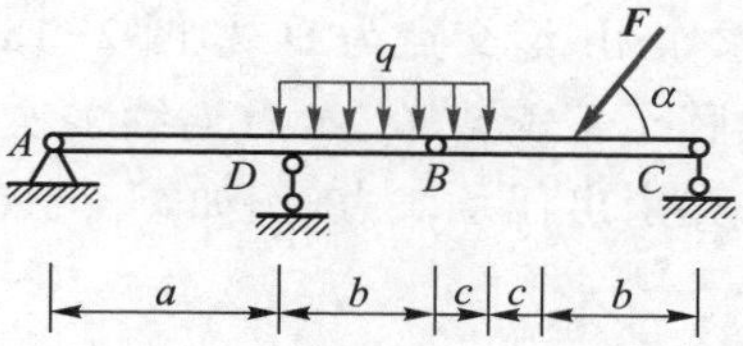

(h) 杆 AB；杆 BC；整体

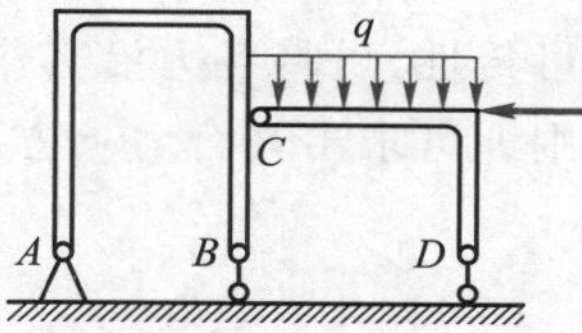

(i) AB；CD；整体

习题 1-2 图

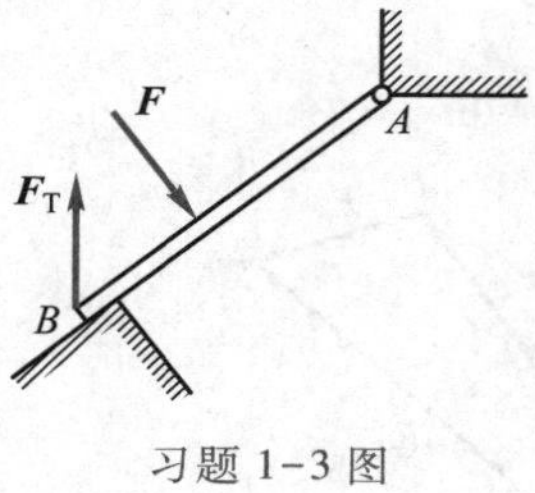

习题 1-3 图

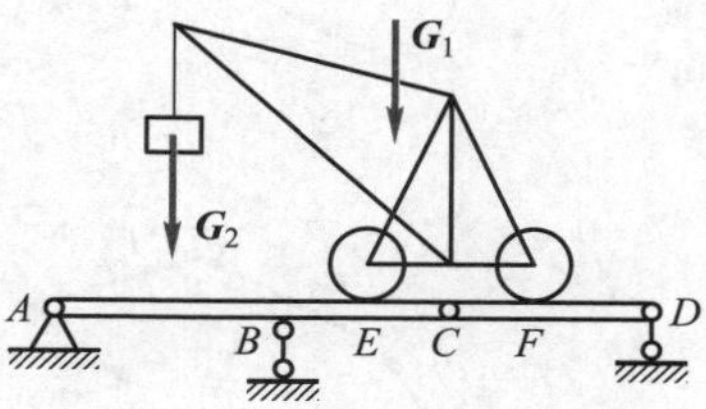

习题 1-4 图

第2章

汇交力系

§2-1 汇交力系合成与平衡的几何法

汇交力系是力系中最简单、最基本的一种力系。本章分别用几何法和解析法研究汇交力系的合成与平衡。本章内容既是研究复杂力系的基础，又可用来解决一些简单的工程实际问题。

一、合成的几何法——力多边形法则

设刚体上受一平面汇交力系作用，汇交点为 O，如图 2-1a 所示。根据刚体上力的可传性，可将各力沿其作用线移至汇交点 O；然后连续多次使用力合成的三角形法则即可求出其合力。方法是：先求出任意二力，例如 $\boldsymbol{F}_1$ 与 $\boldsymbol{F}_2$ 的合力 $\boldsymbol{F}_{R1}$，再求出

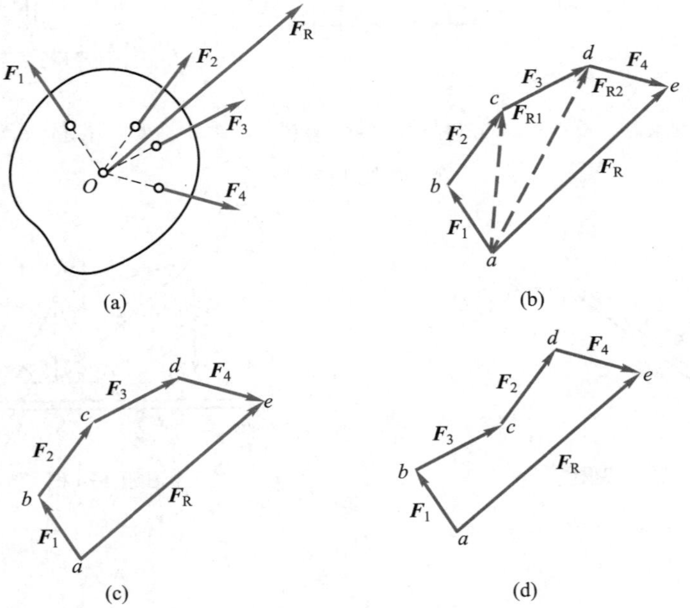

图 2-1

$\boldsymbol{F}_{R1}$与另一力 $\boldsymbol{F}_3$ 的合力 $\boldsymbol{F}_{R2}$。显然，此 $\boldsymbol{F}_{R2}$是原力系中 $\boldsymbol{F}_1$、$\boldsymbol{F}_2$ 和 $\boldsymbol{F}_3$ 三个力的合力。依次类推，求出 $\boldsymbol{F}_{R2}$与 $\boldsymbol{F}_4$ 的合力 $\boldsymbol{F}_R$，也就是原力系中全部四个力 $\boldsymbol{F}_1$、$\boldsymbol{F}_2$、$\boldsymbol{F}_3$ 与 $\boldsymbol{F}_4$ 的合力，即

$$\boldsymbol{F}_R=\boldsymbol{F}_1+\boldsymbol{F}_2+\cdots+\boldsymbol{F}_4$$

为了简便，在图 2-1b 中用虚线表示的合力矢 $\boldsymbol{F}_{R1}$和 $\boldsymbol{F}_{R2}$等均可略去不画，而直接按任选的次序首尾相接地画出原力系中所有各力矢，得到图 2-1c 所示的平面折线，然后由所画第一个力矢的起点向最后一个力矢的终点作一矢量，以使折线封闭而成为一个多边形。此多边形的封闭边就代表了原力系的合力的大小和方向（图 2-1c）。至于合力作用线的位置，则应通过原力系中各力作用线的汇交点。

上述求由四个力所组成的平面汇交力系的合力时所作的多边形（图 2-1c），称为力的多边形，而这种求合力的方法就称为力的多边形法则。显然，无论原来的平面汇交力系由多少个力组成，都可用这种方法求出其合力的大小和方向。由此得出结论：平面汇交力系可合成为一个合力，此合力的作用线通过力系中所有各力的汇交点，而合力的大小和方向则由力的多边形的封闭边所确定，它等于力系中所有各力（设为 n 个）的矢量和，即

$$\boldsymbol{F}_R=\boldsymbol{F}_1+\boldsymbol{F}_2+\cdots+\boldsymbol{F}_n=\sum_{i=1}^{n}\boldsymbol{F}_i$$

可简写为

$$\boldsymbol{F}_R=\sum_{i=1}^{n}\boldsymbol{F}_i \tag{2-1}$$

在利用力的多边形法则求平面汇交力系的合力时，若改变画出各力矢的次序，则力的多边形的形状也随之改变，但却不影响 $\boldsymbol{F}_R$ 的大小和方向（图 2-1c、d）。唯须注意：各分力矢必须首尾相连，而合力矢则应与所画出的第一个分力矢同起点，并与最后一个分力矢同终点。

各力的作用线均汇交于同一点的空间力系称为空间汇交力系。与平面汇交力系相仿，空间汇交力系也可用力的多边形法则进行合成。不过所作出的力的多边形的各边不在同一平面而形成一个空间的力的多边形，此空间多边形的封闭边代表该空间汇交力系的合力矢。如以 $\boldsymbol{F}_R$ 表示由 n 个力 $\boldsymbol{F}_1$、$\boldsymbol{F}_2$、…、$\boldsymbol{F}_n$ 所组成的空间汇交力系的合力，则有

$$\boldsymbol{F}_R=\boldsymbol{F}_1+\boldsymbol{F}_2+\cdots+\boldsymbol{F}_n=\sum\boldsymbol{F}$$

即空间汇交力系的合力等于力系中所有各力的矢量和，合力的作用线也应通过力系的汇交点。

因为难以在纸面上画出空间的力的多边形来，所以通常采用解析计算方法合成空间汇交力系。因此，用几何法求合力一般仅限于平面汇交力系。

［**例 2-1**］ 图 2-2a 表示作用在 A 点的四个力，其中 $F_1=0.5\ \text{kN}$，$F_2=1\ \text{kN}$，$F_3=0.4\ \text{kN}$，$F_4=0.3\ \text{kN}$，各力方向如图所示，且 $\boldsymbol{F}_4$ 为铅垂向上。试用几何法求此力系的合力。

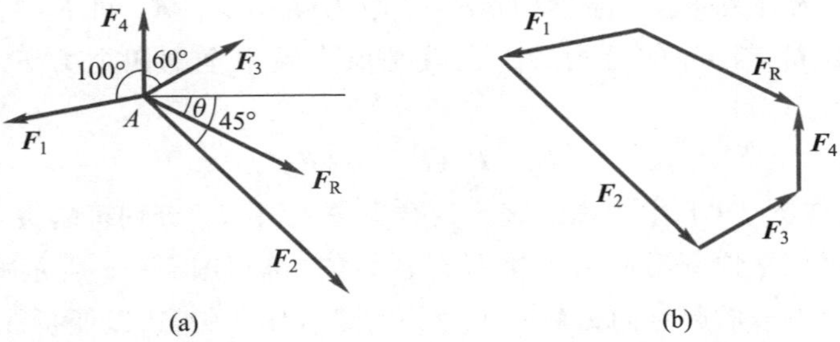

图 2-2

［解］ 选取 1 cm 代表 0.25 kN 的比例尺，并按 $\boldsymbol{F}_1$、$\boldsymbol{F}_2$、$\boldsymbol{F}_3$、$\boldsymbol{F}_4$ 的顺序首尾相接地依次画出各力矢，所得的力的多边形如图 2-2b 所示。由力的多边形的封闭边量得合力矢 $\boldsymbol{F}_R$ 长为 2.48 cm，故合力的大小为

$$F_R = 2.48\ \text{cm} \times 0.25\ \text{kN/cm} = 0.62\ \text{kN}$$

合力 $\boldsymbol{F}_R$ 的方向指向右下方，用量角器量得它与水平方向间的夹角 $\theta = 27.5°$，合力 $\boldsymbol{F}_R$ 的作用线通过各力的汇交点 A（图 2-2a）。

二、平衡的几何条件

由于汇交力系可合成为一个合力，即汇交力系与其合力等效。因此，如汇交力系平衡，则其合力为零。反之，如汇交力系的合力为零，则力系必然平衡。所以，汇交力系平衡的必要与充分条件是：力系的合力等于零，即

$$\boldsymbol{F}_R = \sum_{i=1}^{n} \boldsymbol{F}_i = \boldsymbol{0} \tag{2-2}$$

既然力的多边形的封闭边代表汇交力系合力的大小和方向，所以如果力系平衡，其合力为零，则力的多边形的封闭边的长度为零，即力的多边形中最后一个力的终点与第一个力的起点重合。所以，力的多边形自行封闭是平面汇交力系平衡的几何条件。利用这一条件，可求出平面汇交力系平衡问题中的两个未知量。

［例 2-2］ 图 2-3 表示起吊一根预制钢筋混凝土梁的情况。当梁匀速上升时，它处于平衡状态。已知梁重 $G = 10$ kN，$\alpha = 45°$，求钢索 AC 和 BC 所受的拉力。

［解］ 以梁为研究对象，画出其受力图如图 2-3b 所示。图中的 $\boldsymbol{F}_{TA}$ 和 $\boldsymbol{F}_{TB}$ 分别为钢索 AC 和 BC 对梁的拉力，它们与作用于梁上的重力 $\boldsymbol{G}$ 构成平衡力系。根据三力平衡汇交定理可知，此三力的作用线应汇交于一点，从而组成了一个平衡的平面汇交力系。故由此三力所构成的力的多边形自行封闭。

选 1 cm 代表 5 kN 的比例尺，画出已知的力矢 $\boldsymbol{G}$（图 2-3c）。自力矢 $\boldsymbol{G}$ 的起点 a 和终点 b 分别作平行于图 2-3b 中的拉力 $\boldsymbol{F}_{TA}$ 和 $\boldsymbol{F}_{TB}$ 的直线，此两直线交于 c 点。根据力的多边形（在这里是力的三角形）中各力矢首尾相接的规律，即可确定由 bc 边和 ca 边所分别代表的力矢 $\boldsymbol{F}_{TA}$ 和 $\boldsymbol{F}_{TB}$ 的指向。最后，由力的三角形的 bc 边和 ca 边分别量得力矢 $\boldsymbol{F}_{TA}$ 和 $\boldsymbol{F}_{TB}$ 的长度，它们均为 1.42 cm，故此二力的大小为

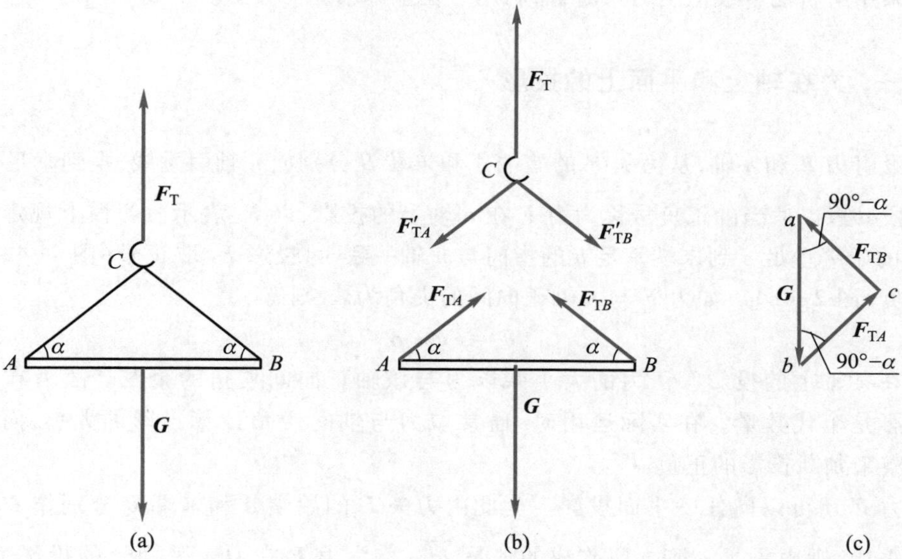

图 2-3

$$F_{TA}=F_{TB}=5\ \text{kN/cm}\times1.42\ \text{cm}=7.1\ \text{kN}$$

即钢索 AC 和 BC 所受的拉力均为 7.1 kN。

由图 2-3c 可见，当 α 角增大时，$\boldsymbol{F}_{TA}$、$\boldsymbol{F}_{TB}$之值将随之减少。故增加 AC、CB 两段钢索的长度，即可减小它们所受的拉力。但这样一来构件所能起吊的高度也就减小了，所以，在实际工程中，并不一定总是有利的。

在三力平衡的情况下，力的多边形成为力的三角形。这时，如利用正弦定理计算所求的未知量，往往比较方便。例如，由图 2-3c 并根据正弦定理，有

$$\frac{F_{TA}}{\sin(90°-\alpha)}=\frac{F_{TB}}{\sin(90°-\alpha)}=\frac{G}{\sin 2\alpha}$$

所以

$$F_{TA}=F_{TB}=\frac{G}{2\sin\alpha}=7.07\ \text{kN}$$

所得结果与几何法基本一致，但更准确。

§2-2 力在坐标轴上的投影

用几何法合成平面汇交力系自有其直观、明了的优点，但要求作图准确，否则将产生较大的误差，这又是几何法的不便之处。为能比较简便有效地得到准确的结果，多采用解析法合成汇交力系。

采用解析法合成汇交力系时，需利用力在坐标轴上的投影。

一、力在轴上和平面上的投影

设有力 $\boldsymbol{F}$ 和 n 轴，从力矢 $\boldsymbol{F}$ 的始端 A 和末端 B 分别向 n 轴引垂线，得到垂足 a、b，将线段 $\overline{ab}$ 冠以适当的正负号称为力 $\boldsymbol{F}$ 在 n 轴上的投影，以 F_n 表示。习惯上规定当由力 $\boldsymbol{F}$ 的始端垂足 a 到末端垂足 b 的指向与 n 轴一致时，投影 F_n 取正号（图 2-4a），反之为负（图 2-4b）。如力 $\boldsymbol{F}$ 与 n 轴正向间的夹角为 α，则有

$$F_n = F\cos\alpha \tag{2-3}$$

即力在某轴上的投影等于力的大小乘以力与该轴正向间夹角的余弦。故力在轴上的投影是个代数量。在实际运用时，通常取力与轴间锐角计算投影的大小，而由直接观察来判断投影的正负。

力 $\boldsymbol{F}$ 还可以向任一平面投影。为此由力矢 $\boldsymbol{F}$ 的始端 A 和末端 B 分别作 Oxy 平面的垂线，则由垂足 a 到 b 所构成的矢量 $\overrightarrow{ab}$ 称为力 $\boldsymbol{F}$ 在 Oxy 平面上的投影力矢，记作 $\boldsymbol{F}_{xy}$，如图 2-5 所示。由力的始端 A 引出平行于投影力矢 $\boldsymbol{F}_{xy}$ 的直线，求出力 $\boldsymbol{F}$ 与直线的夹角 θ，则投影力矢 $\boldsymbol{F}_{xy}$ 的大小为

$$F_{xy} = F\cos\theta \tag{2-4}$$

力在平面上的投影是矢量。

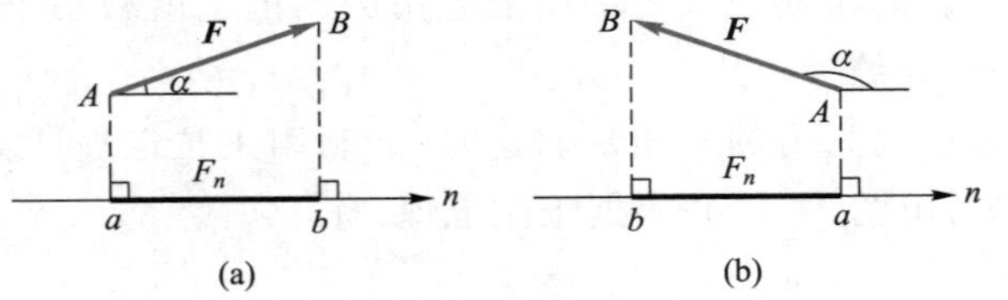

图 2-4

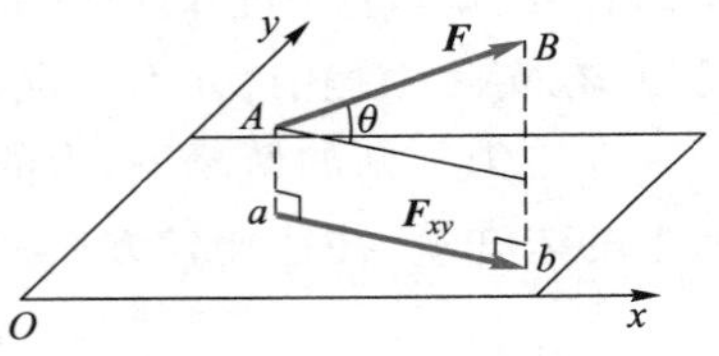

图 2-5

二、力在直角坐标轴上的投影

1. 已知力 $\boldsymbol{F}$ 与各坐标轴正向间的夹角为 α、β、γ（称为力 $\boldsymbol{F}$ 的三个方向角），如图 2-6 所示。则力 $\boldsymbol{F}$ 在空间直角坐标轴上的投影为

$$\left.\begin{aligned} F_x &= F\cos\alpha \\ F_y &= F\cos\beta \\ F_z &= F\cos\gamma \end{aligned}\right\} \tag{2-5}$$

此方法称为直接投影法。

2. 已知力 $\boldsymbol{F}$ 与某平面（例如 Oxy 平面）的夹角 θ，又知力 $\boldsymbol{F}$ 在该平面（Oxy 平面）上的投影力矢 $\boldsymbol{F}_{xy}$ 与 x 轴正向间的夹角为 φ，则可用二次投影法把力 $\boldsymbol{F}$ 先投影到坐标平面 Oxy 上，得一投影力矢 $\boldsymbol{F}_{xy}$，如图 2-7 所示，然后再把 $\boldsymbol{F}_{xy}$ 投影到 x、y 轴上，得

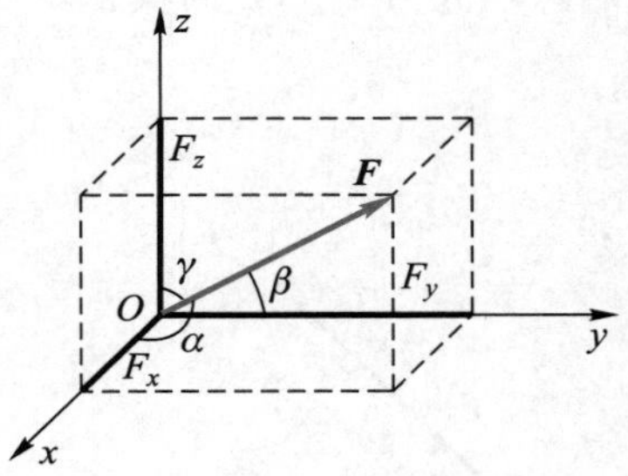

图 2-6

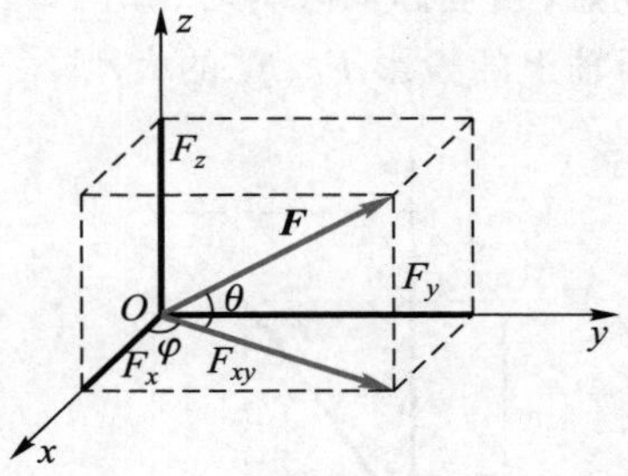

图 2-7

$$\left.\begin{aligned} F_x &= F\cos\theta\cos\varphi \\ F_y &= F\cos\theta\sin\varphi \\ F_z &= F\sin\theta \end{aligned}\right\} \tag{2-6}$$

三、投影与分力的比较

1. 联系

力 $\boldsymbol{F}$ 在直角坐标轴上投影的大小与其沿相应轴分力的模相等，且投影的正负号与分力沿作用线的指向对应一致，如图 2-8 所示。力 $\boldsymbol{F}$ 可沿直角坐标轴分解为三个正交分力 $\boldsymbol{F}_x$、$\boldsymbol{F}_y$、$\boldsymbol{F}_z$，即

$$\boldsymbol{F}=\boldsymbol{F}_x+\boldsymbol{F}_y+\boldsymbol{F}_z$$

以 $\boldsymbol{i}$、$\boldsymbol{j}$、$\boldsymbol{k}$ 分别表示沿 x、y、z 坐标轴方向的单位矢量，则力 $\boldsymbol{F}$ 的三个正交分力在对应轴上的投影有如下关系：

$$\left.\begin{aligned} \boldsymbol{F}_x &= F_x\boldsymbol{i} \\ \boldsymbol{F}_y &= F_y\boldsymbol{j} \\ \boldsymbol{F}_z &= F_z\boldsymbol{k} \end{aligned}\right\}$$

由此可得力 $\boldsymbol{F}$ 沿直角坐标轴的解析式，即

$$\boldsymbol{F}=F_x\boldsymbol{i}+F_y\boldsymbol{j}+F_z\boldsymbol{k} \tag{2-7}$$

如已知力 $\boldsymbol{F}$ 在直角坐标轴上的投影 F_x、F_y、F_z，可由下式求得力 $\boldsymbol{F}$ 的大小和方向余弦：

$$\left.\begin{aligned} F &= \sqrt{F_x^2+F_y^2+F_z^2} \\ \cos(\boldsymbol{F},\boldsymbol{i}) &= F_x/F \\ \cos(\boldsymbol{F},\boldsymbol{j}) &= F_y/F \\ \cos(\boldsymbol{F},\boldsymbol{k}) &= F_z/F \end{aligned}\right\} \tag{2-8}$$

2. 区别

力沿坐标轴的分力是矢量，有大小、方向、作用线。而力在坐标轴上的投影是代数量，它无所谓方向和作用线。

注意，当坐标轴倾斜时，如图 2-9 所示，力 $\boldsymbol{F}$ 沿两轴分力 $\boldsymbol{F}_x$、$\boldsymbol{F}_y$ 的模也不等于力 $\boldsymbol{F}$ 在两轴上的投影 F_x、F_y 的大小。

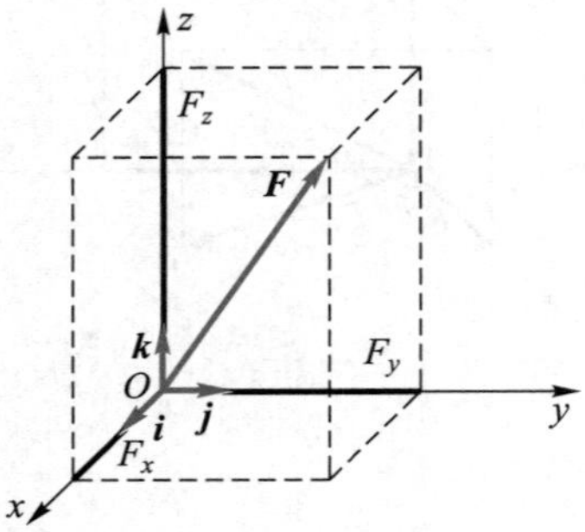

图 2-8

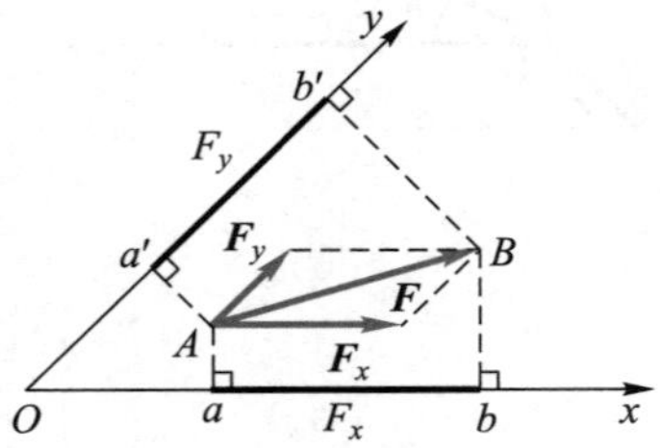

图 2-9

§2-3 汇交力系合成与平衡的解析法

一、合成的解析法

设有空间汇交力系（$\boldsymbol{F}_1,\boldsymbol{F}_2,\cdots,\boldsymbol{F}_n$），其合力为 $\boldsymbol{F}_R$。以汇交点 O 为坐标原点，建立直角坐标系 $Oxyz$，如图 2-10 所示。设合力 $\boldsymbol{F}$ 在坐标轴 x、y、z 上的投影分别为 F_{Rx}、F_{Ry}、F_{Rz}，则有

$$\boldsymbol{F}_R=F_{Rx}\boldsymbol{i}+F_{Ry}\boldsymbol{j}+F_{Rz}\boldsymbol{k}$$

又设力 $\boldsymbol{F}_i$ 在坐标轴 x、y、z 上的投影分别为 F_{ix}、F_{iy}、F_{iz}，则有

$$\boldsymbol{F}_i=F_{ix}\boldsymbol{i}+F_{iy}\boldsymbol{j}+F_{iz}\boldsymbol{k}$$

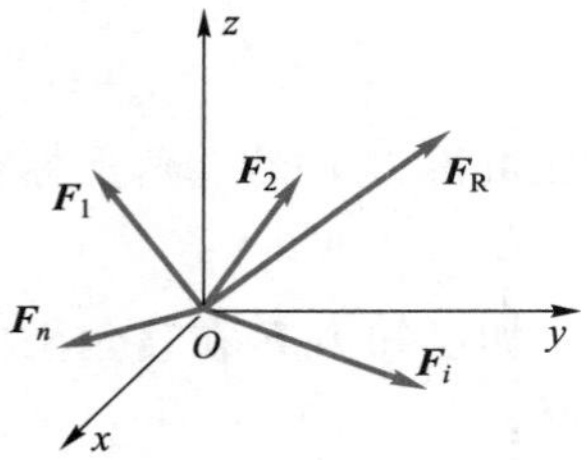

图 2-10

于是由 $\boldsymbol{F}_R=\sum\boldsymbol{F}_i$ 可得

$$F_{Rx}\boldsymbol{i}+F_{Ry}\boldsymbol{j}+F_{Rz}\boldsymbol{k}=\sum(F_{ix}\boldsymbol{i}+F_{iy}\boldsymbol{j}+F_{iz}\boldsymbol{k})$$

或

$$F_{Rx}\boldsymbol{i}+F_{Ry}\boldsymbol{j}+F_{Rz}\boldsymbol{k}=(\sum F_{ix})\boldsymbol{i}+(\sum F_{iy})\boldsymbol{j}+(\sum F_{iz})\boldsymbol{k}$$

又因为 $\boldsymbol{i}$、$\boldsymbol{j}$ 和 $\boldsymbol{k}$ 是彼此独立的单位矢量，所以有（注：今后为了便于书写，将下标“i”省略）

$$\left.\begin{aligned}F_{Rx}&=\sum F_x\\F_{Ry}&=\sum F_y\\F_{Rz}&=\sum F_z\end{aligned}\right\}\qquad(2-9)$$

即汇交力系的合力在任一轴上的投影等于各分力在同一轴上投影的代数和。这就是合力投影定理。

由此，根据各分力的投影算出合力 $\boldsymbol{F}_{\mathrm{R}}$ 的投影 $F_{\mathrm{R}x}$、$F_{\mathrm{R}y}$、$F_{\mathrm{R}z}$后，就可由式(2-8)求得合力 $\boldsymbol{F}_{\mathrm{R}}$ 的大小和方向余弦，即

$$\left.\begin{array}{l}F_{\mathrm{R}}=\sqrt{F_{\mathrm{R}x}^2+F_{\mathrm{R}y}^2+F_{\mathrm{R}z}^2}=\sqrt{(\sum F_x)^2+(\sum F_y)^2+(\sum F_z)^2}\\ \cos(\boldsymbol{F}_{\mathrm{R}},\boldsymbol{i})=F_{\mathrm{R}x}/F_{\mathrm{R}}\\ \cos(\boldsymbol{F}_{\mathrm{R}},\boldsymbol{j})=F_{\mathrm{R}y}/F_{\mathrm{R}}\\ \cos(\boldsymbol{F}_{\mathrm{R}},\boldsymbol{k})=F_{\mathrm{R}z}/F_{\mathrm{R}}\end{array}\right\} \tag{2-10}$$

合力 $\boldsymbol{F}_{\mathrm{R}}$ 的作用线通过力系的汇交点。

对于平面汇交力系的特殊情况，如在力系作用平面内选取 Oxy 坐标系，则恒有 $F_{\mathrm{R}z}\equiv\sum F_z\equiv 0$，于是平面汇交力系合力的大小和方向余弦分别为

$$\left.\begin{array}{l}F_{\mathrm{R}}=\sqrt{(\sum F_x)^2+(\sum F_y)^2}\\ \cos(\boldsymbol{F}_{\mathrm{R}},\boldsymbol{i})=(\sum F_x)/F_{\mathrm{R}}\\ \cos(\boldsymbol{F}_{\mathrm{R}},\boldsymbol{j})=(\sum F_y)/F_{\mathrm{R}}\end{array}\right\} \tag{2-11}$$

有时为了方便，也可根据 $F_{\mathrm{R}x}$和 $F_{\mathrm{R}y}$的正负号，以及合力 $\boldsymbol{F}_{\mathrm{R}}$ 与 x 轴间所夹锐角 θ 的正切值

$$\tan\theta=\left|\frac{F_{\mathrm{R}y}}{F_{\mathrm{R}x}}\right|$$

来确定平面汇交力系合力的方向。

[例 2-3]　用解析法求解例 2-1。

[解]　取直角坐标系 Axy 如图 2-11 所示。$\boldsymbol{F}_1$、$\boldsymbol{F}_2$、$\boldsymbol{F}_3$、$\boldsymbol{F}_4$ 四个力在 x、y 轴上的投影分别为

$$\begin{array}{l}F_{1x}=-0.5\ \mathrm{kN}\times\cos 10°=-0.492\ \mathrm{kN}\\ F_{2x}=1\ \mathrm{kN}\times\cos 45°=0.707\ \mathrm{kN}\\ F_{3x}=0.4\ \mathrm{kN}\times\cos 30°=0.346\ \mathrm{kN}\\ F_{4x}=0\\ F_{1y}=-0.5\ \mathrm{kN}\times\sin 10°=-0.087\ \mathrm{kN}\\ F_{2y}=-1\ \mathrm{kN}\times\sin 45°=-0.707\ \mathrm{kN}\\ F_{3y}=0.4\ \mathrm{kN}\times\sin 30°=0.200\ \mathrm{kN}\\ F_{4y}=0.300\ \mathrm{kN}\end{array}$$

所以

$$F_{\mathrm{R}x}=\sum F_x=(-0.492+0.707+0.346)\ \mathrm{kN}=0.561\ \mathrm{kN}$$

$$F_{\mathrm{R}y}=\sum F_y=(-0.087-0.707+0.200+0.300)\ \mathrm{kN}=-0.294\ \mathrm{kN}$$

合力 $\boldsymbol{F}_{\mathrm{R}}$ 的大小为

$$F_{\mathrm{R}}=\sqrt{(\sum F_x)^2+(\sum F_y)^2}=\sqrt{(0.561\ \mathrm{kN})^2+(-0.294\ \mathrm{kN})^2}=0.633\ \mathrm{kN}$$

而其方向角则为

$$\alpha=\arccos\frac{F_{Rx}}{F_R}=\arccos\frac{0.561}{0.633}=27°36'$$

$$\beta=\arccos\frac{F_{Ry}}{F_R}=\arccos\frac{-0.294}{0.633}=117°40'\approx 90°+\alpha$$

由此可见，合力 $\boldsymbol{F}_R$ 应通过原点 A 且指向右下方。也可根据计算所得的 F_{Rx} 和 F_{Ry}，求出 $\boldsymbol{F}_R$ 与 x 轴间所夹锐角 θ，即

$$\theta=\arctan\left|\frac{F_{Ry}}{F_{Rx}}\right|=\arctan\frac{0.294}{0.561}=27°39'$$

由 $F_{Rx}>0$ 和 $F_{Ry}<0$，可判断合力 $\boldsymbol{F}_R$ 应过原点 A 指向右下方，如图 2-11 所示。

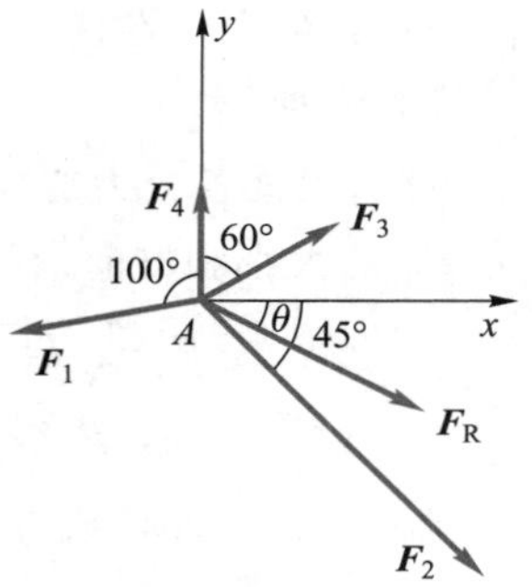

图 2-11

二、平衡的解析条件、平衡方程

在 §2-1 中已经得出汇交力系平衡的必要与充分条件是该力系的合力 $\boldsymbol{F}_R$ 为零，即

$$F_R=\sqrt{(\sum F_x)^2+(\sum F_y)^2+(\sum F_z)^2}=0$$

欲使上式成立，必须同时满足

$$\left.\begin{aligned}\sum F_x=0\\ \sum F_y=0\\ \sum F_z=0\end{aligned}\right\}\qquad(2-12)$$

这就是汇交力系平衡的必要与充分条件，即汇交力系中所有各力在三个坐标轴上投影的代数和分别等于零。式(2-12)称为空间汇交力系的平衡方程。

对于平面汇交力系，令力系所在平面与 Oxy 平面重合，则 $\sum F_z\equiv 0$，因此平面汇交力系的平衡方程为

$$\left.\begin{aligned}\sum F_x=0\\ \sum F_y=0\end{aligned}\right\}\qquad(2-13)$$

由式(2-12)和式(2-13)可知，对于空间汇交力系，有三个独立方程，可求解三个未知量，而平面汇交力系只有两个独立方程，可以求解两个未知量。

［例 2-4］ 如图 2-12a 所示，一构架由杆 AB 与 AC 组成，A、B、C 三点都是铰接。A 点悬挂重物 D 的重量为 G，杆重忽略不计。试求杆 AB 和 AC 所受的力。

［解］ 选销钉 A 连同重物 D 一起作为研究对象，其受力如图 2-12b 所示。其中，重物所受重力 $\boldsymbol{G}$ 是已知主动力。AB 和 AC 都是二力杆，它们对销钉 A 的约束力的作用线应分别沿 AB 和 AC，其指向一般可假设为拉力。

选取投影轴 Ax 和 Ay，如图 2-12b 所示。列平衡方程并求解

$$\sum F_x=0,\quad -F_{AB}+G\sin 30°=0$$

$$F_{AB}=G\sin 30°=G/2$$

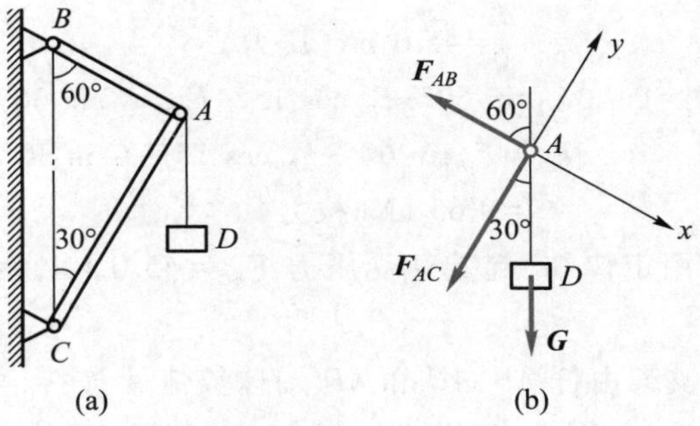

图 2-12

$$\sum F_y = 0, \quad -F_{AC} - G\cos 30° = 0$$

$$F_{AC} = -G\cos 30° = -\frac{\sqrt{3}}{2}G$$

这里所求结果，F_{AB}为正值，表示力 $\boldsymbol{F}_{AB}$的实际方向与假设方向相同，即杆 AB 受拉。F_{AC}为负值，表示 $\boldsymbol{F}_{AC}$的实际方向与假设方向相反，即杆 AC 受压。

［例 2-5］ 井架起重机装置简图如图 2-13a 所示，重物通过卷扬机 D 由绕过滑轮 B 的钢索起吊。起重臂的 A 端支承可简化为固定铰支座，B 端用钢索 BC 约束。设重物 E 重 G=20 kN，起重臂的重量、滑轮的大小和重量以及钢索的重量均不计。试求当重物 E 匀速上升时起重臂 AB 和钢索 BC 所受的力。

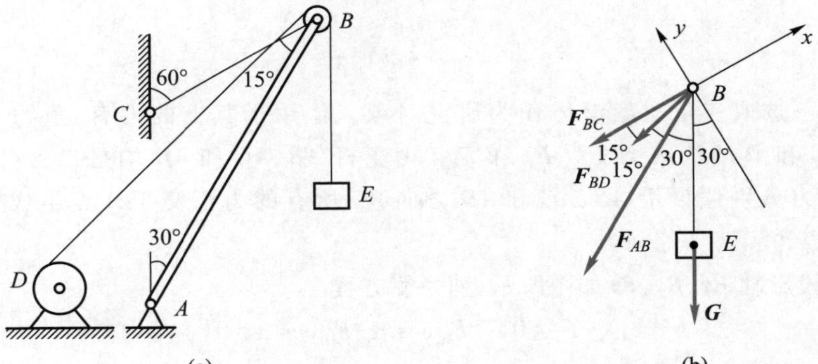

图 2-13

［解］ 选取滑轮 B 连同重物 E 一起作为研究对象，作用在其上的力有：重物的重力 $\boldsymbol{G}$；钢索 BD 的拉力 $\boldsymbol{F}_{BD}$，大小为 $F_{BD}=G$；起重臂（二力杆）AB 的约束力 $\boldsymbol{F}_{AB}$。因滑轮大小不计，所以这四个力可视为平面汇交力系。受力如图 2-13b 所示。

选取适当的投影轴 Bx、By 如图 2-13b 所示，其中 y 轴垂直于 $\boldsymbol{F}_{BC}$，而轴 x 则沿 CB 方向，列平衡方程并求解

$$\sum F_y = 0, \quad F_{AB}\cos 60° - F_{BD}\cos 75° - G\cos 30° = 0$$

$$F_{AB} = (F_{BD}\cos 75° + G\cos 30°)/\cos 60°$$

$$=G(\cos 75°+\cos 30°)/\cos 60°$$
$$=45.0\ \text{kN}(压力)$$

$$\sum F_x=0,\quad F_{AB}\sin 60°-F_{BD}\cos 15°-F_{BC}-G\sin 30°=0$$

$$F_{BC}=F_{AB}\sin 60°-F_{BD}\cos 15°-G\sin 30°$$
$$=9.65\ \text{kN}(拉力)$$

根据作用与反作用定律知，起重臂受压力 $F'_{AB}=45.0$ kN，钢索 BC 受拉力 $F'_{BC}=$ 9.65 kN。

［例 2-6］ 三角支架由杆 AB、AC 和 AD 用球铰链 A 连接，再分别用球铰链支座 B、C 和 D 固定在地面上，如图 2-14 所示。设 A 上悬挂一重物 E，已知其重量为 $G=$ 500 N。结构尺寸为 $a=2$ m，$b=3$ m，$c=1.5$ m，$h=2.5$ m。若杆的自重均不计，求各杆所受的力。

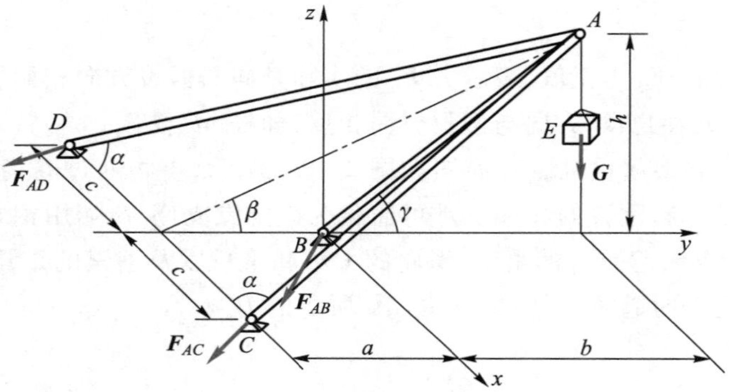

图 2-14

［解］ 选取三角支架整体作为研究对象。作用于其上的力有：重物 E 的重力 $\boldsymbol{G}$；铰 B、C 和 D 的约束力 $\boldsymbol{F}_{AB}$、$\boldsymbol{F}_{AC}$ 和 $\boldsymbol{F}_{AD}$（由于杆 AB、AC 和 AD 均是二力杆，所以相应的约束力分别假设沿 AB、AC 和 AD 方向）。所有的力汇交于 A 点组成空间汇交力系。

选取投影轴 Bx、By、Bz 如图所示，列平衡方程

$$\sum F_x=0,\quad F_{AC}\cos\alpha-F_{AD}\cos\alpha=0$$

则

$$F_{AC}=F_{AD} \tag{1}$$

$$\sum F_y=0,\quad -F_{AB}\cos\gamma-F_{AC}\sin\alpha\cos\beta-F_{AD}\sin\alpha\cos\beta=0 \tag{2}$$

式(1)代入式(2)，得

$$F_{AB}=-2F_{AC}\sin\alpha\cos\beta/\cos\gamma \tag{3}$$

$$\sum F_z=0,\quad -F_{AB}\sin\gamma-F_{AC}\sin\alpha\sin\beta-F_{AD}\sin\alpha\sin\beta-G=0 \tag{4}$$

其中：

$$\sin\alpha=\frac{\sqrt{(a+b)^2+h^2}}{\sqrt{(a+b)^2+c^2+h^2}}=\frac{\sqrt{(2+3)^2+2.5^2}}{\sqrt{(2+3)^2+1.5^2+2.5^2}}=0.966$$

$$\cos\alpha=0.259$$

$$\cos\beta=\frac{a+b}{\sqrt{(a+b)^2+h^2}}=0.894,\quad \sin\beta=\frac{h}{\sqrt{(a+b)^2+h^2}}=0.447$$

$$\cos\gamma=\frac{b}{\sqrt{b^2+h^2}}=0.768,\quad \sin\gamma=\frac{h}{\sqrt{b^2+h^2}}=0.640,\quad \tan\gamma=0.833$$

联立式(1)、(3)、(4),得

$$F_{AC}=F_{AD}=\frac{G}{2(\sin\alpha\cos\beta\tan\gamma-\sin\alpha\sin\beta)}=381.99\ \text{N}$$

$$F_{AB}=-859.10\ \text{N}$$

思考题

2-1 设力 $\boldsymbol{F}_1$ 与 $\boldsymbol{F}_2$ 在同一轴上的投影相等,问这两个力是否一定相等?

2-2 如图所示,对于任意给定的力 $\boldsymbol{F}$ 和 x 轴,试问力 $\boldsymbol{F}$ 在 x 轴上的投影是否能确定?力 $\boldsymbol{F}$ 沿 x 轴向的分力是否也能确定?

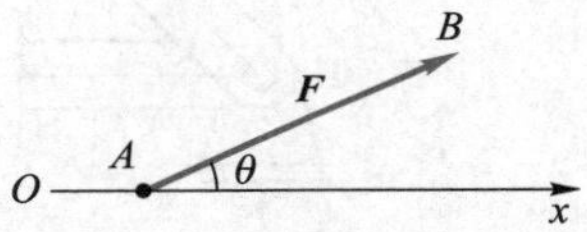

思考题 2-2 图

2-3 用解析法求解汇交力系的平衡问题,坐标系原点是否可以任意选取?所选的投影轴是否必须相互垂直?为什么?

2-4 用解析法求解汇交力系的合力,按式(2-8)计算得到合力的大小时,所选定的投影轴 x、y、z 是否必须相互垂直?为什么?

2-5 空间汇交力系在任选的三个投影轴上的投影代数和分别等于零,则该空间汇交力系一定平衡。此结论正确吗?

2-6 作用于某刚体上的 $\boldsymbol{F}_1$、$\boldsymbol{F}_2$、$\boldsymbol{F}_3$、$\boldsymbol{F}_4$ 分别组成图示三个力的多边形。问在各力的多边形中,此四个力的关系如何?这三个力系的合力分别等于多少?

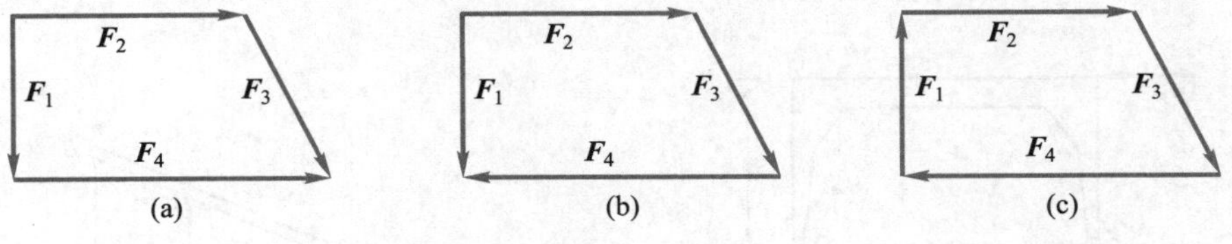

思考题 2-6 图

习　题

2-1 一个固定在墙上的圆环受三根绳子的拉力作用,如图所示。已知,$F_1=2$ kN,$F_2=2.5$ kN,$F_3=1.5$ kN,力 $\boldsymbol{F}_1$ 是水平的,求此三力的合力。

2-2 用几何法和解析法求图示四个力的合力。已知,$\boldsymbol{F}_3$ 水平,$F_1=60$ kN,$F_2=80$ kN,$F_3=50$ kN,$F_4=100$ kN。

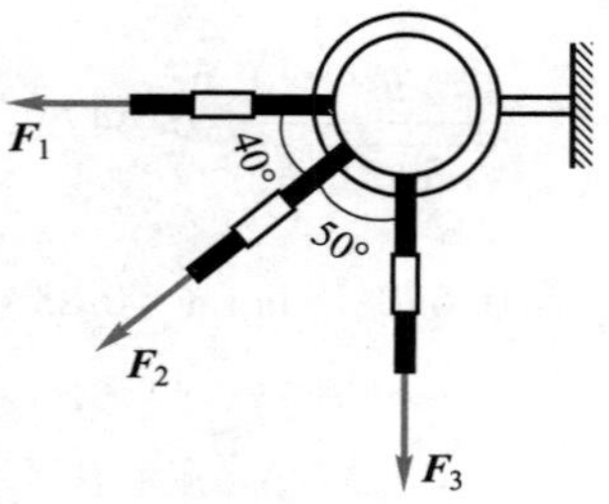

习题 2-1 图

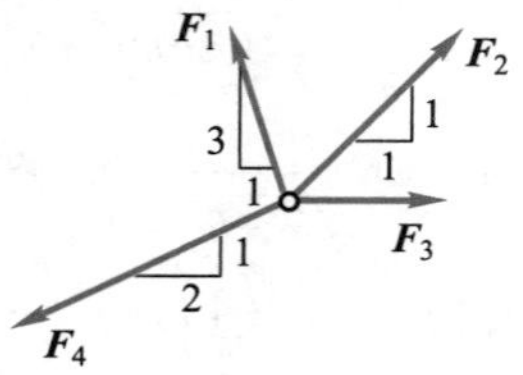

习题 2-2 图

2-3 图示某一屋架的左端节点 A。已知该端的支座约束力 $F_N=90$ kN，并设上弦杆 AB 和下弦杆 AC 所受的力都是沿该杆的轴线，用几何法和解析法求这两个力。

2-4 用两根绳子 AC 和 BC 悬挂一个重 $G=1$ kN 的物体，如图所示。绳 AC 长 0.8 m，绳 BC 长 1.6 m，A、B 点在同一水平线上，相距 2 m。求这两根绳子所受的拉力。

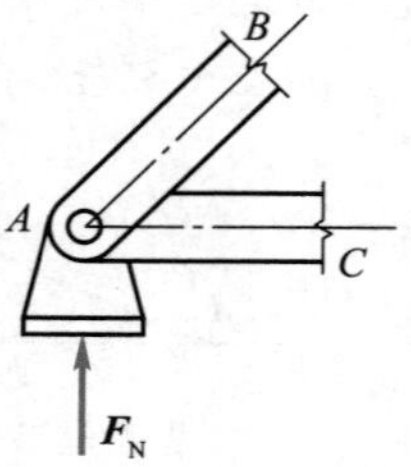

习题 2-3 图

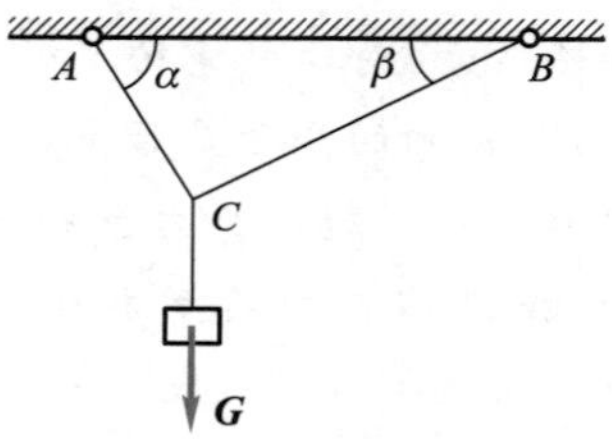

习题 2-4 图

2-5 求图示门式刚架由于作用在 B 点的水平力 $\boldsymbol{F}$ 所引起的 A、D 两支座的约束力。刚架自重不计。

2-6 杆 AB 长为 l，B 端挂一重量为 G 的重物 M，A 端靠在光滑墙面上，而杆的 C 点搁置在光滑台阶上，如图所示。若杆对水平面的仰角为 α，试求杆平衡时 A、C 两处的约束力以及 AC 的长度。杆重不计。

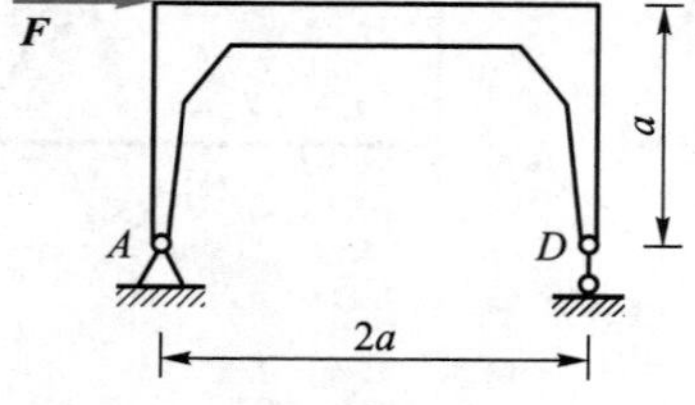

习题 2-5 图

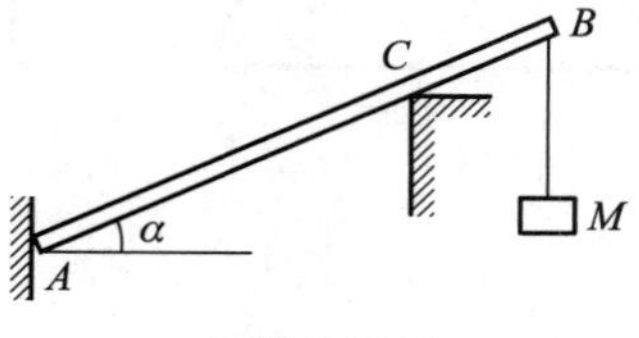

习题 2-6 图

2-7 外径为 r，重量为 $2G$ 的均质薄圆管水平悬挂在两条绳子上，两绳均兜住圆管，并分别对称地位于管子中心横断面两侧的两个铅垂面内，如图所示。设绳子所围圆弧部分的弦长为 b，试求每段绳中的张力。

2-8 图示一管道支架所分担的管重 G 为 2 kN。管子横断面的中心与铰 A 在同一铅垂线上。杆 AB 水平，各杆的自重不计，求铰 B 的约束力和杆 AC 所受的力。

2-9 跨河吊缆两端 A、B 各系在塔架上，吊斗挂在可沿吊缆运动的滑轮 C 的轴上，并用跨过塔架顶上滑轮的牵引绳来牵引过河。图示为用牵引绳 CAD 把吊斗从右岸拉向左岸的情况。如欲将吊斗从左岸拉过右岸，则可用牵引绳 CBE。已知吊缆 ACB 长 102 m，吊斗重 50 kN，求当 $AC=20$ m 时，吊缆的 AC、BC 两段以及牵引绳 CAD 所受的拉力。不计缆、绳的重量以及各处的摩擦。

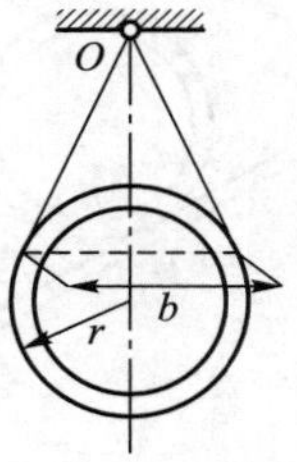

习题 2-7 图

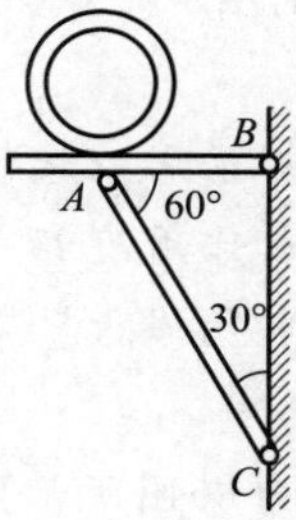

习题 2-8 图

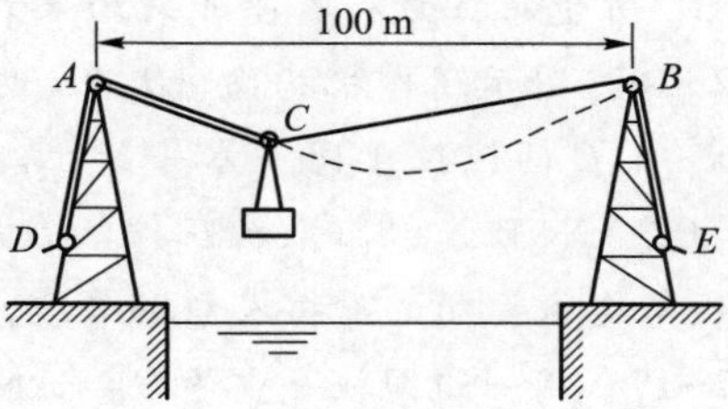

习题 2-9 图

2-10 图示矩形板边长 $AB=a$，$BC=b$。顶点 B 用铰链固定，而顶点 A 则靠在光滑铅垂墙面上。今在顶点 C 挂一重为 G 的物块 M，求板所受的约束力。板的重量不计。

2-11 图示压路机滚子重 $G=20$ kN，半径 $R=40$ cm，今用水平力 $\boldsymbol{F}$ 拉着滚子欲越过高 $h=8$ cm 的石坎，问力 $\boldsymbol{F}$ 应至少多大？又若此拉力可取任意方向，问要使拉力为最小时，它与水平线的夹角 α 应为多大？并求此拉力的最小值。

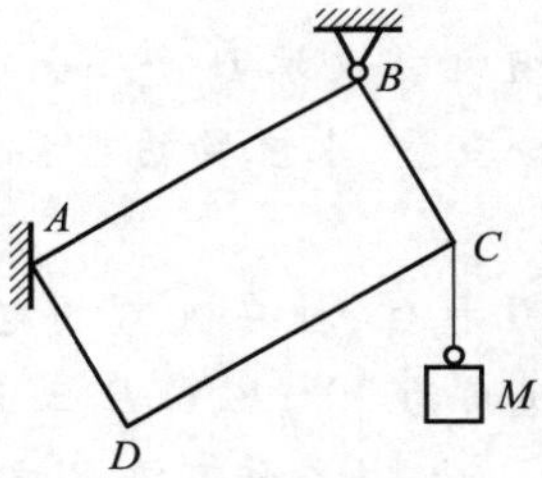

习题 2-10 图

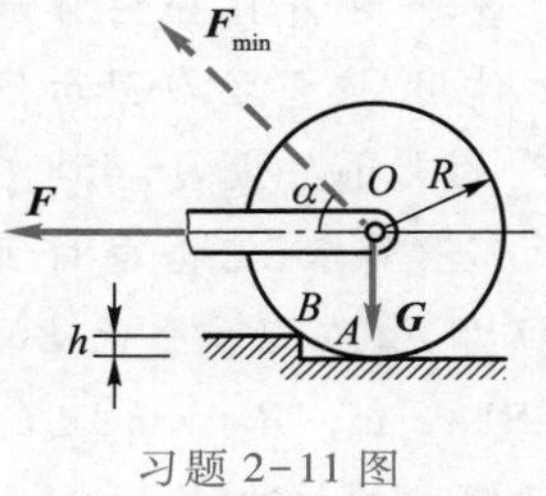

习题 2-11 图

2-12 求图示三铰刚架在水平力 $\boldsymbol{F}$ 作用下所引起的 A、B 两支座的约束力。

2-13 相同的两根钢管 C 和 D 搁放在斜坡上，并在两端各用一铅垂立柱挡住，如图所示。每根钢管重4 kN，求钢管作用在每一根立柱上的压力。

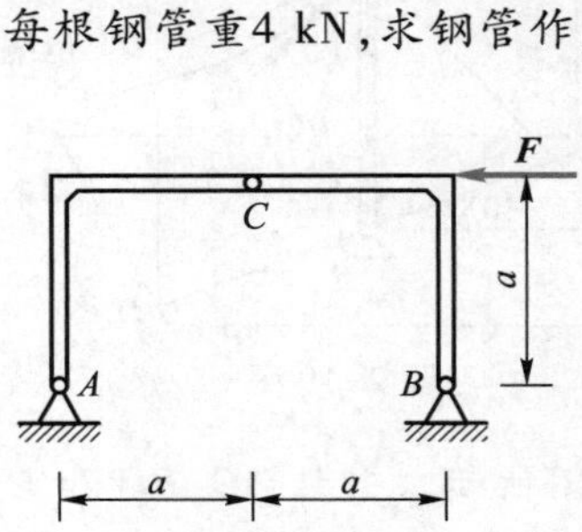

习题 2-12 图

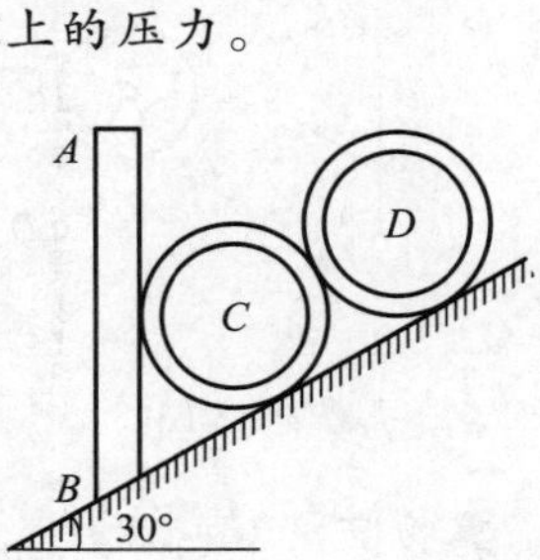

习题 2-13 图

2-14 如在上题中改用垂直于斜坡的立柱挡住钢管子，则立柱所受的压力应为多大？

2-15 薄壁管道的中径 $R=20$ cm，每隔相等距离用一个支架支承它（如图所示）。支架用杆 AB 与钢索 BC 构成，且位于与墙面垂直的铅垂面内。每个支架所支持的管重量 $G=2.2$ kN，杆 AB 长为 70 cm。不计杆重和钢索重，求管对杆 AB 的压力、钢索 BC 所受的拉力和支座 A 的约束力。

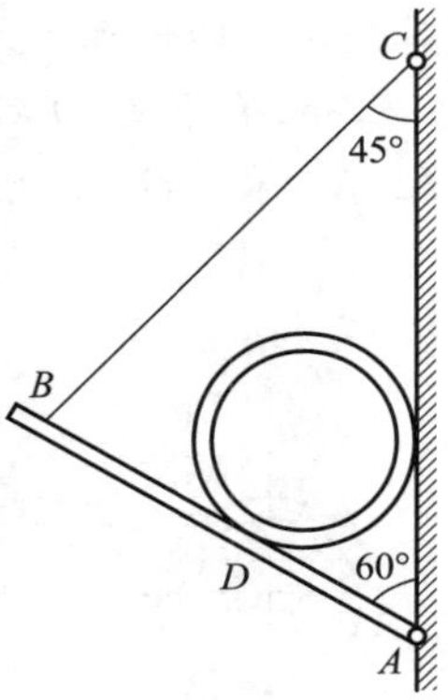

习题 2-15 图

2-16 图示压榨机构由 AB、BC 两杆和压块 C 用铰链连接而成，A、C 两铰位于同一水平线上。当在 B 点作用有铅垂力 $F=0.3$ kN，且 $\alpha=8°$ 时，被压榨物 D 所受的压榨力多大？不计压块与支承面间的摩擦及杆的自重。

2-17 用一组绳挂一重量 $G=1$ kN 的物体 M（如图所示），求各段绳的拉力。设 1、3 两段绳水平，且 $\alpha=45°$，$\beta=30°$。

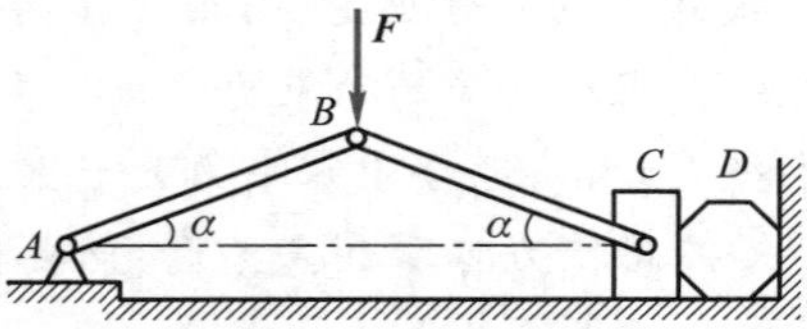

习题 2-16 图

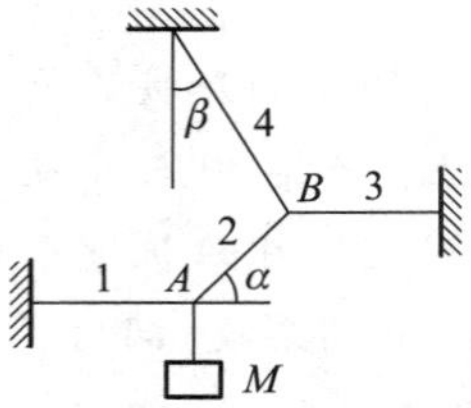

习题 2-17 图

2-18 重物 M 悬挂如图所示，绳 BD 跨过滑轮且在其末端 D 受一大小为 100 N 的铅垂力 $\boldsymbol{F}$ 作用，使重物在图示位置平衡。不计滑轮重量，求重物的重量 G 及绳 AB 段的拉力 $\boldsymbol{F}_{AB}$ 的大小。设 $\alpha=45°$，$\beta=60°$。

2-19 如图所示，铅垂电杆 AB 用缆索 AC 和 AD 拉住，挂在 A 端的电缆的拉力 $F_{\mathrm{T}}=2$ kN，拉力 $\boldsymbol{F}_{\mathrm{T}}$ 在铅垂平面 $EFGH$ 内并与水平线夹角为 30°；B、C、D 三点在水平地面上；$BC=BD=3$ m，$AB=4$ m，$\angle CBD=90°$；电杆重量不计，并看作可绕 B 端任意转动。求 AC、AD 两缆索的拉力 $\boldsymbol{F}_{\mathrm{T1}}$ 和 $\boldsymbol{F}_{\mathrm{T2}}$，以及地面对电杆的约束力 $\boldsymbol{F}_{AB}$。

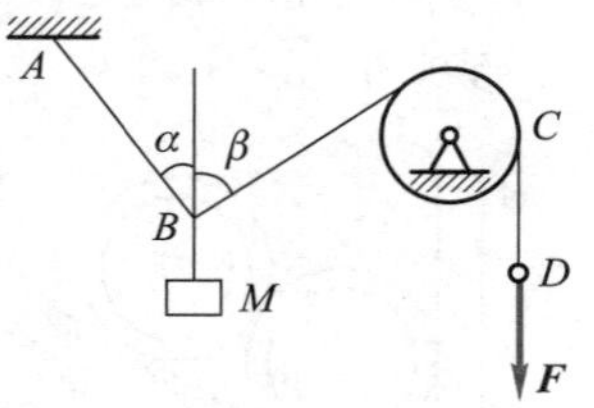

习题 2-18 图

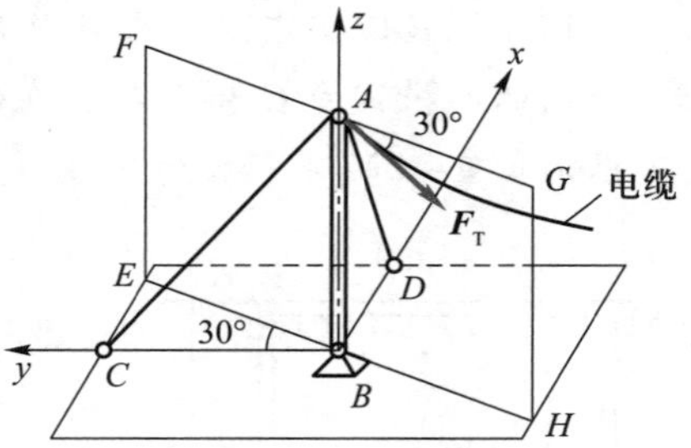

习题 2-19 图

2-20 重物重量 $G=10$ kN，悬挂在 D 点，如图所示。若杆 AD、BD 和 CD 分别在 A、B 和 C 三点用铰链固定，求支座 A、B 和 C 的约束力。架重不计。

2-21 重物 M 放在光滑的斜面上，此物由位于斜面上的两绳 AM 和 BM 拉住，如图所示。已知，重物重量 $G=100$ kN，斜面的倾角 $\alpha=60°$，AM 和 BM 两绳与斜面上的最大坡度线 ML 间的夹角分别为 $\beta=30°$ 和 $\gamma=60°$。物体尺寸忽略不计，求重物对斜面的压力和两绳的张力。

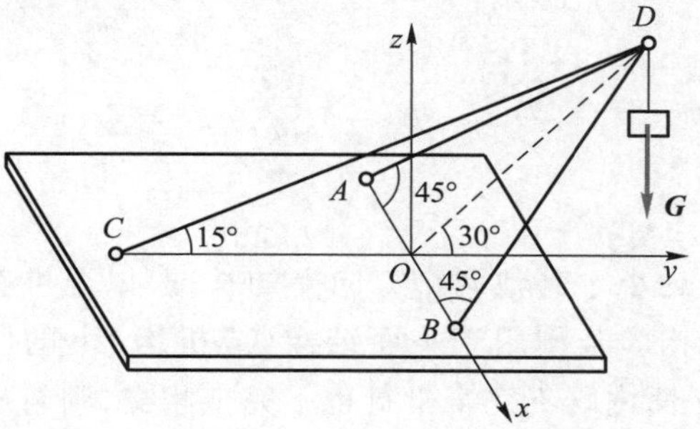

习题 2-20 图

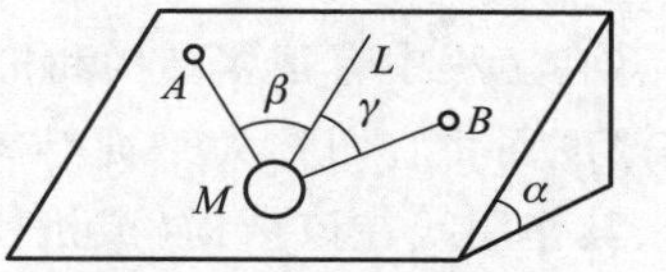

习题 2-21 图

习题答案 A2

第3章

平面一般力系

在工程中有很多结构和机构，其厚度远小于其他两个方向上的长度，以至可忽略其厚度而将它们称为平面结构或平面机构。若作用于平面结构（或机构）上的所有力，其作用线在该结构（或机构）所在的平面内既不完全平行也不完全相交，则组成一个平面一般力系。例如，图 3-1 所示的屋架受到檩条传来的由屋面自重和积雪压力等引起的铅垂荷载、垂直于右边屋面的风荷载以及两支座的约束力，这些力均在屋架所在的平面内组成一个平面一般力系。

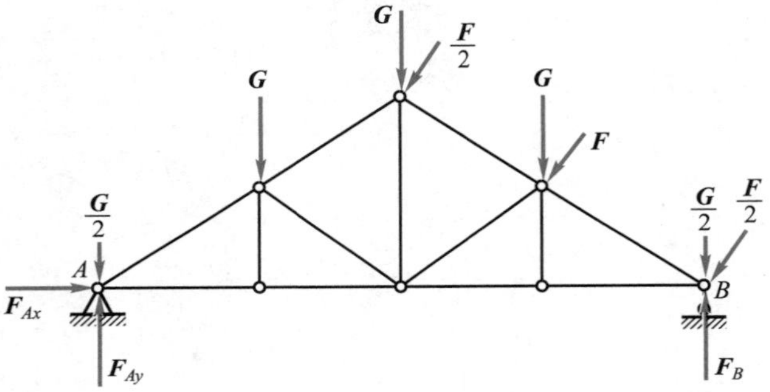

图 3-1

还有些结构虽然本身并不是平面结构，且所受各力也不分布在同一平面内，但结构本身和作用于其上的各力都对称分布于某一平面的两侧，则作用于该结构上的力系也可简化为在此对称平面内的平面一般力系。例如，挡土墙、水坝（图 3-2a）等，都是纵向很长、横截面相同，且通常可看作其受力情况沿坝的纵向不变，因此可将作用于该

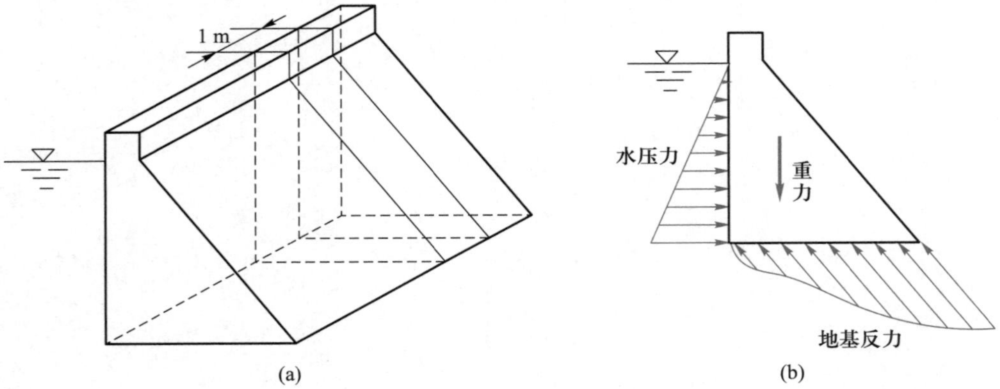

图 3-2

段坝上的力系简化为位于该坝段中心对称平面内的一个平面一般力系(图 3-2b)。

在工程实际中所遇到的问题有很多都可以简化为平面一般力系的问题来处理,因此平面一般力系是工程中最常见也是最重要的力系。本章将讨论平面一般力系的合成与平衡问题。

为能简捷有效地将平面一般力系进行合成,需要建立力矩、力偶和力偶矩的概念,以及掌握力的平移规律、力偶系的合成理论,等等。

§3-1 平面力对点之矩的概念与计算

力对点之矩是很早以前人们在使用杠杆、滑车、绞盘等机械搬运或提升重物时所形成的一个概念。现以拧螺母的扳手(图 3-3a)为例来说明。

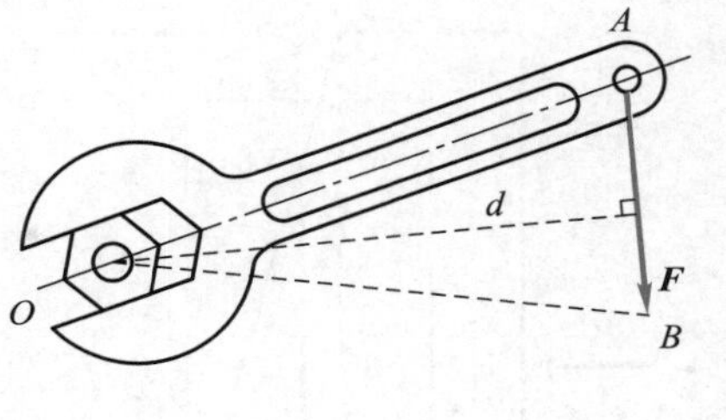

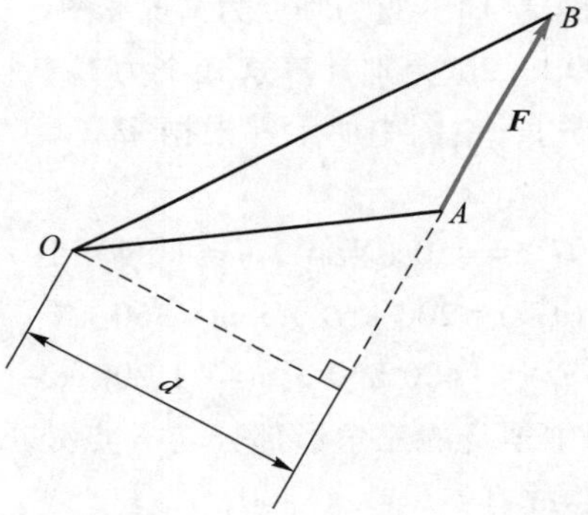

图 3-3

在扳手的 A 点施一力 $\boldsymbol{F}$,力 $\boldsymbol{F}$ 使扳手连同螺母一起绕螺杆中心 O(即过 O 点与图示平面垂直的螺钉轴线)转动,也就是说,力 $\boldsymbol{F}$ 有使扳手产生转动的效应。实践证明,这种转动效应不仅与力 $\boldsymbol{F}$ 的大小成正比,而且还与螺杆中心 O 到该力作用线的垂直距离 d 成正比。另外,力 $\boldsymbol{F}$ 使扳手绕 O 点的转动的方向不同,作用效果也不同。因此,我们用力 $\boldsymbol{F}$ 的大小与 O 点到力 $\boldsymbol{F}$ 作用线的垂直距离 d 的乘积,再冠以适当的正负号,来表示力 $\boldsymbol{F}$ 对 O 点的矩,并用以作为力使物体绕 O 点转动的度量。用符号 $M_O(\boldsymbol{F})$ 表示,即

$$M_O(\boldsymbol{F}) = \pm Fd \tag{3-1}$$

其中,O 点称为力矩中心,简称矩心;d 称为力臂;力 $\boldsymbol{F}$ 与矩心 O 所决定的平面称为力矩平面;而正负号表示在力矩平面内力使物体绕矩心,即绕过矩心且垂直于力矩平面的轴线转动的转向。通常规定力使物体绕矩心做逆时针转动时为正,反之为负。所以,在平面力系情况下,力对点之矩只取决于力矩的大小和转向,因而是代数量。在国

际单位制中，力矩的单位是 N · m 或 kN · m。

力 $\boldsymbol{F}$ 对 O 点的矩的大小在数值上等于以力 $\boldsymbol{F}$ 为底边，矩心 O 为顶点所构成的 $\triangle OAB$ 面积的 2 倍，即

$$M_O(\boldsymbol{F}) = \pm Fd = \pm 2A_{\triangle OAB}$$

其中，$A_{\triangle OAB}$为$\triangle OAB$ 的面积，如图 3-3b 所示。

由图 3-3b 看出，当力 $\boldsymbol{F}$ 沿作用线滑动时，并不改变该力对某指定点的矩；又当力的作用线通过矩心时，因为力臂为零，故力对点之矩为零。

由式(3-1)可知，同一个力对不同点的矩是不同的，因此不指明所选的矩心而谈力对点之矩就毫无意义。

最后指出，在图 3-3 所示的例子中，若螺母未套于螺杆上，则矩心 O 不是固定点。因而在力 $\boldsymbol{F}$ 的作用下无阻止扳手移动的约束力出现，于是扳手便将既移动又转动。但这时力 $\boldsymbol{F}$ 使扳手绕矩心 O 转动的效应仍由 $M_O(\boldsymbol{F})$确定。由此可见，矩心的选择是任意的，它可以是物体上的固定点，也可以是物体上的不固定点，甚至还可以选研究对象体外的点作为矩心(在图 3-3a 中，O 点就是扳手体外的点)。

[例 3-1]　重力坝受力情况如图 3-4 所示。已知 $F_1=400$ kN，$F_2=80$ kN，$G_1=450$ kN，$G_2=200$ kN，试分别计算这几个力对 B 点之矩。

[解]　由图中所示并根据 $M_O(\boldsymbol{F}) = \pm Fd$ 可得

$$M_B(\boldsymbol{G}_1) = 450\ \text{kN}\times 4.2\ \text{m} = 1\ 890\ \text{kN}\cdot\text{m}$$

$$M_B(\boldsymbol{G}_2) = 200\ \text{kN}\times 1.8\ \text{m} = 360\ \text{kN}\cdot\text{m}$$

$$M_B(\boldsymbol{F}_1) = -400\ \text{kN}\times 3\ \text{m} = -1\ 200\ \text{kN}\cdot\text{m}$$

又因图中坝身的三角形部分与 B 点处小三角形相似，故有

$$d : \sqrt{9^2+2.7^2} = 0.6 : 9$$

于是

$$d = \frac{9\sqrt{1+(0.3)^2}}{9}\times 0.6\ \text{m} = 0.626\ \text{m}$$

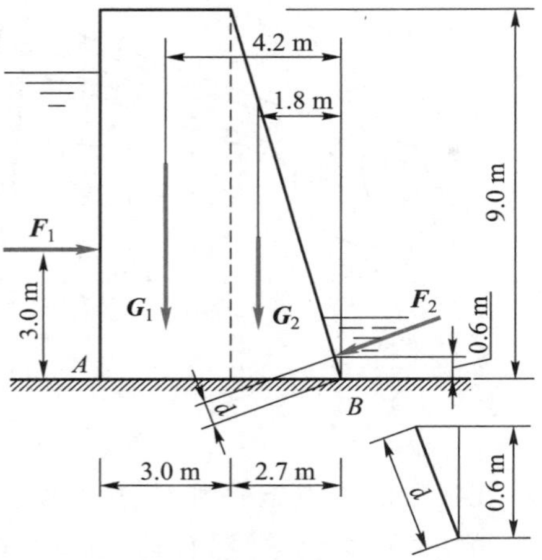

图 3-4

从而

$$M_B(\boldsymbol{F}_2) = 80\ \text{kN}\times 0.626\ \text{m} = 50.1\ \text{kN}\cdot\text{m}$$

§3-2
力偶及其性质 · 平面力偶系的合成与平衡

当两个等值、反向、平行的力同时作用于物体时，能使物体只转不移。例如，用两个手指拧动水龙头、钢笔套，用两只手转动汽车方向盘以及用丝锥攻丝(图 3-5a)等都

属于这种情况。

由于两个等值、反向、平行的力所组成的力系在运动效应上不同于一个力,具有其特殊性,故需要专门加以研究,且称之为力偶。图 3-5b 所示两个力 $\boldsymbol{F}$ 与 $\boldsymbol{F}'$ 组成的力偶,记为($\boldsymbol{F}$,$\boldsymbol{F}'$)。

既然力偶与力的运动效应迥然不同,那么,力偶不能用一个力来代替,即构成力偶的两个力不能合成为一个力。于是,力偶也不能与一个力相平衡。同时由于力偶具有转动效应,所以力偶也不是一个平衡力系。

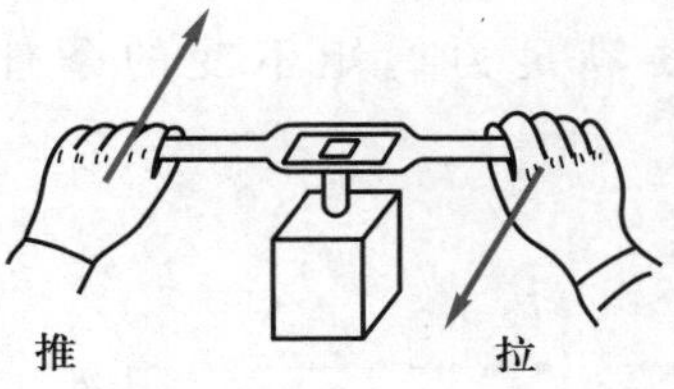

(a)

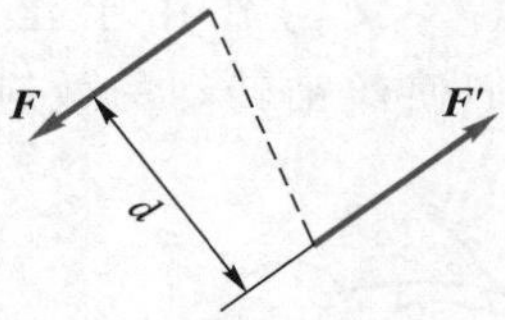

(b)

图 3-5

由实践经验可知:力偶使物体转动的效应既与组成力偶的力的大小成正比,也与力偶中两力作用线间的垂直距离(称为力偶臂)成正比,即力偶对物体的转动效应的强弱与力偶中力的大小和力偶臂长度的乘积成正比。此外,与力对点之矩相同,力偶使物体转动的转向也有逆时针与顺时针之分,转向不同,力偶的效应自然不同。所以,可以用力偶中力的大小与力偶臂长度的乘积,并冠以适当的正负号后得到的代数量来表示力偶的转动效应,称之为力偶矩。如以 $M(\boldsymbol{F},\boldsymbol{F}')$ 表示力偶($\boldsymbol{F}$,$\boldsymbol{F}'$)之矩,则有

$$M(\boldsymbol{F},\boldsymbol{F}') = \pm Fd \tag{3-2}$$

式中,d 代表力偶臂的长度(图 3-5b)。正负号规定为:当力偶使物体逆时针转动时取正号,反之取负号。

力偶矩的单位与力对点之矩的单位相同,也为 N · m 或 kN · m。

如上所述,力偶矩和力对点之矩分别是度量力偶使物体转动的效应和力使物体绕矩心转动的效应的物理量,显然二者有其相同之处。同时,为了找出它们之间的差别,可在力偶所在平面(称为力偶作用面)上任选一点 O 作为矩心(图 3-6),并计算组成力偶的两个力对此矩心之矩的代数和,即

$$M_O(\boldsymbol{F})+M_O(\boldsymbol{F}') = -Fx+F'(x+d) = +Fd = M(\boldsymbol{F},\boldsymbol{F}')$$

式中,x 为力 $\boldsymbol{F}$ 的作用线到矩心 O 的垂直距离。由此可见,组成力偶的两个力对力偶作用面内任一点之矩恒等于力偶矩而与所选矩心的位置无关。这就是力偶矩与力对点之矩(与矩心的位置有关)的主要区别。

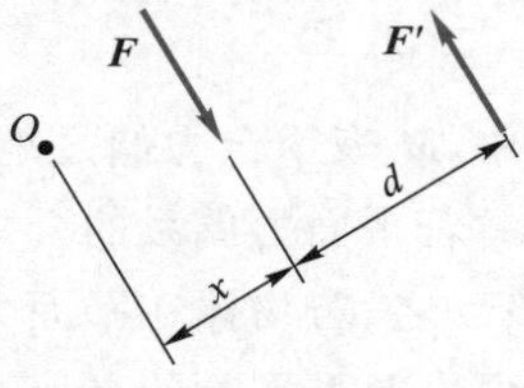

图 3-6

既然力偶只能使物体转动,而且转动效应又完全取决于力偶矩,就可推知在同一平面内的两个力偶等效的必要

与充分条件是这两个力偶的矩相等。

由力偶等效的条件可以推得力偶的下列两个性质：

1. 当力偶矩保持不变时，力偶可在其作用平面内任意移转，而不改变它对刚体的作用。例如，在图 3-7a 中，为了转动方向盘，既可用力偶($\boldsymbol{F}_1$，$\boldsymbol{F}_1'$)作用于它，也可用力偶($\boldsymbol{F}_2$，$\boldsymbol{F}_2'$)作用于它。只要这两个力偶的矩相等，则它们使方向盘转动的效应就完全相同。

2. 当力偶矩保持不变时，可同时相应地改变力偶中力的大小和力偶臂的长度，而不影响力偶对刚体的作用。例如，当用丝锥攻丝时(图 3-7b)，无论以力偶($\boldsymbol{F}_1$，$\boldsymbol{F}_1'$)或($\boldsymbol{F}_2$，$\boldsymbol{F}_2'$)作用于丝锥上，只要满足力偶矩不变的条件(即 $F_1d_1 = F_2d_2$)，则它们使丝锥转动的效应就相同。

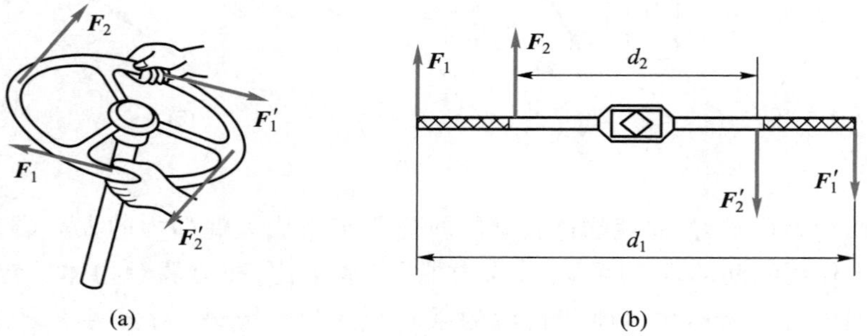

图 3-7

由上述力偶的两个性质可知，对于一个力偶而言，最主要的问题是需要知道它的力偶矩，而不一定需要知道组成力偶的力和力偶臂，也不一定需要知道力偶在其作用面内的位置。因此在图中，习惯上常用图 3-8 所示的符号表示力偶，M 表示力偶矩的大小。

同时作用于同一物体上的若干个力偶，称为力偶系。若力偶系中各力偶均位于同一平面内，则称为平面力偶系。

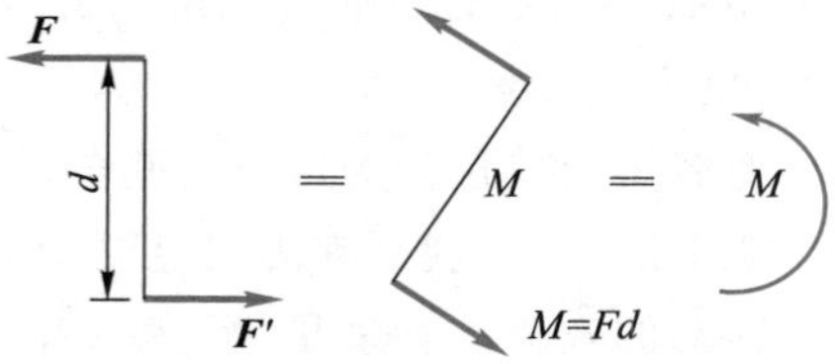

图 3-8

由于力偶只能使物体转动，而且力偶的转动效应由力偶矩确定，所以物体在受平面力偶系作用时，也将只转不移，并且此平面力偶系作为一个整体，其转动效应必等于力偶系中各力偶转动效应的总和。由此可见，平面力偶系实际上与一个力偶等效，换言之，平面力偶系可以合成为一个力偶(称为原力偶系的合力偶)，且此合力偶之矩等于原力偶系中各力偶之矩的代数和，即

$$M = M_1 + M_2 + \cdots + M_n = \sum M_i = 0 \qquad (3-3)$$

式中，M 表示合力偶之矩，而 M_1，M_2，…，M_n 则分别表示原力偶系中各力偶之矩。

若平面力偶系的合力偶之矩为零，则物体在该力偶系作用下将不转动而处于平衡；反之，若物体在平面力偶系作用下处于平衡，则该力偶系的合力偶之矩应为零。故平面力偶系平衡的必要与充分的条件是：力偶系中力偶之矩的代数和为零，即

$$\sum M_i = 0 \tag{3-4}$$

上式称为平面力偶系的平衡方程。

［例 3-2］ 图 3-9a 所示的梁 AB 受一力偶的作用，此力偶之矩 $M=20\ kN\cdot m$，梁的跨度 $l=5\ m$，倾角 $\alpha=60°$，试求支座 A、B 处的约束力，梁重不计。

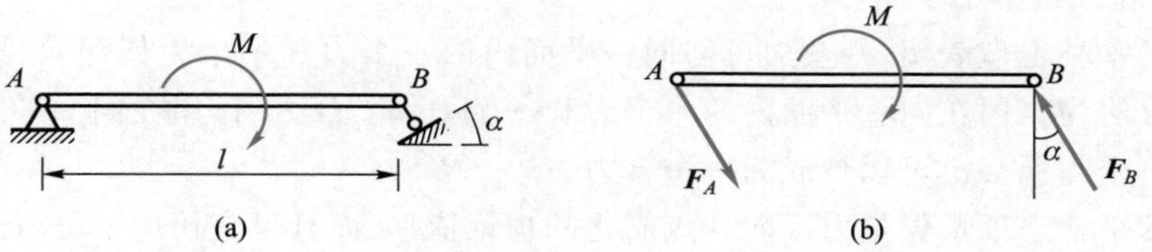

图 3-9

［解］ 取梁 AB 为研究对象。梁在力偶矩 M 和 A、B 两处支座约束力 $\boldsymbol{F}_A$、$\boldsymbol{F}_B$ 的作用下处于平衡。因为力偶只能由力偶平衡，故 $\boldsymbol{F}_A$ 与 $\boldsymbol{F}_B$ 应等值、反向、平行而构成力偶，且知 $\boldsymbol{F}_B$ 必垂直于支座 B 的支承面。图 3-9b 即为梁 AB 的受力图，由力偶系的平衡方程(3-4)得

$$M-F_A l\cos 60° = 0$$

$$F_A = F_B = M/l\cos 60° = 20\ kN\cdot m/(5\ m\times 0.5) = 8\ kN$$

此即所求支座 A、B 处约束力的大小，约束力的方向如图 3-9b 所示。

§3-3 力的平移定理

在研究平面力系的简化之前，还须解决力向一点平移的问题。

设有力 $\boldsymbol{F}$ 作用于物体上的 A 点(图 3-10a)，今于该物体上的 B 点处加入两个互相平衡的力 $\boldsymbol{F}'$ 和 $\boldsymbol{F}''$，且使 $\boldsymbol{F}'=\boldsymbol{F}=-\boldsymbol{F}''$(图 3-10b)。显然，由力 $\boldsymbol{F}'$、$\boldsymbol{F}''$和 $\boldsymbol{F}$ 所组成的力系与原来的力 $\boldsymbol{F}$ 等效。由于力 $\boldsymbol{F}''$与 $\boldsymbol{F}$ 等值、反向、平行，它们组成了力偶($\boldsymbol{F}$，$\boldsymbol{F}''$)，于是原作用于 A 点的力 $\boldsymbol{F}$ 就与现在作用在 B 点的力 $\boldsymbol{F}'$ 和力偶($\boldsymbol{F}$，$\boldsymbol{F}''$)等效，且力偶($\boldsymbol{F}$，$\boldsymbol{F}''$)之矩为

$$M(\boldsymbol{F},\boldsymbol{F}'') = +Fd = M_B(\boldsymbol{F})$$

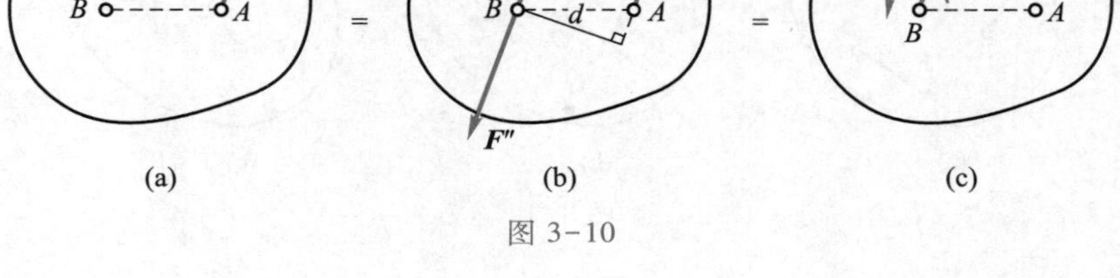

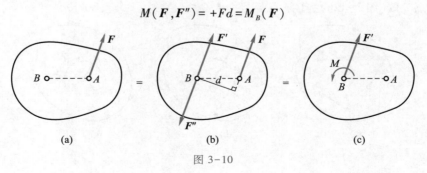

图 3-10

式中，d 为力 $\boldsymbol{F}$ 的作用线到 B 点的垂直距离。又因力 $\boldsymbol{F}$ 和 A、B 两点的位置均可任意假定，故一般说来，上式中的力偶矩可正可负。

由此可见，作用于物体上某点之力可以平移到此物体上的任一点，但须同时附加一个力偶，此力偶之矩等于原来的力对于平移点（即图 3-10 中的 B 点）之矩。显然，此定理只适用于刚体。

力的平移定理表明，一个力可与同一平面内的一个力和一个力偶等效，即可以把一个力分解为作用在同一平面内的一个力和一个力偶。反之，作用在同一平面内的一个力和一个力偶必定可以合成为一个合力。

力的平移定理不仅是力系向一点简化的理论依据，而且可直接用于分析工程实际中所发生的某些现象。例如，图 3-11 中所示的偏心受压柱与中心受压柱比较相当于多受到一个力偶的作用，此力偶之矩为

$$M=-Fe$$

式中，e 为偏心距。正是由于此力偶的存在，所以在压力相等的情况下，偏心受压柱比中心受压柱更易发生倾斜或出现裂缝。又如作用在自由体上某点的力向其重心平移后，力使自由体平行移动，附加力偶使自由体绕重心转动。据此乒乓球运动员可打出变化多样的各种旋转球。

用丝锥攻丝时，为什么单手操作比双手操作容易使丝锥折断？读者可自行思考。

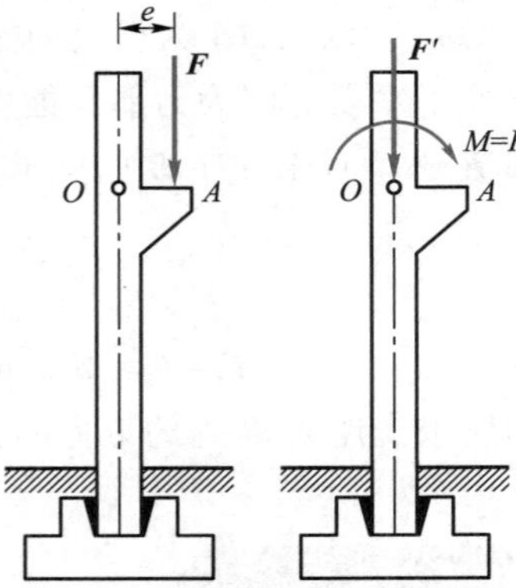

图 3-11

§3-4 平面一般力系向作用面内一点简化

设在某物体上作用一平面一般力系 $\boldsymbol{F}_1, \boldsymbol{F}_2, \cdots, \boldsymbol{F}_n$（图 3-12a）。今于力系所在平面内任选一点 O，并根据力的平移定理将力系中各力均平移到 O 点去，于是原力系便与作用在 O 点的一个平面汇交力系 $\boldsymbol{F}_1', \boldsymbol{F}_2', \cdots, \boldsymbol{F}_n'$ 和一个力偶矩为 $M_1, M_2, \cdots, M_n$ 的附加平面力偶系等效（图 3-12b），且有

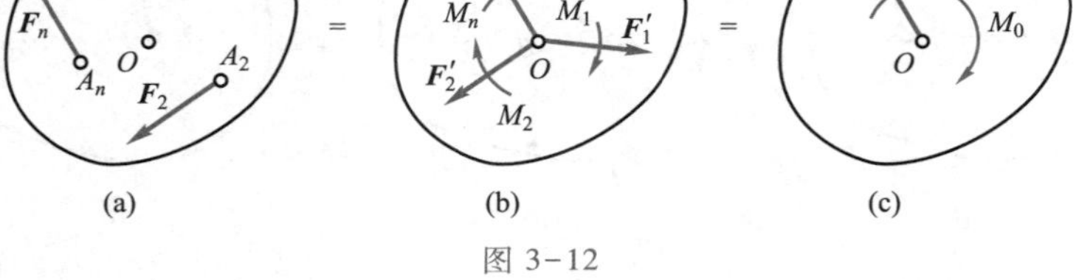

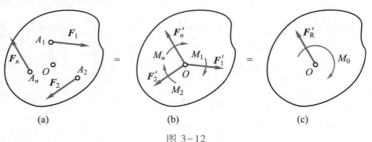

图 3-12

$$F_1' = F_1,\quad F_2' = F_2,\quad \cdots\quad,\quad F_n' = F_n$$
$$M_1 = M_O(F_1),\quad M_2 = M_O(F_2),\quad \cdots\quad,\quad M_n = M_O(F_n)$$

平面汇交力系 $F_1', F_2', \cdots, F_n'$ 可合成为作用于 O 点的一个力 F_R'（图 3-12c），其大小和方向由下式确定：

$$F_R' = \sum F_i' = \sum F_i = (\sum F_{ix})i + (\sum F_{iy})j \tag{3-5}$$

即 F_R' 等于原力系中各力的矢量和。F_R' 称为原力系的主矢量（或主矢）。若以 O 点为原点并于力系所在平面内建立直角坐标系 Oxy，则主矢量在两坐标轴上的投影为

$$F_{Rx}' = \sum F_{ix}$$
$$F_{Ry}' = \sum F_{iy}$$

式中，F_{ix}、F_{iy} 分别为力 $F_i(i=1,2,\cdots,n)$ 在 x 轴和 y 轴上的投影。从而，主矢量 F_R' 的大小和方向余弦为

$$\left.\begin{aligned} F_R' &= \sqrt{(\sum F_{ix})^2 + (\sum F_{iy})^2} \\ \cos(F_R', i) &= (\sum F_{ix})/F_R' \\ \cos(F_R', j) &= (\sum F_{iy})/F_R' \end{aligned}\right\} \tag{3-6}$$

附加平面力偶系可合成为一个力偶，此力偶之矩 M_O 称为原力系对 O 点的主矩，且

$$M_O = \sum M_i = \sum M_O(F_i) \tag{3-7}$$

这样一来，原力系便合成为作用于 O 点的一个力与一个力偶了。这种合成方法称为力系向任选之点 O 简化，O 点称为简化中心。

由此可见，平面一般力系向其作用面内任一点简化，一般可得到一个力和一个力偶，此力作用于简化中心，其矢量称为原力系的主矢量，它等于力系中各力的矢量和；此力偶之矩称为原力系对简化中心的主矩，并等于力系中各力对简化中心之矩的代数和，力偶作用面就是力系所在的平面。

显然主矢量与简化中心的位置无关，而主矩则一般与简化中心的位置有关。这是因为，如改变简化中心的位置，则各附加力偶的力偶臂也将发生改变。因此，对于主矩必须标明它所对应的简化中心（如用 M_O 和 M_A 分别表示以 O 点和以 A 点为简化中心时的主矩）。

由于平面力系向任一点 O 简化时所得的主矢量 F_R' 和主矩 M_O 均可为零或不为零，因而简化结果出现下列几种不同的情况：

（1）$F_R'=0, M_O\neq0$。这时原力系与由主矩 M_O 所代表的力偶等效，此力偶称为原力系的合力偶。又因为力偶对其作用面内任一点之矩恒等于力偶矩，故在此情况下，主矩（即合力偶之矩）与简化中心的位置无关。

（2）$F_R'\neq0$，$M_O=0$。这时原力系与一个作用线通过简化中心，并由主矢量代表其大小和方向的力等效，此力称为原力系的合力，如以 F_R 表示，则有

$$F_R = F_R' = \sum F$$

（3）$F_R'\neq0, M_O\neq0$。这时可根据力的平移定理的逆过程而将作用线通过 O 点的力 F_R' 与由主矩 M_O 所代表的力偶合成为其作用线通过 O' 点的一个力 F_R（图 3-13），此 F_R' 即为原力系的合力，且有

$$\boldsymbol{F}_R = \boldsymbol{F}_R' = \sum \boldsymbol{F}$$

合力 $\boldsymbol{F}_R$ 的作用线到 O 点的垂直距离 d 为

$$d = \frac{|M_O|}{F_R}$$

若站在主矢量 $\boldsymbol{F}_R'$ 的箭头位置往 O 点看去，则当 $M_O>0$ 时，O' 点应在 $\boldsymbol{F}_R'$ 的右侧；当 $M_O<0$ 时，O' 点应在 $\boldsymbol{F}_R'$ 的左侧（图 3-13b）。

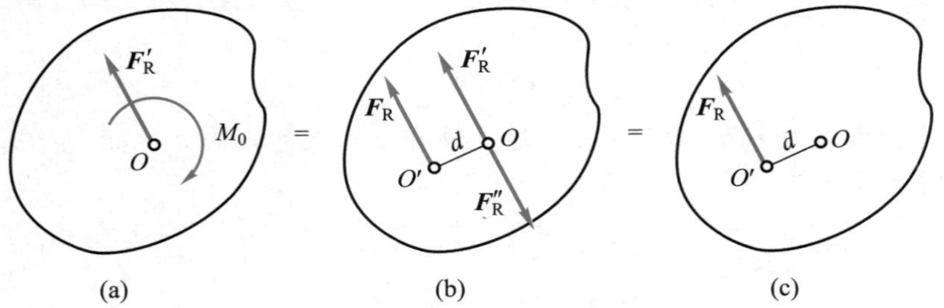

图 3-13

综上所述，只要力系向任一点 O 简化时所得主矢量 $\boldsymbol{F}_R'$ 不为零，则无论主矩 M_O 为零与否，终究可将原力系简化为一个力 $\boldsymbol{F}_R$。且由图 3-13b 知，此合力 $\boldsymbol{F}_R$ 对 O 点之矩为

$$M_O(\boldsymbol{F}_R) = F_R \cdot d = M_O = \sum M_O(\boldsymbol{F})$$

考虑到主矩 $M_O = \sum M_O(\boldsymbol{F})$，故得

$$M_O(\boldsymbol{F}_R) = \sum M_O(\boldsymbol{F}) \tag{3-8}$$

由于简化中心 O 是任意选取的，故上式有普遍意义，即平面一般力系的合力对力系所在平面内任一点之矩等于力系中所有各力对同一点之矩的代数和。这称为平面一般力系的合力矩定理。

若已知力 $\boldsymbol{F}$ 的作用点 A 的直角坐标 x、y 以及力 $\boldsymbol{F}$ 在坐标轴上的投影 F_x、F_y（图 3-14），则利用力沿坐标轴的分解式得

$$\boldsymbol{F} = \boldsymbol{F}_x + \boldsymbol{F}_y = F_x\boldsymbol{i} + F_y\boldsymbol{j}$$

由合力矩定理可计算出力 $\boldsymbol{F}$ 对坐标原点 O 的矩，即

$$M_O(\boldsymbol{F}) = M_O(F_x\boldsymbol{i}) + M_O(F_y\boldsymbol{j}) = xF_y - yF_x$$

而不必找出力臂 d。

作为平面力系简化理论的应用，今分析在工程中较为常见的固定端（或插入端）支座的约束力。例如，房屋的雨篷（图 3-15a）嵌入墙里的一端、管道支架（图 3-15b）埋入地下的一端都受到这种约束。图 3-15c 是它们的结构简图。当这类物体受到位于图平面内的荷载作用时，它们既不能在图平面内沿任何方向移动，也不能绕任何点转动。这时，物体所受约束力构成一个与主动

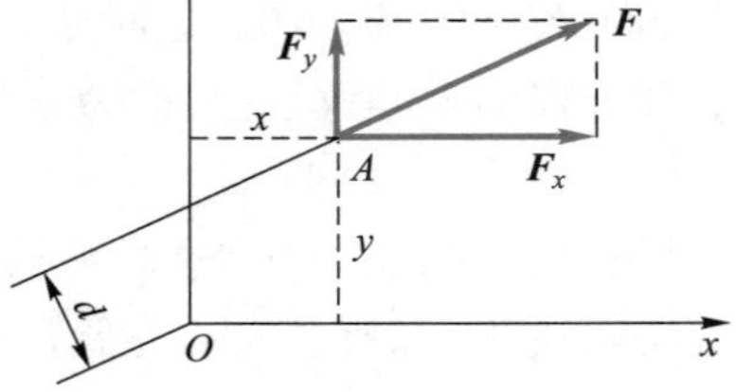

图 3-14

力有关的平面一般力系(图 3-15d)。将此约束力系向构件端部截面的中心点 A 简化,得到一个力 $\boldsymbol{F}_A$和一个矩为 M_A的力偶(图 3-15e),且常分别称此 $\boldsymbol{F}_A$和 M_A为固定端支座在 A 点对物体的约束力和约束力偶矩。$\boldsymbol{F}_A$也可表示为两互相垂直的分力 $\boldsymbol{F}_x$和 $\boldsymbol{F}_y$(图 3-15f)。

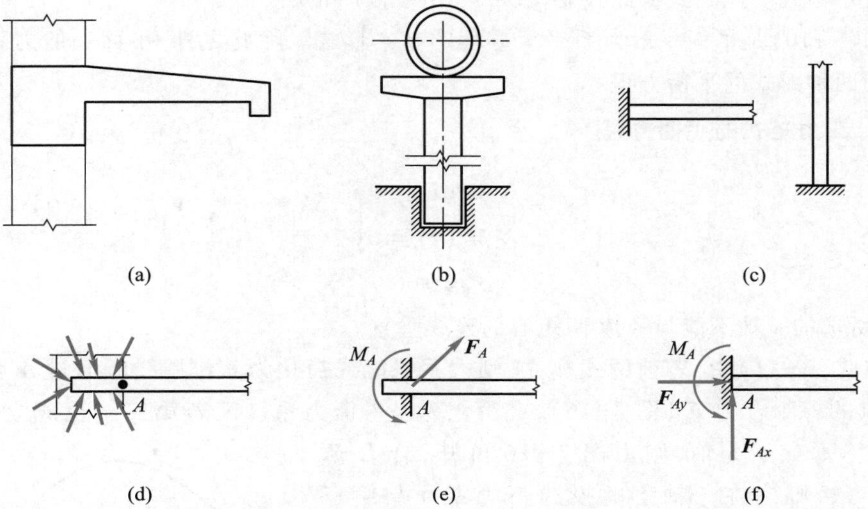

图 3-15

§3-5

平面一般力系的平衡条件和平衡方程

由上节所述可知,一般地讲,平面一般力系与一个力和一个力偶等效,而一个力不能与一个力偶平衡,故若平面一般力系平衡,则与它等效的力和力偶均为零(力偶为零,其矩自当为零)。反之,若与平面一般力系等效的力和力偶均为零,则原力系必为一平衡力系。由此可见,平面一般力系平衡的必要与充分条件是:力系的主矢 $\boldsymbol{F}_{\mathrm{R}}'$和对于任一点 O 的主矩 M_O均为零,即

$$\left.\begin{aligned}\boldsymbol{F}_{\mathrm{R}}'&=\mathbf{0}\\ M_O&=0\end{aligned}\right\}\tag{3-9}$$

根据式(3-6)和式(3-7),上述平衡条件可解析地表示为

$$\left.\begin{aligned}\sum F_x&=0\\ \sum F_y&=0\\ \sum M_O(\boldsymbol{F})&=0\end{aligned}\right\}\tag{3-10}$$

故平面一般力系平衡的必要与充分条件也可叙述为:力系中所有各力在力系所在平面

内任一直角坐标轴上投影的代数和均等于零，且各力对于该平面内任一点之矩的代数和也等于零。这称为平面一般力系平衡的解析条件。

式(3-10)称为平面一般力系的平衡方程(组)，其中前两式称为投影方程，第三式称为力矩方程。此三式彼此独立，故可解出三个未知量。

式(3-10)是平面一般力系平衡方程的基本形式。除此之外，平面一般力系还可有下列两种形式的平衡方程：

1. 二力矩式的平衡方程

$$\left.\begin{array}{l}\sum M_A(\boldsymbol{F})=0\\ \sum M_B(\boldsymbol{F})=0\\ \sum F_x=0\end{array}\right\} \tag{3-11}$$

其中，所选的 x 轴不能与 A、B 两矩心的连线垂直。

在式(3-11)中，若前两式成立，则力系只能或简化为其作用线既通过 A 点又通过 B 点的一个合力 $\boldsymbol{F}_{\mathrm{R}}$(图 3-16)，或简化为一平衡力系。又若第三式也成立，且连线 AB 不垂直于 x 轴，则由图 3-16 可知，合力 $\boldsymbol{F}_{\mathrm{R}}$ 必为零，否则它在 x 轴上的投影不为零而与第三式矛盾。

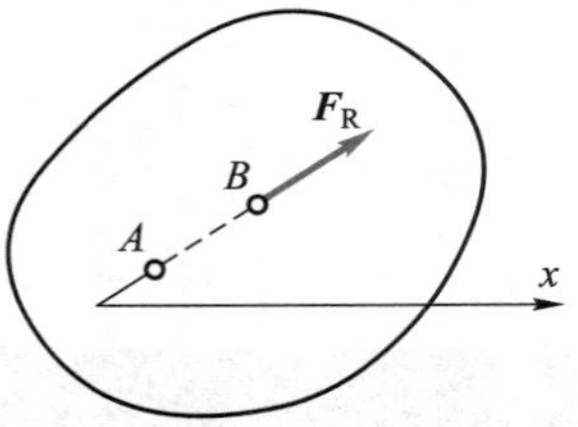

图 3-16

由此可见，式(3-11)的成立充分表明力系是平衡的。反之，如力系是平衡的，则其主矢和对任一点的主矩均为零，故式(3-11)也必然成立。

因此，式(3-11)同样代表了力系平衡的必要与充分条件，所以它也是平面一般力系的平衡方程。

2. 三力矩式的平衡方程

$$\left.\begin{array}{l}\sum M_A(\boldsymbol{F})=0\\ \sum M_B(\boldsymbol{F})=0\\ \sum M_C(\boldsymbol{F})=0\end{array}\right\} \tag{3-12}$$

其中，A、B、C 三点不能共线。

由上可知，式(3-12)的成立表明力系如有合力，则此合力的作用线就应同时通过不共线的 A、B、C 三点，这当然是不可能的，因此力系必然平衡。反之，若力系平衡，则式(3-12)必然成立。所以，式(3-12)同样代表了力系平衡的必要与充分条件，所以它也是平面一般力系的平衡方程。

应当指出，平面一般力系的平衡方程虽有上述三种不同的形式，但在这种力系作用下处于平衡的物体却只能有三个独立的平衡方程式，任何第四个平衡方程都是力系平衡的必然结果，而不是独立的平衡方程。在实际应用中，可按具体情况选取适当形式的平衡方程，力求一个方程中只含一个未知量，以使计算简便。

[例 3-3]　图 3-17a 所示为一管道支架，其上搁置有管道，设每一支架所承受的

管重$G_1=12$ kN，$G_2=7$ kN，且支架自重不计。求支座 A 和 C 处的约束力，尺寸如图所示。

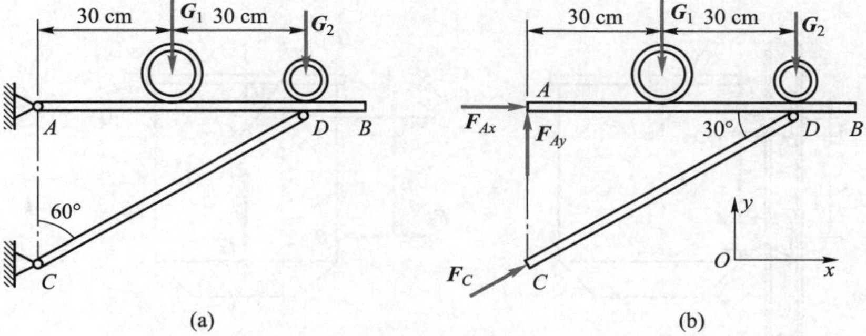

图 3-17

［解］ 已知的主动力 $\boldsymbol{G}_1$、$\boldsymbol{G}_2$ 和支座的约束力 $\boldsymbol{F}_{Ax}$、$\boldsymbol{F}_{Ay}$ 均作用于梁 AB 上。支座 C 处的约束力作用于杆 CD 上，因支架自重不计，杆 CD 仅在两端受力且处于平衡，故为二力构件，支座 C 处的约束力方向沿杆 CD 的中心线方向。

以整体为研究对象，图 3-17b 为其受力图。选图示坐标系，则其平衡方程为

$$\sum M_A(\boldsymbol{F})=0,\quad F_C\cos 30°\times 60\ \text{cm}\times\tan 30°-G_1\times 30\ \text{cm}-G_2\times 60\ \text{cm}=0$$

$$F_C=G_1+2G_2=26\ \text{kN}$$

$$\sum F_x=0,\quad F_C\cos 30°+F_{Ax}=0$$

$$F_{Ax}=-F_C\cos 30°=-22.5\ \text{kN}$$

式中，负号说明实际指向与图中所设的指向相反。

再由

$$\sum F_y=0,\quad F_{Ay}+F_C\sin 30°-G_1-G_2=0$$

得

$$F_{Ay}=G_1+G_2-F_C\sin 30°=6\ \text{kN}$$

如采用二力矩形式的平衡方程解本例，则可将上述投影方程 $\sum F_y=0$ 弃去，而代之以 $\sum M_D(\boldsymbol{F})=0$，即

$$-F_{Ay}\times 60\ \text{cm}+G_1\times 30\ \text{cm}=0$$

$$F_{Ay}=6\ \text{kN}$$

所得结果与上面一致。

同样，如果用三力矩形式的平衡方程解本题，则保留上面的力矩方程 $\sum M_A(\boldsymbol{F})=0$ 和 $\sum M_D(\boldsymbol{F})=0$，并再列出力矩方程 $\sum M_C(\boldsymbol{F})=0$，即

$$-F_{Ax}\times 60\ \text{cm}\times\tan 30°-G_1\times 30\ \text{cm}-G_2\times 60\ \text{cm}=0$$

$$F_{Ax}=-\frac{G_1+2G_2}{2\tan 30°}=-22.5\ \text{kN}$$

所得结果也与上面一致。由此可见，虽然以上对整体总共列出了 5 个平衡方程，但其中只有 3 个彼此独立，故所能求出的未知量不多于 3 个。

［例 3-4］ 图 3-18a 所示的混凝土浇灌器连同所装混凝土共重 $G=60$ kN，重心在 C 处，用钢索沿铅垂导轨匀速吊起，摩擦不计。已知，$a=15$ cm，$b=60$ cm，$\alpha=10°$。求钢索的拉力与导轮 A 和 B 分别对导轨的压力。

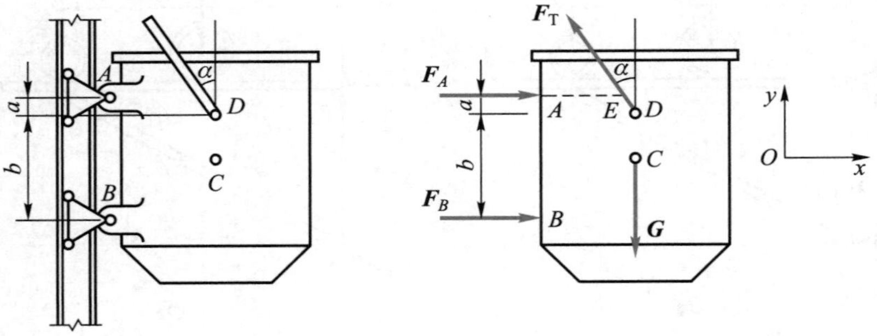

图 3-18

［解］ 以浇灌器连同所装混凝土为研究对象，浇灌器匀速上升，处于平衡状态。浇灌器所受的主动力为作用于 C 点处的重力 $\boldsymbol{G}$，约束力为钢索拉力 $\boldsymbol{F}_{\mathrm{T}}$以及导轮 A 和 B 分别传来的导轨约束力 $\boldsymbol{F}_A$和 $\boldsymbol{F}_B$。由于导轮可沿导轨滚动，它相当于可动铰支座，故 $\boldsymbol{F}_A$和 $\boldsymbol{F}_B$均垂直于导轨，其受力如图 3-18b 所示。建立图示坐标系，列平衡方程

$$\sum F_y=0,\quad F_{\mathrm{T}}\cos\alpha-G=0$$

$$F_{\mathrm{T}}=G/\cos\alpha=60.9\ \mathrm{kN}$$

$$\sum M_E(\boldsymbol{F})=0,\quad F_B(a+b)-G\cdot a\tan\alpha=0$$

$$F_B=G\cdot a\tan\alpha/(a+b)=2.1\ \mathrm{kN}$$

式中，E 为$\boldsymbol{F}_{\mathrm{T}}$、$\boldsymbol{F}_A$两力作用线的交点。又有

$$\sum M_D(\boldsymbol{F})=0,\quad -F_A\cdot a+F_B\cdot b=0$$

$$F_A=\frac{b}{a}F_B=8.4\ \mathrm{kN}$$

故所求钢索拉力 $\boldsymbol{F}_{\mathrm{T}}$的大小为 60.9 kN，而导轮 A 和 B 对导轨的压力$\boldsymbol{F}'_A$和$\boldsymbol{F}'_B$分别与$\boldsymbol{F}_A$和$\boldsymbol{F}_B$等值、反向，即有

$$F'_A=-F_A=-8.4\ \mathrm{kN},\quad F'_B=-F_B=-2.1\ \mathrm{kN}$$

若平面一般力系中各力的作用线互相平行，则称为平面平行力系（图 3-19）。显然，它属于平面力系中的一种特殊情况，其平衡方程可由平面一般力系的平衡方程推出：当取 x 轴与各力作用线垂直时，则各力在 x 轴上的投影均为零，因此式（3-11）中的$\sum F_x=0$ 变为等号两端均为零的恒等式而不再是方程式（即条件等式），所以它不能反映平衡条件。故平面平行力系的平衡方程为

$$\left.\begin{aligned}\sum F_y=0\\ \sum M_O(\boldsymbol{F})=0\end{aligned}\right\}\qquad(3-13)$$

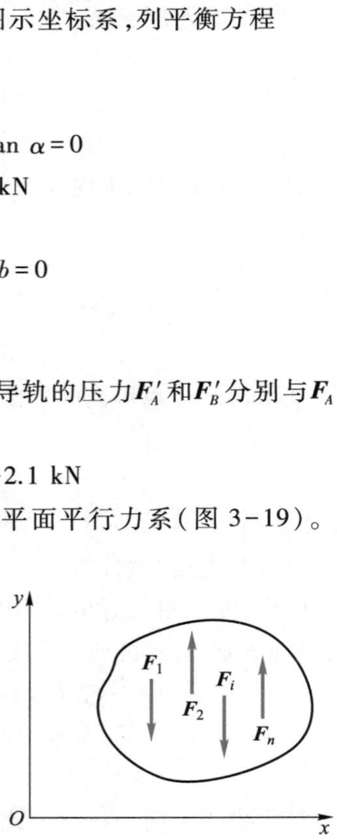

图 3-19

同样,也可将平面平行力系的平衡方程写成下列形式:

$$\left.\begin{aligned}\sum M_A(\boldsymbol{F})=0\\ \sum M_B(\boldsymbol{F})=0\end{aligned}\right\} \tag{3-14}$$

其中 A、B 两矩心连线不能与各力平行。

由于平面平行力系的独立方程只有两个,故可解出两个未知量。

[例 3-5] 塔式起重机如图 3-20 所示。设机身所受的重力为 $\boldsymbol{G}_1$,且其作用线距右轨 B 为 e,载重的重力 $\boldsymbol{G}_2$ 距右轨的最大距离为 l,轨距 $AB=b$,又平衡重的重力 $\boldsymbol{G}_3$ 距左轨 A 为 a。求起重机满载和空载均不致翻倒时平衡重的重量 $\boldsymbol{G}_3$ 所应满足的条件。

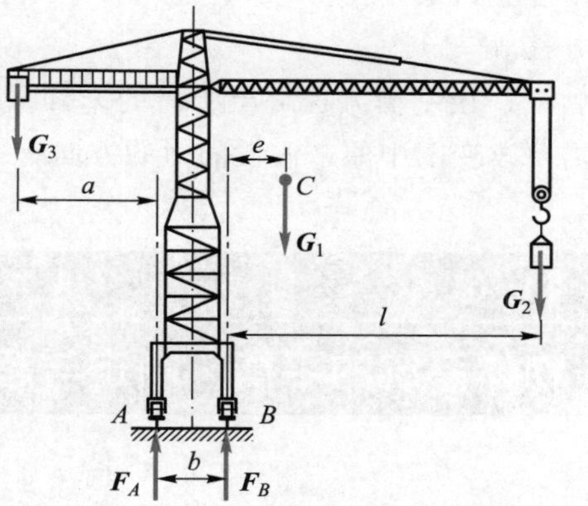

图 3-20

[解] 以起重机整体为研究对象。起重机不致翻倒时其所受的主动力 $\boldsymbol{G}_1$、$\boldsymbol{G}_2$、$\boldsymbol{G}_3$ 和约束力 $\boldsymbol{F}_A$、$\boldsymbol{F}_B$ 组成一平衡的平面平行力系。受力如图所示。

满载的重力 $\boldsymbol{G}_2$ 距右轨最远时,起重机有绕 B 点往右翻倒的趋势,列平衡方程

$$\sum M_B(\boldsymbol{F})=0,\quad -G_2\cdot l-G_1\cdot e+G_3\cdot(a+b)-F_A\cdot b=0$$

$$F_A=[G_3\cdot(a+b)-G_2\cdot l-G_1\cdot e]/b$$

此种情况下,要使起重机不绕 B 点往右翻倒,须使 F_A 满足条件(即不翻倒条件)

$$F_A\geqslant 0$$

其中,等号对应于起重机处于翻倒与不翻倒的临界状态。由以上两式可得满载且平衡时 G_3 所应满足的条件为

$$G_3\geqslant\frac{G_2l+G_1e}{a+b}$$

空载时 $G_2=0$,起重机有绕 A 点向左翻倒的趋势,列平衡方程

$$\sum M_A(\boldsymbol{F})=0,\quad F_B\cdot b-G_1\cdot(b+e)+G_3\cdot a=0$$

$$F_B=[G_1\cdot(b+e)-G_3\cdot a]/b$$

此种情况下,起重机不绕 A 点向左翻倒的条件是

$$F_B\geqslant 0$$

于是空载且平衡时 G_3 所应满足的条件为

$$G_3\leqslant\frac{G_1(b+e)}{a}$$

由此可见,起重机满载和空载均不致翻倒时,平衡重的重量 G_3 所应满足的条件为

$$\frac{G_2l+G_1e}{a+b}\leqslant G_3\leqslant\frac{G_1(b+e)}{a}$$

通过以上诸例，可将平面力系平衡问题的解题步骤和注意事项归纳如下：

1. 根据题意选取适当的研究对象。

2. 对所选的研究对象进行受力分析，正确画出其受力图。

3. 根据受力图中力系的特点，灵活选用力矩方程或投影方程，最好能做到列出的每一个平衡方程中只含一个未知量。为此，应尽量选若干未知力作用线的交点为矩心以建立力矩方程，并尽量选与若干未知力的作用线垂直的轴为投影轴，以建立投影方程。

4. 由平衡方程解出所需的未知量。若所得结果为负，只需说明负号的含义而不需要改变图中原来假设的力的方向。

§3-6 物体系统的平衡 · 静定与超静定问题

在工程实际中，常须研究由若干个物体借助某些约束方式连接而成的物体系统的平衡问题。

当物体系统平衡时，系统内的每部分物体也处于平衡。因此，在解决物体系统的平衡问题时，既可选整个系统为研究对象，也可选其中某部分物体为研究对象，然后列出相应的平衡方程以解出所需的未知量。

若系统由 n 个物体组成且在平面一般力系作用下平衡，则依次选取每个物体为研究对象，共可列出 $3n$ 个独立的平衡方程以解出 $3n$ 个未知量来。当然，若系统中某些物体受平面汇交力系或平面平行力系等作用时，则其独立平衡方程数以及所能求出的未知量数均将相应减少。

在 § 1-4 节中已指出，外界物体对所选研究对象的作用力叫作外力，而该研究对象内部各物体间的相互作用力叫作内力。由于内力必成对存在，且每对内力中的两个力均等值、共线、反向，并同时作用于所选研究对象上，故每对内力均应相互抵消。于是，内力不应出现在受力图和平衡方程中。

内力和外力是相对于所选研究对象而言的。当选整个物体系统为研究对象时，系统内各物体间的相互作用力均为内力。但当只取系统内某部分为研究对象时，则其余部分对该部分的作用力就属于外力了。由此可见，如需求出系统内某两物体间的相互作用力，则应将系统自两物体的连接处拆开以使系统成为两部分，并任取其一为研究对象。于是该两物体间的相互作用力就成为作用于所选研究对象上的外力，理应出现在它的受力图和相应的平衡方程中。

［例 3-6］ 如图 3-21a 所示三铰刚架，其顶部受沿水平方向均匀分布的铅垂荷载的作用，荷载集度 $q=8\ \mathrm{kN/m}$。已知，$l=12\ \mathrm{m}$，$h=6\ \mathrm{m}$，$f=2\ \mathrm{m}$，求支座 A、B 的约束力。刚架的自重不计。

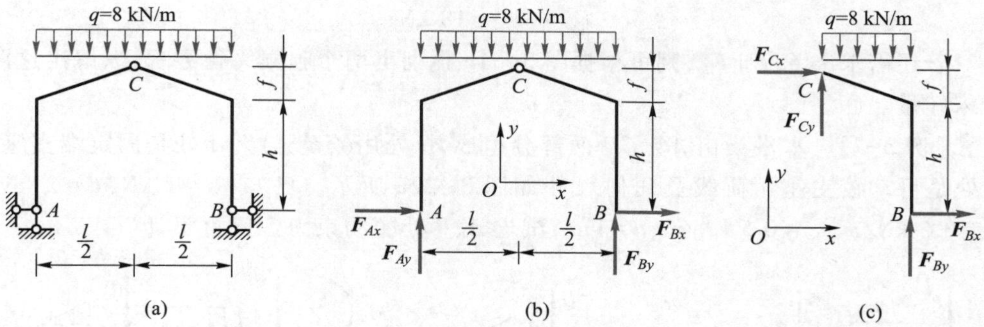

图 3-21

［解］ 对于物体系统的平衡问题，可先考察整体的平衡，若整体能求出某些未知量，就先以整体为研究对象，列出相应的平衡方程并把它们求解出来。然后，再根据系统中与其余还未解出的未知量有关的某部分物体的平衡，求出其余各未知量。

以整体为研究对象，作用于整体上的力有：集度为 q 的均布荷载和 A、B 两支座的约束力 $\boldsymbol{F}_{Ax}$、$\boldsymbol{F}_{Ay}$、$\boldsymbol{F}_{Bx}$ 和 $\boldsymbol{F}_{By}$。图 3-21b 即为整体受力图。平衡方程为

$$\sum M_A(\boldsymbol{F})=0,\quad F_{By}\cdot l-ql\cdot\frac{l}{2}=0$$

$$F_{By}=\frac{1}{2}ql=48\ \text{kN}$$

$$\sum M_B(\boldsymbol{F})=0,\quad -F_{Ay}\cdot l+ql\cdot\frac{l}{2}=0$$

$$F_{Ay}=\frac{1}{2}ql=48\ \text{kN}$$

显然，整体的第三个独立平衡方程无论是取力矩式还是取投影式，其中必同时含有 $\boldsymbol{F}_{Ax}$ 和 $\boldsymbol{F}_{Bx}$ 两个未知量，因此不能由它单独求解。为避免解联立方程，可暂不列出此第三式，而再另选系统中某有关部分为研究对象以解出 $\boldsymbol{F}_{Ax}$ 或 $\boldsymbol{F}_{Bx}$。

选刚架的 BC 部分为研究对象。于是，AC 部分通过铰链 C 对它的作用力 $\boldsymbol{F}_{Cx}$、$\boldsymbol{F}_{Cy}$ 就成为外力。画出 BC 部分的受力图如图 3-21c 所示。因只需求出 $\boldsymbol{F}_{Bx}$，故可取 C 点为矩心建立力矩方程，以避免其余两个不需要的未知力 $\boldsymbol{F}_{Cx}$ 和 $\boldsymbol{F}_{Cy}$ 的出现。

$$\sum M_C(\boldsymbol{F})=0,\quad F_{Bx}\cdot(h+f)+F_{By}\cdot\frac{l}{2}-q\cdot\frac{l}{2}\cdot\frac{l}{4}=0$$

$$F_{Bx}=-18\ \text{kN}$$

式中，负号表示图中所设 $\boldsymbol{F}_{Bx}$ 的指向与实际指向相反。

求出 $\boldsymbol{F}_{Bx}$ 之后，再以整体为研究对象，列出它的第三个独立平衡方程即可求出 $\boldsymbol{F}_{Ax}$ 了。

考虑整体，由 $\sum F_x=0$ 得

$$F_{Ax}+F_{Bx}=0$$

$$F_{Ax}=-F_{Bx}=18\ \text{kN}$$

若还需求出 $\boldsymbol{F}_{Cx}$ 和 $\boldsymbol{F}_{Cy}$，则可根据图 3-21c 再列出两个独立平衡方程，以解出这两个未知量。

[例 3-7]　水平梁由 AC、CD 两部分组成，C 处用铰链连接，A 处是固定端支座，B 处是可动铰支座。荷载及几何尺寸如图 3-22a 所示。已知，$G=1$ kN，$F=2$ kN，$q_1=0.6$ kN/m，$q_2=0.5$ kN/m，$a=1$ m，试求 A、B 处的约束力。梁重不计。

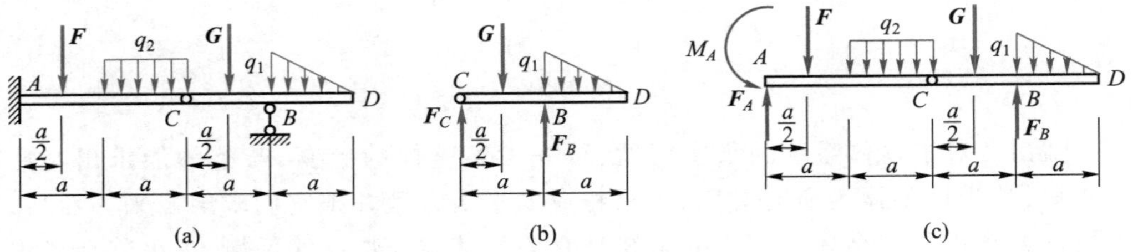

图 3-22

[解]　梁所受的主动力 $\boldsymbol{F}$、$\boldsymbol{G}$ 和两分布荷载均沿铅垂方向，支座 B 的约束力 $\boldsymbol{F}_B$ 也是铅垂的，故固定端支座 A 的约束力 $\boldsymbol{F}_A$ 也必沿铅垂方向，否则梁不能平衡。此外，固定端支座的约束力偶 M_A 也可认为是由两等值、反向、平行的铅垂力组成。于是，梁在由上述诸力组成的平面平行力系作用下平衡，它有两个独立平衡方程。

考虑到在梁的任一平衡方程里均将至少出现未知量 $\boldsymbol{F}_A$、$\boldsymbol{F}_B$ 以及约束力偶 M_A 中的某两个，所以最好先以梁的某部分为研究对象。由于杆 CD 所受的未知约束力较杆 AC 为少（少一个约束力偶），且可以做到一个平衡方程仅含一个未知量，故应先以杆 CD 为研究对象。它所受的主动力有 $\boldsymbol{G}$ 和按三角形分布且最大集度为 q_1 的荷载，约束力有 $\boldsymbol{F}_C$ 和 $\boldsymbol{F}_B$。图 3-22b 为其受力图。又该非均布荷载的合力大小为 $\dfrac{1}{2}q_1a$，且合力作用线距 B 点为 $\dfrac{1}{3}a$。

由平衡方程 $\sum M_C(\boldsymbol{F})=0$，有

$$F_B\cdot a-G\cdot\frac{a}{2}-\frac{1}{2}q_1\cdot a\left(a+\frac{a}{3}\right)=0$$

得

$$F_B=\frac{G}{2}+\frac{2}{3}q_1a=0.9\ \text{kN}$$

再以整体为研究对象，作用于其上的力除题中给出的全部主动力外，还有已解出的约束力 $\boldsymbol{F}_B$、待求的固定端 A 的约束力 $\boldsymbol{F}_A$ 和约束力偶 M_A（图 3-22c）。选图示坐标系，列出平衡方程

$$\sum F_y=0,\quad F_A+F_B-F-q_2\cdot a-G-\frac{1}{2}q_1\cdot a=0$$

得

$$F_A=F+q_2\cdot a+G+\frac{1}{2}q_1\cdot a-F_B=2.9\ \text{kN}$$

$$\sum M_A(\boldsymbol{F})=0,\quad M_A+3aF_B-\frac{a}{2}F-\frac{3}{2}a\cdot q_2a-2.5a\cdot G-\frac{10}{3}a\cdot\frac{1}{2}q_1a=0$$

$$M_A=\frac{a}{2}F+\frac{3}{2}a^2q_2+2.5aG+\frac{5}{3}a^2q_1-3aF_B=2.55\ \text{kN}\cdot\text{m}$$

［例 3-8］ 如图 3-23 所示曲轴冲床简图，由轮Ⅰ、连杆 AB 和冲头 B 组成。A、B 两处为铰链连接。$OA=r$，$AB=l$。如忽略摩擦和物体自重，当 OA 在铅垂位置、冲压力为 $\boldsymbol{F}$ 时，系统处于平衡状态。求作用在轮Ⅰ上的力偶之矩 M 的大小，轴承 O 处的约束力，连杆 AB 所受的力及冲头 B 对导轨的侧压力。

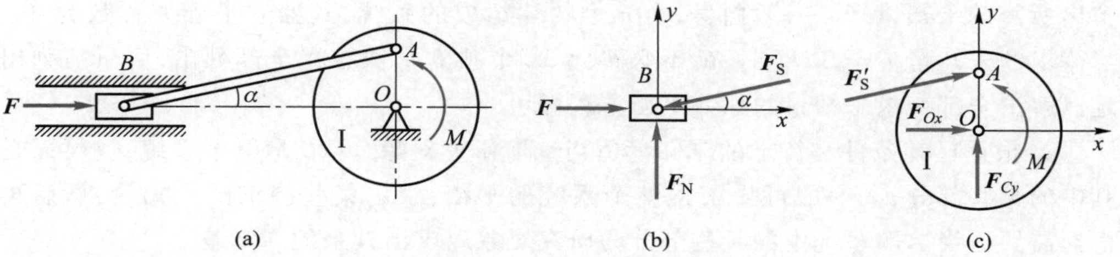

图 3-23

［解］ 这是机构的平衡问题，从已知量到未知量，依运动传动顺序逐个取冲头 B、连杆 AB 和轮Ⅰ为研究对象求解。其中，连杆 AB 为二力杆。

首先，以冲头 B 为研究对象。受力如图所示。选择图示坐标系，列平衡方程

$$\sum F_x=0,\quad -F_S\cos\alpha+F=0$$

得

$$F_S=F/\cos\alpha$$

由图中几何关系

$$\cos\alpha=\frac{\sqrt{l^2-r^2}}{l},\quad \sin\alpha=\frac{r}{l},\quad \tan\alpha=\frac{r}{\sqrt{l^2-r^2}}$$

求得

$$F_S=F\cdot\frac{l}{\sqrt{l^2-r^2}}\quad（压）$$

$$\sum F_y=0,\quad F_N-F_S\sin\alpha=0$$

$$F_N=F\cdot\tan\alpha=F\cdot\frac{r}{\sqrt{l^2-r^2}}$$

由作用力与反作用力的关系，冲头对导轨的侧压力为

$$F'_N=F_N=F\cdot\tan\alpha=F\cdot\frac{r}{\sqrt{l^2-r^2}}$$

再以轮Ⅰ为研究对象。其上所受的力有：力偶矩为 M 的力偶，连杆的作用力 $\boldsymbol{F}'_S$ 以

及轴承 O 的约束力 $\boldsymbol{F}_{Ox}$、$\boldsymbol{F}_{Oy}$，如图 3-23c 所示。选图示坐标系，列平衡方程并求解

$$\sum M_O(\boldsymbol{F})=0,\quad M-F'_{\mathrm{S}}\cos\alpha\cdot r=0$$

$$M=F_{\mathrm{S}}r\cos\alpha=Fr$$

$$\sum F_x=0,\quad F_{Ox}+F'_{\mathrm{S}}\cos\alpha=0$$

$$F_{Ox}=-F_{\mathrm{S}}\cos\alpha=-F\quad（实际指向与图示指向相反）$$

$$\sum F_y=0,\quad F_{Oy}+F'_{\mathrm{S}}\sin\alpha=0$$

$$F_{Oy}=-F_{\mathrm{S}}\sin\alpha=-F\cdot\frac{r}{\sqrt{l^2-r^2}}（实际指向与图示指向相反）$$

通过以上三例可将物体系统平衡问题的解法和步骤归纳如下：

1. 比较系统的独立平衡方程数与未知量数，若前者等于后者则可根据平衡方程解出所需的未知量来。一般而言，由 n 个物体组成的系统，其独立平衡方程数为 $3n$，当待求的未知量少于 $3n$ 个时，就不必将此 $3n$ 个独立平衡方程全部列出，而只需列出足以解出全部待求未知量的那些平衡方程即可。

2. 根据已知条件和待求的未知量适当选取研究对象（可以是整个系统，也可以是其中的某些部分）。一般可先根据整个系统的平衡，求出某些待求的未知量，然后再根据需要适当选取系统中的某些部分为研究对象以求出其余的未知量。

3. 画出所选研究对象的受力图，在受力图上只画外力而不画内力。但应注意，外力与内力区分是相对于所选的研究对象而言的。此外，在将物体系统拆开时，应牢记在拆开处系统的两部分之间的相互作用力必须符合作用与反作用定律。

4. 根据受力图列出必要的平衡方程。这时为了解题的简便，应注意选取适当的投影轴或力矩轴，力求做到在一个平衡方程中只含一个未知量。

迄今为止，我们曾多次提到在物体或物体系统的平衡问题中，当未知量的数目不多于独立平衡方程的数目时，全部未知量均可由平衡方程求出，这样的问题称为静定问题，以前所列举的平衡问题的例子都属于此类。反之，若未知量的数目多于平衡方程的数目，则由平衡方程就解不出全部未知量来，这样的平衡问题称为超静定（或静不定）问题。例如，图 3-24、图 3-25 所示的梁和图 3-26 所示的两铰刚架的平衡问题都是超静定问题。超静定问题的特点是具有“多余的”约束，所以未知量的数目多于平衡方程数量。

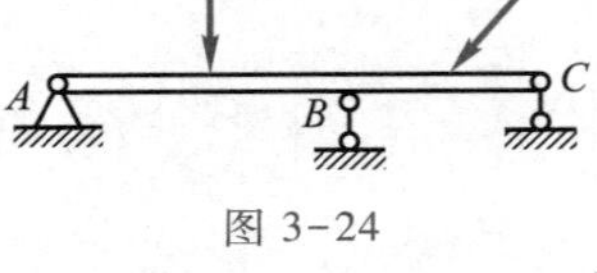

图 3-24

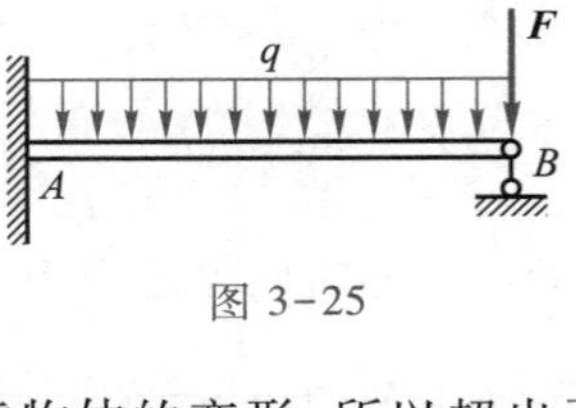

图 3-25

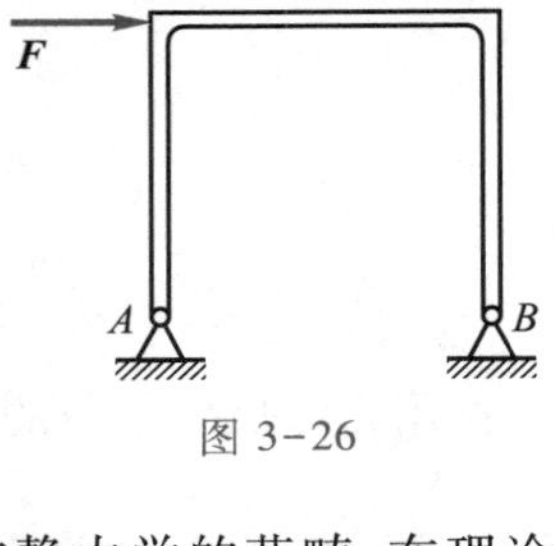

图 3-26

解决超静定问题时需要考虑物体的变形，所以超出了刚体静力学的范畴，在理论力学中不予讨论，留待以后在材料力学和结构力学中去研究。

§3-7 滑动摩擦

摩擦是生产和生活实践中经常遇到的现象。但在前面对物体进行受力分析时，总是将摩擦力作为次要因数而忽略不计，这是因为实际上许多物体的相互接触面确实比较光滑，或有良好的润滑条件，以至于摩擦力与物体所受的其他力相比的确很小，它对所研究的问题无明显影响。为便于抓住主要矛盾，进行这样的简化是必要的，也常为实际工程所允许。但在某些问题中，摩擦力对物体的平衡或运动起着重要的作用，必须计入其影响，而且还应作为重要因素来考虑。例如，重力式挡土墙就依靠墙的底部与地基之间的摩擦力以防止墙身在土压力作用下的滑动。此外，建筑物的摩擦桩，依靠摩擦来承受荷载；机床上的夹具依靠摩擦力来锁紧工件；机械中利用摩擦来传动或制动等，都是利用摩擦的例子。当然，摩擦也有不利的一面。例如，摩擦给各种机械带来阻力，使机器发热，引起零部件的磨损，从而消耗能量，降低效率和使用寿命，影响机器的正常使用。因此，对摩擦现象的本质和规律应有一定的认识，才能充分利用它有利的一面和尽量避免它不利的一面。

一、静(滑动)摩擦定律

在固定平面上放一重为 G 的物块，通过一跨过滑轮的绳而与盛有砝码的盘子相连(图3-27a)。物块平衡时绳子对物块的拉力之值应与砝码和盘的重量相等。实践表明，只要拉力的值不超过某一限度，则物块虽有向右运动的趋势，但仍处于静止状态。可见，支承面对于物块除作用有沿支承面法线方向的约束力 $\boldsymbol{F}_N$ 外，在接触面上还有一个阻止物块沿支承面滑动的力 $\boldsymbol{F}_f$ 存在(图 3-27b)。力 $\boldsymbol{F}_f$ 称为静滑动摩擦力，简称静摩擦力。

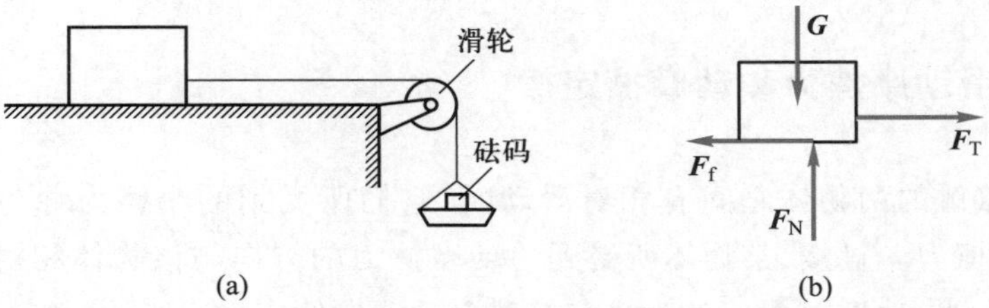

图 3-27

由物块的平衡可知，静摩擦力 $\boldsymbol{F}_f$ 与拉力 $\boldsymbol{F}_T$ 等值，即 $\boldsymbol{F}_T=-\boldsymbol{F}_f$。当 $\boldsymbol{F}_T$ 为零时，物块相对于支承面无滑动趋势，于是静摩擦力 $\boldsymbol{F}_f$ 也为零；当 $\boldsymbol{F}_T$ 的值增大时，$\boldsymbol{F}_f$ 的值亦随之增大。当拉力 $\boldsymbol{F}_T$ 的值增大到某一限度时，物块处于由静到动的临界平衡状态，此后如继

续增大 $\boldsymbol{F}_T$ 的值，物块就将向右滑动。这说明物块处于临界平衡状态时，它所受到的静摩擦力 $\boldsymbol{F}_f$ 已达其可能有的最大值 $\boldsymbol{F}_{f,max}$，这时的静摩擦力 $\boldsymbol{F}_{f,max}$，称为最大静摩擦力。

由此可见，静摩擦力之值存在于一个明确的范围内，即

$$0 \leqslant F_f \leqslant F_{f,max} \tag{3-15}$$

静摩擦力的方向与接触处相对滑动的趋势相反（图 3-27b），而大小一般由平衡条件决定。在很多工程问题中，最大静摩擦力具有重要意义，它直接关系到工程的安全与经济。

大量的实验结果表明，最大静摩擦力 $\boldsymbol{F}_{f,max}$ 的大小与接触面上法向约束力 $\boldsymbol{F}_N$ 的大小成正比，即

$$F_{f,max} \propto F_N$$

或

$$F_{f,max} = f_s F_N \tag{3-16}$$

这就是静滑动摩擦定律，简称静摩擦定律。式（3-16）中的比例因数 f_s 称为静滑动摩擦因数，简称静摩擦因数，它与两接触物体的构成材料、接触面的粗糙程度、温度和湿度等因素有关，且一般与接触面积的大小无关。静摩擦因数 f_s 的值由实验测定，工程中常用材料的 f_s 值可以从工程手册中查到。表 3-1 中列出了某些材料的 f_s 值以供参考。

表 3-1　某些材料的静摩擦因数的约值

材料名称	钢与钢	钢与铸铁	砖与混凝土	土与混凝土	土与木材	皮革与铸铁	木材与木材	石与砖或砖与砖
f_s 值	0.1~0.3	0.3	0.76	0.3~0.4	0.3~0.65	0.3~0.5	0.4~0.6	0.5~0.73

上述静摩擦定律虽然只是个近似定律，但使用方便，并且对于一般的工程问题已足够精确，所以现在仍广泛应用。

由式（3-16）知，要增大 $F_{f,max}$，可通过增大 f_s（如在汽车轮胎上刻花纹，冰冻季节在行驶的汽车轮子上缠链条等）或增大 F_N（如使带轮上的带张紧等）来实现。要减小 $F_{f,max}$，则可通过减小 f_s（如在两物体的接触面上加润滑剂，以增加接触面的光洁度）或减小 F_N 来实现。

二、动滑动摩擦力和动摩擦定律

当相互接触的两物体之间有相对滑动时，它们所受到的摩擦力称为动滑动摩擦力，简称动摩擦力。显然，某物体所受到的动摩擦力的方向与该物体相对滑动的方向相反。实验表明，动摩擦力 $\boldsymbol{F}'_f$ 的大小与接触上的法向约束力成正比，故有

$$F'_f = f F_N \tag{3-17}$$

称为动滑动摩擦定律，简称动摩擦定律。式（3-17）中的比例因数 f 称为动滑动摩擦因数，简称动摩擦因数，它除与两接触物体的构成材料和接触面的粗糙程度、温度和湿度等因素有关外，通常还随着物体相对滑动速度的增大而略有减小。但当速度变化

不大时，一般可将它作为常数，其值由实验测定。

实验表明，动摩擦因数 f 略小于静摩擦因数 f_s，即 $f<f_s$。所以，要使物体在支承面上由静止开始滑动比较费力，而一旦滑动后要使它保持匀速滑动则相对省力。

前已指出，静摩擦力可在由零到其最大值 $F_{f,max}$ 之间取任一（由主动力决定的）值，但动摩擦力之值却可看成是由式（3-17）所决定的一个定值，这就是它们的不同之处。

三、摩擦角和自锁现象

物体所受来自支承面的法向约束力 $\boldsymbol{F}_N$ 和摩擦力 $\boldsymbol{F}_f$ 都属于支承面对物体的约束力，它们的合力 $\boldsymbol{F}_R$（图 3-28a）称为支承面对物体的全约束力。在图 3-28a 中，如垂直于支承面的主动力 $\boldsymbol{G}$ 不变，则在物体开始滑动前，摩擦力 $\boldsymbol{F}_f$ 以及全约束力 $\boldsymbol{F}_R$ 与支承面法线间的夹角 φ 均随平行于支承面的主动力 $\boldsymbol{F}_1$ 的增大而增大。

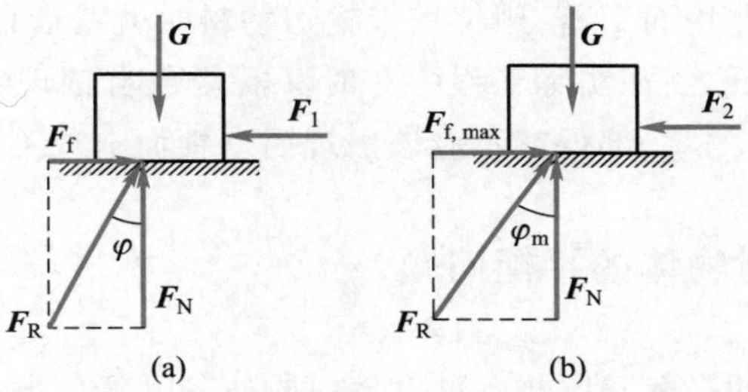

图 3-28

设力 $\boldsymbol{F}_1$ 增大到 $\boldsymbol{F}_2$ 时，物体处于临界平衡状态，则这时的摩擦力为 $\boldsymbol{F}_{f,max}$；同时，角 φ 达其最大值 φ_m，φ_m 称为摩擦角（图 3-28b）。或者说，摩擦角就是当摩擦力达到最大值时，全约束力与支承面法线间的夹角。显然有

$$0 \leqslant \varphi \leqslant \varphi_m \tag{3-18}$$

摩擦角的值与 $\boldsymbol{F}_{f,max}$ 的值相对应，因而也与静摩擦因数 f_s 有关。由图 3-28b 可知

$$\tan\varphi_m = \frac{F_{f,max}}{F_N} = f_s \tag{3-19}$$

即摩擦角的正切等于静摩擦因数。

由实验测出摩擦角 φ_m 之后即可根据式（3-19）计算出静摩擦因数 f_s。

摩擦角对应于临界平衡状态，它代表了物体由静止变成运动这一进程的转折点，在需要考虑静摩擦力的平衡问题中，它与最大静摩擦力具有同样重要的意义。

前已指出，静摩擦力 $\boldsymbol{F}_f$ 的值不能超过它的最大值 $F_{f,max}$，所以全约束力与支承面法线间的夹角也不可能大于摩擦角。因此，若作用于物体上的主动力的合力 $\boldsymbol{F}_{Ra}$ 的作用线与支承面法线间的夹角 θ 大于摩擦角 φ_m（图 3-29a），则全约束力 $\boldsymbol{F}_R$ 就不可能与 $\boldsymbol{F}_{Ra}$ 共线，从而它们不可能平衡，于是物体将发生滑动。

反之，若主动力的合力 $\boldsymbol{F}_{Ra}$ 的作用线与支承面法线间的夹角 θ 小于摩擦角 φ_m，即 $\theta<\varphi_m$（图3-29b），则无论主动力 $\boldsymbol{F}_{Ra}$ 多大，只要支承面不被压坏，它总能够为全约束力所平

衡,因而物体将静止不动。这种只需要使主动力的合力作用线在摩擦角的范围内,物体依靠摩擦总能静止而与主动力大小无关的现象称为自锁。显然,若 $\theta=\varphi_m$(图 3-29c),则物体处于临界平衡状态。

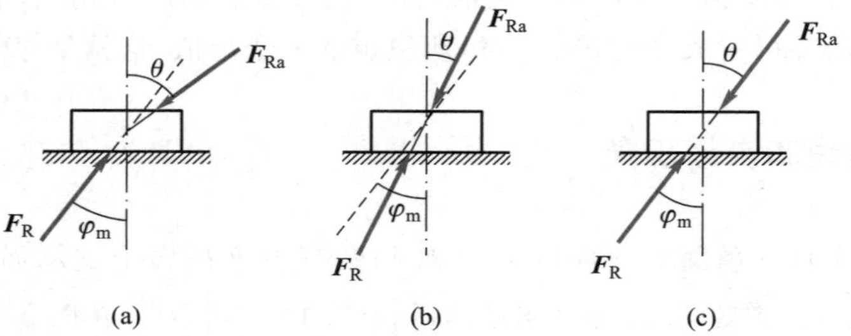

图 3-29

自锁现象在工程中有重要的应用。例如,用螺旋千斤顶顶起重物时就是借自锁以使重物不致因重力的作用而下落;用传送带输送物料时就是借自锁以阻止物料做相对于传送带的滑动等。反之,在实际工程中有时又需避免自锁现象的发生。例如,当机器正常运转时,其运动的零、部件就不应该出现因自锁而卡住不动的情况。

四、考虑摩擦时物体的平衡问题

考虑摩擦时物体的平衡问题与不计摩擦时物体的平衡问题的共同之处在于:它们都是平衡问题,因而作用在物体上的力系都满足力系的平衡条件。但是,它们也有不同之处,即在考虑摩擦时物体的平衡问题中,除约束力应包含摩擦力之外,还须注意摩擦力的大小是可以在一定范围内变化的。

摩擦力是未知力,一般地讲,其值应由主动力并根据平衡条件确定。但当物体处于临界平衡状态时,摩擦力应达其最大值 $f_s F_N$。至于摩擦力的方向,则恒与相对滑动趋势的方向相反,通常不能任意假设。由于摩擦力的大小可在一定范围内变化,所以这类平衡问题的解答不是一个确定的值,而是用不等式所表示的一个范围,称为平衡范围。

[例 3-9] 将重量为 G 的物块放在斜面上,如图 3-30a 所示。已知物块与斜面间的静摩擦因数 f_s,且斜面倾角 α 大于摩擦角 φ_m。试求维持物块在斜面上静止所需水平力 $\boldsymbol{F}$ 的大小。

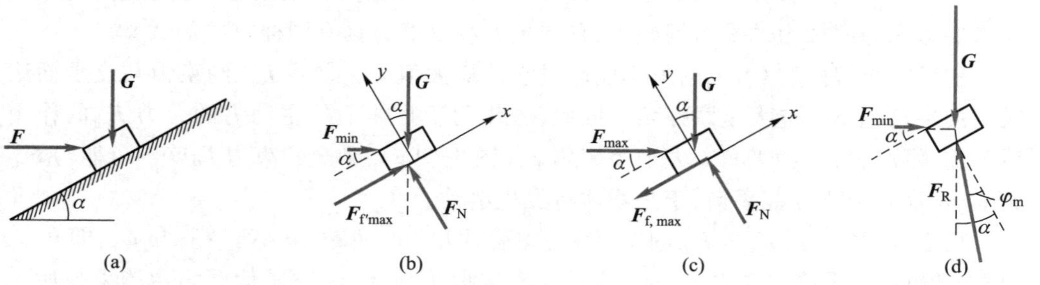

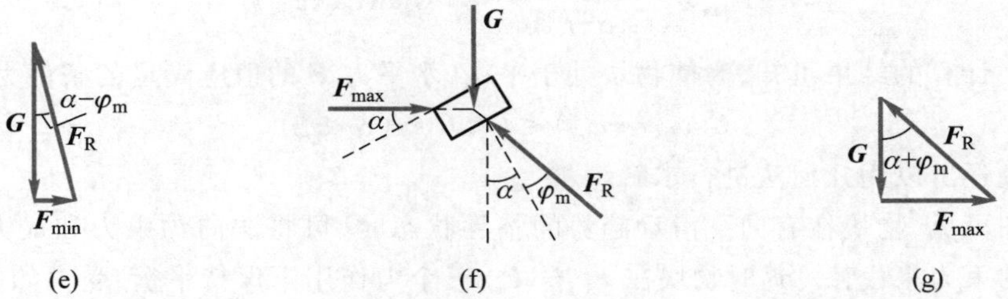

图 3-30

［解］ 这是一个考虑摩擦的物体平衡时，主动力所应满足的范围问题。

以物块为研究对象。因 $\alpha>\varphi_m$，故由图可见，若无水平力 $\boldsymbol{F}$，则物块不能维持平衡而将沿斜面下滑。今以水平力 $\boldsymbol{F}$ 作用于物块而使其处于平衡，则力 $\boldsymbol{F}$ 所可能有的最小值对应于使物块处于下滑的临界平衡状态时，摩擦力应沿斜面向上且其值为 $F_{f,min}$。图 3-30b 即为物块处于下滑的临界平衡状态时的受力图。

建立图示坐标系，由平衡条件有

$$\sum F_x=0,\quad F_{min}\cos\alpha+F_{f,max}-G\sin\alpha=0 \tag{1}$$

$$\sum F_y=0,\quad F_N-F_{min}\sin\alpha-G\cos\alpha=0 \tag{2}$$

又由摩擦定律得

$$F_{f,max}=f_sF_N \tag{3}$$

由式(1)、(2)与式(3)得

$$F_{min}\cos\alpha+f_s(F_{min}\sin\alpha+G\cos\alpha)-G\sin\alpha=0$$

$$F_{min}=\frac{\sin\alpha-f_s\cos\alpha}{\cos\alpha+f_s\sin\alpha}G$$

将 $f_s=\tan\varphi_m$ 代入上式得

$$F_{min}=G\tan(\alpha-\varphi_m)$$

由此看出，若 $\alpha\leqslant\varphi_m$，则 $F_{min}\leqslant0$，即说明物块在斜面上不需要水平力 $\boldsymbol{F}$ 也能维持平衡，此即物块在有摩擦的斜面上不下滑的条件。它与物块的重力无关，这就是自锁现象。

如水平力 $\boldsymbol{F}$ 的值过大，则物块也不能平衡而将沿斜面上滑。为使物块保持平衡所可能有的最大水平力 $\boldsymbol{F}_{max}$ 对应于物块处于上滑的临界平衡状态，这时，摩擦力也达其最大值 $F_{f,max}$，但沿斜面向下。在此上滑的临界平衡状态时物块的受力如图 3-30c 所示。根据平衡条件，有

$$\sum F_x=0,\quad F_{max}\cos\alpha-F_{f,max}-G\sin\alpha=0 \tag{4}$$

$$\sum F_y=0,\quad F_N-F_{max}\sin\alpha-G\cos\alpha=0 \tag{5}$$

又由摩擦定律有

$$F_{f,max}=f_sF_N=F_N\tan\varphi_m \tag{6}$$

由式(4)、(5)与式(6)得

$$F_{max}=\frac{\sin\alpha+f_s\cos\alpha}{\cos\alpha-f_s\sin\alpha}G=G\tan(\alpha+\varphi_m)$$

综合以上计算的结果可知,为使物块处于平衡,水平力 $\boldsymbol{F}$ 的值应满足的条件为

$$G\tan(\alpha-\varphi_m)\leqslant F\leqslant G\tan(\alpha+\varphi_m)$$

本题还可以用几何法进行求解。

由图可见,物块在有向下滑动趋势的临界状态时,可将法向约束力和最大静摩擦力用全约束力来代替。这时物块在 $\boldsymbol{F}_R$、$\boldsymbol{G}$、$\boldsymbol{F}_{min}$ 三个力作用下保持平衡,受力如图 3-30d 所示。根据汇交力系平衡的几何条件,可画得如图 3-30e 所示的封闭的力的三角形。求得水平推力 $\boldsymbol{F}$ 的最小值为

$$F_{min}=G\tan(\alpha-\varphi_m)$$

同样可画得物块在有向上滑动趋势的临界状态时的受力图(图 3-30f)。作封闭的力的三角形如图 3-30g 所示。得水平推力 $\boldsymbol{F}$ 的最大值为

$$F_{max}=G\tan(\alpha+\varphi_m)$$

结果与解析法计算结果完全相同。

[**例 3-10**] 图 3-31 所示为起重装置的制动器,已知重物的重量为 G,制动块与鼓轮间的静摩擦因数为 f_s,各部分尺寸如图所示。问在手柄上作用的力 $\boldsymbol{F}$ 至少应为多大才能保持鼓轮静止?

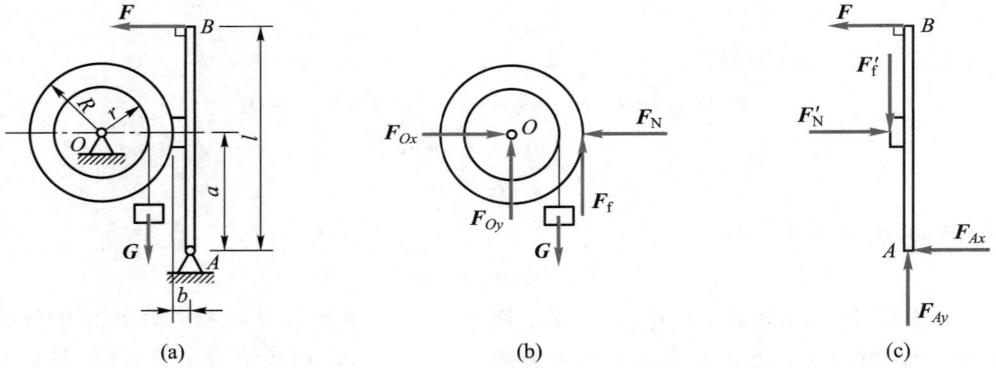

图 3-31

[解] 当以力 $\boldsymbol{F}$ 作用于手柄时,制动块紧压鼓轮。又因鼓轮受到主动力 $\boldsymbol{G}$ 的作用,在它与制动块接触处二者有相对滑动趋势,因此出现了摩擦力 $\boldsymbol{F}_f$(或$\boldsymbol{F}'_f$)。图 3-31b 和图 3-31c 分别是鼓轮和手柄的受力图。鼓轮静止时,由平衡方程

$$\sum M_O(\boldsymbol{F})=0,\quad F_f\cdot R-G\cdot r=0 \tag{1}$$

根据手柄的平衡,有

$$\sum M_A(\boldsymbol{F})=0,\quad F\cdot l+F'_f\cdot b-F'_N\cdot a=0 \tag{2}$$

当鼓轮处于临界平衡状态时,$F_f=F_{f,max}=f_sF_N$。且由式(2)知,这时为保持静止所需之 $F=F_{min}$。于是,式(1)与式(2)分别化为

$$F_N=\frac{Gr}{f_sR}\quad 与 \quad F'_N=\frac{F_{min}l}{a-f_sb}$$

考虑到 $F_N=F'_N$，即可求出所需的力 $\boldsymbol{F}$ 的最小值，即

$$F_{min}=\frac{Gr}{Rl}\left(\frac{a}{f_s}-b\right)$$

［例 3-11］ 梯子 AB 长为 $2a$，重为 G，其一端放在水平地面上，另一端靠在铅垂墙面上（图3-32a），接触面的摩擦角均为 φ_m。求梯子平衡时，它与地面的夹角 α。设梯子重量沿其长度均匀分布。

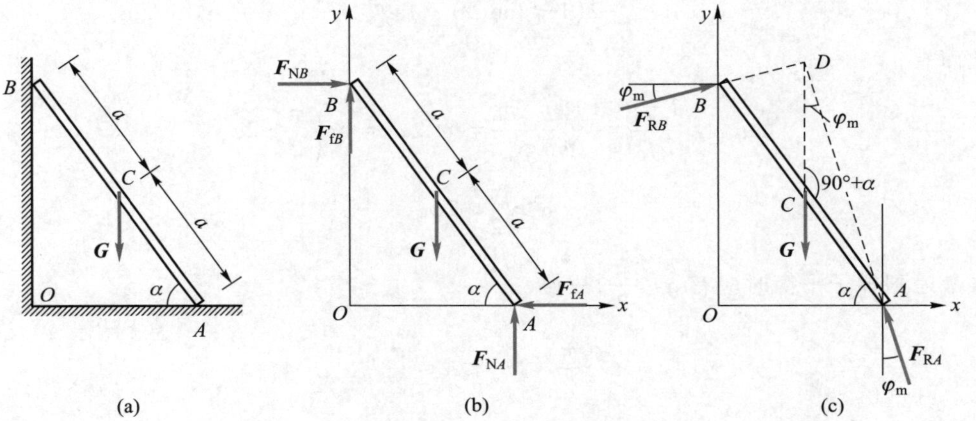

图 3-32

［解］ 以梯子为研究对象。梯子虽然处于平衡，但在重力 $\boldsymbol{G}$ 作用下，其上端 B 有往下滑动的趋势，从而下端 A 有往右滑动的趋势。故梯子在 A、B 两端所受摩擦力 $\boldsymbol{F}_{fA}$ 和 $\boldsymbol{F}_{fB}$ 的方向如图 3-32b 所示。图中 $\boldsymbol{F}_{NA}$、$\boldsymbol{F}_{NB}$ 分别为梯子在其 A、B 两端所受的法向约束力。建立图示坐标系，根据平衡条件，有

$$\sum F_x=0,\quad F_{NB}-F_{fA}=0 \tag{1}$$

$$\sum F_y=0,\quad F_{NA}+F_{fB}-G=0 \tag{2}$$

再由摩擦定律，有

$$F_{fA}\leqslant f_sF_{NA}=\tan\varphi_m\cdot F_{NA} \tag{3}$$

$$F_{fB}\leqslant f_sF_{NB}=\tan\varphi_m\cdot F_{NB} \tag{4}$$

由式（2）与式（4）得

$$F_{NA}+f_sF_{NB}\geqslant G \tag{5}$$

联立式（5）与式（1）得

$$F_{NA}+f_sF_{fA}\geqslant G$$

再将式（3）代入得

$$F_{NA}\geqslant\frac{G}{1+f_s^2} \tag{6}$$

根据题意需要求 α 而不是求 $\boldsymbol{F}_{NA}$，所以应再列出含 $\boldsymbol{F}_{NA}$ 和 α 的平衡方程，以便与式(6)联立解出 α 来，故取

$$\sum M_B(\boldsymbol{F})=0,\quad F_{NA}\cdot 2a\cos\alpha-F_{fA}\cdot 2a\sin\alpha-G\cdot a\cos\alpha=0$$

$$2F_{NA}(\cos\alpha-f_s\sin\alpha)\leqslant G\cos\alpha$$

$$F_{NA}\leqslant\frac{G}{2(1-f_s\tan\alpha)}\tag{7}$$

联立式(6)与式(7)得

$$\frac{G}{2(1-f_s\tan\alpha)}\geqslant\frac{G}{1+f_s^2}$$

从而有

$$\tan\alpha\geqslant\frac{1-f_s^2}{2f_s}=\frac{1-\tan^2\varphi_m}{2\tan\varphi_m}=\cot 2\varphi_m=\tan\left(\frac{\pi}{2}-2\varphi_m\right)$$

$$\alpha\geqslant\frac{\pi}{2}-2\varphi_m$$

再考虑到梯子平衡时应有 $\alpha\leqslant\dfrac{\pi}{2}$，故得

$$\frac{\pi}{2}-2\varphi_m\leqslant\alpha\leqslant\frac{\pi}{2}$$

此即梯子平衡时，它与地面间的夹角 α 所应满足的条件。实际上这也是梯子的自锁条件。

由以上几例可以看出，解决考虑摩擦力时的平衡问题，有两种方法：其一，是研究物体的临界平衡状态，将摩擦力用最大摩擦力代替，由平衡方程求出所需未知量的临界值，并结合具体情况判断它是平衡范围的最大值还是最小值，进而确定此平衡范围(如例 3-9)；其二，是将物体的平衡方程与静摩擦定律的表达式 $F_f\leqslant f_sF_N$ 联立，直接求出表示平衡范围的解答(如例 3-11)。两种方法各有优劣，不宜偏废，必要时扬长避短交换使用，才能使问题相对简便地得到正确的解答。

思考题

3-1 力矩和力偶矩有什么区别？

3-2 若一平面力系向其平面内任一点简化的结果都相同，此力系的最后简化结果可能是什么？

3-3 平面汇交力系的平衡方程除了基本形式 $\sum F_x=0$，$\sum F_y=0$ 外，还有没有其他形式？

3-4 某平面力系向 A、B 两点简化的主矩皆为零，此力系简化的最终结果可能是一个力吗？可能是一个力偶吗？可能平衡吗？

3-5 如平面一般力系的力的多边形自行封闭，该力系简化的最后结果可能是

什么？

3-6 已知物块重量为 G，摩擦角 $\varphi_m=20°$，今在物体上另加一力 $\boldsymbol{F}$，且使 $F=G$，如图所示。问当 α 分别等于 35°、40°、45°时，物块各处于什么状态？

3-7 在考虑滑动摩擦的平衡问题中，当图示研究物体的平衡处于极限状态时，其滑动摩擦力是否一定达到了极大值？

3-8 受力分析时，滑动摩擦力的指向是否必须正确判断？

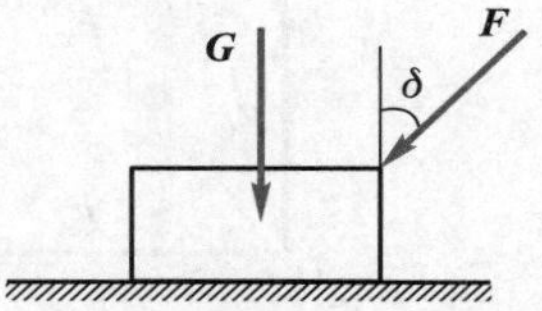

思考题 3-7 图

习题

3-1 试计算各图中力 $\boldsymbol{F}$ 对 O 点的矩。

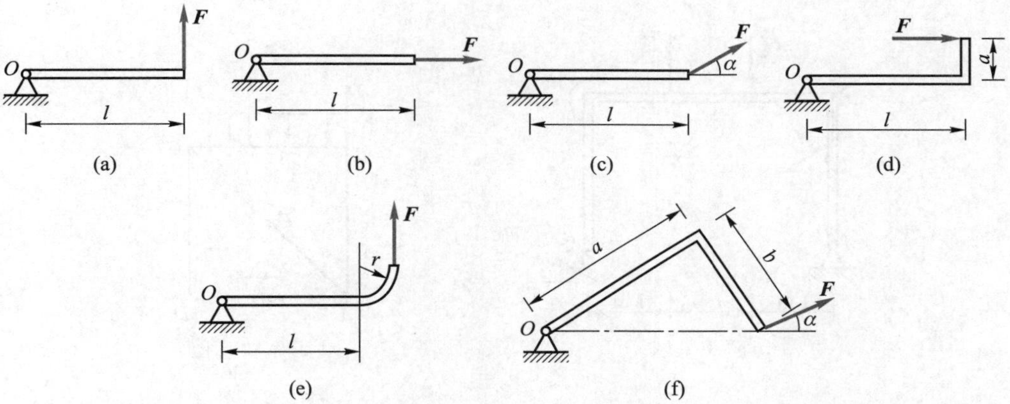

习题 3-1 图

3-2 试求图中所示的力 $\boldsymbol{F}$ 对 A 点的矩。已知 $r_1=20$ cm，$r_2=50$ cm，$F=30$ N。

3-3 力偶不能用单独的一个力来平衡，为什么图中的轮子又能平衡呢？

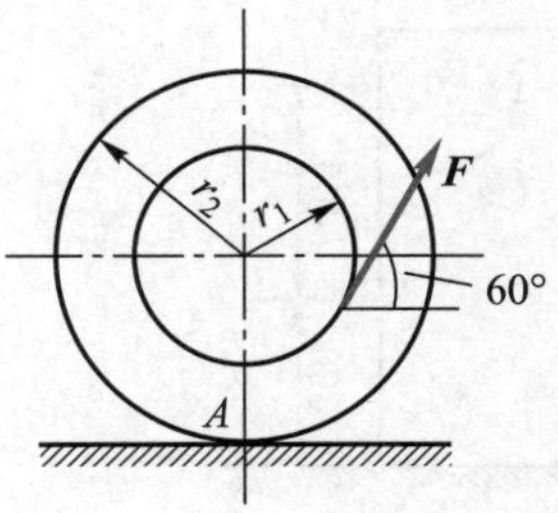

习题 3-2 图

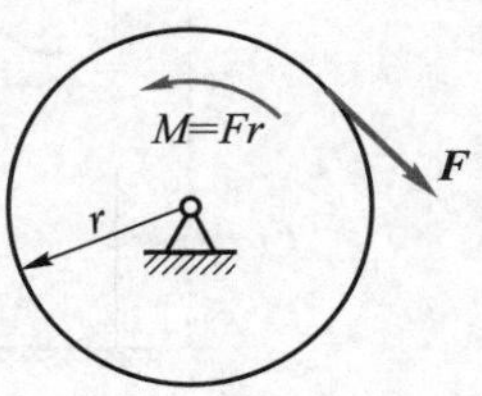

习题 3-3 图

3-4 四个力 $\boldsymbol{F}_1$、$\boldsymbol{F}_2$、$\boldsymbol{F}_3$ 和 $\boldsymbol{F}_4$，作用于同一物体上的 A、B、C 及 D 四点，如图所示。若 $\boldsymbol{F}_1=-\boldsymbol{F}_3$，$\boldsymbol{F}_2=-\boldsymbol{F}_4$，则此四个力所构成的力的多边形封闭。试问该物体是否处于平衡状态？为什么？

3-5 梁 AB,跨度为 $l=6$ m,梁上作用有两个力偶,其矩分别为 $M_1=15$ kN·m,$M_2=24$ kN·m,转向如图所示,试求 A、B 两端的支座约束力。

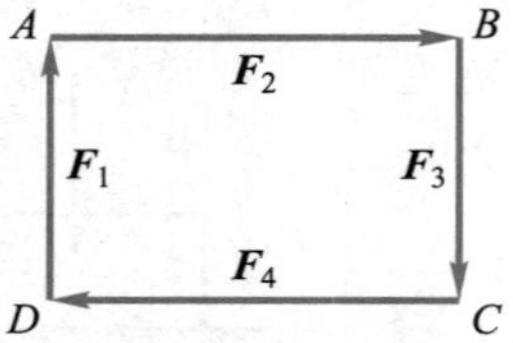

习题 3-4 图

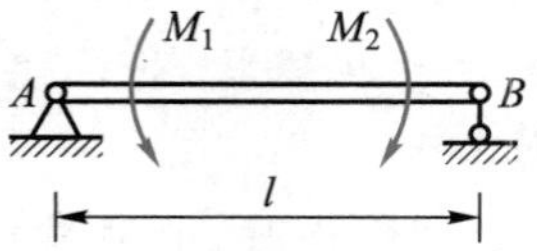

习题 3-5 图

3-6 如图所示简支刚架,其上作用三个力偶,其中 $F_1=F_1'=5$ kN,$M_2=20$ kN·m,$M_3=9$ kN·m,试求支座 A、B 处的约束力($\alpha=30°$)。

3-7 正方形物块 $ABCD$,边长 $l=2$ m,受平面力系作用,如图所示。已知 $q=50$ N/m,$F=400\sqrt{2}$ N,$M=150$ N·m。试求力系合成的结果。

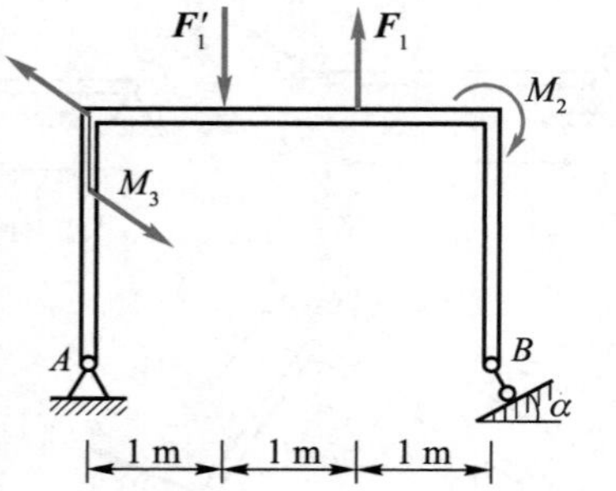

习题 3-6 图

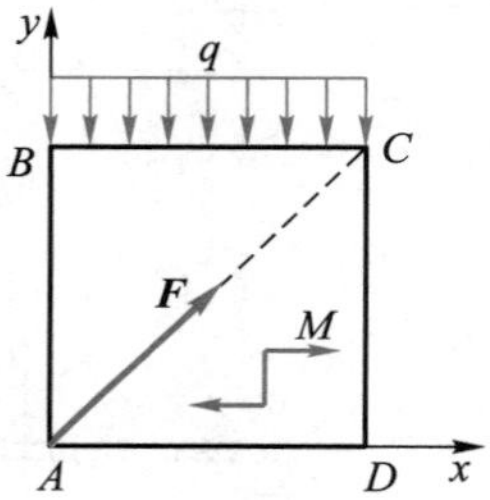

习题 3-7 图

3-8 平面力系由三个力与两个力偶组成,已知 $F_1=1.5$ kN,$F_2=2$ kN,$F_3=3$ kN,$M_1=100$ N·m,$M_2=80$ N·m,图中尺寸的单位为 mm。求此力系简化的最后结果。

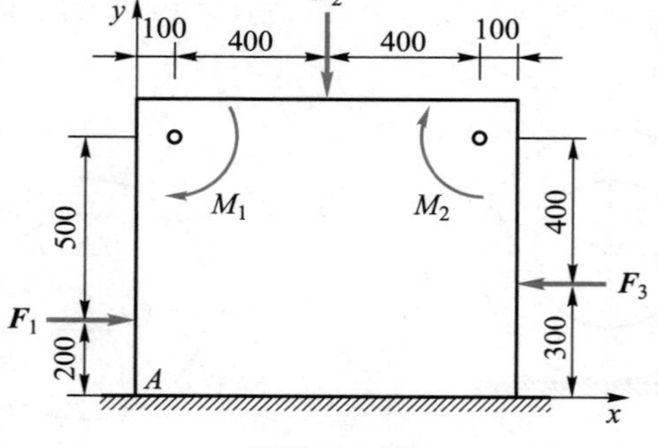

习题 3-8 图

3-9 求图示各梁的支座约束力。

3-10 图示行动式起重机不计平衡重的重量 $G_1=500$ kN,其重力的作用线距右轨 1.5 m。起重机的起重量 $G_2=250$ kN,突臂伸出离右轨 10 m。要使跑车满载或空载时在任何位置起重机都不会翻倒，求平衡重的最小重量 G_3 以及平衡重到左轨的最大距离 x，跑车重量略去不计。

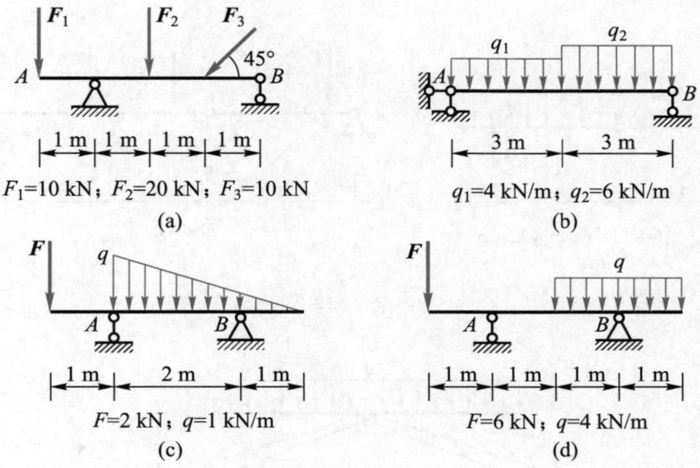

习题 3-9 图

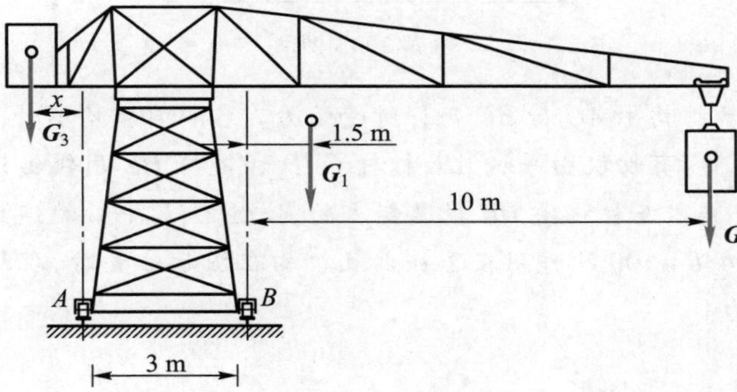

习题 3-10 图

3-11 试求图示两斜梁中 A、B 支座的约束力。q_1、q_2 和 q 为沿斜梁长度分布的荷载集度，$\boldsymbol{F}$ 为集中荷载。

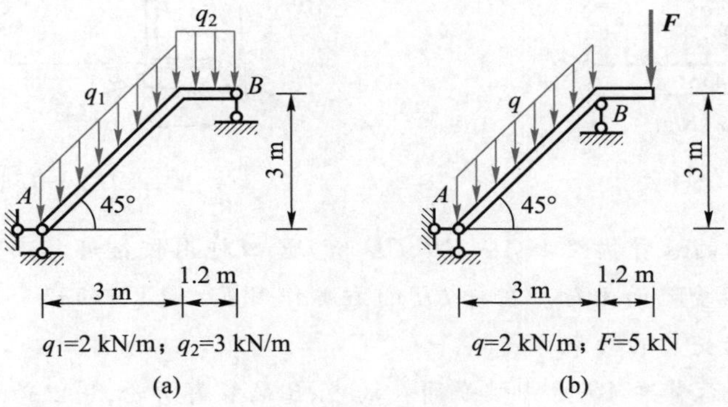

习题 3-11 图

3-12 求图示各多跨静定梁的支座约束力。

3-13 试求图示的三铰拱组合屋架的拉杆 AB 的拉力及中间铰 C 所受的力。架重不计。

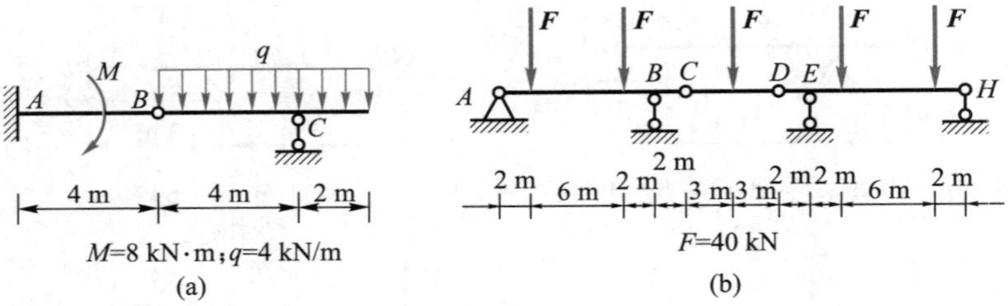

习题 3-12 图

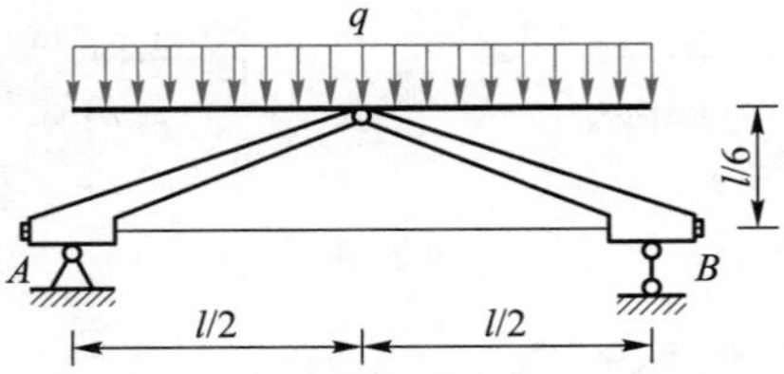

习题 3-13 图

3-14 求图示结构中 AC 和 BC 两杆所受的力。各杆自重均不计。

3-15 手动钢筋剪切机由手柄 AB，杠杆 CHD 和链杆 DE 用铰链连接而成。图中长度以 cm 计。手柄以及杠杆的 DH 段是铅垂的，铰链 C、E 中心的连线是水平的。当在 A 点处用水平力 $F=100$ N 作用在手柄上且机构在图示位置时，求杠杆的水平刀口 H 作用于钢筋的力。

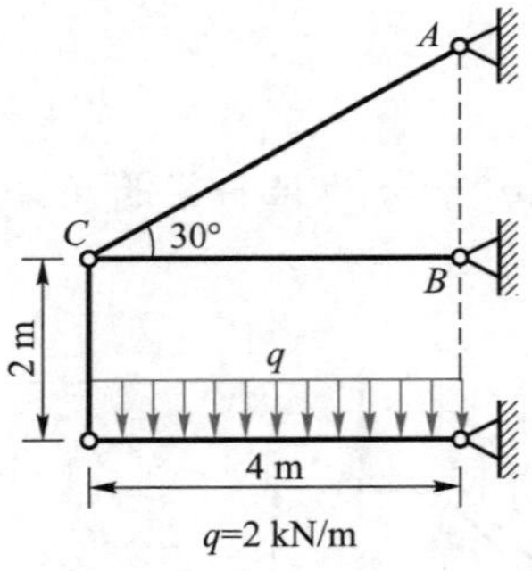

习题 3-14 图

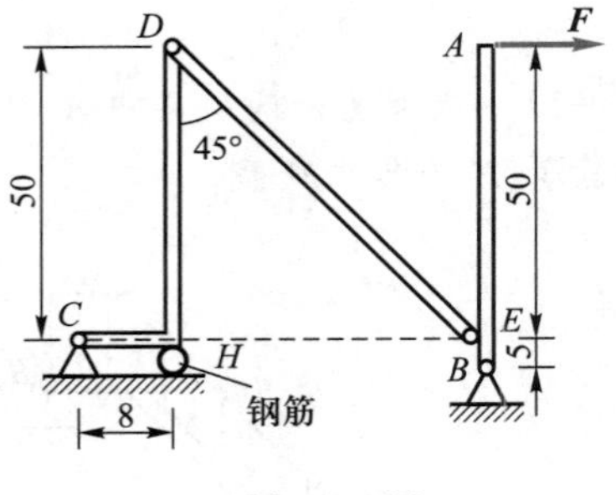

习题 3-15 图

3-16 图示的悬臂构架由 AD、BH、CE 和 DE 四杆用铰链连接而成；AD、BH 两杆水平，杆 DE 与铅垂墙面平行。在杆 BH 的右端作用 $F=12$ kN 的铅垂荷载，架重不计。求 A、B 两固定铰支座的约束力。

3-17 图示悬臂梁 AB 的 A 端嵌固在墙内，B 端装有滑轮，用以吊起重物。设重物的重量为 G，又 $AB=l$，斜绳与铅垂线成角 α，当重物匀速吊起时，求固定端的约束力。

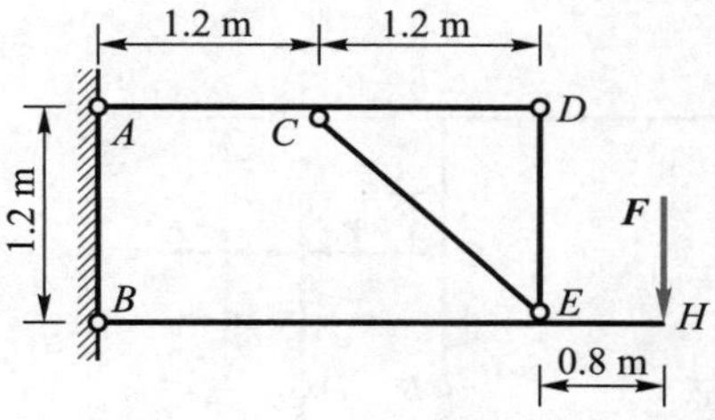

习题 3-16 图

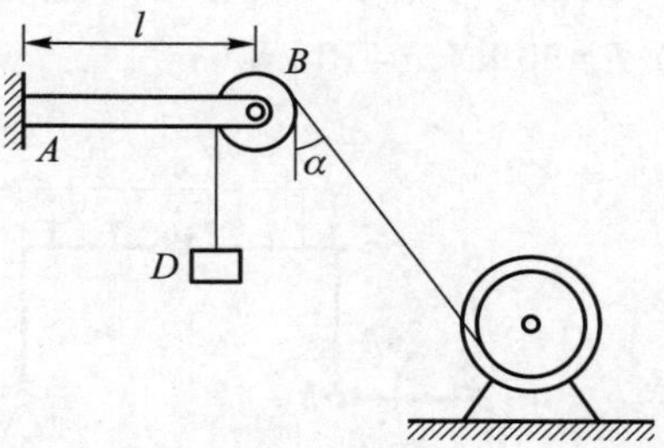

习题 3-17 图

3-18 图示绞车中鼓轮的半径 $r=5$ cm，两齿轮节圆半径分别为 $r_1=10$ cm，$r_2=20$ cm，固结于齿轮 O_1 上的手柄 $O_1A=40$ cm，问垂直地作用在手柄上的力 $\boldsymbol{F}$ 应多大，方能匀速地起吊 $G=2$ kN 的重物 B？

3-19 图示均质梁 AB 的重量为 G_1，一端用铰链 A 支承于墙上，并用活动铰支座 C 维持平衡，另一端 B 又与重量为 G_2 的均质梁 BD 铰接，梁 BD 于 E 点靠在光滑台阶上，且与铅垂线的夹角为 α，设 $AC=\dfrac{2}{3}AB$，$BE=\dfrac{2}{3}BD$。试求 A、C 和 E 三处的约束力。

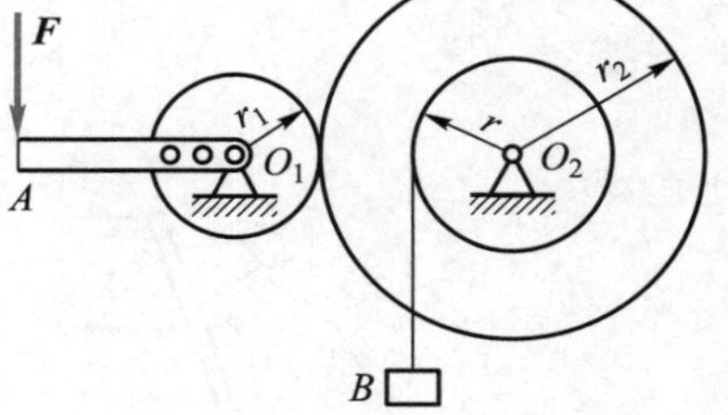

习题 3-18 图

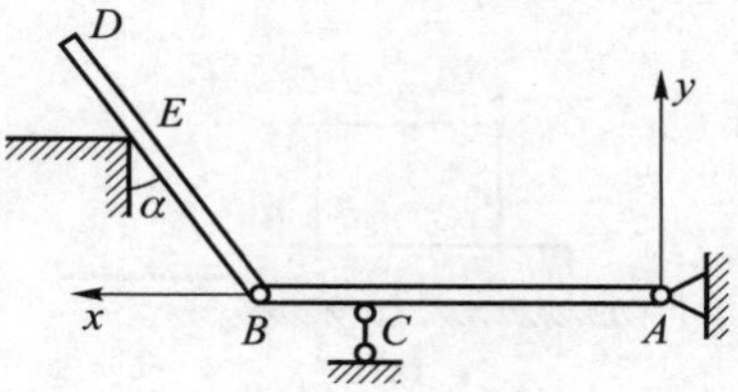

习题 3-19 图

3-20 图示平面机构，自重不计。已知：杆 $AB=BC=l$，铰接于 B，力 $\boldsymbol{F}$ 铅垂地作用在 B 铰链上。AC 间连一弹簧，弹簧原长为 l，弹簧刚度系数为 k。试求机构平衡时 AC 间的距离 y。

3-21 图示平面机构的自重不计，C 为铰链。已知：$q=200$ kN/m，$F=100$ kN，$M=200$ kN · m，$\theta=60°$，$l=3$ m。试求固定端 A 的约束力。

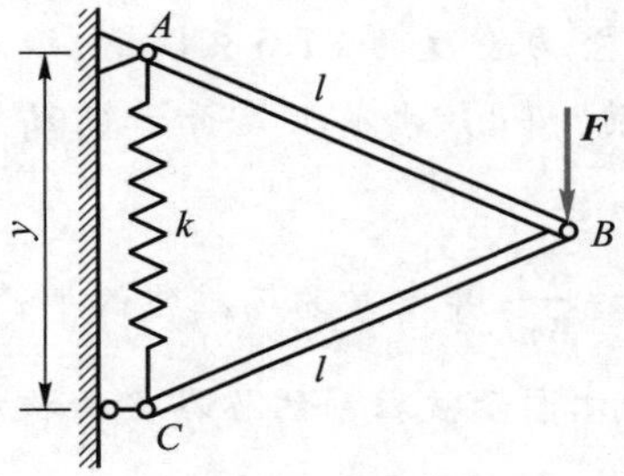

习题 3-20 图

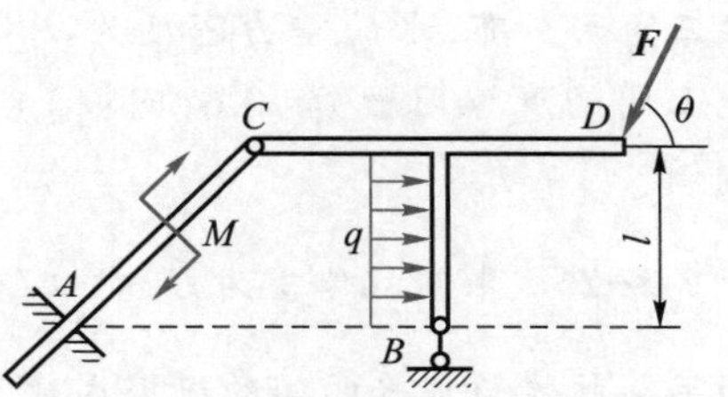

习题 3-21 图

3-22 求图示平面结构 A 支座的约束力。已知:(1) $M=20\ \text{kN}\cdot\text{m}$,$q=10\ \text{kN/m}$;(2) $F=30\ \text{kN}$,$q=10\ \text{kN/m}$。

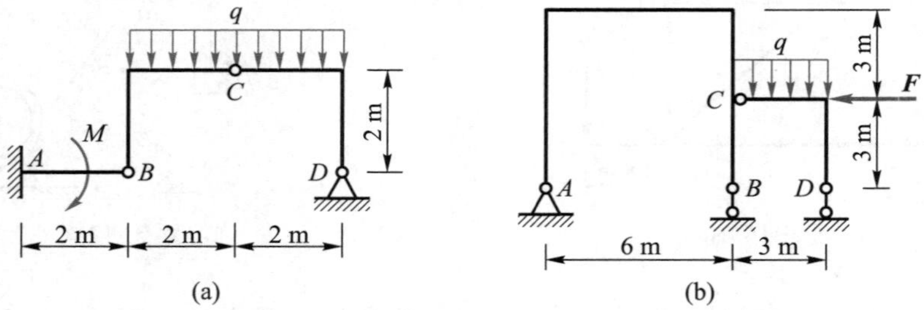

习题 3-22 图

3-23 两重块 A 和 B 相叠放在水平面上,如图 a 所示。已知:A 块重量 $G_1=0.5\ \text{kN}$,B 块重量 $G_2=0.2\ \text{kN}$,A 块与 B 块间的摩擦因数 $f_{s1}=0.25$,B 块与水平面间的摩擦因数 $f_{s2}=0.20$,求拉动 B 块所需的最小力 $\boldsymbol{F}$ 的值。若 A 块被一绳拉住,如图 b 所示,此最小力 $\boldsymbol{F}$ 之值又应为多少?

3-24 用以升降混凝土的简单起重机如图所示。已知:混凝土和吊桶共重 25 kN,吊桶与滑道间的摩擦因数为 0.3,求:(1) 当重物匀速上升时绳子的张力;(2) 当重物匀速下降时绳子的张力。

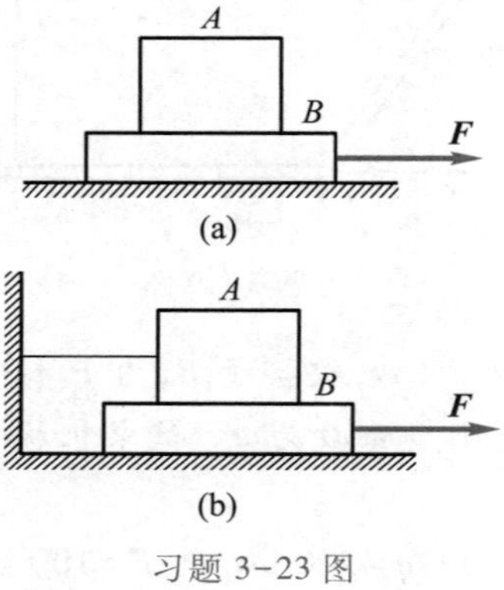

习题 3-23 图

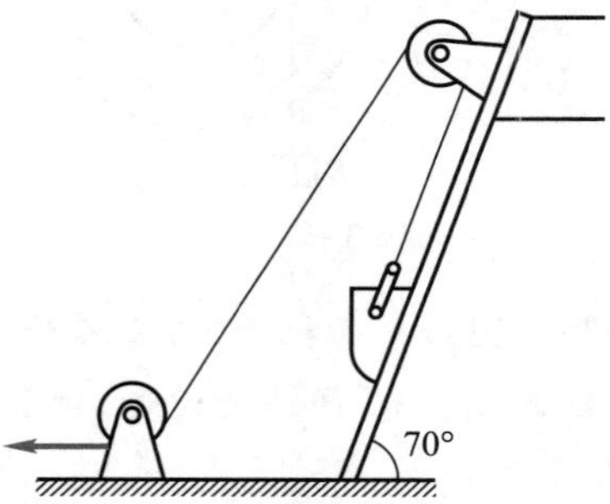

习题 3-24 图

3-25 混凝土坝的横断面如图所示,坝高 50 m,底宽 44 m,水深 45 m。设水压力按三角形分布,水的重力密度为 $9.8\ \text{kN/m}^3$,混凝土的重力密度为 $21.5\ \text{kN/m}^3$,坝与地面间的摩擦因数 $f_s=0.6$,问:(1) 此水坝是否会滑动?(2) 此水坝是否会绕 B 点翻倒?

3-26 半圆柱体重为 G,重心 C 到圆心 O 的距离 $a=\dfrac{4R}{3\pi}$,其中 R 为圆柱体的半径。如半圆柱体与水平面间的摩擦因数为 f_s,求半圆柱体处于图示被拉动的临界平衡状态时所偏过的角度 θ。

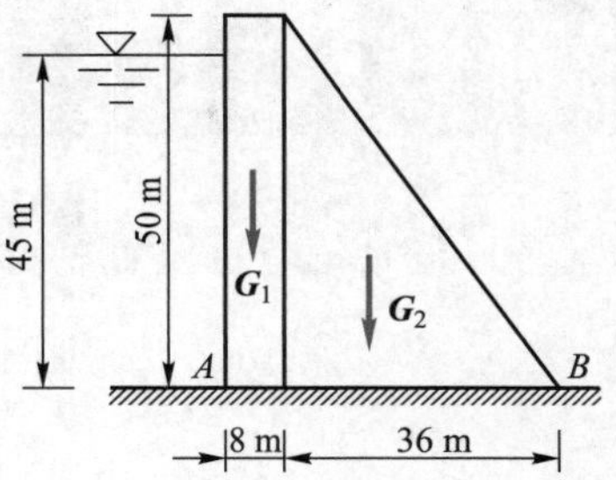

习题 3-25 图

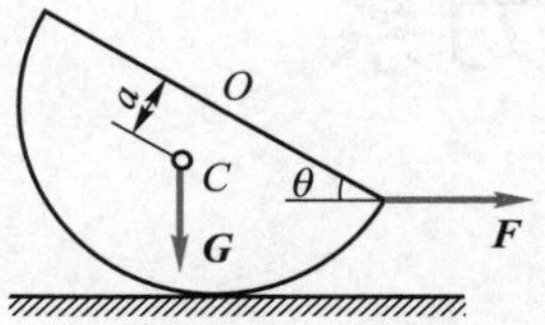

习题 3-26 图

3-27 尖劈顶重装置如图所示。尖劈 A 的顶角为 α，在 B 块上有重量为 G 的重物作用。A 块与 B 块之间的摩擦因数 $f_s=\tan\varphi$（其他有滚珠处为光滑接触），不计 A 块、B 块的重量，求：(1) 刚好顶住重物所需之力 $\boldsymbol{F}$ 的值；(2) 使重物刚好不会向上移动所需之力 $\boldsymbol{F}$ 的值。

3-28 已知：某房屋外纵墙的窗间墙截面尺寸为 1 200 mm×240 mm，墙上支承的钢筋混凝土大梁截面尺寸为 200 mm×550 mm，梁下砌体墙上设置预制刚性梁垫块，其尺寸为 240 mm×600 mm×200 mm，如图所示。垫块受到楼面荷载及梁自重产生的压力 $F_l=115$ kN，F_l 作用点距离墙内边缘为 $a_0=39.8$ mm；上部墙体传来的荷载作用在垫块上的合力为 $F_0=86.4$ kN，作用于垫块中心。求梁端垫块上所受的总压力的大小和作用线位置。

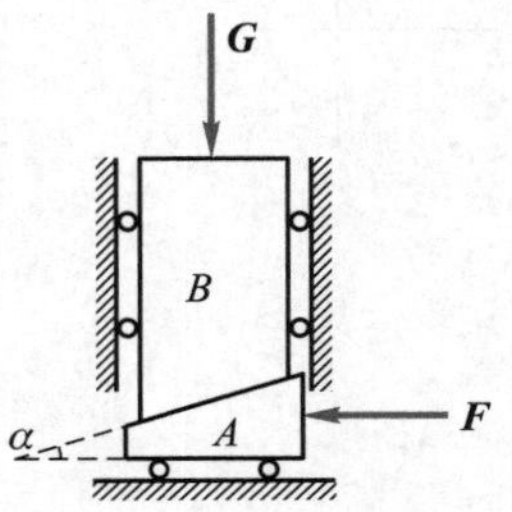

习题 3-27 图

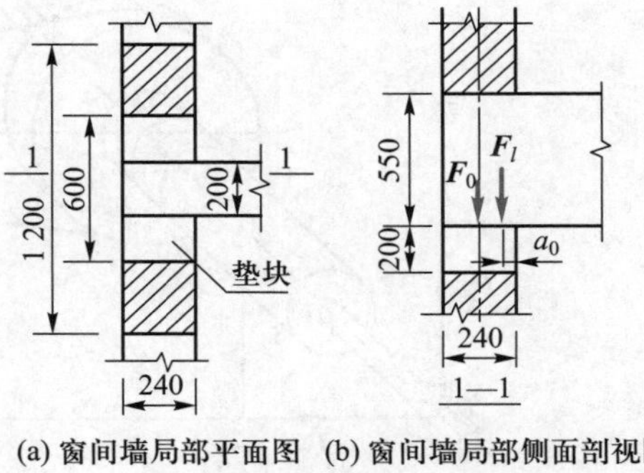

(a) 窗间墙局部平面图 (b) 窗间墙局部侧面剖视图

习题 3-28 图

习题答案 A3

第 4 章

空间力系

凡各力的作用线不在同一个平面内的力系称为空间力系。例如,图 4-1 所示的起重绞车除在其轴上受到被吊物体的重力 $\boldsymbol{G}$ 和带拉力 $\boldsymbol{F}_{T1}$、$\boldsymbol{F}_{T2}$ 的作用外,在轴承 A、B 处还受到约束力 $\boldsymbol{F}_{Ax}$、$\boldsymbol{F}_{Az}$ 和 $\boldsymbol{F}_{Bx}$、$\boldsymbol{F}_{Bz}$ 的作用,这些力分布在空间中且无对称面,故不能简化为平面力系,而属于空间力系。又如飞机、圆形屋顶、水塔支架等也都受到空间力系的作用。为了解决这些物体的运动或平衡的问题,必须研究空间力系的简化与平衡。但根据本书所适用的专业要求,本章对空间一般力系将只简单介绍它对物体运动的总效应,并由此导出空间一般力系的平衡条件和平衡方程。

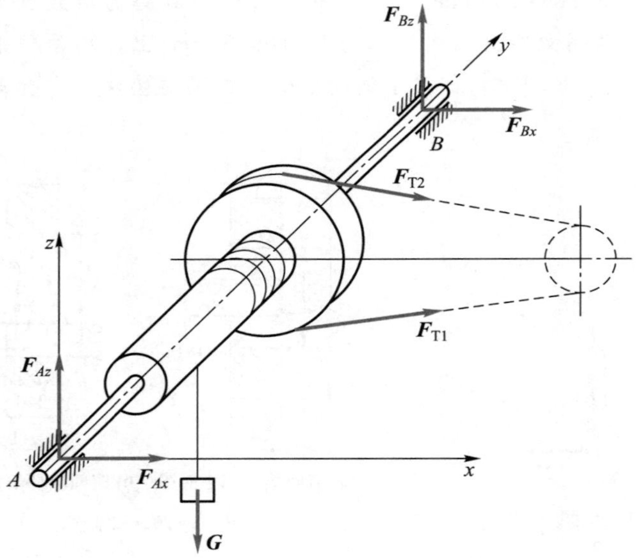

图 4-1

§4-1 空间力对点之矩与力对轴之矩

一、力对点之矩的矢量表示

前面曾提及，力对点之矩表示了力使物体绕该点，即绕通过该点且垂直于力矩平面（力 $\boldsymbol{F}$ 的作用线与矩心 O 所确定的平面，即为力矩平面）的轴的转动效应。又在 §3-1 中为了区分力使物体绕矩心转动的两种不同转向（顺时针与逆时针），曾人为地将力对点之矩规定为代数量。

在平面力系问题中，由于各力与矩心均在同一平面内（即各力的力矩平面相同），所以力对点之矩的代数符号完全能够区分各力使物体绕矩心（或者说绕过矩心且垂直于公共力矩平面的轴）转动的转向。但在空间力系中，则因各力作用线分别与空间中同一点所构成的力矩平面互不相同，故各力使物体绕该点转动时的转轴也就不同。例如，在图 4-2 中，当选取点 O 为矩心时，位于 Oxy 坐标面内的力 $\boldsymbol{F}$ 使物体绕 z 轴转动，而不在 Oxy 坐标面内的力 $\boldsymbol{F}_1$ 却使物体绕 z_1 轴转动，且 z_1 轴应通过 O 点并垂直于 O 点与力 $\boldsymbol{F}_1$ 的作用线所构成的平面 P_1。所以，力使物体绕某点转动的效应，首先与相应的力矩平面在空间的方位有关，其次才谈得上转向问题。因此，在空间力系中，为使力对点之矩兼能反映力矩平面在空间的方位，以便使它能完全代表力使物体绕矩心转动的效应，则应将它作为矢量，并规定此矢量通过矩心且垂直于力矩平面，即沿该力使物体绕矩心转动时的转轴。从而，由力对点之矩矢量所沿直线在空间的方位就能确定力矩平面的方位。

力对点之矩矢量的指向则按右手螺旋法则，根据力使物体绕通过矩心且垂直于力矩平面的轴转动的转向确定，即将右手四指握拳并以它们的弯曲方向表示力使物体绕该轴转动的转向，而拇指的指向就是力对点之矩矢量的指向。至于力对点之矩矢量的大小则按一定的比例代表乘积 Fh（F 为力的大小，h 为力臂的长度）。如以 $\boldsymbol{M}_O(\boldsymbol{F})$ 表示力 $\boldsymbol{F}$ 对 O 点之矩（矢量），则

$$|\boldsymbol{M}_O(\boldsymbol{F})| = Fh = Fr\sin\alpha \tag{4-1}$$

其中，$\boldsymbol{M}_O(\boldsymbol{F})$ 应通过 O 点并垂直于力矩平面 OAB，且其指向与力 $\boldsymbol{F}$ 使物体绕通过 O 点而垂直于力矩平面的轴转动的转向对应，如图 4-3 所示。

以矩心 O 为原点，作力 $\boldsymbol{F}$ 的作用点 A 的矢径 $\boldsymbol{r}$，则由上述可知，力 $\boldsymbol{F}$ 对 O 点之矩矢量 $\boldsymbol{M}_O(\boldsymbol{F})$ 应等于此矢径 $\boldsymbol{r}$ 与力 $\boldsymbol{F}$ 的矢积，即

$$\boldsymbol{M}_O(\boldsymbol{F}) = \boldsymbol{r}\times\boldsymbol{F} \tag{4-2}$$

以矩心 O 为原点建立空间直角坐标系 $Oxyz$，如图 4-3 所示，且以 x、y、z 和 F_x、F_y、F_z 分别表示 A 点的坐标和力 $\boldsymbol{F}$ 在对应坐标轴上的投影，则有

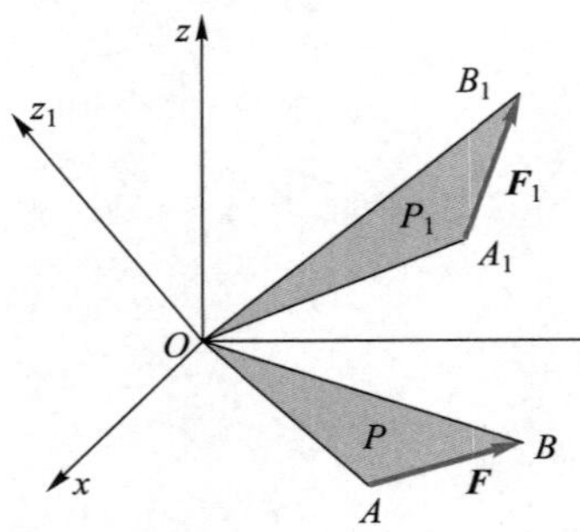

图 4-2

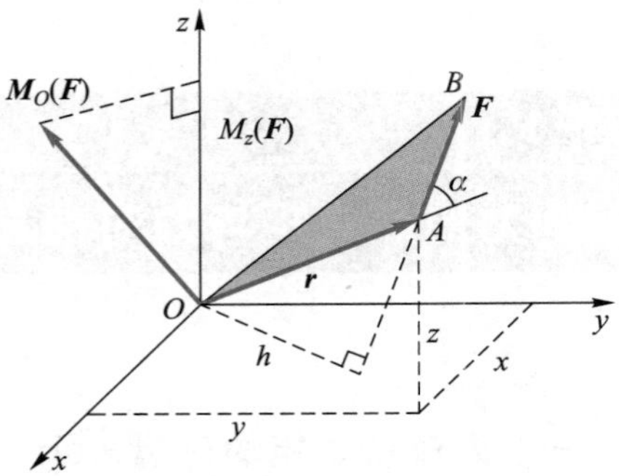

图 4-3

$$\boldsymbol{r}=x\boldsymbol{i}+y\boldsymbol{j}+z\boldsymbol{k}$$

$$\boldsymbol{F}=F_x\boldsymbol{i}+F_y\boldsymbol{j}+F_z\boldsymbol{k}$$

故式(4-2)可改写为

$$\boldsymbol{M}_O(\boldsymbol{F})=\boldsymbol{r}\times\boldsymbol{F}=\begin{vmatrix}\boldsymbol{i} & \boldsymbol{j} & \boldsymbol{k}\\ x & y & z\\ F_x & F_y & F_z\end{vmatrix} \tag{4-3}$$

$$=(yF_z-zF_y)\boldsymbol{i}+(zF_x-xF_z)\boldsymbol{j}+(xF_y-yF_x)\boldsymbol{k}$$

由此可见，力 $\boldsymbol{F}$ 对 O 点之矩矢量在三个坐标轴上的投影分别为

$$\left.\begin{aligned}[\boldsymbol{M}_O(\boldsymbol{F})]_x&=yF_z-zF_y\\ [\boldsymbol{M}_O(\boldsymbol{F})]_y&=zF_x-xF_z\\ [\boldsymbol{M}_O(\boldsymbol{F})]_z&=xF_y-yF_x\end{aligned}\right\} \tag{4-4}$$

二、力对轴之矩

在生产和生活实际中，有些物体（如门、窗以及图 4-1 所示的绞车等）在力的作用下能绕某轴转动。应该怎样表示力使物体绕某轴转动的效应？下面就来讨论这个问题。

不难理解，力使物体绕矩心转动的效应就是力使物体绕通过矩心且垂直于力矩平面的轴的转动效应。因此，力对点之矩就可用来度量力使物体绕通过该点且垂直于力矩平面之轴的转动效应。但实际上，作用于门、窗等可绕轴转动的物体上而使其转动的力，往往并不位于与转轴相垂直的平面上，这时又应如何度量这些力对物体的转动效应？

以图 4-4a 所示的门为例。设力 $\boldsymbol{F}$ 作用在门上的 A 点，为了研究力 $\boldsymbol{F}$ 使门绕 z 轴转动的效应，可将它分解为与转轴 z 相平行的分力 $\boldsymbol{F}_z$ 和位于通过 A 且垂直于 z 轴的平面上的分力 $\boldsymbol{F}_{xy}$。由经验可知，无论分力 $\boldsymbol{F}_z$ 的大小如何，均不能使门绕 z 轴转动；能使门转动的只是分力 $\boldsymbol{F}_{xy}$，故力 $\boldsymbol{F}$ 使门绕 z 轴转动的效应等于其分力 $\boldsymbol{F}_{xy}$ 使门绕 z 轴转动的效应。而分力 $\boldsymbol{F}_{xy}$ 使门绕 z 轴转动的效应也就是它使门绕 O 点转动的效应（O 是分力 $\boldsymbol{F}_{xy}$ 所在的且与 z 轴垂直的平面和 z 轴的交点），因而可用分力 $\boldsymbol{F}_{xy}$ 对 O 点之矩 $M_O(\boldsymbol{F}_{xy})$ 来表示力 $\boldsymbol{F}$ 使门绕 z 轴转动的效应。

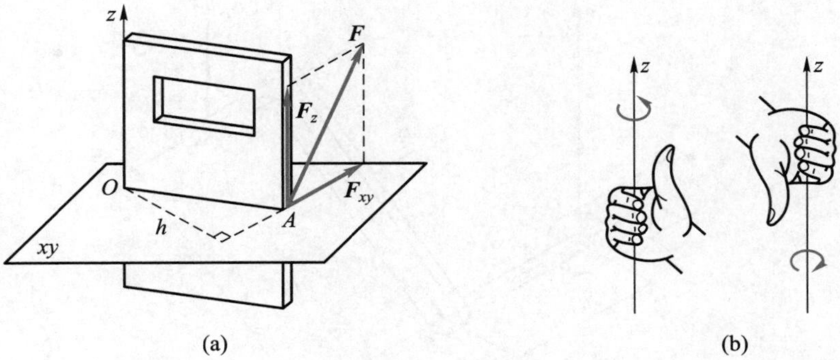

图 4-4

由此可见，在一般情况下，力使物体绕某轴转动的效应可用此力在垂直于该轴平面上的分力对此平面与该轴的交点之矩来度量。我们将力在垂直于某轴的平面上的分力对此平面与该轴的交点之矩，称为力对轴之矩。如将力 $\boldsymbol{F}$ 对 z 轴之矩表示为 $M_z(\boldsymbol{F})$，则有

$$M_z(\boldsymbol{F})=M_O(\boldsymbol{F}_{xy})=\pm F_{xy}\cdot h \tag{4-5}$$

式中，h 为分力 $\boldsymbol{F}_{xy}$ 所在的平面与 z 轴的交点 O 到力 $\boldsymbol{F}_{xy}$ 作用线的垂直距离。而正、负号则代表力使物体绕 z 轴转动的转向，且按右手螺旋法则确定，即将右手四指握拳并以它们的弯曲方向表示力 $\boldsymbol{F}$ 使物体绕 z 轴转动的转向，拇指的指向如与 z 轴的正向相同则该力对轴之矩为正；反之为负（图 4-4b）。

显然，当力 $\boldsymbol{F}$ 与 z 轴平行（从而 $F_{xy}=0$）或相交（从而 $h=0$）时，力 $\boldsymbol{F}$ 对 z 轴之矩为零。或者说，当力与轴共面时，力对该轴之矩为零。

力对轴之矩的单位是 N · m 或 kN · m。

与力对点之矩类似，力对轴之矩也有合力矩定理，即合力对任一轴之矩等于各分力对同一轴之矩的代数和。

如将分力 $\boldsymbol{F}_{xy}$ 再沿坐标轴分解为 $\boldsymbol{F}_x$ 和 $\boldsymbol{F}_y$（图 4-5），并考虑 $\boldsymbol{F}_x=F_x\boldsymbol{i}$，$\boldsymbol{F}_y=F_y\boldsymbol{j}$，则由合力之矩定理可得

$$\begin{aligned}M_z(\boldsymbol{F})&=\boldsymbol{M}_O(\boldsymbol{F}_{xy})=M_O(\boldsymbol{F}_x)+M_O(\boldsymbol{F}_y)\\&=xF_y-yF_x\end{aligned}$$

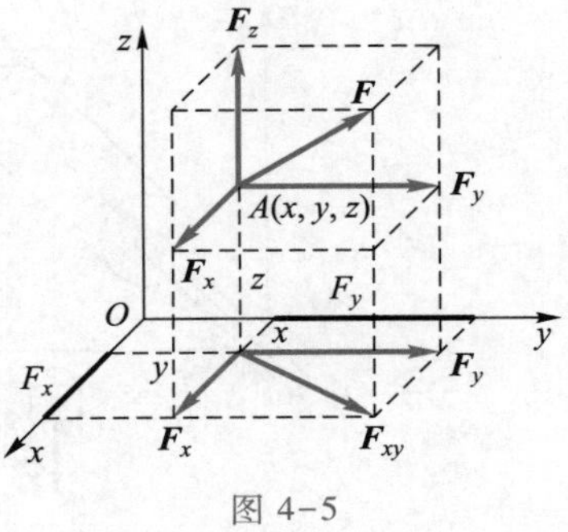

图 4-5

力 $\boldsymbol{F}$ 对 x 轴和 y 轴之矩也可以类似地写出，于是 $\boldsymbol{F}$ 对直角坐标轴之矩的一组解析表达式为

$$\left.\begin{aligned}M_x(\boldsymbol{F})&=yF_z-zF_y\\M_y(\boldsymbol{F})&=zF_x-xF_z\\M_z(\boldsymbol{F})&=xF_y-yF_x\end{aligned}\right\} \tag{4-6}$$

其中，F_x、F_y、F_z 分别表示力 $\boldsymbol{F}$ 在对应坐标轴上的投影。

［例 4-1］　铅垂力 $\boldsymbol{F}$（沿 z 轴的负向）的大小为 0.5 kN，作用于手柄上（图 4-6），求此力分别对 x 轴、y 轴和 z 轴之矩。

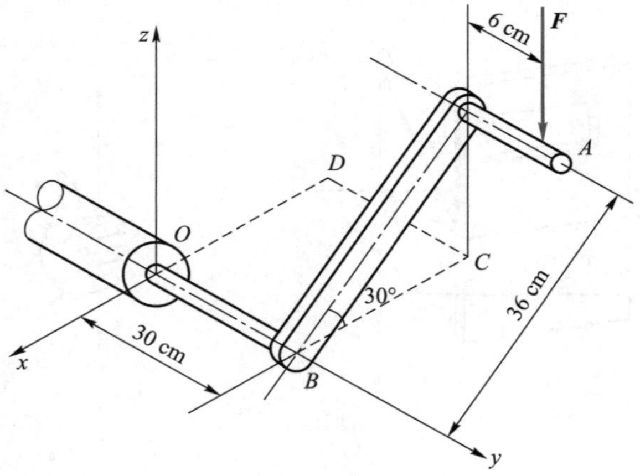

图 4-6

[解]　根据力对坐标轴之矩的解析表达式(4-6)得

$$M_x(\boldsymbol{F}) = y \cdot F_z - z \cdot 0$$
$$= (30\ \text{cm}+6\ \text{cm})(-F) = -18\ \text{kN} \cdot \text{cm}$$
$$M_y(\boldsymbol{F}) = z \cdot 0 - xF_z$$
$$= -(-36\ \text{cm} \cdot \cos 30°)(-F) = -15.6\ \text{kN} \cdot \text{cm}$$
$$M_z(\boldsymbol{F}) = x \cdot 0 - y \cdot 0 = 0$$

[例 4-2]　图 4-7 中,大带轮的半径为 r。试分别计算拉力 $\boldsymbol{F}_{T1}$ 和 $\boldsymbol{F}_{T2}$ 对图示 x 轴、y 轴和 z 轴之矩。

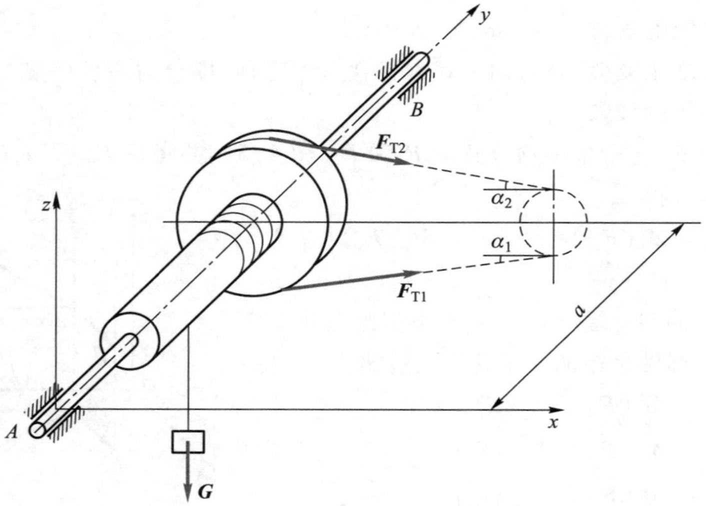

图 4-7

[解]　根据力对轴之矩的定义式(4-5),并由图中所示得

$$M_x(\boldsymbol{F}_{T1}) = F_{T1} \sin \alpha_1 \cdot a$$

$$M_y(\boldsymbol{F}_{T1}) = -F_{T1} \cdot r$$
$$M_z(\boldsymbol{F}_{T1}) = -F_{T1}\cos\alpha_1 \cdot a$$
$$M_x(\boldsymbol{F}_{T2}) = -F_{T2}\sin\alpha_2 \cdot a$$
$$M_y(\boldsymbol{F}_{T2}) = F_{T2} \cdot r$$
$$M_z(\boldsymbol{F}_{T2}) = -F_{T2}\cos\alpha_2 \cdot a$$

利用力对坐标轴之矩的解析表达式(4-6),同样可得出上面的结果。

三、力对点之矩与力对通过该点的轴之矩的关系

将式(4-6)与式(4-4)相比较,得

$$\left.\begin{aligned}[\boldsymbol{M}_O(\boldsymbol{F})]_x = M_x(\boldsymbol{F})\\ [\boldsymbol{M}_O(\boldsymbol{F})]_y = M_y(\boldsymbol{F})\\ [\boldsymbol{M}_O(\boldsymbol{F})]_z = M_z(\boldsymbol{F})\end{aligned}\right\} \tag{4-7}$$

上式说明:力对点之矩矢量在通过此点的任一轴上的投影等于力对该轴之矩。这就是力对点之矩矢量与力对轴之矩代数量之间的关系(图 4-3)。

根据式(4-6)与式(4-7),还可将式(4-3)改写为

$$\boldsymbol{M}_O(\boldsymbol{F}) = M_x(\boldsymbol{F})\boldsymbol{i} + M_y(\boldsymbol{F})\boldsymbol{j} + M_z(\boldsymbol{F})\boldsymbol{k} \tag{4-8}$$

由此可见,力使物体绕某点转动的效应等于力使物体同时分别绕通过该点且互相垂直的三根轴转动效应的总和。

§4-2 空间力偶系

一、力偶矩矢

实践表明,空间力偶对刚体的转动效应不但与组成力偶的任何一个力($\boldsymbol{F}$ 或 $\boldsymbol{F}'$)的大小与力偶臂的乘积 $F \cdot d$ 有关,而且与力偶作用面在空间的方位以及力偶在其作用面内的转向有关。因此,一般情况下空间力偶对刚体的转动效应取决于下列三要素:

1. 力偶作用面的方位;
2. 力偶在其作用面内的转向;
3. 力偶中任一力的大小与力偶臂的乘积 $F \cdot d$。

空间力偶的三个要素可用一个矢量完整地表示出来,这个矢量称为力偶矩矢。

设有空间力偶($\boldsymbol{F}$,$\boldsymbol{F}'$)作用在刚体上,两力作用点分别为 A、B,A 点相对于 B 点的

位置矢径为 $\boldsymbol{r}_{AB}$(图 4-8a),力偶对空间任一点 O 的力偶矩矢为 $\boldsymbol{M}_O(\boldsymbol{F},\boldsymbol{F}')$,则

$$\begin{aligned}\boldsymbol{M}_O(\boldsymbol{F},\boldsymbol{F}') &= \boldsymbol{M}_O(\boldsymbol{F})+\boldsymbol{M}_O(\boldsymbol{F}') = \boldsymbol{r}_{AO}\times\boldsymbol{F}+\boldsymbol{r}_{BO}\times\boldsymbol{F}' \\ &= \boldsymbol{r}_{AO}\times\boldsymbol{F}+\boldsymbol{r}_{BO}\times(-\boldsymbol{F}) = (\boldsymbol{r}_{AO}-\boldsymbol{r}_{BO})\times\boldsymbol{F} \\ &= \boldsymbol{r}_{AB}\times\boldsymbol{F}\end{aligned}$$

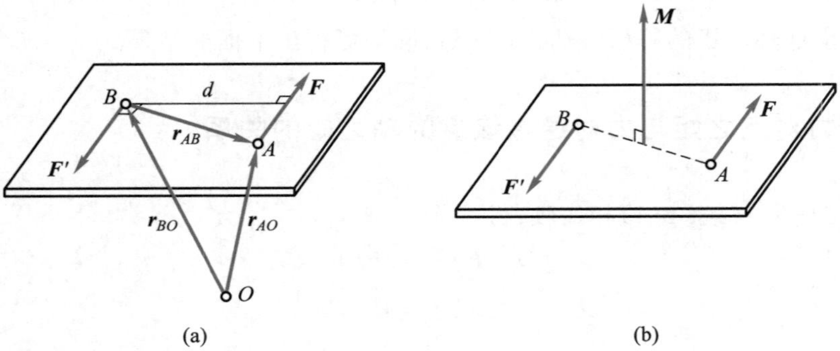

图 4-8

计算表明,力偶对空间任一点 O 的力偶矩矢与矩心无关,可用符号 $\boldsymbol{M}(\boldsymbol{F},\boldsymbol{F}')$ 或 $\boldsymbol{M}$ 表示力偶矩矢,即

$$\boldsymbol{M} = \boldsymbol{r}_{AB}\times\boldsymbol{F} \tag{4-9}$$

由于力偶矩矢 $\boldsymbol{M}$ 可以从任意点作出,可见刚体上的力偶矩矢是一个自由矢量,如图 4-8b 所示。

二、空间力偶的等效定理

既然空间力偶对刚体的作用效应完全由力偶矩矢来确定,而力偶矩矢是自由矢量。因此,只要保持力偶矩矢不变,力偶可在其作用平面内任意移转,或者同时相应地改变力偶中力的大小和力偶臂的长度,或者将其作用面平行移动,它对刚体的作用效果相等。或者说,作用在同一刚体上的两个空间力偶,只要其力偶矩矢相等,则它们彼此等效,这就是空间力偶等效定理。该定理表明:力偶矩矢是空间力偶作用效应的唯一度量。

三、空间力偶系的合成与平衡

设刚体受 n 个任意空间分布的力偶作用(图 4-9),该空间力偶系可合成为一合力偶,合力偶矩矢等于各分力偶矩矢的矢量和,即

$$\boldsymbol{M} = \boldsymbol{M}_1+\boldsymbol{M}_2+\cdots+\boldsymbol{M}_n = \sum \boldsymbol{M} \tag{4-10}$$

有关证明可参阅其他教材。

若空间力偶系的合力偶矩矢等于零,则该力偶系必平衡。于是可知,空间力偶系平衡的必要与充分条件是:该力偶系中所有各力偶矩矢的矢量和等于零,即

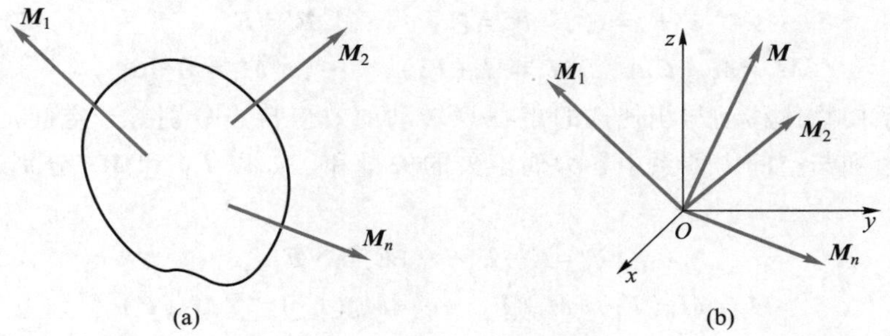

图 4-9

$$\sum \boldsymbol{M} = \boldsymbol{0} \tag{4-11}$$

若将上式分别向 x、y、z 轴投影，则得

$$\left.\begin{aligned}\sum M_x &= 0\\ \sum M_y &= 0\\ \sum M_z &= 0\end{aligned}\right\} \tag{4-12}$$

即空间力偶系平衡的必要与充分条件是：该力偶系中所有力偶矩矢在三个坐标轴上投影的代数和分别等于零。式(4-12)称为空间力偶系的平衡方程。

§4-3 空间一般力系的平衡条件与平衡方程

由 § 3-1 中所述可知，一般而言，力同时具有使物体移动和绕某点转动的效应。力的平移效应由力的大小和方向(即由力矢)确定；力的转动效应由力对矩心之矩确定。故当受到由 n 个力 $\boldsymbol{F}_1, \boldsymbol{F}_2, \cdots, \boldsymbol{F}_n$ 所组成的空间一般力系的作用时(图 4-10a)，为了简化该力系，可在其内任选一点 O 作为简化中心，应用力的平移定理，将各力向简化中心平移，同时附加一个相应的力偶，这样原力系被作用于 O 点的空间汇交力系 $\boldsymbol{F}'_1, \boldsymbol{F}'_2, \cdots, \boldsymbol{F}'_n$ 和力偶矩矢为 $\boldsymbol{M}_1, \boldsymbol{M}_2, \cdots, \boldsymbol{M}_n$ 的空间附加力偶系(两个简单力系)等效替换，如图 4-10b 所示。其中

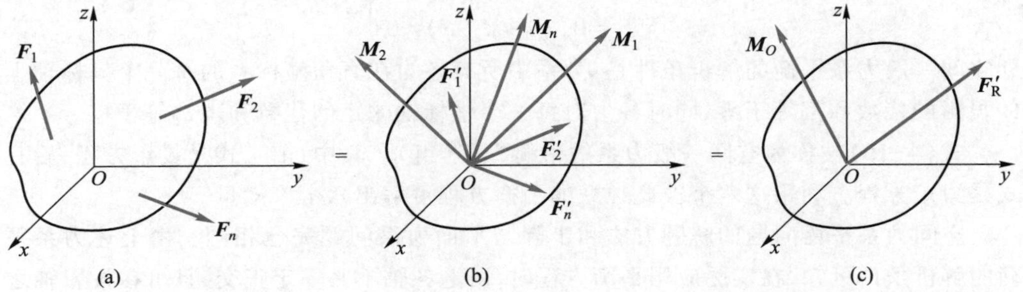

图 4-10

$$F'_1=F_1,\quad F'_2=F_2,\quad \cdots,\quad F'_n=F_n$$
$$M_1=M_O(F_1),\quad M_2=M_O(F_2),\quad \cdots,\quad M_n=M_O(F_n)$$

原力系使物体移动与绕任选的矩心 O 转动的效应自当分别等于空间汇交力系中各力的矢量和与空间力偶系中各力偶矩矢的矢量和。如以 $\boldsymbol{F}'_R$ 和 $\boldsymbol{M}_O$ 分别表示它们，则有

$$\boldsymbol{F}'_R=\boldsymbol{F}_1+\boldsymbol{F}_2+\cdots+\boldsymbol{F}_n=\sum\boldsymbol{F}$$
$$\boldsymbol{M}_O=\boldsymbol{M}_O(\boldsymbol{F}_1)+\boldsymbol{M}_O(\boldsymbol{F}_2)+\cdots+\boldsymbol{M}_O(\boldsymbol{F}_n)=\sum\boldsymbol{M}_O(\boldsymbol{F})$$

$\boldsymbol{F}'_R$ 和 $\boldsymbol{M}_O$ 分别称为原力系的主矢和对简化中心 O 点的主矩(图 4-10c)。

与平面力系简化结果相比较可知,主矢通过简化中心(即所选矩心),它等于原力系中各力的矢量和;主矩等于原力系中各力对简化中心之矩的矢量和。

如改变简化中心的位置,则主矢保持不变而主矩一般会随之而变。

若主矩为零而主矢不为零,则原力系与一个作用线通过简化中心,并由主矢代表其大小和方向的力等效,此力即为原力系的合力。

若主矢为零而主矩不为零,则原力系对刚体只有转动效应,与一由主矩 $\boldsymbol{M}_O$ 所代表的力偶等效,此力偶称为原力系的合力偶,合力偶之矩等于 $\boldsymbol{M}_O$。对于主矢与主矩均不为零的情形,可参阅其他教材,本书不予讨论。

显然,若原力系平衡,简化后得到的主矢 $\boldsymbol{F}'_R$ 与主矩 $\boldsymbol{M}_O$ 均应为零,即有

$$\left.\begin{aligned}\boldsymbol{F}'_R&=\sum\boldsymbol{F}=\boldsymbol{0}\\ \boldsymbol{M}_O&=\sum\boldsymbol{M}_O(\boldsymbol{F})=\boldsymbol{0}\end{aligned}\right\}\tag{4-13}$$

反之,若式(4-13)成立,则力系必然平衡。由此可见,空间一般力系平衡的必要与充分条件是力系中所有各力的矢量和为零,且各力对任一点之矩的矢量和也为零。

如以 O 为原点建立直角坐标系 $Oxyz$,则根据式(2-7)和式(4-8),可将式(4-13)改写为

$$\left.\begin{aligned}&(\sum F_x)\boldsymbol{i}+(\sum F_y)\boldsymbol{j}+(\sum F_z)\boldsymbol{k}=\boldsymbol{0}\\ &[\sum M_x(\boldsymbol{F})]\boldsymbol{i}+[\sum M_y(\boldsymbol{F})]\boldsymbol{j}+[\sum M_z(\boldsymbol{F})]\boldsymbol{k}=\boldsymbol{0}\end{aligned}\right\}\tag{4-14}$$

因矢量沿三个坐标轴方向的分量彼此独立,可见三个轴向分量之和为零则必须且只需每一分量为零。故由式(4-14)得

$$\left.\begin{aligned}\sum F_x=0,\quad \sum M_x(\boldsymbol{F})=0\\ \sum F_y=0,\quad \sum M_y(\boldsymbol{F})=0\\ \sum F_z=0,\quad \sum M_z(\boldsymbol{F})=0\end{aligned}\right\}\tag{4-15}$$

即空间一般力系平衡的解析条件是:力系中所有各力在直角坐标系的每一个坐标轴上的投影的代数和都等于零,同时各力对每一个坐标轴的矩的代数和也都等于零。

式(4-15)被称为空间一般力系的平衡方程(组)。其中,前三式是投影方程,后三式是力矩方程。利用这六个彼此独立的平衡方程可解出六个未知量。

空间力系平衡问题的解题方法和步骤与平面力系问题完全相同。由上述力系平衡的解析条件可知,在实际应用平衡方程时,所选各轴不必一定正交,且可在投影轴之外另选其他的轴为力矩轴。同时,为了简化计算,所选的投影轴应与尽可能多的未知

力垂直；所选的力矩轴应与尽可能多的未知力相交或平行。这样就可使每一平衡方程中所含未知量的个数尽量减少以利于求解。此外，与平面力系的情形相同，还可用力矩方程取代投影方程（但独立平衡方程的总数仍然是六个），也就是说，可采用四力矩式、五力矩式及六力矩式形式的平衡方程（组）来解题。当然，这三种形式的平衡方程（组）也会受到相应的附加条件的限制，但因那些条件较为复杂烦琐而不可能也不必要一一列举和论证。在具体应用这些形式的平衡方程（组）解题时，如果发现所列方程不独立，则应果断舍去而另选其他轴以列出合适的方程。

空间一般力系是最普遍的力系，其他如平面一般力系、空间汇交力系等均属空间一般力系的特殊情形。因此，其他力系的平衡方程均可从式(4-15)中导出。

若空间一般力系中所有各力的作用线互相平行，则称为空间平行力系。图 4-11 所示为一任意的空间平行力系，如选 z 轴与各力平行，则因各力在 x 轴和 y 轴上的投影必为零，且各力对 z 轴之矩也必为零。从而，在式(4-15)中有

$$\left.\begin{aligned}\sum F_x \equiv 0\\ \sum F_y \equiv 0\\ \sum M_z(\boldsymbol{F}) \equiv 0\end{aligned}\right\}$$

三式均为恒等式而不再是条件等式（即方程式），以致再不能表示平衡条件。所以，空间平行力系的平衡方程为

$$\left.\begin{aligned}\sum F_z = 0\\ \sum M_x(\boldsymbol{F}) = 0\\ \sum M_y(\boldsymbol{F}) = 0\end{aligned}\right\} \tag{4-16}$$

应用式(4-16)解决空间平行力系的平衡问题时，可解出三个未知量。

与平面情况类似，当被固定端约束的刚体所受的主动力是空间一般力系时，刚体所受的约束力也构成一个与主动力有关的空间一般力系，将此约束力系向支座中心 A 点进行简化可得到一个约束力 $\boldsymbol{F}_A$（通常用相互正交的分力 $\boldsymbol{F}_{Ax}$、$\boldsymbol{F}_{Ay}$、$\boldsymbol{F}_{Az}$ 表示）和一个约束力偶，其力偶矩矢为 $\boldsymbol{M}_A$（通常用其沿坐标轴的三个分量 $\boldsymbol{M}_{Ax}$、$\boldsymbol{M}_{Ay}$、$\boldsymbol{M}_{Az}$ 表示），如图 4-12 所示。

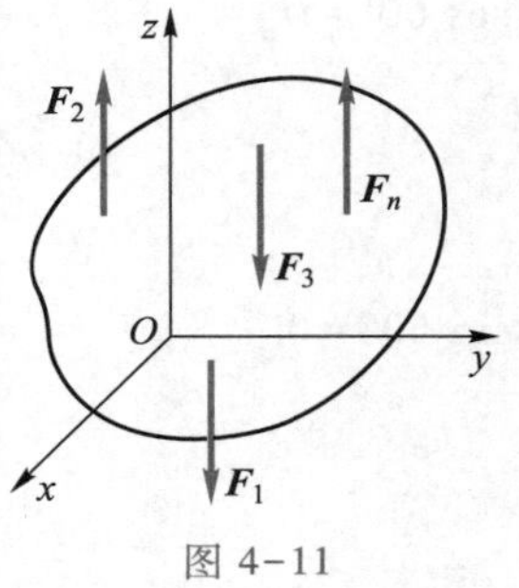

图 4-11

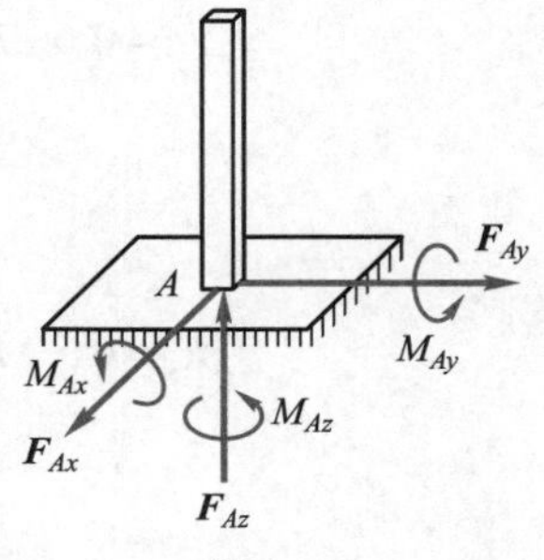

图 4-12

［例 4-3］ 均质长方形板 $ABCD$ 重量为 G，用球铰链支座 A 和蝶形铰支座 B 固定在墙上，并用绳 EC 维持在水平位置，如图 4-13a 所示，求绳的拉力和支座 A、B 的约束力。

［解］ 以板 $ABCD$ 为研究对象，板 $ABCD$ 所受的力有：重力 $\boldsymbol{G}$，球铰链 A 的支座约

束力 $\boldsymbol{F}_{Ax}$、$\boldsymbol{F}_{Ay}$ 和 $\boldsymbol{F}_{Az}$。由于蝶形铰支座不在常见的典型约束范围内，这里只能通过约束的构成和对运动造成的限制来分析约束的形式，蝶形铰支座 B 不能限制板沿铰轴线方向的位移，只有两个分约束力 $\boldsymbol{F}_{Bx}$、$\boldsymbol{F}_{Bz}$ 以及绳 EC 的拉力 $\boldsymbol{F}_{\mathrm{T}}$。受力如图 4-13b 所示。

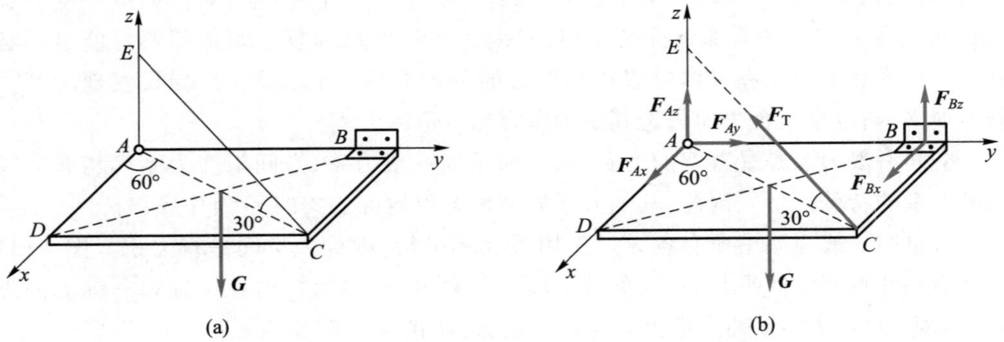

图 4-13

建立图示直角坐标系 $Axyz$，首先选 y 轴为力矩轴，列平衡方程求 $\boldsymbol{F}_{\mathrm{T}}$，即

$$\sum M_y(\boldsymbol{F})=0,\quad -F_{\mathrm{T}}\sin 30^\circ\times BC+G\times\frac{BC}{2}=0$$

$$F_{\mathrm{T}}=G$$

其次，选由 A 指向 C 的轴 AC 为力矩轴，除了 $\boldsymbol{F}_{Bz}$ 之外，其他各力都与轴 AC 相交，对轴 AC 之矩都等于零，故有

$$\sum M_{AC}(\boldsymbol{F})=0,\quad F_{Bz}\times AB\sin 30^\circ=0$$

得

$$F_{Bz}=0$$

再选 z 轴为力矩轴，列平衡方程

$$\sum M_z(\boldsymbol{F})=0,\quad -F_{Bx}\times AB=0$$

得

$$F_{Bx}=0$$

$$\sum F_x=0,\quad F_{Ax}-F_{\mathrm{T}}\cos 30^\circ\times\cos 60^\circ=0$$

得

$$F_{Ax}=\frac{\sqrt{3}}{4}G$$

$$\sum F_y=0,\quad F_{Ay}-F_{\mathrm{T}}\cos 30^\circ\times\sin 60^\circ=0$$

得

$$F_{Ay}=\frac{3}{4}G$$

$$\sum F_z=0,\quad F_{Az}+F_{\mathrm{T}}\sin 30^\circ-G=0$$

得

$$F_{Az}=\frac{1}{2}G$$

［例 4-4］ 如图 4-14a 所示均质正方形平台，用六根不计自重的直杆支承在水平面内，直杆两端各用球铰链与平台和地面连接。平台重量为 G，沿 AD 边作用一力 $\boldsymbol{F}$。求各杆所受的力。

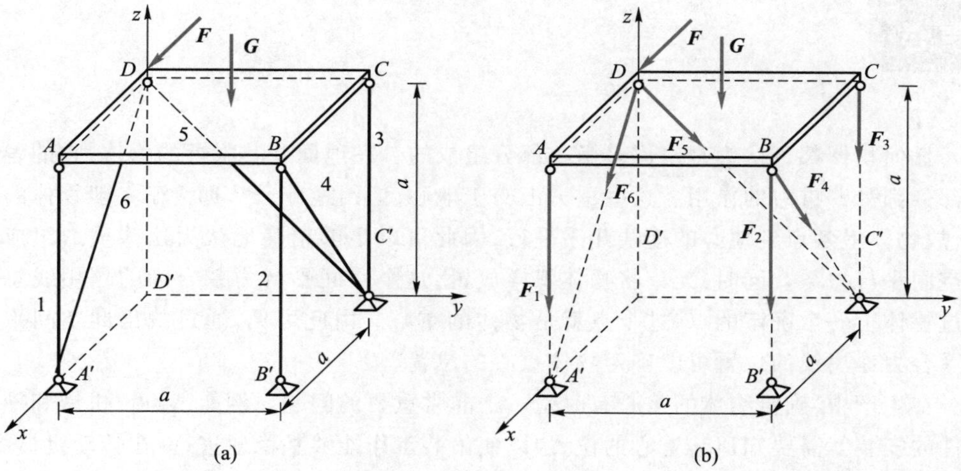

图 4-14

［解］ 选平台 $ABCD$ 为研究对象，板上受有主动力 $\boldsymbol{F}$、$\boldsymbol{G}$ 以及六根二力杆的约束力，不妨统一假设各杆约束力均为拉力，平台受力如图 4-14b 所示。建立图示直角坐标系，并注意列平衡方程的次序。于是，有

$$\sum F_y=0,\quad F_5\times\cos 45°\times a=0$$

得

$$F_5=0$$

$$\sum M_z(\boldsymbol{F})=0,\quad F_4\times\cos 45°\times a=0$$

$$F_4=0$$

$$\sum M_{C'C}(\boldsymbol{F})=0,\quad F_6\times\cos 45°\times a+F\times a=0$$

$$F_6=-\sqrt{2}F(\text{压})$$

$$\sum M_{C'B'}(\boldsymbol{F})=0,\quad F_1\times a+F_6\times\sin 45°\times a+G\times\frac{a}{2}=0$$

$$F_1=F-\frac{G}{2}$$

$$\sum M_{DB}(\boldsymbol{F})=0,\quad F_1\times\frac{a}{\sqrt{2}}-F_3\times\frac{a}{\sqrt{2}}=0$$

$$F_3=F_1=F-\frac{G}{2}$$

$$\sum M_x(\boldsymbol{F})=0,\quad F_2\times a+F_3\times a+G\times\frac{a}{2}=0$$

$$F_2=-F(\text{压})$$

§4-4 重心

任何物体都可认为是由许多微小部分组成的。在地面及其附近的物体，它的各微小部分都受着重力的作用。这些重力汇交于地心，但因地球尺寸远大于一般物体的尺寸，故物体上各点到地心的连线几乎平行，因此可以足够精确地认为这些重力组成一个空间平行力系。同时，无论将物体怎样放置，这个空间平行力系合力的作用线总是通过物体上一个确定的点，这个点就是物体的重心。由此可见，通过找出此空间平行力系合力作用线的位置可以确定物体重心的位置。

在生产中，确定物体的重心有时是一个非常重要的问题。例如，管道、机械和预制构件的安装就需要知道其重心的位置，以使吊装工作能够平稳地进行；在转动机械中，例如压缩机、通风机和水泵等，它们的转动部分的重心若不在转轴上，就会引起强烈的振动而造成各种不良的后果；还有，在房屋构件截面设计以及起重机、挡土墙、水坝等倾翻问题中，都涉及重心位置的确定。

形状不变的物体，其重心相对该物体的位置是固定不变的，但物体的重心不一定在物体上。由几个物体组成的系统，其重心一般将随各物体相对位置的改变而改变。但如组成系统的各物体之间的相对位置不变，则物体系统的重心相对该系统的位置也固定不变。

为了确定物体重心的位置，可将物体分割成许多小块(设为 n 个)，并分别以 G_1，G_2，…，G_n 表示各小块重量。若建立直角坐标系 $Oxyz$，则可用(x_1, y_1, z_1)，(x_2, y_2, z_2)，…，(x_n, y_n, z_n)表示各小块重心的位置。显然，各小块所受重力 $\boldsymbol{G}_1$，$\boldsymbol{G}_2$，…，$\boldsymbol{G}_n$ 的合力 $\boldsymbol{G}$ 即为整个物体所受的重力，而无论怎样放置物体，重力 $\boldsymbol{G}$ 的作用线均必通过物体的重心 C 点，如图 4-15 所示。设重心的 C 坐标为(x_C, y_C, z_C)，根据力对轴之矩的合力矩定理可知，物体的重力 $\boldsymbol{G}$ 对 x 轴和 y 轴之矩，等于各小块的重力 $\boldsymbol{G}_i$ 对同轴之矩的代数和，即

$$Gy_C = \sum G_i y_i$$

$$Gx_C = \sum G_i x_i$$

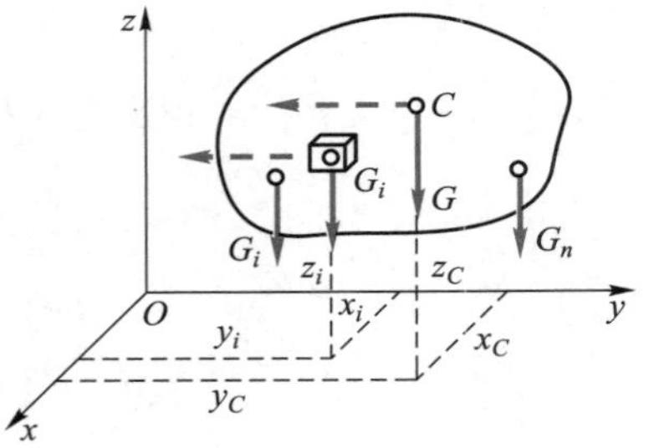

图 4-15

由于重心相对物体的位置与物体的放置情况无关，设想将物体连同坐标系 $Oxyz$ 一起绕 x 轴逆时针转过 90°，使得平面 Oxz 成为水平面，轴 Oy 铅垂向上，则重力为沿轴 Oy 负向的平行力系，如图 4-15 中虚线箭头所示，再对 x 轴应用合力矩定理得

$$Gz_C = \sum G_i z_i$$

由此得重心坐标公式

$$\left.\begin{aligned} x_C &= \frac{\sum G_i x_i}{G} \\ y_C &= \frac{\sum G_i y_i}{G} \\ z_C &= \frac{\sum G_i z_i}{G} \end{aligned}\right\} \tag{4-17}$$

此即重心坐标的一般公式,其中 $G=\sum G_i$,G 是整个物体的重量。

若物体是匀质的,且以 γ 表示物体每单位体积的重量(称为重力密度);ΔV_i 表示第 i 小块的体积;V 表示整个物体的体积($V=\sum \Delta V_i$);则因 $G_i=\gamma\Delta V_i$ 以及 $G=\sum G_i=\gamma\sum\Delta V_i=\gamma V$,故上式变为

$$x_C = \frac{\sum x_i \Delta V_i}{V},\quad y_C = \frac{\sum y_i \Delta V_i}{V},\quad z_C = \frac{\sum z_i \Delta V_i}{V} \tag{4-18}$$

如令物体上各小块的体积均趋于零,则有

$$x_C = \frac{\int_V x\mathrm{d}V}{V},\quad y_C = \frac{\int_V y\mathrm{d}V}{V},\quad z_C = \frac{\int_V z\mathrm{d}V}{V} \tag{4-19}$$

由此可见,均质物体重心的位置完全取决于物体的几何形状而与物体的重量无关。均质物体的重心与其几何形体的中心(简称形心)相重合。

若物体为均质等厚薄壳(曲面)如图 4-16 所示,则其重心的坐标公式为

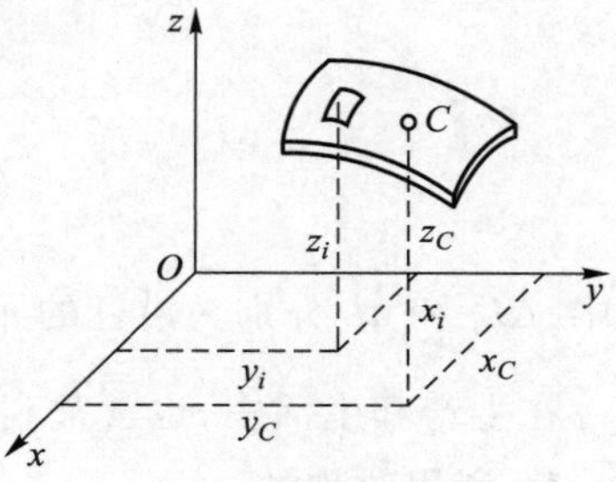

图 4-16

$$\left.\begin{aligned} x_C &= \frac{\sum x_i \Delta A_i}{A} \\ y_C &= \frac{\sum y_i \Delta A_i}{A} \\ z_C &= \frac{\sum z_i \Delta A_i}{A} \end{aligned}\right\} \tag{4-20}$$

或

$$\left.\begin{aligned} x_C &= \frac{\int_A x\mathrm{d}A}{A} \\ y_C &= \frac{\int_A y\mathrm{d}A}{A} \\ z_C &= \frac{\int_A z\mathrm{d}A}{A} \end{aligned}\right\} \tag{4-21}$$

式中，ΔA 和 $\mathrm{d}A$ 分别为单元面积和微元面积；$A=\sum \Delta A_i=\int_A \mathrm{d}A$，是薄壳中心曲面的面积。

对于匀质等厚薄板（或平面图形），如取沿平板厚度方向的中间平面（或平面图形所在的平面）为坐标面 $Oxyz$，则 $z_C\equiv 0$。但 x_C 和 y_C 仍分别由式(4-20)或式(4-21)中的前两式确定。

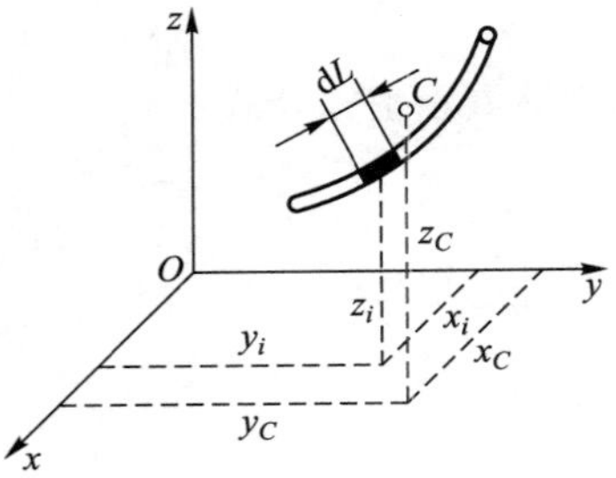

图 4-17

若物体为均质等截面细杆（或曲线）如图 4-17 所示，则其重心的坐标公式为

$$\left.\begin{aligned} x_C&=\frac{\sum x_i\Delta L_i}{L}\\ y_C&=\frac{\sum y_i\Delta L_i}{L}\\ z_C&=\frac{\sum z_i\Delta L_i}{L}\end{aligned}\right\} \tag{4-22}$$

或

$$\left.\begin{aligned} x_C&=\frac{\int_L x\mathrm{d}L}{L}\\ y_C&=\frac{\int_L y\mathrm{d}L}{L}\\ z_C&=\frac{\int_L z\mathrm{d}L}{L}\end{aligned}\right\} \tag{4-23}$$

式中，ΔL_i 和 $\mathrm{d}L$ 分别为沿杆的元弧长和微元弧长；$L=\sum \Delta L_i=\int_L \mathrm{d}L$，是杆的长度。

在生产和生活中，也常常利用下述一些简易方法以求解某些物体重心的位置。

1. 利用对称性

不难理解，凡对称的均质物体，其重心必在它们的对称面、对称轴或对称中心上。例如，均质圆球的重心在其对称中心（球心）上（图 4-18a）；均质矩形薄板和工字形薄板的重心在其两对称轴的交点上（图 4-18b、c）；均质 T 形薄板和 Π 形薄板的重心在其对称轴上（图 4-18d、e）；图4-19 所示为一长为 l 的管道（一般可以认为它是均质的），显然，其重心位于它的中心轴 z-z 与管子中心横截面（对称面）的交点 C 处。

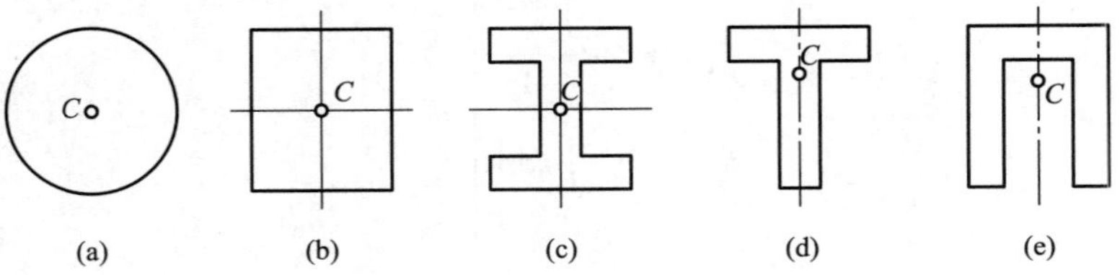

图 4-18

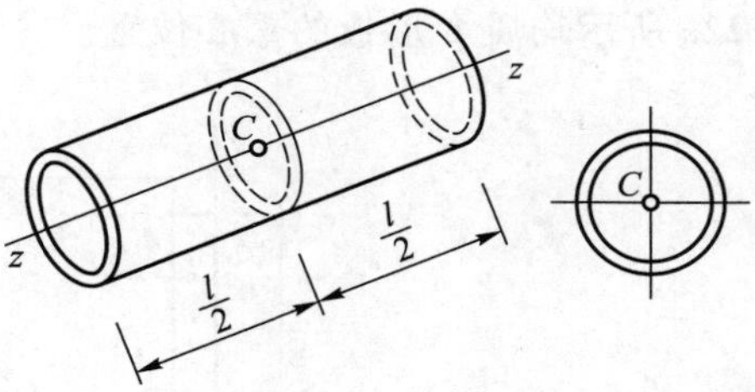

图 4-19

［例 4-5］ 试求一段均质圆弧薄板的重心。设圆弧的半径为 R，圆弧所对的圆心角为 2α（图4-20）。

［解］ 选圆弧的对称轴为 x 轴并以圆心 O 点为原点，则由对称性知必有 $y_C=0$。如以 $d\theta$ 表示圆弧的微元弧长 dL 所对的圆心角，则

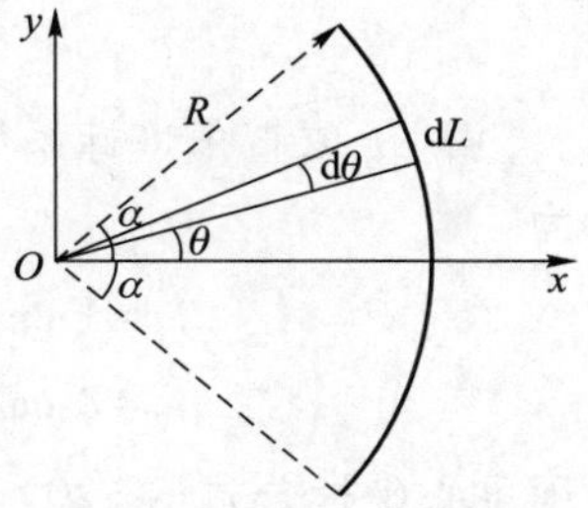

图 4-20

$$x_C=\frac{\int_L x\mathrm{d}L}{L}=\frac{2\int_0^\alpha R\cos\theta\times R\mathrm{d}\theta}{2\int_0^\alpha R\mathrm{d}\theta}=R\frac{\sin\alpha}{\alpha}$$

若为半圆弧，则 $\alpha=\frac{\pi}{2}$，从而有

$$x_C=\frac{2R}{\pi}=0.637R$$

2. 分割法

若一个物体由几个简单形状的物体组合而成，而这些物体的重心是已知的，那么整个物体的重心即可用式（4-21）求出。

［例 4-6］ 求半径为 R，顶角为 2α 的均质扇形薄板的重心位置（图 4-21）。

［解］ 取图示坐标系。显然重心在对称轴 Ox 上，故 $y_C=0$。通过圆心 O 作一系列半径而将此扇形薄板分割为无限多个微元三角形。由于每一微元三角形的重心均在距顶点 O 为 $2R/3$ 之处，所以它们连成了以 O 为圆心、$2R/3$ 为半径，且顶角为 2α 的一段圆弧，因此可将扇形薄板的重量看成为集中分布在该圆弧上。再利用在例 4-5 中所得圆弧重心坐标公式，可求得均质扇形薄板的重心的坐标为

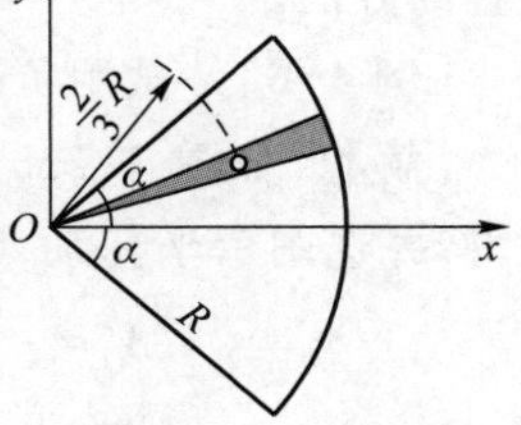

图 4-21

$$x_C=\frac{2}{3}R\frac{\sin\alpha}{\alpha}$$

若令 $\alpha=\frac{\pi}{2}$，则得到半圆板的重心坐标

$$x_C=\frac{4R}{3\pi}=0.424R$$

［例 4-7］ 求图 4-22a 所示均质 L 形板的重心位置。

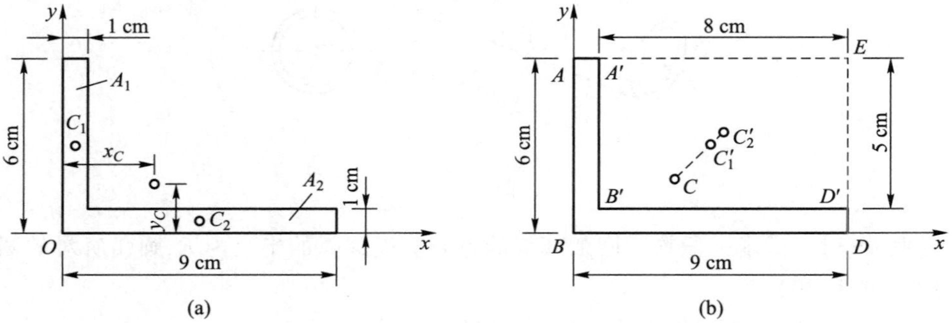

图 4-22

［解］ 取直角坐标系如图所示，将板分为两个矩形，它们的面积和相应的重心坐标为

$$A_1 = 1\ \text{cm} \times 6\ \text{cm} = 6\ \text{cm}^2,\quad x_1 = 0.5\ \text{cm},\quad y_1 = 3\ \text{cm}$$

$$A_2 = 8\ \text{cm} \times 1\ \text{cm} = 8\ \text{cm}^2,\quad x_2 = 5\ \text{cm},\quad y_2 = 0.5\ \text{cm}$$

利用重心坐标公式(4-20)得 L 形板重心的坐标为

$$x_C = \frac{x_1 A_1 + x_2 A_2}{A_1 + A_2} = 3.07\ \text{cm},\quad y_C = \frac{y_1 A_1 + y_2 A_2}{A_1 + A_2} = 1.57\ \text{cm}$$

3. 负面积法(负体积法)

显然，也可将图 4-22a 中的 L 形板看作是大矩形板 $ABDE$ 中减去小矩形板 $A'B'D'E$ 而成(图 4-22b)。因减正值相当于加负值，故在利用分割法求重心时，被减去部分的面积就应取负值。这种由分割法演变而来的方法，称为负面积法。

负面积法就是先将被研究的对象或其某部分补充成为一个易知其重心位置的简单平面图形，然后利用分割法并使所补充的部分面积为负值以求出被研究对象的重心位置的方法。

［例 4-8］ 试用负面积法以解例 4-7。

［解］ 如图 4-22b 所示，将 L 形板看成为由矩形板 $ABDE$ 中减去矩形板 $A'B'D'E$ 而得，并选图示坐标系，则各部分的面积和相应的重心坐标如下：

$$A_1' = 9\ \text{cm} \times 6\ \text{cm} = 54\ \text{cm}^2,\quad x_1' = 4.5\ \text{cm},\quad y_1' = 3\ \text{cm}$$

$$A_2' = -8\ \text{cm} \times 5\ \text{cm} = -40\ \text{cm}^2,\quad x_2' = 5\ \text{cm},\quad y_2' = 3.5\ \text{cm}$$

于是，L 形板的重心 C 的坐标为

$$x_C = \frac{x_1 A_1 + x_2 A_2}{A_1 + A_2} = 3.07\ \text{cm},\quad y_C = \frac{y_1 A_1 + y_2 A_2}{A_1 + A_2} = 1.57\ \text{cm}$$

所得结果与例 4-7 中的完全一致。

［例 4-9］ 求图 4-23 所示均质薄板的重心，已知 $a = 40\ \text{cm}$，$R_1 = 10\ \text{cm}$，$R_2 = 5\ \text{cm}$，$b = 30\ \text{cm}$。

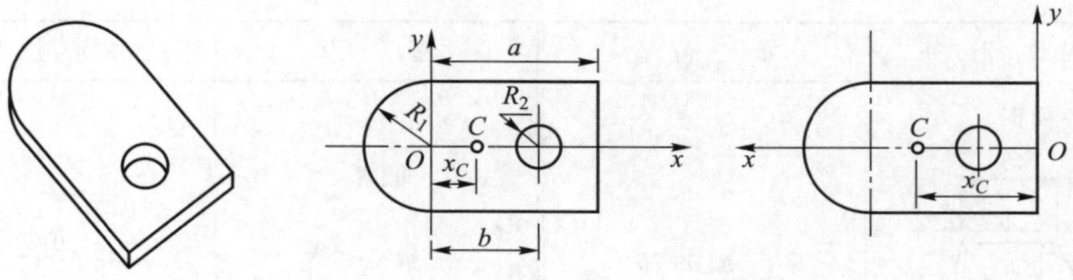

(a) (b) (c)

图 4-23

［解］ 取坐标轴如图 4-23b 所示。因 x 轴是对称轴，故该薄板的重心必在 x 轴上，即 $y_C=0$。将板看作是由一个矩形板与一个半圆形板组合后挖去一个圆孔而成。现分别计算这三部分的面积和相应的重心坐标如下：

$$A_1=a\times 2R_1=40\ \text{cm}\times 2\times 10\ \text{cm}=800\ \text{cm}^2,\quad x_1=\frac{a}{2}=20\ \text{cm}$$

$$A_2=\frac{\pi}{2}R_1^2=157\ \text{cm}^2,\quad x_2=-\frac{4R_1}{3\pi}=-4.24\ \text{cm}$$

$$A_3=-\pi R_2^2=-78.5\ \text{cm}^2,\quad x_3=b=30\ \text{cm}$$

故由式(4-16)得

$$x_C=\frac{x_1A_1+x_2A_2+x_3A_3}{A_1+A_2+A_3}=14.8\ \text{cm}$$

若按图 4-23c 选坐标轴，则半圆形的 x 坐标应为正值，算出整板重心 C 的坐标值应为 $x_C=25.2$ cm。可见，坐标轴选得不同，所得重心的坐标值也不一样，但重心在物体中的相对位置却保持不变。

此外，在工程中还会遇到形状复杂的物体，要通过计算来确定它们重心的位置是比较困难的，这时可采用实测的方法确定其重心的位置。实测法基本上也是利用力矩方程来确定重力的合力作用线的位置。读者可参阅有关书籍，这里不予介绍。

在表 4-1 中列出了某些简单均质物体的重心位置以供参考。

表 4-1　简单均质物体重心的位置

图　形	重心位置	图　形	重心位置
三角形 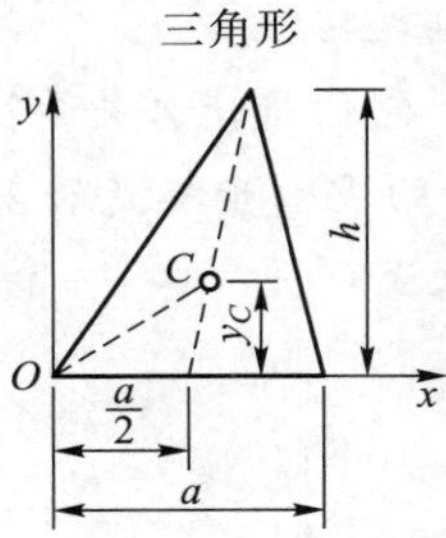	在三中线的交点 $y_C=\frac{1}{3}h$	半圆板 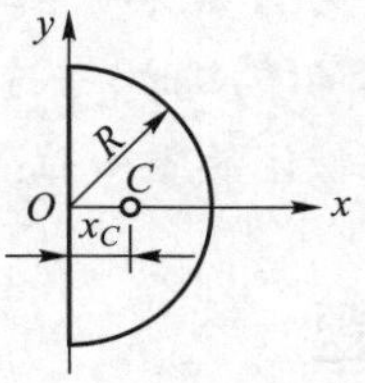	$x_C=\frac{4R}{3\pi}$ $y_C=0$

续表

图　形	重心位置	图　形	重心位置
梯形 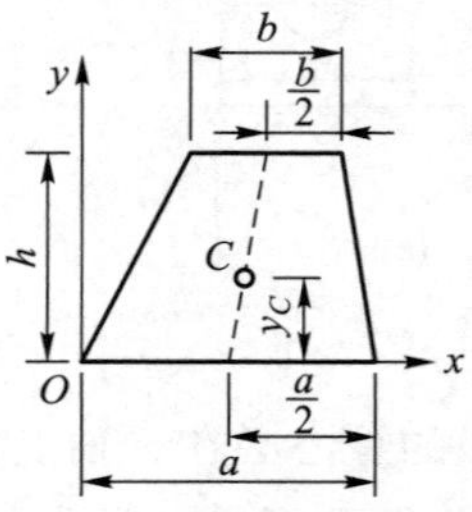	$y_C=\dfrac{h(a+2b)}{3(a+b)}$	圆弧 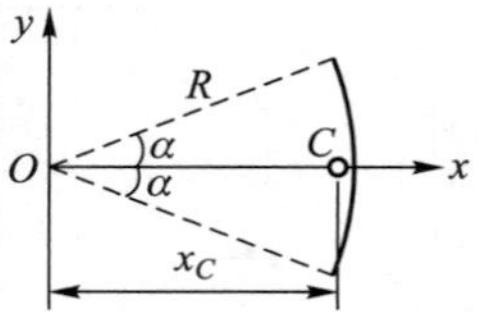	$x_C=\dfrac{R\sin\alpha}{\alpha}$ $y_C=0$
抛物线面 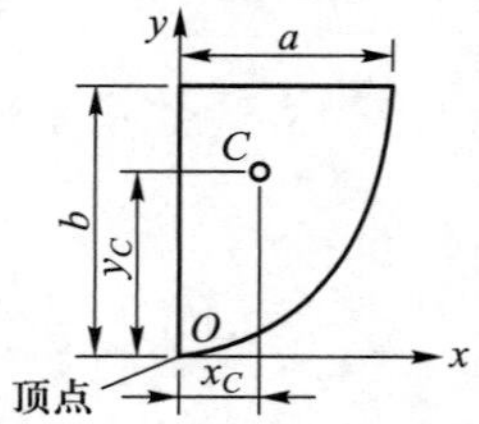	$x_C=\dfrac{3}{8}a$ $y_C=\dfrac{3}{5}b$	扇形 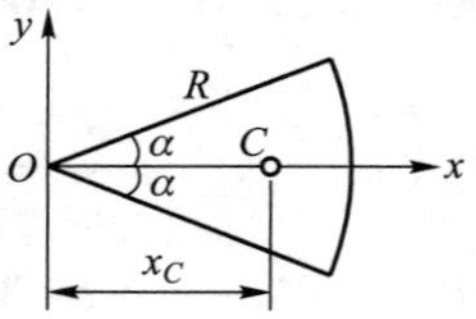	$x_C=\dfrac{2R\sin\alpha}{3\alpha}$ $y_C=0$ 当 $2\alpha=90°$ 时 $x_C=\dfrac{4\sqrt{2}R}{3\pi}$
正圆锥体 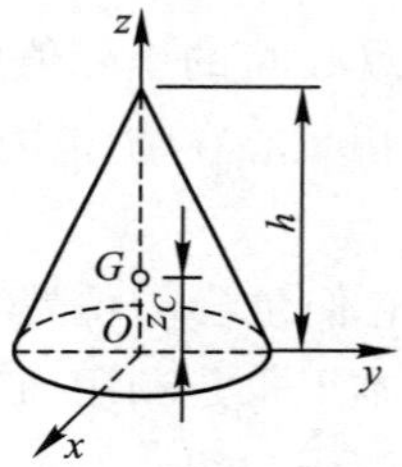	$x_C=0$ $y_C=0$ $z_C=\dfrac{h}{4}$	部分圆环 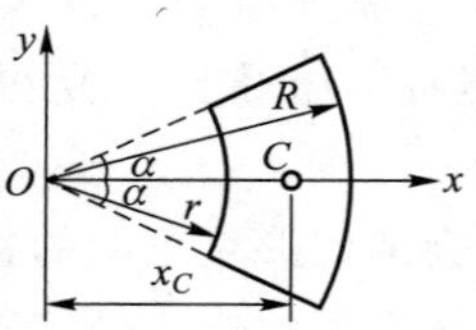	$x_C=\dfrac{2(R^3-r^3)\sin\alpha}{3(R^2-r^2)\alpha}$ $y_C=0$

思考题

4-1　力对轴之矩的含义是什么？实际解题时如何计算力对轴之矩？

4-2　在空间力系中为什么力对点之矩和力偶矩用矢量表示？它们是什么矢量？

4-3　计算某一物体的重心时，若选取不同的坐标系则计算出的重心坐标是否不同？若不同，是否意味着物体的重心位置随坐标系选取的不同而改变？

习　题

4-1　在三轮货车的底板上 M 处放一重量 $G=1$ kN 的货物。M 点的坐标为 $x=1.1$ m,

$y=1.5$ m，如图所示。略去货车自重，求每一个轮子对地面的压力。设 $AC=BC=1$ m，$CE=0.2$ m，$CD=2.2$ m。

4-2 水平轴上装有两个凸轮，凸轮上分别作用已知力 $F_1=0.8$ kN 和未知力 $\boldsymbol{F}$，如图所示。如轴平衡，求力 $\boldsymbol{F}$ 的大小和轴承约束力。

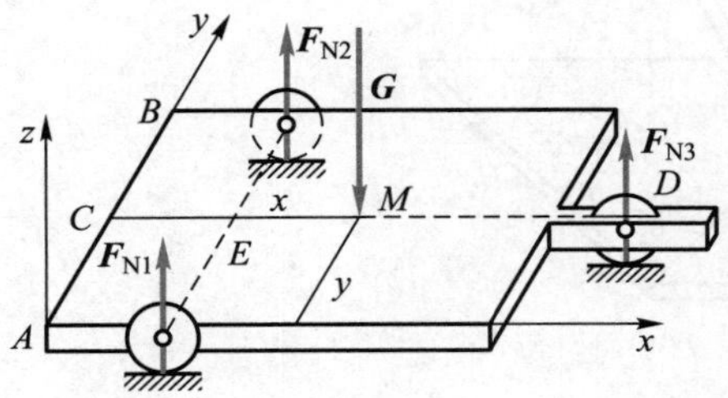

习题 4-1 图

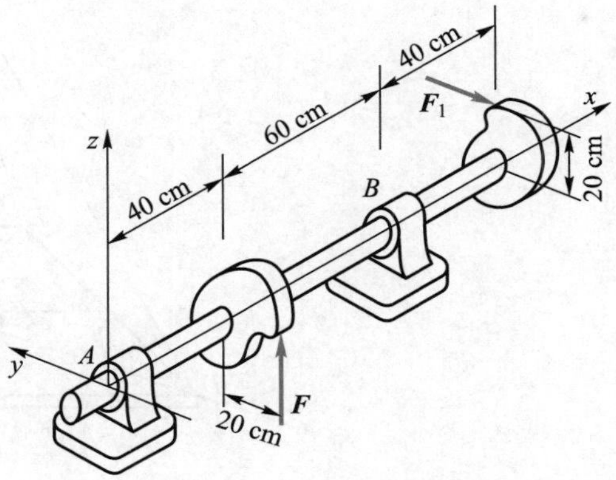

习题 4-2 图

4-3 图示为一用六根直杆支承的水平板，在板角处受铅垂力 $\boldsymbol{F}$ 作用。求由于力 $\boldsymbol{F}$ 所引起的各杆的内力。各杆的上、下端均分别用铰链与水平板和水平地面连接，杆重不计。

4-4 图示三脚架用球铰链 A、D 和 E 固结在水平面上。无重杆 BD 和 BE 在同一铅垂面内，长度相等，用铰链在 B 连接，且 $\angle DBE=90°$。均质杆 AB 与水平面成 $\alpha=30°$，重量为 $G=50$ kN。AB 杆的中点 C 作用一力 $\boldsymbol{F}$，其大小为 $F=1\ 000$ kN，$\boldsymbol{F}$ 力在铅垂面 ABF 内，且与铅垂线成 $60°$ 角，求支座 A 的约束力及 BD、BE 两杆的内力。

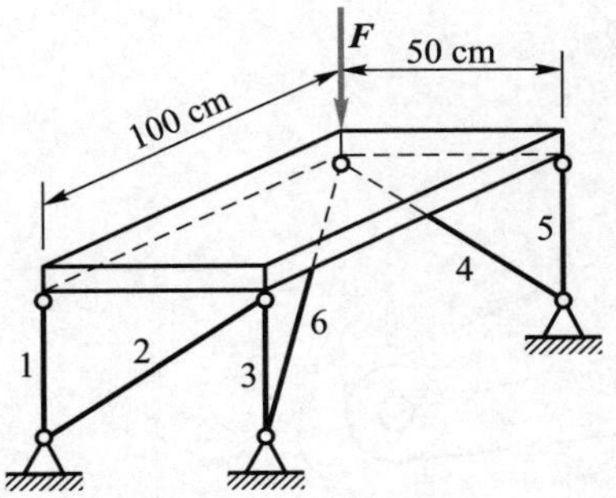

习题 4-3 图

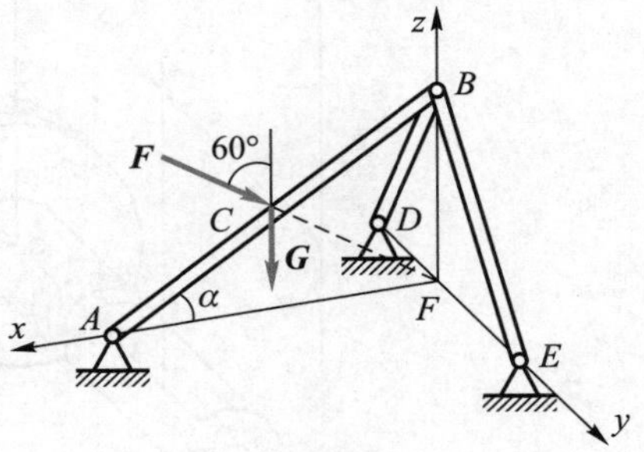

习题 4-4 图

4-5 图示为吊装用的起重桅杆的简图。主桅杆 AB 的 A 端可视为球铰链支座，B 端用 BD 和 BE 两根缆风绳拉住。A、D、E 三点同在水平地面上。起重臂杆的 C 端悬吊的重物重为 G。当起重臂杆旋转至图示位置，即铅垂面 ABC 与铅垂面 BAH 成 α 角时，求两根缆风绳的拉力和支座 A 的约束力。

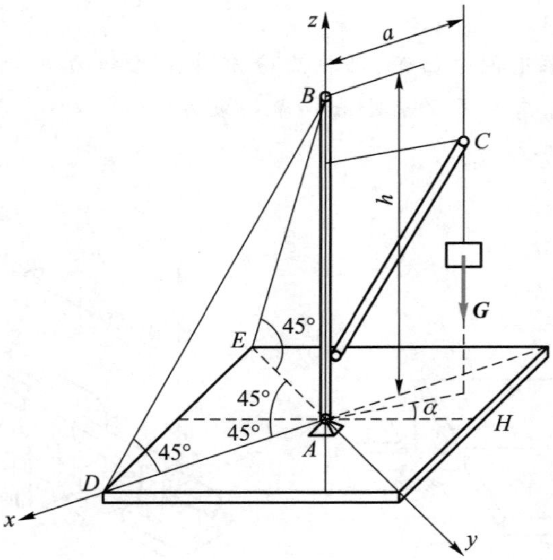

习题 4-5 图

4-6 图示电动机以转矩 M 通过链条传动将重物 G 匀速提起，链条与水平线成 30°角（直线 O_1x_1 平行于直线 Ax）。已知：$r=100$ mm，$R=200$ mm，$G=10$ kN，链条主动边（下边）的拉力为从动边拉力的两倍。轴与轮的重量不计，求支座 A 和 B 的约束力以及链条的拉力。

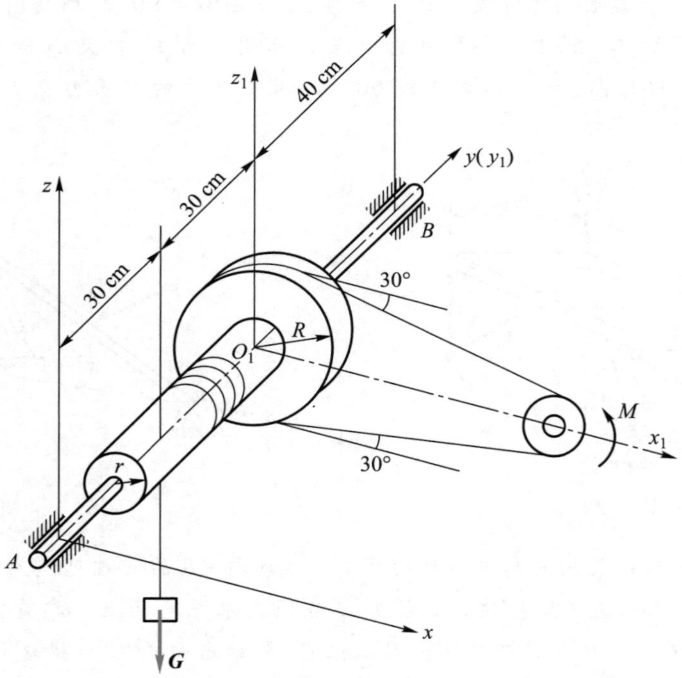

习题 4-6 图

4-7 边长为 a 的等边三角形 ABC,有三根直杆 1、2、3 和三根与水平面各成 30°角的斜杆 4、5、6 支承在水平位置,如图所示。在板平面内作用一力偶矩为 M 的力偶。板和各杆重量不计,求各杆所受的力。

4-8 如图所示均质长方形平台,用六根不计自重的直杆支承在水平面内,直杆两端各用球铰链与平台和地面连接。平台重量为 G,沿 AB 边作用一力 $\boldsymbol{F}$。求各杆的内力。

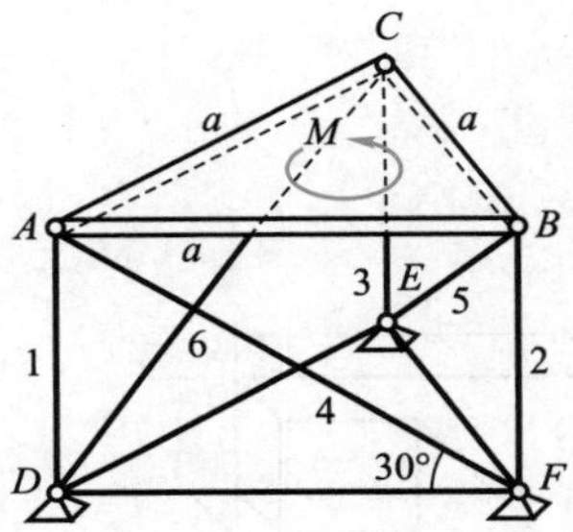

习题 4-7 图

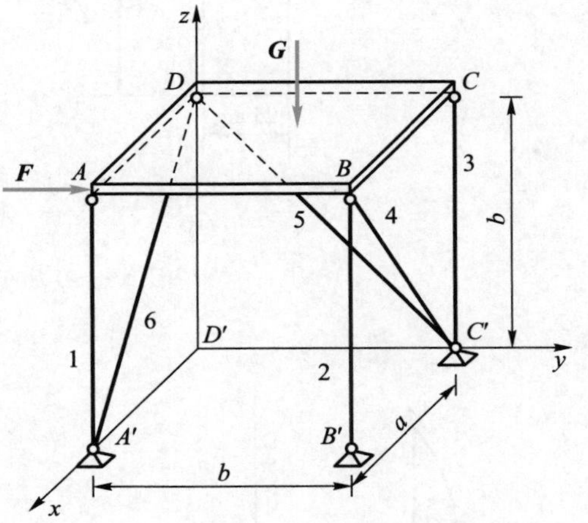

习题 4-8 图

4-9 如图所示悬臂刚架 ABC,A 端固定在基础上,在刚架的 D 点和 C 点分别作用有水平力 $\boldsymbol{F}_1$ 和 $\boldsymbol{F}_2$,在 BC 段作用有集度为 q 的均布线荷载,已知 h、H、l,略去刚架的重量,求固定端 A 的约束力。

4-10 在半径为 r_1 的均质圆盘内有一半径为 r_2 的圆孔,两圆的中心相距 $r_1/2$,如图所示。求此圆盘重心的位置。

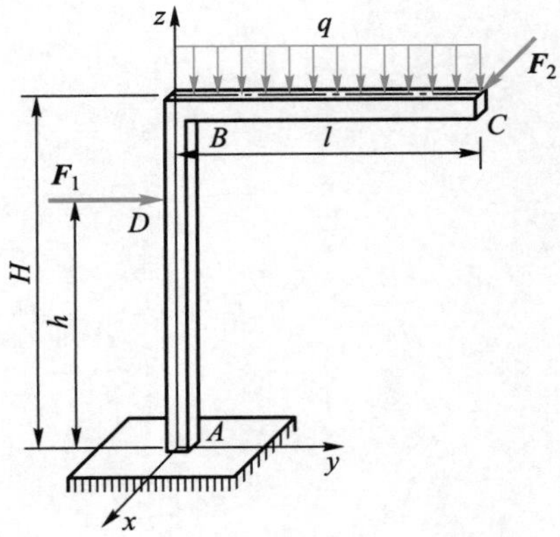

习题 4-9 图

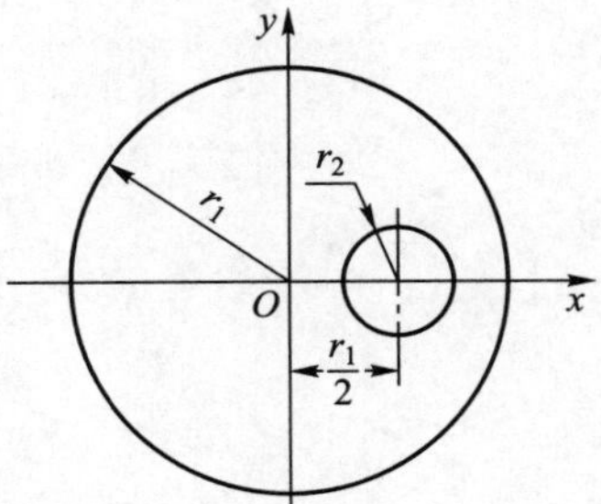

习题 4-10 图

4-11 计算图示各平面图形的形心坐标。

4-12 已知图示弓形板 ADB 的半径 $AO=30$ cm,$\angle AOB=60°$,求此板重心的位置。

4-13 求图示均质混凝土基础重心的位置。

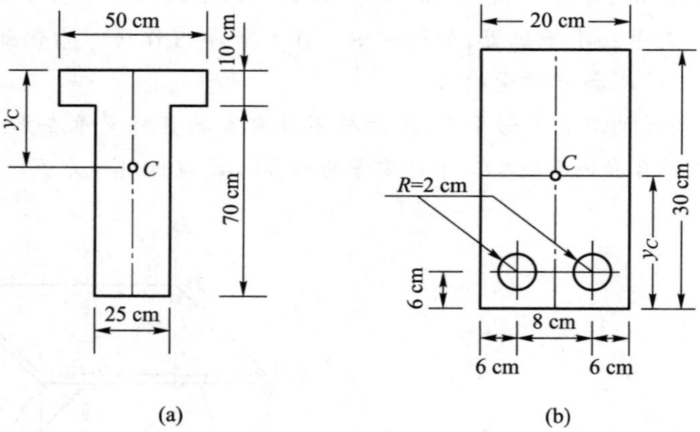

习题 4-11 图

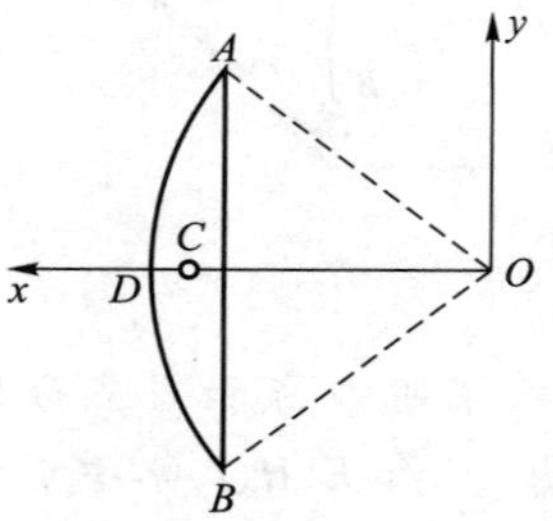

习题 4-12 图

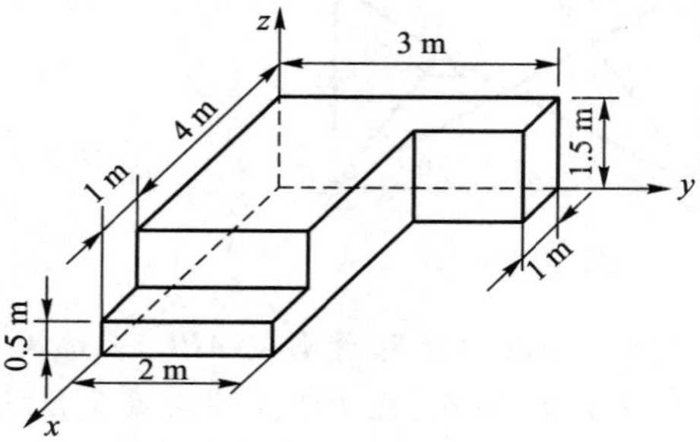

习题 4-13 图

习题答案 A4

第二篇 运动学

第 5 章 点的运动学

§5-1 运动学的基本概念

运动学研究物体机械运动的几何特征。

运动学是从几何角度研究物体的机械运动，即只研究物体机械运动的几何特征（轨迹、位移、运动方程、速度、加速度等），而不考虑引起物体机械运动的原因。因此，运动学在研究过程中不涉及作用在物体上的力和物体自身的物理性质，把物体简化为几何点或刚体。

学习运动学一方面是为学习动力学和机械学准备必要的知识；另一方面运动学在工程中也具有实际的应用价值。例如，在传动系统、自动控制系统等许多工程问题中，运动分析常常是主要的工作；在机械设计中，也首先要对机构的运动进行分析，使各构件的运动关系满足机械正常运转和实际工作的需要。

在静力学中已经指出了静止具有相对性，实际上，对于一切机械运动的描述都有其相对性。例如，相对于地面铅垂下落的雨滴，相对于行进中的人来说则是倾斜迎面下落的。又如，运动的车轮相对于地面是作滚动的，而相对于与其相连车厢是作定轴转动的。因此，在描述物体的机械运动时，必须指明这一机械运动是相对于什么物体来说的，否则就毫无意义。可用于确定被研究物体的位置和运动的其他物体称为该被研究物体的参考体。与参考体相固结的整个延伸空间或坐标系称为参考系或参考坐标系。在同一参考体上可以有不同的参考坐标系，它们对同一物体的位置描述的坐标值虽然不同，但有确定的几何关系相联系。

必须指出，不论选取什么样的参考系，不论同一物体相对于不同的参考系显示出来的运动状态如何不同，不会改变物体运动的客观性质。

在一般的工程问题中，如未特别说明，通常取固结在地面上的坐标系为参考系。

一切物体的运动必须在空间和时间中进行。空间、时间与物体的运动是不可分割的。由相对论的研究已经证明，时间和空间的度量不是绝对的，它们与物体的运动速度有关。但理论力学仅研究宏观物体的机械运动，其运动速度远小于光速，故可近似认为空间和时间的度量与物体的运动无关。空间和时间被认为是独立的，空间具有三度性，时间具有连续性和不可逆性。

在研究物体的运动时，要区别两个与时间有关的概念，即时间间隔和瞬时。时间间隔是指物体在不间断的运动中，从一个位置运动到另一个位置所经历的时间，它对应于物体运动的某一过程；瞬时是指时间间隔趋近于零的一刹那，它对应于物体在运动过程中的某一位置或状态。

运动学把所研究的物体抽象为点和刚体两种力学模型。点是指没有几何维度，没有质量，仅在空间占有位置的几何点；刚体是指由无数个点组成的不变形系统。同一物体在不同的问题中可以抽象成不同的力学模型。选取点或刚体，主要决定于所研究问题的性质，而不取决于物体本身的大小和形状。运动学是以研究点和刚体的运动为基础的，掌握了这两类运动，才能进一步研究变形体的运动。点的运动学研究点的运动方程、轨迹、速度、加速度等。而刚体运动学还要研究刚体本身的运动特征及与之相对应的各种运动量。

本章主要研究点相对于某一参考坐标系的运动规律。

§5-2 用矢量法研究点的运动

用矢量表示动点在参考系中的位置、速度和加速度随时间变化规律的方法称为矢量法。

一、点的运动方程

研究点的运动，首先需要选择合适的参考系，然后需要确定运动过程中点的空间位置随时间变化的规律。在给定参考系中，描述点的空间位置随时间变化规律的数学表达式称为点的运动方程。

为了确定动点 M 在任一瞬时的位置，可选取参考体上某固定点 O 为原点，自 O 点向动点 M 作矢量 $\boldsymbol{r}=\overrightarrow{OM}$（图 5-1），称 $\boldsymbol{r}$ 为动点 M 相对于固定点 O 的位置矢量，简称位矢或矢径。显然，动点 M 的位置与矢径 $\boldsymbol{r}$ 存在一一对应的关系。当动点 M 运动时，矢径 $\boldsymbol{r}$ 随时间而变化，并且是时间 t 的单值连续函数，即

$$\boldsymbol{r}=\boldsymbol{r}(t) \tag{5-1}$$

上式称为点的矢量形式的运动方程，它表明了点的空间位置随时间变化的规律。

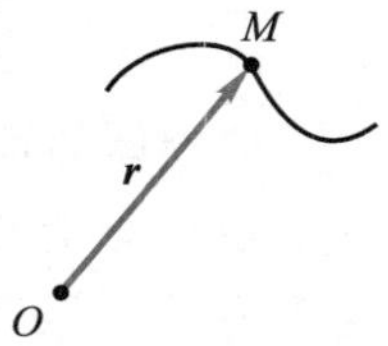

图 5-1

动点 M 在运动过程中，其矢径 $\boldsymbol{r}$ 的末端在空间所描出的曲线称为矢端曲线或矢径端迹。显然，矢径端迹就是动点的轨迹。

二、速度

设在瞬时 t，动点位于 M，其矢径为 $\boldsymbol{r}$，在瞬时 $t+\Delta t$，动点位于 M'，其矢径为 $\boldsymbol{r}'$（图 5-2），在时间间隔 Δt 内矢径 $\boldsymbol{r}$ 的改变量 $\Delta\boldsymbol{r}=\boldsymbol{r}'-\boldsymbol{r}$，就是动点在 Δt 内的位移。令 $\boldsymbol{v}^*=\dfrac{\Delta\boldsymbol{r}}{\Delta t}$，$\boldsymbol{v}^*$ 称为动点在 Δt 内的平均速度，用来表示动点在 Δt 内平均运动的快慢和运动方向。当 Δt 趋近于零时，平均速度 $\boldsymbol{v}^*$ 的极限称为动点在瞬时 t 的速度，以 $\boldsymbol{v}$ 表示，有

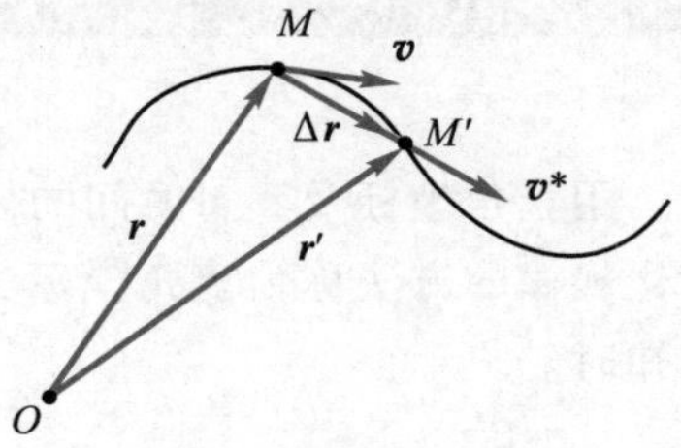

图 5-2

$$\boldsymbol{v}=\lim_{\Delta t\to 0}\boldsymbol{v}^*=\lim_{\Delta t\to 0}\frac{\Delta\boldsymbol{r}}{\Delta t}=\frac{\mathrm{d}\boldsymbol{r}}{\mathrm{d}t}=\dot{\boldsymbol{r}} \tag{5-2}$$

即动点的速度等于其矢径对时间的一阶导数。速度 $\boldsymbol{v}$ 是矢量，其大小 $|\boldsymbol{v}|=|\dot{\boldsymbol{r}}|$ 表示动点在瞬时 t 运动的快慢，而其方向为 $\Delta\boldsymbol{r}$ 的极限方向，即沿轨迹在点 M 处的切线并指向动点前进的一方（图 5-2）。因此，速度是描述动点运动快慢和方向的物理量。

速度的量纲是长度除以时间，用符号表示为

$$\dim v=\mathrm{LT}^{-1}$$

速度的国际单位是 m/s。

三、加速度

当点运动时，其速度 $\boldsymbol{v}$ 一般将随时间变化。设在瞬时 t，动点位于 M，其速度为 $\boldsymbol{v}$；在瞬时 $t+\Delta t$，动点位于 M'，速度为 $\boldsymbol{v}'$（图 5-3），在 Δt 内动点速度的改变量 $\Delta\boldsymbol{v}=\boldsymbol{v}'-\boldsymbol{v}$。令 $\boldsymbol{a}^*=\dfrac{\Delta\boldsymbol{v}}{\Delta t}$，$\boldsymbol{a}^*$ 称为动点在 Δt 内的平均加速度，用来反映动点的速度在 Δt 内平均变化的情况。当 Δt 趋近于零时，平均加速度 $\boldsymbol{a}^*$ 的极限称为动点在瞬时 t 的加速度，以 $\boldsymbol{a}$ 表示，有

$$\boldsymbol{a}=\lim_{\Delta t\to 0}\boldsymbol{a}^*=\lim_{\Delta t\to 0}\frac{\Delta\boldsymbol{v}}{\Delta t}=\frac{\mathrm{d}\boldsymbol{v}}{\mathrm{d}t}=\dot{\boldsymbol{v}}=\ddot{\boldsymbol{r}} \tag{5-3}$$

即动点的加速度等于其速度对时间的一阶导数，或等于矢径对时间的二阶导数。加速度 $\boldsymbol{a}$ 是矢量，它是描述动点速度大小和方向变化的物理量。加速度的方向恒指向轨迹凹的一侧或沿轨迹的切线方向。

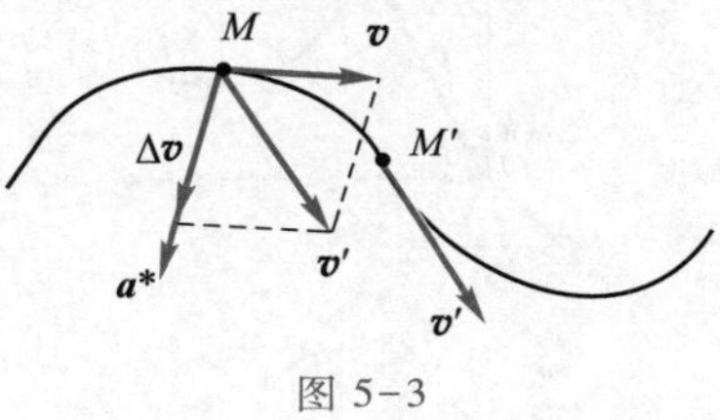

图 5-3

加速度的量纲是长度除以时间的平方，用符号表示为

$$\dim a = \mathrm{LT}^{-2}$$

加速度的国际单位是 $\mathrm{m/s^2}$。

§5-3 用直角坐标法研究点的运动

用直角坐标及其对时间的导数表示动点在参考系中的位置、速度和加速度随时间变化规律的方法称为直角坐标法。直角坐标法是常用的方法，特别是当点的运动轨迹未知时。

一、运动方程

以参考体上某固定点为原点建立直角坐标系 $Oxyz$，则动点 M 的空间位置与其直角坐标 x、y、z 存在一一对应的关系（图 5-4）。当动点 M 运动时，其坐标 x、y、z 均随着时间连续不断地变化，它们都是时间 t 的单值连续函数，故有

$$\left.\begin{aligned} x &= x(t) \\ y &= y(t) \\ z &= z(t) \end{aligned}\right\} \tag{5-4}$$

式(5-4)称为点的直角坐标形式的运动方程。根据式(5-4)，给定时间 t，则可求出动点 M 在该瞬时的空间位置，连接动点各瞬时的空间位置，即可得该动点的运动轨迹。因此，式(5-4)又称为点的轨迹的参数方程。

由式(5-4)的三个方程中的前两式和后两式分别消去时间参数 t，可得母线分别平行于 z 轴和 x 轴的两个曲面方程，即

$$\left.\begin{aligned} F_1(x,y) &= 0 \\ F_2(y,z) &= 0 \end{aligned}\right\} \tag{5-5}$$

此两曲面的交线即为动点 M 的轨迹（图 5-5）。式(5-5)称为动点 M 的轨迹方程。

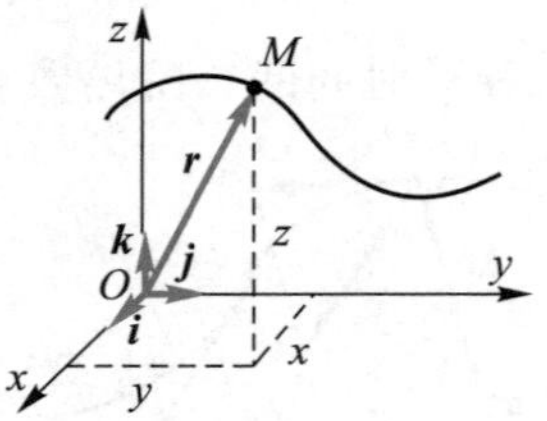

图 5-4

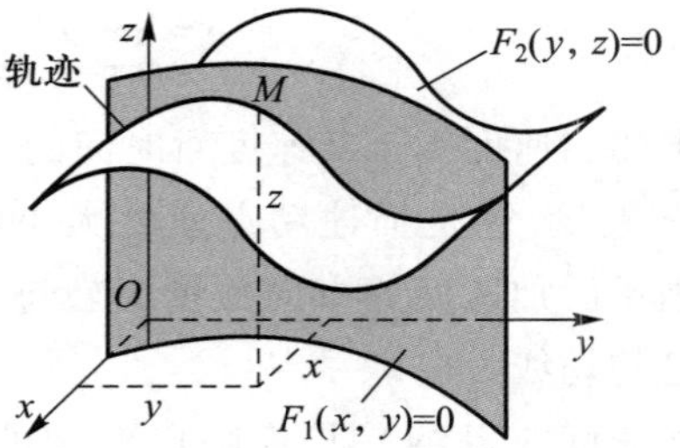

图 5-5

由于动点的空间位置既可用矢径 $\boldsymbol{r}$ 表示，也可用直角坐标 x、y、z 表示（图 5-4）。当矢径的原点和直角坐标系原点重合时，坐标 x、y、z 分别为矢径 $\boldsymbol{r}$ 在各对应坐标轴上的投影，所以矢径 $\boldsymbol{r}$ 可用沿直角坐标轴的分解式表示，即

$$\boldsymbol{r}=x\boldsymbol{i}+y\boldsymbol{j}+z\boldsymbol{k} \tag{5-6}$$

式中 $\boldsymbol{i}$、$\boldsymbol{j}$、$\boldsymbol{k}$ 分别是沿直角坐标轴 x、y、z 轴正向的单位矢量。

二、速度

由于直角坐标系 $Oxyz$ 是固定的，所以 $\boldsymbol{i}$、$\boldsymbol{j}$、$\boldsymbol{k}$ 是大小、方向均不随时间变化的常矢量。将式(5-6)两端对时间 t 求一阶导数，得

$$\boldsymbol{v}=\dot{\boldsymbol{r}}=\frac{\mathrm{d}\boldsymbol{r}}{\mathrm{d}t}=\frac{\mathrm{d}x}{\mathrm{d}t}\boldsymbol{i}+\frac{\mathrm{d}y}{\mathrm{d}t}\boldsymbol{j}+\frac{\mathrm{d}z}{\mathrm{d}t}\boldsymbol{k}=\dot{x}\boldsymbol{i}+\dot{y}\boldsymbol{j}+\dot{z}\boldsymbol{k} \tag{5-7}$$

若以 v_x、v_y、v_z 分别表示速度 $\boldsymbol{v}$ 在直角坐标轴 x、y、z 轴上的投影，则有

$$\boldsymbol{v}=v_x\boldsymbol{i}+v_y\boldsymbol{j}+v_z\boldsymbol{k}=\dot{x}\boldsymbol{i}+\dot{y}\boldsymbol{j}+\dot{z}\boldsymbol{k} \tag{5-8}$$

显然有

$$\left.\begin{aligned} v_x&=\frac{\mathrm{d}x}{\mathrm{d}t}=\dot{x}\\ v_y&=\frac{\mathrm{d}y}{\mathrm{d}t}=\dot{y}\\ v_z&=\frac{\mathrm{d}z}{\mathrm{d}t}=\dot{z}\end{aligned}\right\} \tag{5-9}$$

即动点的速度在直角坐标轴上的投影等于动点的各对应坐标变量对时间的一阶导数。

由速度 $\boldsymbol{v}$ 在直角坐标轴上的投影可求出其大小和方向，即

$$\left.\begin{aligned} v&=\sqrt{v_x^2+v_y^2+v_z^2}=\sqrt{\dot{x}^2+\dot{y}^2+\dot{z}^2}\\ \cos(\boldsymbol{v},\boldsymbol{i})&=\frac{v_x}{v}=\frac{\dot{x}}{v}\\ \cos(\boldsymbol{v},\boldsymbol{j})&=\frac{v_y}{v}=\frac{\dot{y}}{v}\\ \cos(\boldsymbol{v},\boldsymbol{k})&=\frac{v_z}{v}=\frac{\dot{z}}{v}\end{aligned}\right\} \tag{5-10}$$

三、加速度

将式(5-8)两端对时间 t 求一阶导数，得

$$\boldsymbol{a}=\dot{\boldsymbol{v}}=\frac{\mathrm{d}\boldsymbol{v}}{\mathrm{d}t}=\frac{\mathrm{d}v_x}{\mathrm{d}t}\boldsymbol{i}+\frac{\mathrm{d}v_y}{\mathrm{d}t}\boldsymbol{j}+\frac{\mathrm{d}v_z}{\mathrm{d}t}\boldsymbol{k}=\dot{v}_x\boldsymbol{i}+\dot{v}_y\boldsymbol{j}+\dot{v}_z\boldsymbol{k}$$

$$=\frac{\mathrm{d}^2x}{\mathrm{d}t^2}\boldsymbol{i}+\frac{\mathrm{d}^2y}{\mathrm{d}t^2}\boldsymbol{j}+\frac{\mathrm{d}^2z}{\mathrm{d}t^2}\boldsymbol{k}=\ddot{x}\boldsymbol{i}+\ddot{y}\boldsymbol{j}+\ddot{z}\boldsymbol{k} \tag{5-11}$$

若以 a_x、a_y、a_z 分别表示加速度 $\boldsymbol{a}$ 在直角坐标轴 x、y、z 轴上的投影，则有

$$\boldsymbol{a}=a_x\boldsymbol{i}+a_y\boldsymbol{j}+a_z\boldsymbol{k} \tag{5-12}$$

比较式(5-11)和式(5-12)，得

$$\left.\begin{aligned}a_x&=\dot{v}_x=\ddot{x}\\a_y&=\dot{v}_y=\ddot{y}\\a_z&=\dot{v}_z=\ddot{z}\end{aligned}\right\} \tag{5-13}$$

即动点的加速度在直角坐标轴上的投影等于动点的速度在对应坐标轴上的投影对时间的一阶导数或等于动点的对应坐标变量对时间的二阶导数。

由加速度 $\boldsymbol{a}$ 在直角坐标轴上的投影可求出其大小和方向：

$$\left.\begin{aligned}&a=\sqrt{a_x^2+a_y^2+a_z^2}=\sqrt{\ddot{x}^2+\ddot{y}^2+\ddot{z}^2}\\&\cos(\boldsymbol{a},\boldsymbol{i})=\frac{a_x}{a}\\&\cos(\boldsymbol{a},\boldsymbol{j})=\frac{a_y}{a}\\&\cos(\boldsymbol{a},\boldsymbol{k})=\frac{a_z}{a}\end{aligned}\right\} \tag{5-14}$$

以上根据动点的空间曲线运动规律推导出了计算动点的运动轨迹、速度、加速度的公式。

当动点作平面曲线运动时，只需以曲线所在平面为 Oxy 坐标面，此时 z、$\dot{z}$、$\ddot{z}$ 都恒为零，则本节所述各式均能适用。故平面曲线运动包含在空间曲线运动中。

当动点作直线运动时，只需以该直线为 Ox 轴，此时 y、$\dot{y}$、$\ddot{y}$ 和 z、$\dot{z}$、$\ddot{z}$ 都恒为零，则本节所述各式也均能适用。故直线运动包含在曲线运动中。

［例 5-1］ 曲柄连杆机构如图 5-6 所示。曲柄 OA 绕 O 轴以 $\varphi=\omega t$ 的规律转动（ω 为已知常数），并通过连杆 AB 带动滑块 B 在水平滑道内滑动。设连杆 AB 与曲柄 OA 的长度相等，即 $OA=AB=l$，运动开始时曲柄在水平向右位置，试求连杆 AB 中点 C 的轨迹、速度和加速度。

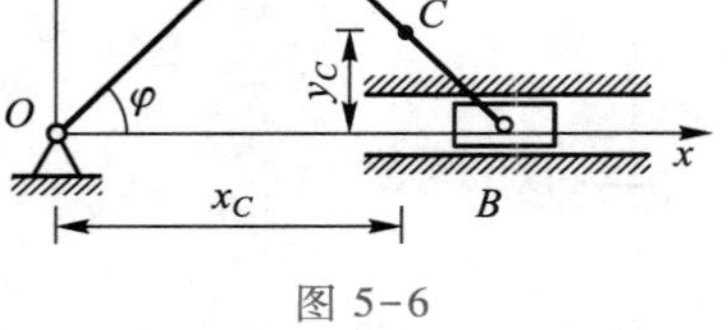

图 5-6

［解］ 以连杆 AB 上 C 点为动点，选取如图 5-6 所示直角坐标系 Oxy，先建立 C 点的运动方程，然后确定 C 点的轨迹方程、速度和加速度。

(1) 求 C 点的轨迹

取 C 点在任一瞬时 t 的位置来分析，曲柄 OA 与 x 轴的夹角为 $\varphi=\omega t$，由图中的几何关系得 C 点的坐标为

$$\left.\begin{aligned}x_C&=OA\cos\varphi+AC\cos\varphi=\frac{3l}{2}\cos\omega t\\y_C&=BC\sin\varphi=\frac{l}{2}\sin\omega t\end{aligned}\right\}\tag{a}$$

式(a)为点 C 的直角坐标形式的运动方程。将式(a)中参数 t 消去，得

$$\left(\frac{x_C}{3l/2}\right)^2+\left(\frac{y_C}{l/2}\right)^2=1\tag{b}$$

式(b)为连杆 AB 中点 C 的轨迹方程，所以 C 点的轨迹为一椭圆。

(2) 求 C 点的速度

将式(a)对时间 t 求一阶导数，得 C 点的速度在各坐标轴上的投影为

$$\left.\begin{aligned}v_{Cx}&=\dot{x}_C=-\frac{3l}{2}\omega\sin\omega t\\v_{Cy}&=\dot{y}_C=\frac{l}{2}\omega\cos\omega t\end{aligned}\right\}\tag{c}$$

故 C 点的速度大小为

$$v_C=\sqrt{v_{Cx}^2+v_{Cy}^2}=(l\omega/2)\sqrt{9\sin^2\omega t+\cos^2\omega t}$$

其方向余弦为

$$\left.\begin{aligned}\cos(\boldsymbol{v}_C,\boldsymbol{i})&=\frac{v_{Cx}}{v_C}=\frac{-3\sin\omega t}{\sqrt{9\sin^2\omega t+\cos^2\omega t}}\\\cos(\boldsymbol{v}_C,\boldsymbol{j})&=\frac{v_{Cy}}{v_C}=\frac{\cos\omega t}{\sqrt{9\sin^2\omega t+\cos^2\omega t}}\end{aligned}\right\}$$

(3) 求 C 点的加速度

将式(c)对时间 t 求一阶导数，可得 C 点的加速度在各坐标轴上的投影为

$$\left.\begin{aligned}a_{Cx}&=\dot{v}_{Cx}=-\frac{3l}{2}\omega^2\cos\omega t\\a_{Cy}&=\dot{v}_{Cy}=-\frac{l}{2}\omega^2\sin\omega t\end{aligned}\right\}$$

故 C 点的加速度大小为

$$a_C=\sqrt{a_{Cx}^2+a_{Cy}^2}=(l\omega^2/2)\sqrt{9\cos^2\omega t+\sin^2\omega t}$$

其方向余弦为

$$\left.\begin{aligned}\cos(\boldsymbol{a}_C,\boldsymbol{i})&=\frac{a_{Cx}}{a_C}=\frac{-3\cos\omega t}{\sqrt{9\cos^2\omega t+\sin^2\omega t}}\\\cos(\boldsymbol{a}_C,\boldsymbol{j})&=\frac{a_{Cy}}{a_C}=\frac{-\sin\omega t}{\sqrt{9\cos^2\omega t+\sin^2\omega t}}\end{aligned}\right\}$$

§5-4

用自然法研究点的运动

利用点的运动轨迹建立弧坐标及自然轴系，并用它们来描述和分析点的运动的方法称为自然法。自然法主要适用于当动点运动的轨迹为已知时的情形。

一、点的运动方程

设动点 M 的轨迹为如图 5-7 所示的已知曲线，为了确定动点 M 在轨迹上的位置，在轨迹上任选一点 O'，称为弧坐标原点，并自行规定动点 M 的轨迹在点 O' 的某一侧为正向，另一侧为负向，则动点 M 在某一瞬时的位置，可用从原点 O'沿轨迹且带正负号的弧长 s 来确定，即

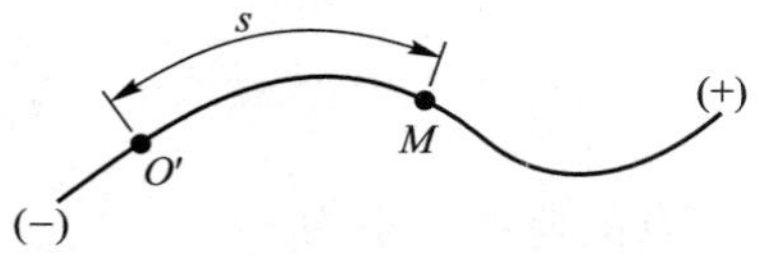

图 5-7

$s=\pm\widehat{O'M}$，s 称为动点 M 的弧坐标。

当动点 M 运动时，弧坐标 s 随时间变化，它是时间 t 的单值连续函数，即

$$s=s(t) \tag{5-15}$$

式(5-15)描述了动点 M 在已知轨迹上的位置随时间 t 的变化规律，称为点的弧坐标形式的运动方程或点的自然形式的运动方程。

二、自然轴系

用自然法研究动点的速度和加速度，将采用自然轴系。下面介绍已知空间曲线上任一点 M 处的自然轴系。

如图 5-8 所示，在动点的轨迹曲线上任取相邻两点 M 点和 M' 点，分别过 M 点和 M'点作轨迹的切线 MT 和 $M'T'$，一般情况下这两条切线并不在同一平面上。过 M 点作与切线 $M'T'$平行的直线 MT_1，则 MT 和 MT_1 可确定一平面 P。当点 M'逐渐趋近于点 M 时，$M'T'$逐渐趋近于 MT，且 MT_1随 $M'T'$的变化而变化，由 MT 和 MT_1确定的平面 P 绕切线 MT 不断地

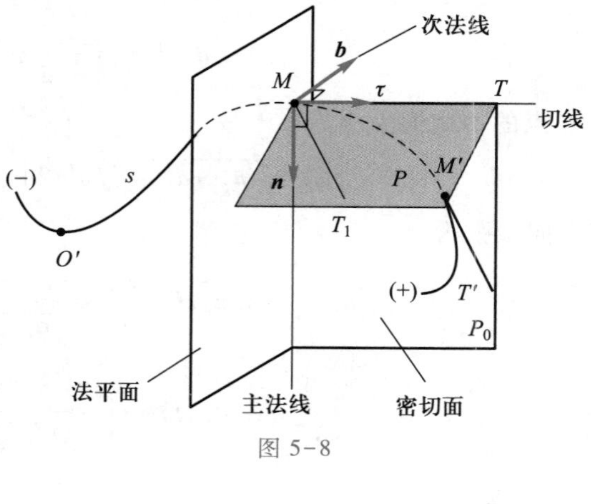

图 5-8

旋转，并逐渐趋近于一极限位置 P_0。该极限位置平面称为曲线在点 M 处的密切面。过 M 点作垂直于切线 MT 的平面，该平面称为曲线在 M 点的法平面。法平面与密切面的交线称为曲线在点 M 处的主法线。法平面内过 M 点与密切面垂直的法线称为曲线在点 M 处的次(副)法线。

以曲线在点 M 处的切线、主法线和次法线为轴组成的正交轴系称为曲线在点 M 处的自然轴系。对自然轴系上的各轴向单位矢量作如下规定：切向单位矢量用 $\boldsymbol{\tau}$ 表示，其正向与规定的弧坐标正向一致；主法向单位矢量用 $\boldsymbol{n}$ 表示，其正向指向轨迹曲线凹的一侧，即指向曲率中心；次法向单位矢量用 $\boldsymbol{b}$ 表示，其正向由 $\boldsymbol{b}=\boldsymbol{\tau}\times\boldsymbol{n}$ 确定。

必须指出，随着点 M 在轨迹上运动，$\boldsymbol{\tau}$、$\boldsymbol{n}$、$\boldsymbol{b}$ 的大小虽然不变，但其方向均不断地随点在曲线上的位置而改变，故自然轴系是随点在曲线上的位置而变化的游动坐标系，这一点与前面的固定直角坐标系有很大的区别。

三、速度

设动点 M 沿已知轨迹曲线运动，经过 Δt 时间，点沿轨迹由点 M 运动到点 M'，其位移为 $\Delta\boldsymbol{r}$，弧坐标改变量为 Δs，如图 5-9 所示。

由图 5-9 分析知，当 $\Delta t\to 0$ 时，$\Delta s\to 0$，$\dfrac{\Delta\boldsymbol{r}}{\Delta s}\to\boldsymbol{\tau}$，故有

$$\boldsymbol{v}=\frac{\mathrm{d}\boldsymbol{r}}{\mathrm{d}t}=\lim_{\Delta t\to 0}\frac{\Delta\boldsymbol{r}}{\Delta t}=\lim_{\Delta t\to 0}\frac{\Delta\boldsymbol{r}}{\Delta s}\cdot\frac{\Delta s}{\Delta t}=\frac{\mathrm{d}s}{\mathrm{d}t}\boldsymbol{\tau}=\dot{s}\,\boldsymbol{\tau}=v\boldsymbol{\tau} \tag{5-16}$$

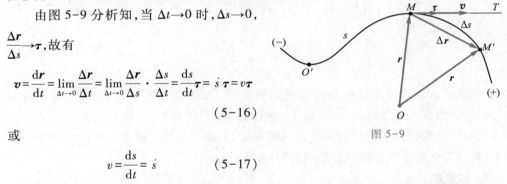

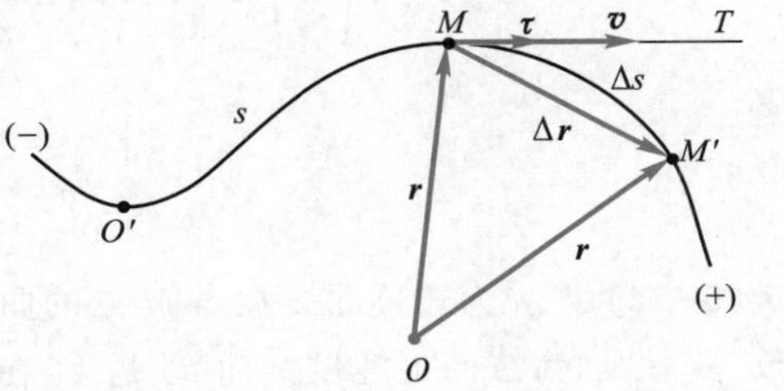

图 5-9

或

$$v=\frac{\mathrm{d}s}{\mathrm{d}t}=\dot{s} \tag{5-17}$$

式中，v 称为速度代数量，它等于弧坐标对时间的一阶导数。速度代数量 v 是速度 $\boldsymbol{v}$ 在动点所在位置处曲线切线轴上的投影。当 $v>0$ 时，速度 $\boldsymbol{v}$ 的方向与 $\boldsymbol{\tau}$ 的方向一致，即动点沿轨迹正向运动；当 $v<0$ 时，速度 $\boldsymbol{v}$ 的方向与 $\boldsymbol{\tau}$ 的方向相反，即动点沿轨迹负向运动。

四、加速度

将式(5-16)对时间求一阶导数，有

$$\boldsymbol{a}=\frac{\mathrm{d}\boldsymbol{v}}{\mathrm{d}t}=\frac{\mathrm{d}}{\mathrm{d}t}(v\boldsymbol{\tau})=\frac{\mathrm{d}v}{\mathrm{d}t}\boldsymbol{\tau}+v\frac{\mathrm{d}\boldsymbol{\tau}}{\mathrm{d}t} \tag{5-18}$$

1. 切向加速度 $\boldsymbol{a}_\tau$

令

$$\boldsymbol{a}_\tau=\frac{\mathrm{d}v}{\mathrm{d}t}\boldsymbol{\tau}=\dot{v}\,\boldsymbol{\tau}=\ddot{s}\,\boldsymbol{\tau}=a_\tau\boldsymbol{\tau} \tag{5-19}$$

或

$$a_\tau = \dot{v} = \ddot{s} \tag{5-20}$$

由式(5-19)可知,$\boldsymbol{a}_\tau$ 是沿轨迹切线的矢量,因此称为切向加速度。切向加速度是反映速度大小随时间变化快慢的物理量。而 a_τ 称为切向加速度代数量,它等于速度代数量对时间的一阶导数或等于弧坐标对时间的二阶导数。a_τ 是 $\boldsymbol{a}_\tau$ 在曲线切线轴上的投影。当 $a_\tau>0$ 时,$\boldsymbol{a}_\tau$ 的方向与 $\boldsymbol{\tau}$ 的方向一致;当 $a_\tau<0$ 时,$\boldsymbol{a}_\tau$ 的方向与 $\boldsymbol{\tau}$ 的方向相反。

2. 法向加速度 $\boldsymbol{a}_n$

令

$$\boldsymbol{a}_n = v\frac{\mathrm{d}\boldsymbol{\tau}}{\mathrm{d}t} \tag{5-21}$$

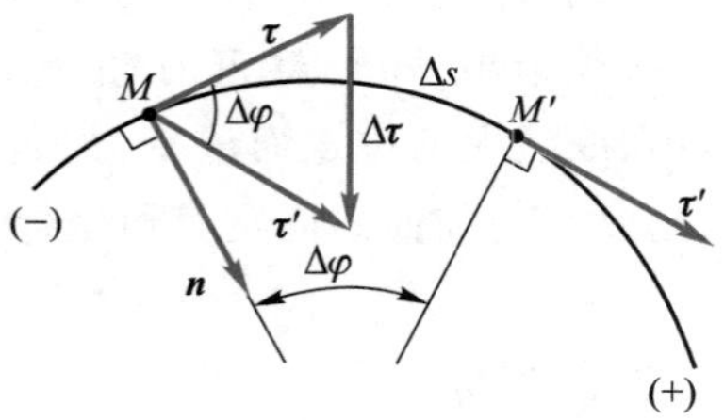

图 5-10

由图 5-10 分析知,当 $\Delta t\to 0$ 时,$\Delta s\to 0$,$\Delta\varphi\to 0$,$\Delta\boldsymbol{\tau}\to\perp\boldsymbol{\tau}$,由于 Δs 与 $\Delta\varphi$ 总是正负号相同的,且 $|\Delta\boldsymbol{\tau}| = 2\cdot|\boldsymbol{\tau}|\cdot\sin\frac{\Delta\varphi}{2}$,故 $\Delta\boldsymbol{\tau}\to\Delta\varphi\boldsymbol{n}$,因此

$$\begin{aligned}\boldsymbol{a}_n &= v\frac{\mathrm{d}\boldsymbol{\tau}}{\mathrm{d}t} = v\lim_{\Delta t\to 0}\frac{\Delta\boldsymbol{\tau}}{\Delta t} = v\lim_{\Delta t\to 0}\frac{\Delta\boldsymbol{\tau}}{\Delta\varphi}\cdot\frac{\Delta\varphi}{\Delta s}\cdot\frac{\Delta s}{\Delta t}\\ &= v\cdot\boldsymbol{n}\cdot\left(\frac{1}{\rho}\right)\cdot\frac{\mathrm{d}s}{\mathrm{d}t} = \frac{v^2}{\rho}\boldsymbol{n} = \frac{\dot{s}^2}{\rho}\boldsymbol{n} = a_n\boldsymbol{n}\end{aligned} \tag{5-22}$$

或

$$a_n = \frac{v^2}{\rho} = \frac{\dot{s}^2}{\rho} \tag{5-23}$$

式(5-22)中,ρ 为轨迹曲线在点 M 处的曲率半径。显然,$\boldsymbol{a}_n$ 的方向与主法线轴正向一致,故 $\boldsymbol{a}_n$ 称为法向加速度。而 a_n 是 $\boldsymbol{a}_n$ 在主法线轴上的投影,为恒正的标量。法向加速度是反映速度方向随时间变化快慢的物理量,它的大小等于速度大小的平方除以曲率半径,其方向沿着轨迹的主法线,恒指向曲率中心。

3. 加速度 $\boldsymbol{a}$

将式(5-19)和式(5-22)代入式(5-18),得加速度 $\boldsymbol{a}$ 的表达式,即

$$\boldsymbol{a} = \boldsymbol{a}_\tau + \boldsymbol{a}_n = \dot{v}\boldsymbol{\tau} + \frac{v^2}{\rho}\boldsymbol{n} = \ddot{s}\boldsymbol{\tau} + \frac{\dot{s}^2}{\rho}\boldsymbol{n} \tag{5-24}$$

加速度 $\boldsymbol{a}$ 分别在切向轴、主法线轴和次法线轴上的投影为

$$\left.\begin{aligned} a_\tau &= \dot{v} = \ddot{s}\\ a_n &= \frac{v^2}{\rho} = \frac{\dot{s}^2}{\rho}\\ a_b &= 0\end{aligned}\right\} \tag{5-25}$$

加速度 $\boldsymbol{a}$ 的大小为

$$a = \sqrt{a_\tau^2 + a_n^2} = \sqrt{\dot{v}^2 + \left(\frac{v^2}{\rho}\right)^2} \tag{5-26}$$

加速度 $\boldsymbol{a}$ 的方向由下式确定:

$$\tan \theta=\tan(\boldsymbol{a},\boldsymbol{n})=\frac{|a_\tau|}{a_n} \tag{5-27}$$

式中角 θ 为加速度 $\boldsymbol{a}$ 与法向加速度 $\boldsymbol{a}_n$ 之间所夹的锐角，即 $0\leqslant\theta\leqslant\frac{\pi}{2}$，如图 5-11 所示。可见，加速度 $\boldsymbol{a}$ 位于密切面内，且指向轨迹凹的一侧或沿切线方向。

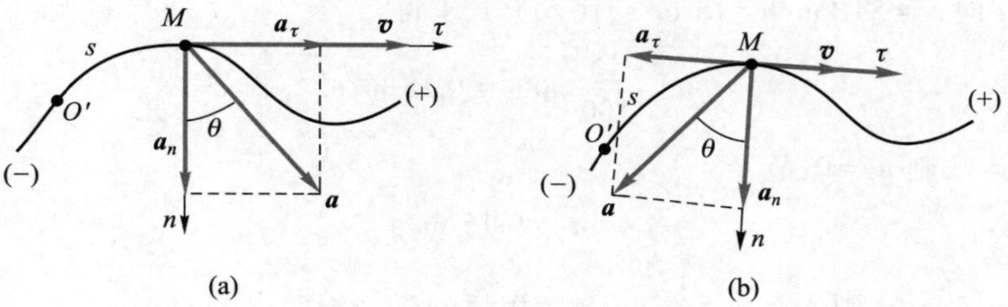

图 5-11

应当注意：当动点 M 作曲线运动时，若 a_τ 与 v 同号(同正号或同负号)，表明 $\boldsymbol{a}_\tau$ 与 $\boldsymbol{v}$ 同方向，则点作加速运动；反之，若 a_τ 与 v 异号，表明 $\boldsymbol{a}_\tau$ 与 $\boldsymbol{v}$ 反方向，则点作减速运动。如图 5-11 所示。

五、几种特殊情况

1. 匀变速曲线运动

动点作匀变速曲线运动时，a_τ = 常量，从而

$$\left.\begin{aligned}&v=v_0+a_\tau t\\&s=s_0+v_0t+\frac{1}{2}a_\tau t^2\\&v^2=v_0^2+2a_\tau(s-s_0)\\&\boldsymbol{a}=\boldsymbol{a}_\tau+\boldsymbol{a}_n=\dot{v}\boldsymbol{\tau}+\frac{v^2}{\rho}\boldsymbol{n}\end{aligned}\right\} \tag{5-28}$$

这里，v_0 和 s_0 分别为动点在初瞬时的速度代数量和弧坐标。

2. 匀速曲线运动

动点作匀速曲线运动时，v = 常量，从而 $a_\tau=0$，故

$$\left.\begin{aligned}&s=s_0+vt\\&\boldsymbol{a}=\boldsymbol{a}_n=\frac{v^2}{\rho}\boldsymbol{n}\end{aligned}\right\} \tag{5-29}$$

可见，动点作匀速曲线运动时，其加速度并不等于零。

3. 直线运动

动点作直线运动时，$\rho=\infty$，从而 $a_n=0$，$\boldsymbol{a}=\boldsymbol{a}_\tau=\dot{v}\boldsymbol{\tau}$。

显然，若动点作匀变速直线运动，则只需将式(5-28)中的 a_τ 换为 a 即可。

［例 5-2］ 列车沿半径为 $R=500$ m 的圆弧轨道作匀加速运动。如初速度为零，经过 100 s 后，速度达到 54 km/h。求列车在起点和末点的加速度。

［解］ 由于列车沿圆弧轨道作匀加速运动，故 $a_\tau=$ 常量。又知 $v_0=0$，则由式(5-28)得

$$v=a_\tau t$$

当 $t=100$ s 时，$v=54$ km/h $=15$ m/s，代入上式求得

$$a_\tau=\frac{15}{100}\ \mathrm{m/s^2}=0.15\ \mathrm{m/s^2}$$

在起点，$v_0=0$，则 $a_n=0$，故

$$a=a_\tau=0.15\ \mathrm{m/s^2}$$

在末点，$v=15$ m/s，则 $a_n=\dfrac{v^2}{R}=\dfrac{15^2}{500}\ \mathrm{m/s^2}=0.45\ \mathrm{m/s^2}$，故

$$a=\sqrt{a_\tau^2+a_n^2}=0.474\ \mathrm{m/s^2}$$

$$\tan(\boldsymbol{a},\boldsymbol{a}_n)=\frac{|a_\tau|}{a_n}=\frac{1}{3}$$

［例 5-3］ 已知动点的直角坐标形式的运动方程为

$$\left.\begin{aligned}x&=x(t)\\y&=y(t)\end{aligned}\right\}\tag{a}$$

求瞬时 t 动点的切向加速度 $\boldsymbol{a}_\tau$、法向加速度 $\boldsymbol{a}_n$ 以及这时轨迹的曲率半径 ρ。

［解］ (1) 求速度

把运动方程对时间求一阶导数，得点的速度在直角坐标轴上的投影，即

$$v_x=\frac{\mathrm{d}x}{\mathrm{d}t},\quad v_y=\frac{\mathrm{d}y}{\mathrm{d}t}\tag{b}$$

由此求得点的速度大小和方向可表示为

$$\left.\begin{aligned}v&=\sqrt{v_x^2+v_y^2}\\\cos(\boldsymbol{v},\boldsymbol{i})&=v_x/v\end{aligned}\right\}\tag{c}$$

(2) 求加速度

把运动方程对时间求二阶导数（或把速度在直角坐标轴上的投影对时间求一阶导数），得点的加速度在直角坐标轴上的投影，即

$$a_x=\ddot{x}=\frac{\mathrm{d}v_x}{\mathrm{d}t},\quad a_y=\ddot{y}=\frac{\mathrm{d}v_y}{\mathrm{d}t}\tag{d}$$

于是点的加速度大小和方向可表示为

$$\left.\begin{aligned}a&=\sqrt{a_x^2+a_y^2}\\\cos(\boldsymbol{a},\boldsymbol{i})&=a_x/a\end{aligned}\right\}\tag{e}$$

(3) 求瞬时 t 动点的切向加速度 $\boldsymbol{a}_\tau$

若式(c)中 v 为任意瞬时 t 的函数，则可把速度 v 对时间 t 求导，从而求得切向加

速度 a_τ 的大小为

$$a_\tau=\frac{\mathrm{d}v}{\mathrm{d}t} \tag{f}$$

若式(c)中 v 为特定瞬时的值，则需由式(c)、(e)求出加速度 $\boldsymbol{a}$ 和速度 $\boldsymbol{v}$ 之间的夹角。从而将加速度 $\boldsymbol{a}$ 沿速度 $\boldsymbol{v}$ 方向和垂直于速度 $\boldsymbol{v}$ 方向进行分解即可求得切向加速度 $\boldsymbol{a}_\tau$，即

$$a_\tau=a\cdot\cos(\boldsymbol{a},\boldsymbol{v}) \tag{g}$$

(4) 求法向加速度 $\boldsymbol{a}_n$ 以及轨迹的曲率半径 ρ

由于在直角坐标系中点的加速度矢量和在自然轴系中的相同，在自然轴系中点的加速度大小可由 $a=\sqrt{a_\tau^2+a_n^2}$ 求得。所以法向加速度的大小为

$$a_n=\sqrt{a^2-a_\tau^2} \tag{h}$$

从而曲率半径为

$$\rho=\frac{v^2}{a_n}$$

思考题

5-1 点作曲线运动时，点的位移、路程和弧坐标是否相同？

5-2 试判断动点在思考题 5-2 图中 A、B、C、D、E 点处的运动状态是否存在？

5-3 点 M 沿螺线自外向内运动，如思考题 5-3 图所示。它走过的弧长与时间的一次方成正比，问点的加速度是越来越大，还是越来越小？点 M 运动得越来越快，还是越来越慢？若此点沿螺线由内向外运动，情况又如何呢？

5-4 当点作曲线运动时，点的加速度 $\boldsymbol{a}$ 是恒矢量，如思考题 5-4 图所示。问点是否作匀变速曲线运动？

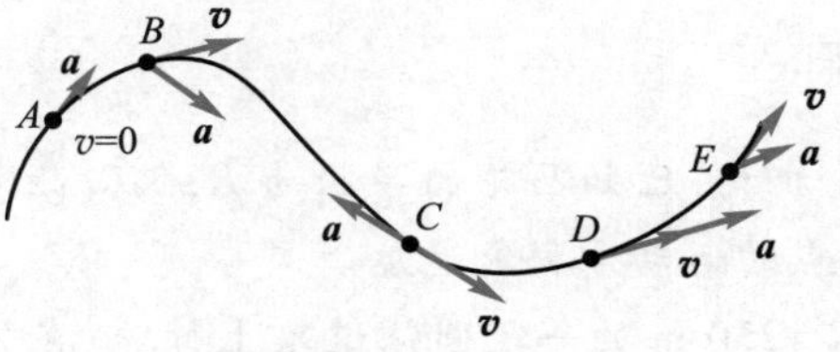

思考题 5-2 图

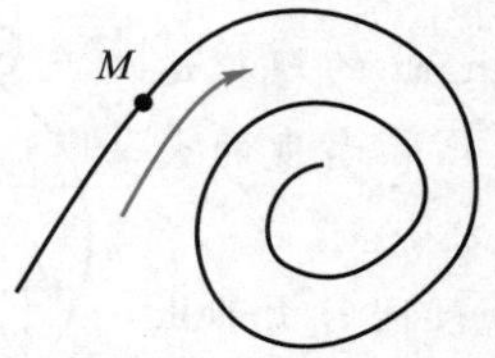

思考题 5-3 图

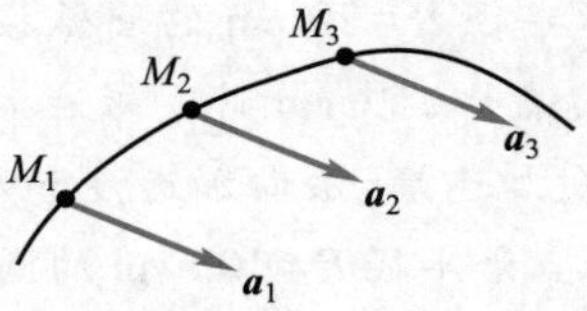

思考题 5-4 图

5-5 作曲线运动的两个动点，初速度相同、运动轨迹相同、运动中同一瞬时两点的法向加速度大小也相同。判断下列说法是否正确：(1) 任一瞬时两动点的切向加速度必相同；(2) 任一瞬时两动点的速度必相同；(3) 两动点的运动方程必相同。

5-6 动点在平面内运动，已知其运动轨迹 $y=f(x)$ 及其速度在 x 轴方向的分量 $\boldsymbol{v}_x$。判断下述说法是否正确：(1) 动点的速度 $\boldsymbol{v}$ 可完全确定；(2) 动点的加速度在 x 轴方向的分量 $\boldsymbol{a}_x$ 可完全确定；(3) 当 $v_x\neq0$ 时，一定能确定动点的速度 $\boldsymbol{v}$、切向加速度 $\boldsymbol{a}_\tau$、法向加速度 $\boldsymbol{a}_n$ 及加速度 $\boldsymbol{a}$。

5-7 点作曲线运动时，下述说法是否正确：(1) 若切向加速度为正，则点作加速运动；(2) 若切向加速度与速度代数量正负号相同，则点作加速运动；(3) 若切向加速度为零，则速度为常矢量。

习　题

5-1 图示曲线规尺机构，$OA=AB=200$ mm，$AC=AE=DC=DE=50$ mm，杆 OA 以匀角速度 $\omega=0.2\pi$ rad/s 绕轴 O 转动，滑块 B 在水平滑道内滑动。开始运动时，杆 OA 水平向右。求点 D 的运动方程和轨迹。

5-2 图示系统，滑块 B 沿水平线按规律 $s=a+b\sin\omega t$ 运动，杆 AB 长为 l，以匀角速度 ω 绕点 B 转动，其转动方程为 $\varphi=\omega t$，其中 a、b 为常数。求点 A 的轨迹。

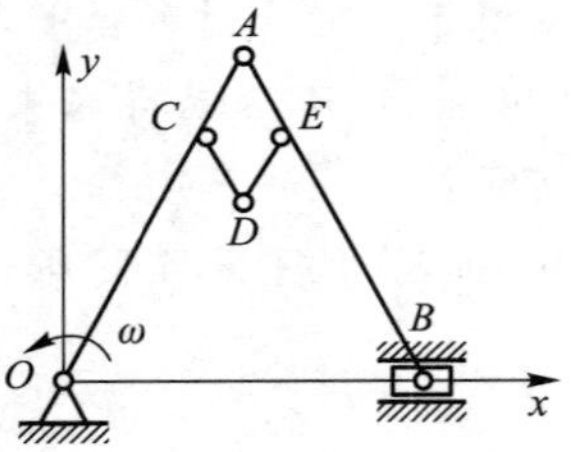

习题 5-1 图

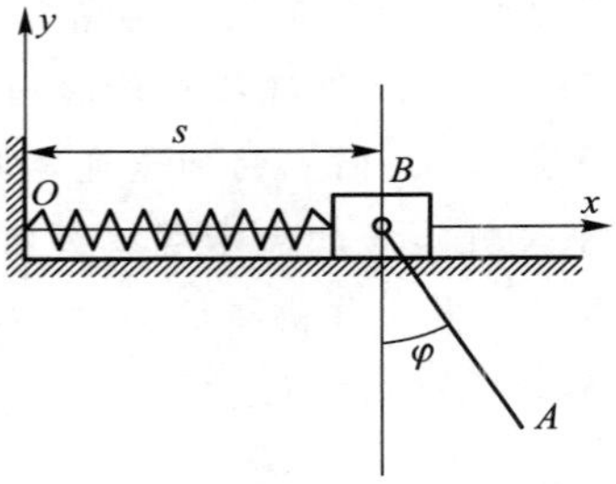

习题 5-2 图

5-3 图示偏心凸轮机构，已知凸轮的半径为 R，偏心距 $OC=e$，转角 $\varphi=\omega t$（ω 为常数）。求顶杆 AB 上 A 点的运动方程和速度。

5-4 汽车在半径 $R=250$ m 的一段圆弧道路上行驶，在 20 s 内其速度由 20 km/h 均匀地增加到 30 km/h。求汽车在 20 s 末的加速度。

5-5 某点沿半径 $R=20$ cm 的圆弧按 $s=20\sin\pi t$ 的规律运动，式中 t 以 s 计，弧长 s 以 cm 计。求在 $t=5$ s 时，此点速度的大小和方向以及切向加速度、法向加速度和加速度的大小。

5-6 A、B 两点沿半径 $R=100$ cm 的圆环自同一处同时由静止出发，朝同一方向运动。又点 A 的切向加速度恒为 $a_A^\tau=6$ cm/s^2，点 B 的切向加速度恒为 $a_A^\tau=0.6t$ cm/s^2。求此后两点第一次相遇的时

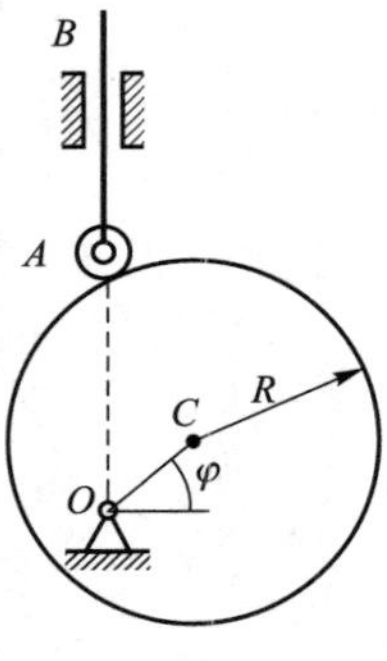

习题 5-3 图

间及在相遇时各自的速度和加速度。

5-7 图示机构，销钉 M 可同时在半径为 R 的固定圆弧槽 BC 和摇杆 OA 上的直线滑槽内运动，摇杆 OA 绕轴 O 以匀角速度 ω 转动，初始时，摇杆在水平位置。试分别用直角坐标法和自然法求销钉 M 的运动方程、速度和加速度。

5-8 图示机构，杆 OA 和 O_1B 分别绕轴 O 和 O_1 转动，两杆用相互垂直的十字形滑块 D 相连，十字形滑块可在两杆上自由滑动，$OO_1=l$，$\varphi=\omega t$，ω 为常数。求滑块 D 的速度和相对于杆 OA 的速度。

5-9 图示机构，曲柄 OA 长为 r，杆 AB 长为 $l=2r$，杆 AB 与曲柄 OA 相铰接。杆 AB 穿过可绕固定轴 N 转动的套筒 N，$ON=r$，曲柄 OA 的转动方程为 $\varphi=\omega t$。求杆 AB 上点 B 的运动方程、速度和加速度。

5-10 已知点 M 的运动规律为

$$\left.\begin{aligned}x&=3+4t+3t^2\\y&=2+3t+4t^2\end{aligned}\right\}$$

x、y 以 m 计，t 以 s 计。求 $t=0$ 时，点 M 的切向加速度 $\boldsymbol{a}_\tau$ 和轨迹的曲率半径 ρ。

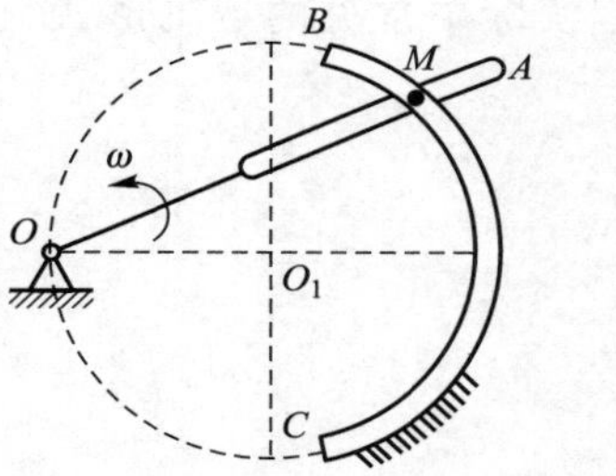

习题 5-7 图

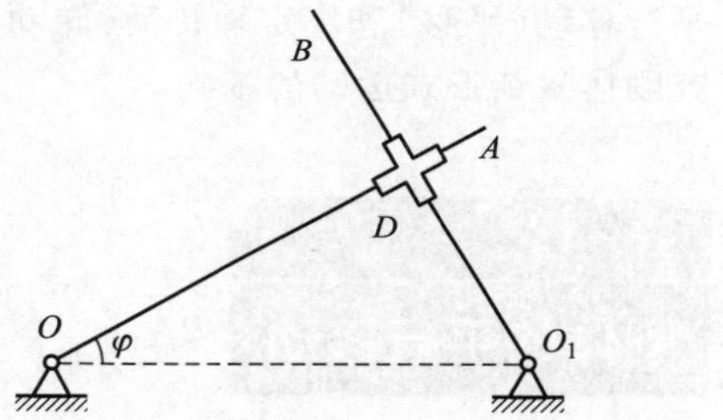

习题 5-8 图

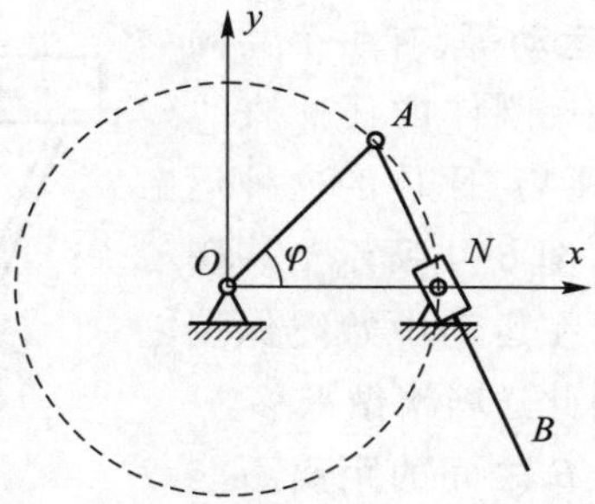

习题 5-9 图

习题答案 A5

第 6 章

刚体的基本运动

在上一章中我们研究了点的运动。在工程实际中遇到的却往往是物体的运动，例如曲柄连杆机构中的曲柄或连杆的运动，机械内轴的转动，机床上工作台的移动等。这些物体都可看作是由无数的点组合而成的，一般说来，物体运动时其上各点的轨迹、速度和加速度都各不相同，但同一物体上各点之间是互相联系的，因此往往可以通过少数已知点的运动，了解其余各点的运动，从而掌握整个物体的运动情况。所以，对物体运动的研究是以对点的运动的研究为基础的。

在运动学中仍将所研究的物体抽象为刚体。本章研究刚体两种基本形式的运动：平行移动（平移）和绕定轴转动（转动）。它们是工程实际中常见的运动形式，也是研究刚体复杂形式运动的基础。

§6-1 刚体的平行移动

在工程实际中，如气缸内活塞的运动，车床上刀具的运动，打桩机上桩锤的运动以及机车主动轮上平行推杆的运动等，有一个共同的运动特征，即在运动过程中，刚体内任一直线段始终与它自己原来的位置平行，刚体的这种运动称为平行移动，简称平移。图 6-1 所示为一摆式机构，送料槽上的直线 AB 在运动中始终保持与它自己原来的位置平行，因此送料槽做平移。

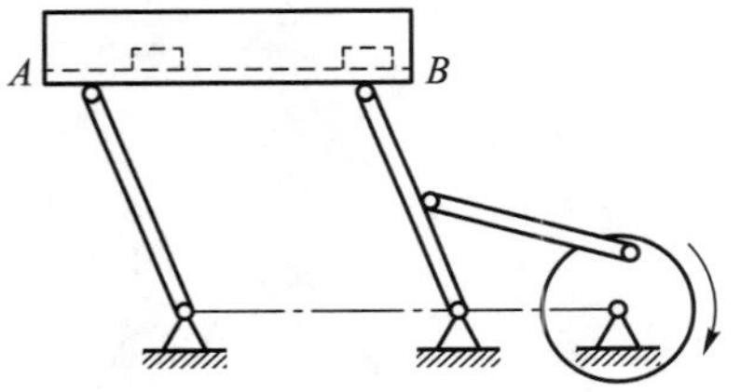

图 6-1

由于刚体内任意两点 A、B 之间的距离不能改变，且刚体平移时两点间的连线 AB 始终与原来位置保持平行，故 A、B 两点运动轨迹的形状完全相同，并且两轨迹上对应点的切线互相平行。如气缸内的活塞在运动时，它内部各点都做直线运动，这些直线彼此平行；摆式送料机构送料槽运动时，槽内各点的轨迹都是半径相同的圆弧，只要平行移动一段距离，这些圆弧都能彼此重合。所以，在图 6-2 中，刚体平移时 ABB_1A_1 构成平行四边形，即在相同的时间间隔 Δt 内，A 点的位移 $\Delta \boldsymbol{r}_A$ 必等于 B 点的位移 $\Delta \boldsymbol{r}_B$，即

$$\Delta \boldsymbol{r}_A = \Delta \boldsymbol{r}_B$$

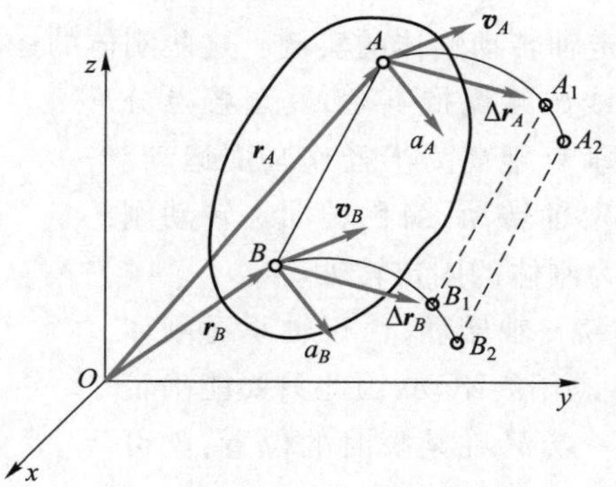

图 6-2

用 Δt 除上式两端，然后令 $\Delta t \to 0$，得

$$\boldsymbol{v}_A = \boldsymbol{v}_B$$

同理还可得到

$$\boldsymbol{a}_A = \boldsymbol{a}_B$$

式中，$\boldsymbol{v}_A$ 和 $\boldsymbol{v}_B$ 分别表示 A 点和 B 点的速度，$\boldsymbol{a}_A$ 和 $\boldsymbol{a}_B$ 分别表示它们的加速度。因为，A、B 两点是任意选取的，故有下述结论：平行移动刚体内各点的轨迹形状相同，且在每一瞬时各点的速度相同，各点的加速度也相同。

由此可见，只要知道平行移动刚体内任一点的运动，就可知道整个刚体的运动。所以，平移刚体的运动完全可以归结为点的运动来研究，因而在上一章中研究点的运动的方法和所得到的结论都适用于平移刚体。

［例 6-1］ 曲柄导杆机构如图 6-3 所示。当曲柄 OM 绕固定轴 O 转动时，通过滑块 M 带动 T 形导杆而使其上、下运动。设曲柄以 $\varphi=\omega t$ 绕 O 轴转动，其中 ω 是常量。曲柄长 $OM=r$。求此导杆在任一瞬时的速度和加速度。

［解］ T 形导杆做平移，因此导杆上任一点的运动可代表导杆的运动，为此可取滑槽中间的 P 点来代表，P 是曲柄的销钉 M 在 y 轴上的投影。于是 P 点的位置坐标为

$$y = r\sin\varphi = r\sin\omega t$$

这就是 P 点的运动方程，因此 P 点的速度和加速度为

$$v = \dot{y} = \omega r\cos\omega t$$

$$a = \ddot{y} = -\omega^2 r\sin\omega t = -\omega^2 y$$

这就是所求的导杆平移的速度和加速度。

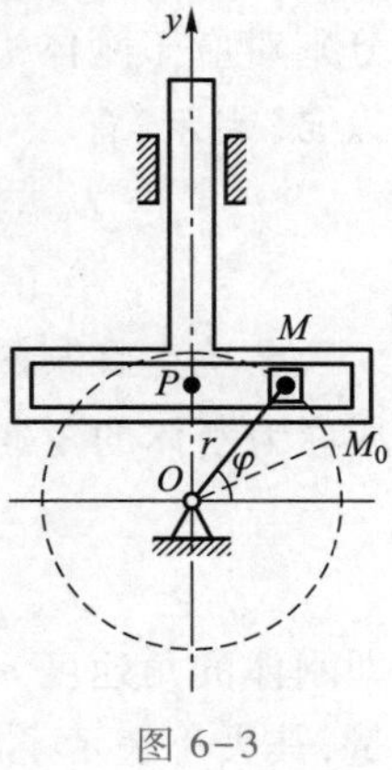

图 6-3

§6-2 刚体绕定轴的转动

在工程实际中绕固定轴转动的物体很多，如飞轮、电动机的转子、卷扬机的鼓轮、

齿轮和定滑轮等都是绕定轴转动刚体的实例。这些刚体的运动具有一个共同的特征，即运动时刚体内某一直线始终保持不动，其余各点分别以它到该固定直线的垂直距离为半径作圆周运动。刚体的这种运动称为绕定轴转动，简称转动。转动刚体内固定不动的直线称为刚体的固定转轴。

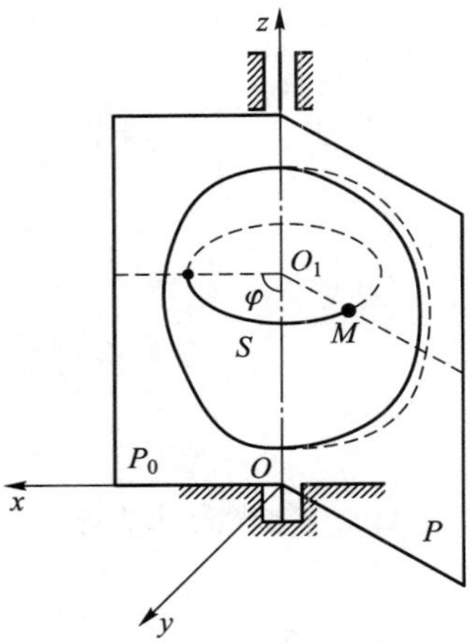

图 6-4

图 6-4 所示的刚体绕 z 轴转动，由于轴承对刚体的约束，刚体在轴上的各点始终不动，因此只要能确定刚体内不在转轴上的任一点 M 在某瞬时的位置，就可决定刚体在该瞬时的位置。而 M 点的位置则可由固结在转动刚体内的动平面 MO_1z 与固定不动的坐标面 Ozx 之间的夹角 φ 确定，φ 称为刚体的转角。由于角 φ 可自坐标面 Ozx 沿两个相反的转向量取，因此，为了能区分它们，可按右手螺旋法则仿照力对轴之矩正负号的规定方法而将转角规定为一个代数量。转角的单位为 rad。

刚体转动时，转角 φ 随时间而单值连续变化，即

$$\varphi=f(t) \tag{6-1}$$

上式称为刚体的转动方程。

在单位时间内刚体所转过的转角的大小反映了刚体转动的快慢程度。如在时间间隔 Δt 内，刚体的转角为 $\Delta\varphi$，则比值$\Delta\varphi/\Delta t$的大小反映了在此时间间隔 Δt 内，刚体转动的平均快慢程度。又因 $\Delta\varphi$ 可正可负，故比值 $\Delta\varphi/\Delta t$ 为一代数量，其正号或负号分别对应于刚体沿转角 φ 增大或减小的方向转动。$\Delta\varphi/\Delta t$ 称为刚体的平均角速度，以 ω^* 表示，有

$$\omega^*=\frac{\Delta\varphi}{\Delta t}$$

要确定在某瞬时刚体转动的快慢程度和转向，须使 $\Delta t\to 0$，这时 ω^* 所趋近的极限 ω 称为刚体的角速度，即

$$\omega=\lim_{\Delta t\to 0}\omega^*=\lim_{\Delta t\to 0}\frac{\Delta\varphi}{\Delta t}=\frac{\mathrm{d}\varphi}{\mathrm{d}t}=\dot{\varphi} \tag{6-2}$$

即刚体的角速度 ω 等于刚体的转角 φ 对时间的一阶导数。显然，角速度 ω 为一代数量，其大小表示了刚体转动的快慢程度，而其代数符号则表示了转向。角速度 ω 的单位为 rad/s。

工程上常用转速 n 来表示转动的快慢程度，所谓转速，就是每分钟内所转过的转数，即r/min，它与角速度 ω 的关系为

$$\omega=\frac{2\pi n}{60}=\frac{n\pi}{30}$$

如刚体转动时其角速度不变，即 ω 为常量，则称为匀速转动。在工程实际中，经

常遇见做匀速转动的刚体，例如起重机在稳定提升重物时，钢丝绳卷筒就做匀速转动。

如刚体转动时其角速度随时间而改变，则称为变速转动。例如，当钢丝绳卷筒在启动和停车的过程中，就做变速转动。

在变速转动中，为了反映角速度随时间的变化情况，特引入角加速度的概念：设在瞬时 t 刚体转动的角速度为 ω，经过时间间隔 Δt 后，角速度由 ω 变为 ω'，其改变量为 $\Delta\omega=\omega'-\omega$，则比值 $\Delta\omega/\Delta t$ 反映了在此时间间隔中角速度变化的平均值，称为平均角加速度，以 α^* 表示，有

$$\alpha^*=\frac{\Delta\omega}{\Delta t}$$

要确定在某瞬时 t 角速度 ω 变化的快慢，须使 $\Delta t\to0$，这时平均角加速度 α^* 所趋近的极限 α，称为刚体的角加速度，即

$$\alpha=\lim_{\Delta t\to0}\alpha^*=\lim_{\Delta t\to0}\frac{\Delta\omega}{\Delta t}=\frac{\mathrm{d}\omega}{\mathrm{d}t}=\frac{\mathrm{d}^2\varphi}{\mathrm{d}t^2}=\ddot{\varphi} \tag{6-3}$$

即刚体的角加速度 α 等于刚体的角速度 ω 对时间的一阶导数，或等于转角 φ 对时间的二阶导数。显然，角加速度 α 是代数量，当 α 与 ω 同号时，刚体将愈转愈快，即做加速转动；当 α 与 ω 异号时，刚体将愈转愈慢，即做减速转动。角加速度 α 的单位为 $\mathrm{rad/s^2}$。

将刚体的绕定轴转动与点的直线运动相比较，可以看出在这两种运动中，反映运动状态的各物理量有如表 6-1 所示的对应关系。

表 6-1

运动形式	确定位置的变量	运动方程	速度、角速度	加速度、角加速度
点的直线运动	s（或 x，下同）	$s=F(t)$	$v=\dot{s}$	$a=\dot{v}=\ddot{s}$
刚体定轴转动	φ	$\varphi=f(t)$	$\omega=\dot{\varphi}$	$\alpha=\dot{\omega}=\ddot{\varphi}$

直线运动中的 s、v 和 a 分别对应于定轴转动中的 φ、ω 和 α。如将直线运动所遵循的公式中的 s、v 和 a 分别用对应于的 φ、ω 和 α 来代换，则得定轴转动中的相应公式如表 6-2 所示。

表 6-2

运动形式	点的直线运动	刚体的定轴转动
匀速	$s-s_0=vt$ （v 为常量，$a=0$）	$\varphi-\varphi_0=\omega t$ （ω 为常量，$\alpha=0$）
匀变速	$v=v_0+at$ $s-s_0=v_0t+\frac{1}{2}at^2$ $v^2=v_0^2+2a(s-s_0)$ （a 为常量）	$\omega=\omega_0+\alpha t$ $\varphi-\varphi_0=\omega_0t+\frac{1}{2}\alpha t^2$ $\omega^2=\omega_0^2+2\alpha(\varphi-\varphi_0)$ （α 为常量）

续表

运动形式	点的直线运动	刚体的定轴转动
一般变速	$s=F(t)$ $v=\dot{s}$ $a=\dot{v}=\ddot{s}$	$\varphi=f(t)$ $\omega=\dot{\varphi}$ $\alpha=\dot{\omega}=\ddot{\varphi}$

［例 6-2］ 某电动机转子由静止开始匀加速地转动，在 $t=20$ s 时其转速 $n=360$ r/min，求在此 20 s 内转过的转数。

［解］ 因做匀变速转动，且其初角速度 $\omega_0=0$，末角速度 $\omega=\dfrac{n\pi}{30}=\dfrac{360\ \text{r/min}\ \pi}{30}=12\pi$ rad/s，又 $t=20$ s，故由公式

$$\omega=\omega_0+\alpha t$$

得

$$\alpha=\frac{\omega-\omega_0}{t}=\frac{12\pi\ \text{rad/s}}{20\ \text{s}}=\frac{3}{5}\pi\ \text{rad/s}^2$$

再由公式

$$\varphi-\varphi_0=\omega_0 t+\frac{1}{2}\alpha t^2$$

得

$$\varphi=\frac{1}{2}\times\frac{3}{5}\pi\times 20^2\ \text{rad}=120\pi\ \text{rad}$$

故在此 20 s 内转过的转数 N 为

$$N=\frac{\varphi}{2\pi}=\frac{120\pi}{2\pi}=60$$

［例 6-3］ 飞轮做匀减速转动（图 6-5）。已知 α 的大小为 π rad/s²，经过 20 s 后停止，求飞轮开始减速时的角速度。在这 20 s 内飞轮共转了多少转？

［解］ 飞轮停止转动时其角速度为零，即 $\omega=0$。飞轮做匀减速转动，其角加速度应取负值，即应为

$$\alpha=-\pi\ \text{rad/s}^2$$

由公式

$$\omega=\omega_0+\alpha t$$

得

$$\omega_0=\omega-\alpha t=0-(-\pi)\times 20\ \text{rad/s}=20\pi\ \text{rad/s}$$

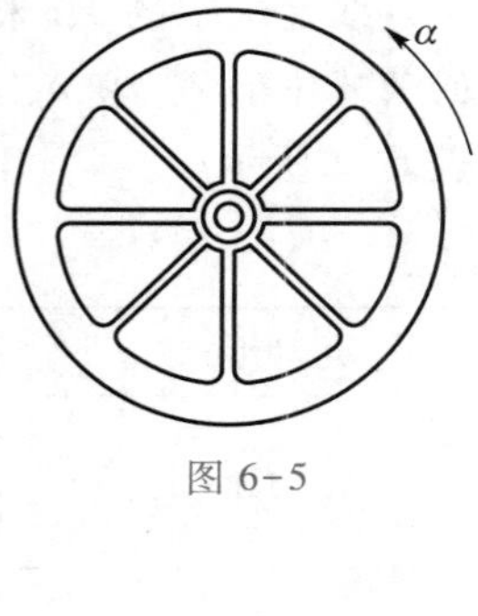

图 6-5

此即所需求出的飞轮开始减速时的角速度。在此 20 s 内飞轮的转角为

$$\varphi-\varphi_0=\omega_0 t+\frac{1}{2}\alpha t^2=20\pi\times 20+\frac{1}{2}\times(-\pi)\times 20^2\ \text{rad}=200\pi\ \text{rad}$$

故所求的转数 N 为

$$N=\frac{\varphi-\varphi_0}{2\pi}=100$$

§6-3

转动刚体内各点的速度和加速度

在工程实际中,往往需要计算定轴转动刚体内某点的速度和加速度。例如,在车床上切削工件时,需要知道工件上与刀尖相接触之点的速度,即切削速度;又如两个相互啮合的传动齿轮,在两节圆相切处速度应相同,而节圆切点的速度又与它们各自所属的齿轮的角速度有一定关系,由此即可找出两个啮合齿轮的角速度之间的关系。

定轴转动刚体内任一点均做圆周运动,且圆心位于转轴上,而半径则等于该点到转轴的垂直距离。由于运动的轨迹已知,故可利用自然法研究转动刚体内任一点的运动。

在转动刚体内任选一点 M,设它到转轴的距离为 R(图 6-6a)。取刚体的转角 φ 为零时 M 点所在的位置 M_0 为弧坐标原点,并以 M 点轨迹上对应于转角 φ 增加的一方为弧坐标的正向,则在任一瞬时,M 点的弧坐标为

$$s=R\varphi$$

M 点的速度 $\boldsymbol{v}$ 沿圆周的切线,其指向与刚体的转向相对应,而速度代数量则为

$$v=\dot{s}=R\dot{\varphi}=R\omega \tag{6-4}$$

故转动刚体内任一点速度的大小等于刚体角速度的大小与该点到转轴的距离的乘积。

M 点加速度 $\boldsymbol{a}$ 在轨迹切线上的投影为

$$a_\tau=\dot{v}=R\dot{\omega}=R\alpha \tag{6-5}$$

可见,转动刚体内任一点切向加速度 $\boldsymbol{a}_\tau$ 的大小等于刚体角加速度的大小与该点到转轴的距离的乘积。$\boldsymbol{a}_\tau$ 的指向则决定于 α 的代数符号:当 $\alpha>0$ 时,$a_\tau>0$,$\boldsymbol{a}_\tau$ 与 $\boldsymbol{\tau}$ 同向;反之,异号。又由式(6-4)与式(6-5)可知,当 α 与 ω 同号,即刚体加速转动时,$\boldsymbol{a}_\tau$ 与 $\boldsymbol{v}$ 同向(图 6-6a);反之,当 α 与 ω 异号,即刚体减速转动时,$\boldsymbol{a}_\tau$ 与 $\boldsymbol{v}$ 反向(图 6-6b)。

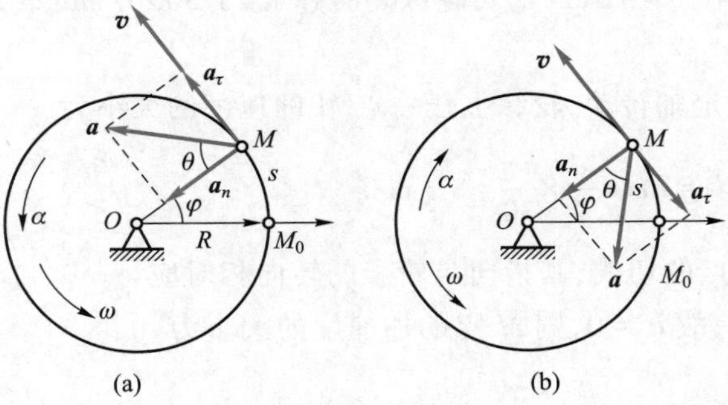

图 6-6

M 点加速度 $\boldsymbol{a}$ 在轨迹主法线上的投影为

$$a_n=\frac{v^2}{R}=\frac{R^2\omega^2}{R}=R\omega^2 \tag{6-6}$$

故转动刚体内任一点的法向加速度 $\boldsymbol{a}_n$ 的大小等于刚体角速度的平方与该点到转轴的距离的乘积。又 $\boldsymbol{a}_n$ 沿轨迹半径并指向转轴。

M 点(全)加速度 $\boldsymbol{a}$ 的大小为

$$a=\sqrt{a_\tau^2+a_n^2}=R\sqrt{\alpha^2+\omega^4} \tag{6-7}$$

而 $\boldsymbol{a}$ 的方向则可由它与半径 OM 之间的夹角 θ 来表示,即

$$\tan\theta=\tan(\boldsymbol{a},\boldsymbol{a}_n)=\frac{|a_\tau|}{a_n}=\frac{|\alpha|}{\omega^2} \tag{6-8}$$

在任一瞬时,刚体转动的角速度 ω 和角加速度 α 均有确定的值,故由式(6-4)、式(6-7)和式(6-8)可知:

1. 定轴转动刚体内各点的速度和加速度的大小均与该点到转轴的垂直距离 R 成正比。

2. 在任一瞬时,刚体内所有各点的加速度 $\boldsymbol{a}$ 与该点轨迹半径 R 的夹角 θ 都具有相同的值,而与该点的位置无关。

图 6-7a、b 分别表示了转动刚体内在垂直于转轴 O 的某平面上各点速度和加速度分布的情况。

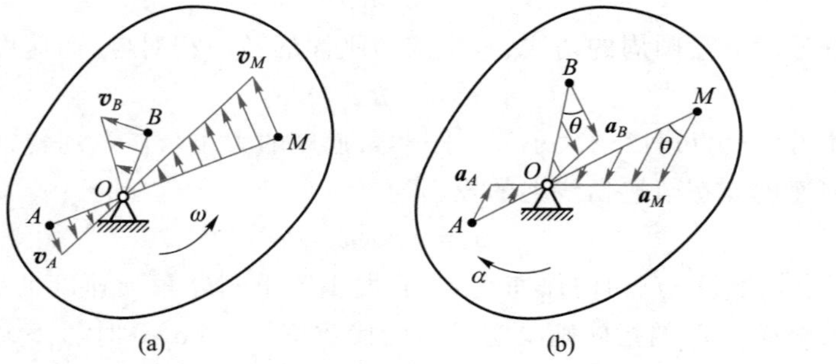

图 6-7

[例 6-4]　直径 $d=32$ cm 的飞轮以匀转速 $n=1\ 500$ r/min 转动。求轮缘上一点的速度和加速度。

[解]　飞轮做定轴转动,轮缘上任一点 M 的速度的大小为

$$v=R\omega=\frac{d}{2}\times\frac{n\pi}{30}=8\pi\ \text{m/s}$$

$\boldsymbol{v}$ 沿轮缘上 M 点的切线,其指向与轮子的转向相对应。

又由题知 $\alpha=0$,故 $a_\tau=0$,则 M 点的加速度的大小为

$$a=a_n=R\omega^2=\frac{d}{2}\left(\frac{n\pi}{30}\right)^2=400\pi^2\ \text{m/s}^2$$

$\boldsymbol{a}$ 沿过 M 点的半径而指向轴心 O。

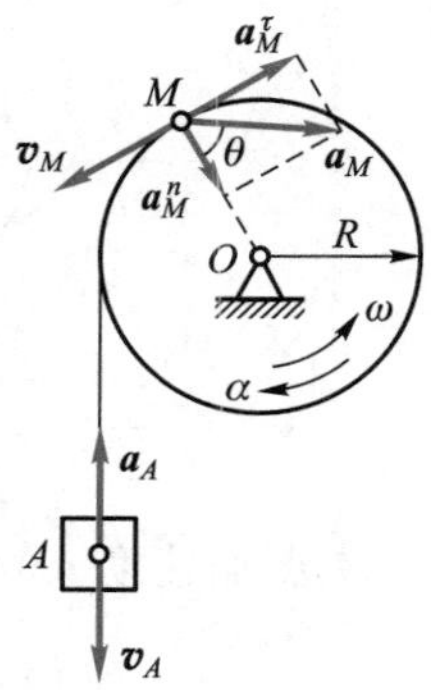

图 6-8

[例 6-5]　一半径 $R=0.2$ m 的圆轮绕定轴 O 沿逆时针方向转动,如图 6-8 所示。轮的转动方程为 $\varphi=-t^2+4t$(φ 以 rad

计，t 以 s 计）。此轮边缘上绕有一柔软而其伸长可不计的绳，绳端挂一重物 A。试求当 $t=1$ s 时，轮缘上任一点 M 和重物 A 的速度和加速度。

［解］ M 点的速度$\boldsymbol{v}_M$ 和加速度 $\boldsymbol{a}_M$ 与圆轮的角速度 ω 和角加速度 α 有关。由轮的转动方程得

$$\omega=\dot{\varphi}=-2t+4\text{（式中 }\omega\text{ 以 rad/s 计，}t\text{ 以 s 计）}$$

$$\alpha=\dot{\omega}=-2\ \text{rad/s}^2=\text{常量}$$

当 $t=1$ s 时，$\omega=2$ rad/s 而与 α 异号，故轮做减速转动。这时因$\omega>0$，故$\boldsymbol{v}_M$ 的方向如图所示，且

$$v_M=R\omega=0.4\ \text{m/s}$$

又

$$a_M^\tau=R\alpha=-0.4\ \text{m/s}^2$$

$$a_M^n=R\omega^2=0.8\ \text{m/s}^2$$

M 点的切向加速度 $\boldsymbol{a}_M^\tau$ 与速度$\boldsymbol{v}_M$ 反向；法向加速度 $\boldsymbol{a}_M^n$ 指向 O 轴。M 点加速度 $\boldsymbol{a}_M$ 的大小和方向为

$$a_M=\sqrt{(a_M^\tau)^2+(a_M^n)^2}=0.894\ \text{m/s}^2$$

$$\theta=(\boldsymbol{a}_M,\boldsymbol{a}_M^n)=\arctan\frac{|\alpha|}{\omega^2}=26°34'$$

因绳的伸长不计，物体 A 落下的距离 s_A 应等于轮缘上任一点 M 在同一时间内经过的弧长 s_M，即 $s_A=s_M=R\varphi$，故

$$v_A=\dot{s}_A=R\dot{\varphi}=0.4\ \text{m/s}$$

$$a_A=\ddot{s}_A=R\ddot{\varphi}=-0.4\ \text{m/s}^2$$

物体 A 的速度$\boldsymbol{v}_A$ 铅垂向下，加速度 $\boldsymbol{a}_A$ 铅垂向上。因而，在 $t=1$ s 时物体为减速下降。

思考题

6-1 刚体做平移时，其上各点是否一定做直线运动？试举例说明之。

6-2 刚体做定轴转动时，转动轴是否一定通过刚体本身？

6-3 定轴转动刚体内哪些点的加速度大小相等？哪些点的加速度方向相同？哪些点的加速度大小、方向都相同？

习 题

6-1 飞轮以 $n=600$ r/min 的转速转动，停车后由于摩擦而使转速均匀地减少，转过 120 转后停止。求其角加速度。

6-2 转子以匀加角速度从静止开始转动，经 10 min 后达到转速 $n=120$ r/min。问转子在这 10 min 内转了多少转？

6-3 蒸汽涡轮发动机的主轴按规律 $\varphi=\pi t^3$(φ 以 rad 计,t 以 s 计)启动,求其在第 3 s 末时的角速度和角加速度。

6-4 轮轴转速 $n=3\ 000$ r/min = 常量,设其重心到转轴的距离为 $r=0.5$ cm。求其重心的加速度。

6-5 如图所示的行车上,由于小车突然被刹住而引起吊重在图面内摆动,已知钢丝绳上端到吊重重心的长度 $l=4.9$ m,绳和铅垂线间的夹角 φ 按规律 $\varphi=\dfrac{1}{6}\sin\sqrt{2}\,t$ 变化(t 以 s 计,φ 以 rad 计)。求在 $t=0$ 时,吊重重心 C 的加速度。

6-6 飞轮半径 $R=0.5$ m,由静止开始做匀加速转动。经 10 s 后,轮缘上的点获得速度 $v=10$ m/s,求 $t=15$ s 时飞轮边缘上的点的速度、切向加速度和法向加速度。

6-7 图示升降机装置由半径 $R=50$ cm 的鼓轮带动,被升降物体的运动方程为 $x=5\,t^2$(t 以 s 计,x 以 m 计)。求鼓轮的角速度和角加速度,并求在任意瞬时,鼓轮轮缘上一点的全加速度的大小。

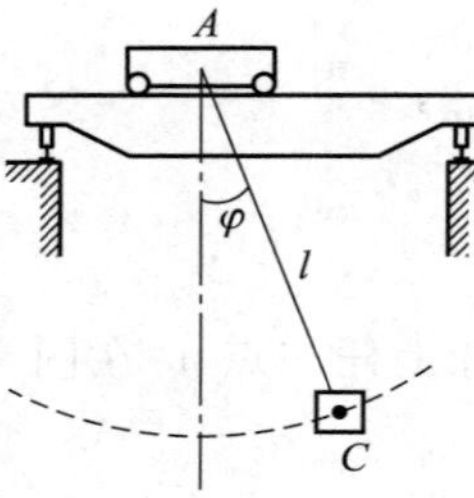

习题 6-5 图

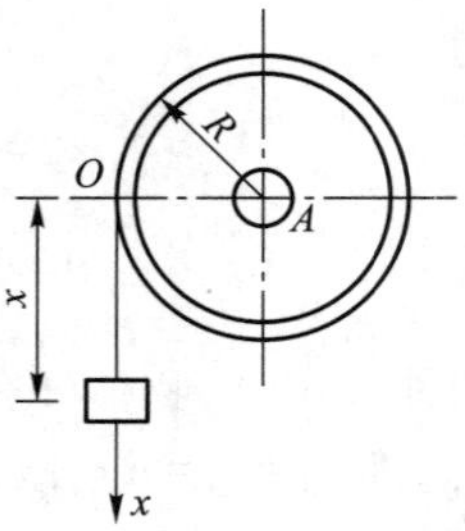

习题 6-7 图

6-8 汽轮机叶轮由静止开始做匀加速转动。轮上 M 点离轴 O 为 0.4 m,在某瞬时其全加速度的大小为 40 m/s^2,方向则与通过 M 点的半径成 $\theta=30°$ 角,如图所示。求叶轮的转动方程,以及 $t=5$ s 时 M 点的速度和法向加速度。

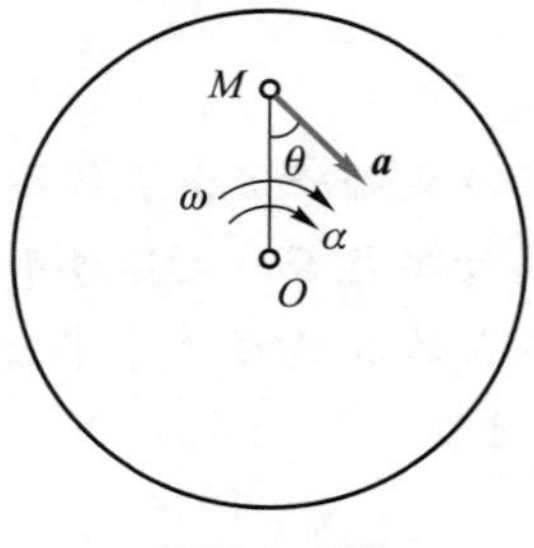

习题 6-8 图

习题答案 A6

第 7 章
点的合成运动

§7-1
点的合成运动的概念

在前面两章中，只研究了物体相对一个参考系（地面参考系）的运动，运动描述的相对性问题没有涉及。然而，在日常生活或工程实际中往往需要研究同一物体相对几个不同的参考系的运动，物体相对不同参考系的运动描述是不同的。本章将介绍如何建立同一动点相对于两个不同参考系的运动描述（其中，一个参考系相对地面有运动）之间的关系。

图 7-1 所示为一沿直线轨道滚动的车轮，其轮缘上有一点 M，若人站在地面上，则观察到点 M 的轨迹是旋轮线；若人站在车上，则观察到点 M 的轨迹是一个圆。

图 7-2 所示为直管 OA 以匀角速度 ω 在水平面内绕轴 O 转动时，管内小球 M 相对直管（以直管为参考系）做直线运动，而相对地面（以地面为参考系）则做螺旋线运动。

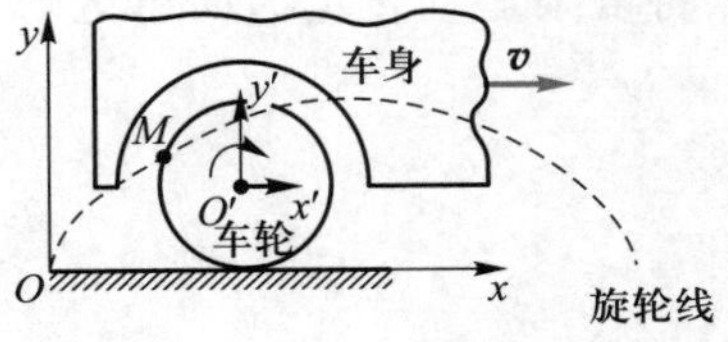

图 7-1

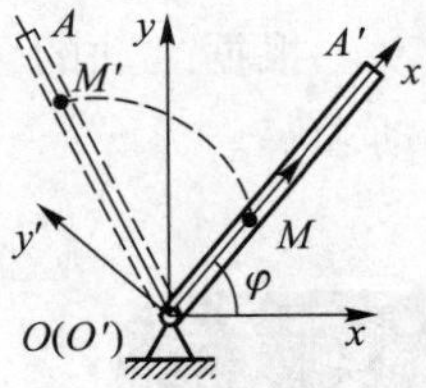

图 7-2

实例表明：站在不同的参考系上观察同一动点的运动是不同的。下面将讨论同一点相对两个不同参考系的运动（包括速度和加速度）以及这些运动之间的关系。

本章的研究对象是一个运动的几何点，简称动点。例如，图 7-1 中车轮轮缘上的点 M 和图 7-2 所示直管中的小球 M。由实例可知，分析动点 M 的运动，涉及两个参考系和三种不同的运动。

在工程实际中，常将地球视为静止不动的。凡固结于相对地面静止不动的物体上的坐标系称为静坐标系，用 $Oxyz$ 表示。例如，图 7-1 和图 7-2 中的坐标系 Oxy。而固结在相对地面运动的物体上的坐标系称为动坐标系，用 $O'x'y'z'$ 表示。例如，图 7-1

中固结在车身上的坐标系$O'x'y'$和图 7-2 中固结在直管上的坐标系 $O'x'y'$。动点相对于静坐标系的运动称为绝对运动;动点相对于动坐标系的运动称为相对运动。

动点相对于静坐标系的运动轨迹和相对于动坐标系的运动轨迹分别称为绝对轨迹和相对轨迹。如图 7-1 中的旋轮线和圆分别是动点 M 的绝对轨迹和相对轨迹。动点的绝对位移、绝对速度和绝对加速度分别是指动点相对静坐标系的位移、速度和加速度。而动点的相对位移、相对速度、相对加速度分别是指动点相对动坐标系的位移、速度和加速度。

图 7-1 中,若车身不动,车轮在原地空转,则无论是地面上的观察者还是车上的观察者,所看到的 M 点的运动轨迹都是相同的,即动点 M 相对于静坐标系的运动和相对于动坐标系的运动是相同的。可见,车身相对于地面的运动连累(牵连)了动点 M。这种使动点受到牵连的运动,称为牵连运动,如图 7-1 中车身的直线平移和图 7-2 中直管的定轴转动。一般来讲,牵连运动就是动坐标系相对于静坐标系的运动。某瞬时动坐标系上与动点位置相重合的点称为该瞬时动点的牵连点。牵连点是动坐标系上的点,其位置具有瞬时性。动点的牵连位移、牵连速度、牵连加速度分别是指牵连点相对静坐标系的位移、速度和加速度。

由于动坐标系固结于动参考体,所以动坐标系的运动就是与它相固结的动参考体的运动,因而牵连运动就可以是平移、定轴转动或其他更为复杂的刚体运动。

从上述可知,绝对运动可以看成是由相对运动与牵连运动复合而成,故称为复合运动。反之,也可以把一个运动分解成为两个运动(即相对运动与牵连运动)。这就是运动的合成与分解。

如图 7-1 所示,车轮上点 M 的绝对运动为沿旋轮线的运动,相对运动为简单的圆周运动,牵连运动为简单的平移。这样,绝对运动可视为由相对运动和牵连运动复合而成;反之,绝对运动可分解为相对运动和牵连运动。因此,绝对运动又称为复合运动或合成运动。根据运动的合成和分解,我们可以将复杂运动转化为简单运动来研究,以便于运动求解。

§7-2 速度合成定理

下面研究点的相对速度、牵连速度和绝对速度三者之间的关系。

如图 7-3 所示,设在某运动刚体上固结一坐标系,一动点在此动坐标系中沿相对轨迹$\overset{\frown}{AB}$运动,静坐标系固定在地面上。设在瞬时 t,刚体在位置Ⅰ,这时动点位于曲线$\overset{\frown}{AB}$上的 M 点,经过时间间隔 Δt 后,动坐标系随刚体运动到位置Ⅱ,$\overset{\frown}{AB}$也随之运动到$\overset{\frown}{A'B'}$。动点相对静坐标系沿曲线$\overset{\frown}{MM'}$运动到 M'点,曲线$\overset{\frown}{MM'}$称为动点的绝对轨迹，矢径$\overrightarrow{MM'}$称为动点的绝对位移。在动坐标系上观察动点 M 的运动，动点 M 沿曲线$\widehat{A'B'}$从 M_1 运动到 M'，曲线$\widehat{M_1M'}$是动点的相对轨迹，矢径$\overrightarrow{M_1M'}$是动点的相对位移。曲线$\widehat{MM_1}$是牵连点的轨迹，矢径$\overrightarrow{MM_1}$是动点的牵连位移。由图 7-3 中的矢量关系可得

$$\overrightarrow{MM'}=\overrightarrow{MM_1}+\overrightarrow{M_1M'}$$

用 Δt 除以上式两端，并取 $\Delta t\to 0$ 的极限，得

$$\lim_{\Delta t\to 0}\frac{\overrightarrow{MM'}}{\Delta t}=\lim_{\Delta t\to 0}\frac{\overrightarrow{MM_1}}{\Delta t}+\lim_{\Delta t\to 0}\frac{\overrightarrow{M_1M'}}{\Delta t}$$

当 $\Delta t\to 0$ 时，曲线$\widehat{A'B'}$趋近于曲线$\widehat{AB}$，$\lim\limits_{\Delta t\to 0}\frac{\overrightarrow{M_1M'}}{\Delta t}=\lim\limits_{\Delta t\to 0}\frac{\overrightarrow{MM_2}}{\Delta t}$。由速度定义可知

$$\lim_{\Delta t\to 0}\frac{\overrightarrow{MM'}}{\Delta t}=\boldsymbol{v}_a,\quad \lim_{\Delta t\to 0}\frac{\overrightarrow{MM_1}}{\Delta t}=\boldsymbol{v}_e,\quad \lim_{\Delta t\to 0}\frac{\overrightarrow{MM_2}}{\Delta t}=\boldsymbol{v}_r$$

$\boldsymbol{v}_a$ 为 t 瞬时动点的绝对速度，$\boldsymbol{v}_r$ 为 t 瞬时动点的相对速度，$\boldsymbol{v}_e$ 为 t 瞬时动点的牵连速度，所以有

$$\boldsymbol{v}_a=\boldsymbol{v}_e+\boldsymbol{v}_r \tag{7-1}$$

即在任一瞬时动点的绝对速度等于其牵连速度与相对速度的矢量和，这称为速度合成定理。

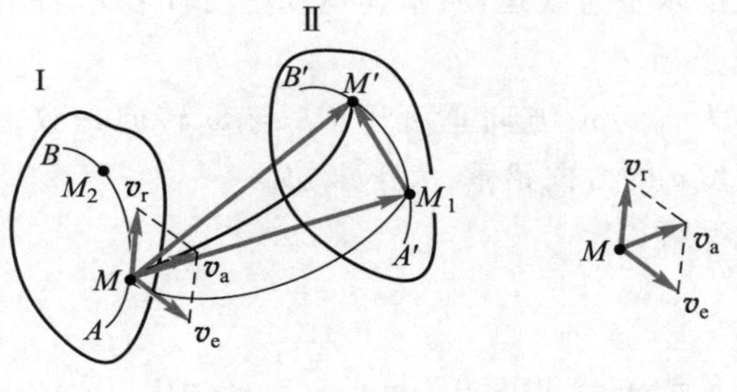

图 7-3

由式(7-1)可知，动点的绝对速度可以由牵连速度和相对速度为相邻边而构成的平行四边形的对角线来确定，如图 7-3 所示。这个平行四边形称为速度平行四边形。

速度合成定理适用于绝对运动、相对运动和牵连运动为任何运动的情况。

式(7-1)中含有$\boldsymbol{v}_a$，$\boldsymbol{v}_e$和$\boldsymbol{v}_r$三个矢量，而每个矢量均有其大小和方向，即式(7-1)中含有六个量(或因素)。当已知其中任意四个量时，便可求出其余两未知量。

[例 7-1]　如图 7-4 所示凸轮顶杆机构，凸轮沿水平面向右运动，推动铅垂顶杆 AB 沿滑槽上、下运动。已知凸轮半径为 R，平移速度为$\boldsymbol{v}$，OA 与水平线的夹角为 φ，求图示瞬时顶

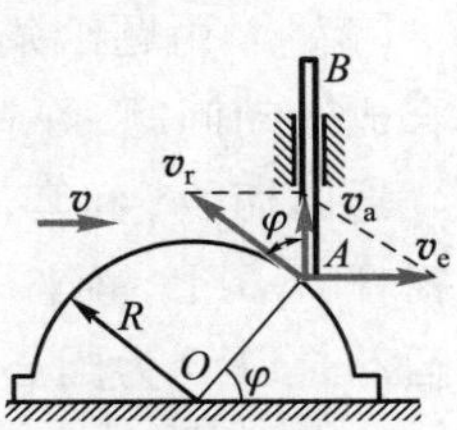

图 7-4

杆 AB 的速度。

［解］　因两构件在接触点有相对运动，可用点的速度合成定理求解。

选顶杆 AB 上的 A 点为动点，动坐标系固结在凸轮上，静坐标系固结在地面上。动点的绝对运动为铅垂直线运动，动点的相对运动为沿凸轮边缘的圆弧线运动，牵连运动为凸轮的水平平移，牵连点轨迹为水平直线。牵连速度方向水平向右，其大小为 $\boldsymbol{v}_e=\boldsymbol{v}$；绝对速度的大小待求，其方位为铅垂线；相对速度大小未知，其方位沿圆弧的切线。

根据速度合成定理 $\boldsymbol{v}_a=\boldsymbol{v}_e+\boldsymbol{v}_r$，做动点速度平行四边形，如图 7-4 所示。

由图中几何关系可得

$$v_a=v_e\cot\varphi=v\cot\varphi$$

由于顶杆 AB 为平移，故 $\boldsymbol{v}_a$ 为顶杆 AB 的速度，其大小为 $v_{AB}=v_a=v\cot\varphi$，方向铅垂向上。

［例 7-2］　曲柄 OA 长 $r=0.4$ m，以匀角速度 $\omega=0.5$ rad/s 绕 O 轴逆时针方向转动，从而带动滑杆 CD 沿铅垂方向平移，如图 7-5 所示。求当曲柄与水平线的夹角 $\theta=30°$时，杆 CD 的速度。

［解］　两杆件在接触点有相对运动，可用点的速度合成定理求解。

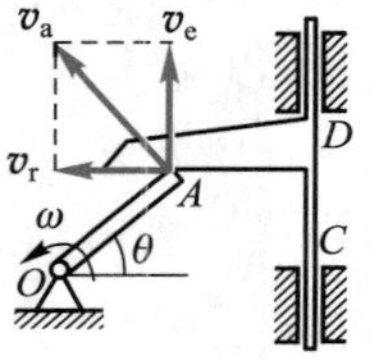

图 7-5

选曲柄 OA 上的 A 点为动点，动坐标系固结在滑杆 CD 上，静坐标系固结在地面上。

绝对运动是 A 点以 O 为圆心，r 为半径的匀速圆周运动；相对运动是 A 点在压板上的水平直线运动；牵连运动是滑杆 CD 与压板上下的直线平移。

绝对速度的大小为 $v_a=r\omega$，方向垂直于 OA 与 ω 转向一致；相对速度 $\boldsymbol{v}_r$ 的方向水平，大小未知；牵连速度 $\boldsymbol{v}_e$ 的方向铅垂，大小未知。

根据图中几何关系可得

$$v_a\cos\theta=v_e$$

$$v_e=r\omega\cos 30°=0.2\ \text{m}\times\frac{\sqrt{3}}{2}\ \text{rad/s}=0.173\ \text{m/s}$$

此即杆 CD 的速度。

［例 7-3］　如图 7-6 所示牛头刨床的急回机构，已知曲柄 OA 长为 r，以匀角速度 ω 绕轴 O 转动，O、O_1 位于同一铅垂线上，$OO_1=l=\sqrt{3}r$，求当曲柄在水平位置时，摇杆 O_1B 的角速度 ω_1。

［解］　由题给条件可知，套筒 A 在运动着的摇杆 O_1B 上运动，即合成运动问题，可应用点的速度合成定理求解如下：

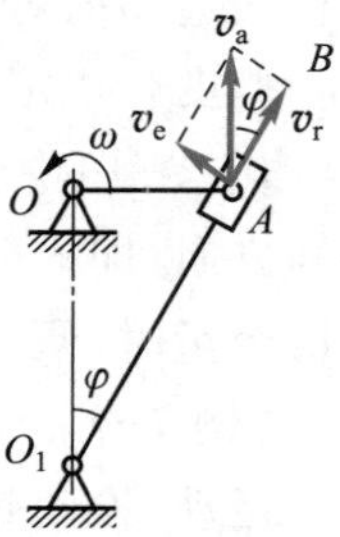

图 7-6

选曲柄 OA 和套筒的连接销钉 A 为动点，动坐标系 $O_1x'y'$ 固结在摇杆 O_1B 上，静坐标系 O_1xy 固结在机架（即地面）上。动点的绝对运动是以 O 为圆心，r 为半径的圆周运动；动点的相对运动为沿摇杆 O_1B 的直线运动；牵连运动为动坐标系 $O_1x'y'$ 绕 O_1 的定轴转动。

绝对速度大小 $v_a=\omega r$，其方向为铅垂向上；牵连速度大小未知，其方位垂直于杆 O_1B；相对速度大小未知，其方位沿杆 O_1B。

根据速度合成定理 $\boldsymbol{v}_a=\boldsymbol{v}_e+\boldsymbol{v}_r$，作速度平行四边形，如图 7-6 所示。应注意，$\boldsymbol{v}_a$ 一定要画在平行四边形的对角线上，才能正确定出 $\boldsymbol{v}_e$ 和 $\boldsymbol{v}_r$ 的指向。由图中几何关系可得

$$v_e=v_a\sin\varphi=\omega r\sin\varphi$$

因为

$$O_1A=\sqrt{l^2+r^2}=2r,\quad \sin\varphi=\frac{OA}{O_1A}=\frac{1}{2}$$

所以

$$v_e=\omega r/2$$

又因为

$$v_e=\omega_1\cdot 2r$$

所以

$$\omega_1=\frac{v_e}{2r}=\frac{\omega}{4}$$

摇杆 O_1B 的角速度 ω_1 转向由 $\boldsymbol{v}_e$ 的指向确定为逆时针。

§7-3 牵连运动为平移时点的加速度合成定理

在点的合成运动中，加速度之间的关系随牵连运动形式的不同，其结论也不同。本章只讨论牵连运动为平移时的加速度合成定理。

当牵连运动为平移时，动点的绝对加速度等于它的牵连加速度和相对加速度的矢量和，即

$$\boldsymbol{a}_a=\boldsymbol{a}_e+\boldsymbol{a}_r \tag{7-2}$$

设动点 M 在动坐标系 $O'x'y'z'$ 中沿相对轨迹 AB 运动，而动坐标系 $O'x'y'z'$ 又相对静坐标系 $Oxyz$ 做平移，如图 7-7 所示，单位矢量 $\boldsymbol{i}'$、$\boldsymbol{j}'$、$\boldsymbol{k}'$ 均为常矢量。动点 M 相对动坐标系 $O'x'y'z'$ 的运动方程（即相对矢径）为

$$\boldsymbol{r}_r=x'\boldsymbol{i}'+y'\boldsymbol{j}'+z'\boldsymbol{k}'$$

时，由点的运动学可知，动点 M 相对动坐标系的相对速度为

$$\boldsymbol{v}_r=\dot{x}'\boldsymbol{i}'+\dot{y}'\boldsymbol{j}'+\dot{z}'\boldsymbol{k}'$$

动点 M 相对动坐标系的相对加速度为

$$\boldsymbol{a}_r=\ddot{x}'\boldsymbol{i}'+\ddot{y}'\boldsymbol{j}'+\ddot{z}'\boldsymbol{k}'$$

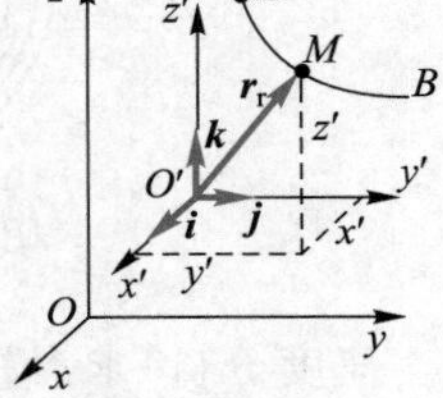

图 7-7

根据牵连速度定义可知，牵连速度是动坐标系上与动点重

合的点相对静坐标系的速度。由于动坐标系做平移，动坐标系上各点的速度和加速度在任一瞬时都是相同的，所以动点的牵连速度和牵连加速度分别等于动坐标系原点O'的速度和加速度，即$\boldsymbol{v}_e=\boldsymbol{v}_{O'}$，$\boldsymbol{a}_e=\boldsymbol{a}_{O'}=\dot{\boldsymbol{v}}_{O'}$。由速度合成定理得

$$\boldsymbol{v}_a=\boldsymbol{v}_e+\boldsymbol{v}_r=\boldsymbol{v}_{O'}+\dot{x}'\boldsymbol{i}'+\dot{y}'\boldsymbol{j}'+\dot{z}'\boldsymbol{k}'$$

将上式对时间 t 求一阶导数，并注意 $\dot{\boldsymbol{i}}'=\dot{\boldsymbol{j}}'=\dot{\boldsymbol{k}}'=\boldsymbol{0}$，可得

$$\boldsymbol{a}_a=\dot{\boldsymbol{v}}_a=\dot{\boldsymbol{v}}_{O'}+\ddot{x}'\boldsymbol{i}'+\ddot{y}'\boldsymbol{j}'+\ddot{z}'\boldsymbol{k}'$$

所以

$$\boldsymbol{a}_a=\boldsymbol{a}_e+\boldsymbol{a}_r$$

于是定理得证。

由牵连运动为平移时动点的加速度合成定理可知，动点的绝对加速度可由其牵连加速度和相对加速度所构成的平行四边形的对角线来确定，如图 7-8 所示，称为加速度平行四边形。

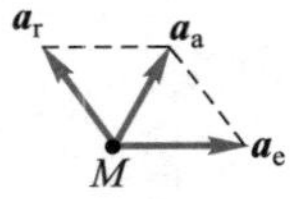

图 7-8

若动点的相对运动、绝对运动是变速曲线运动，牵连运动为曲线平移，则加速度合成公式可写为

$$\boldsymbol{a}_a^n+\boldsymbol{a}_a^\tau=\boldsymbol{a}_e^n+\boldsymbol{a}_e^\tau+\boldsymbol{a}_r^n+\boldsymbol{a}_r^\tau \tag{7-3}$$

实际应用时，应先根据速度合成定理求出$\boldsymbol{v}_a$、$\boldsymbol{v}_e$、$\boldsymbol{v}_r$，然后求 $a_a^n=\dfrac{v_a^2}{\rho_a}$，$a_e^n=\dfrac{v_e^2}{\rho_e}$，$a_r^n=\dfrac{v_r^2}{\rho_r}$，最后利用式(7-3)求解。其中，$\rho_a$、$\rho_r$ 分别为绝对轨迹、相对轨迹在此瞬时动点所在位置的曲率半径，ρ_e 则是该瞬时牵连点的轨迹的曲率半径。

［例 7-4］ 如图 7-9 所示曲柄滑杆机构，滑杆上有一圆弧形滑道，其半径为 R，圆心 O'在导杆 BC 上，曲柄长 $OA=R$，以匀角速度 ω 绕 O 轴转动。当机构在图示位置时，曲柄与水平线的交角$\varphi=30°$，求图示瞬时滑杆 BC 的速度 $\boldsymbol{v}_{BC}$和加速度 $\boldsymbol{a}_{BC}$。

［解］ 当曲柄 OA 转动时，通过滑块 A 带动滑杆在水平方向做往复运动，同时滑块在滑杆的圆弧形滑道内滑动。选曲柄 OA 和滑块的连接销钉 A 为动点，动坐标系与滑杆 BC 固连，静坐标系与机架(即地面)固连。动点的绝对运动是以 O 为圆心，R 为半径的圆周运动；相对运动是动点沿滑杆上的圆弧形滑道做圆弧线运动；牵连运动是滑杆做直线平移，如图 7-10 所示。

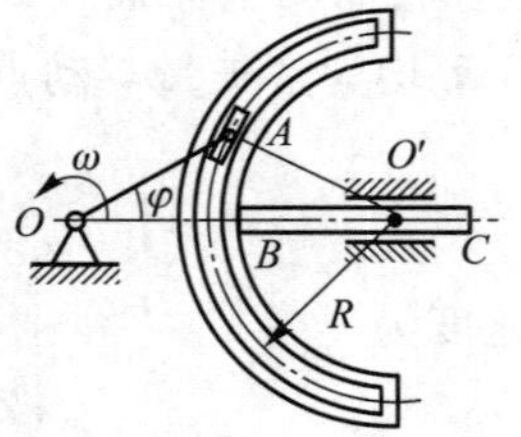

图 7-9

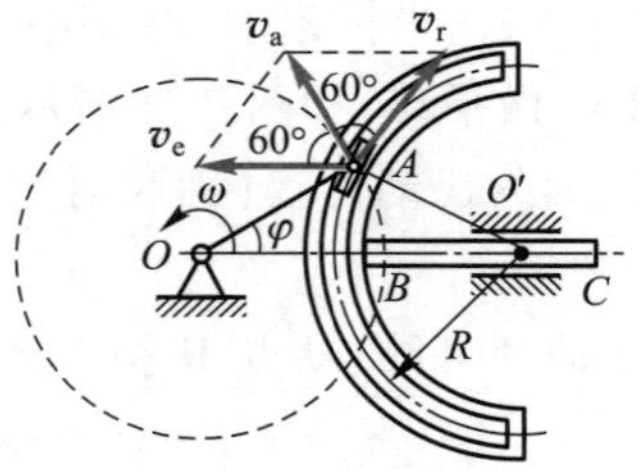

图 7-10

速度分析，求滑杆 BC 的速度 $\boldsymbol{v}_{BC}$。

绝对速度大小 $v_a=\omega R$，其方向垂直于杆 OA，倾斜向上；相对速度大小 v_r 未知，其

方位沿圆弧形滑道中心线的切线；牵连速度大小 v_e 未知，其方位沿水平线。根据速度合成定理 $\boldsymbol{v}_a=\boldsymbol{v}_e+\boldsymbol{v}_r$，作速度平行四边形，如图 7-10 所示。由图中几何关系可得

$$v_e=v_r=v_a=\omega R$$

由于滑杆做直线平移，所以滑杆 BC 的速度大小 $v_{BC}=v_e=\omega R$，方向水平向左。

加速度分析，求滑杆 BC 的加速度 $\boldsymbol{a}_{BC}$。

绝对加速度大小 $a_a=\omega^2 R$，方向从 A 指向 O；牵连加速度大小未知，方位沿水平线，指向假设向左；相对加速度分解为切向加速度 $\boldsymbol{a}_r^\tau$ 和法向加速度 $\boldsymbol{a}_r^n$，$a_r^n=\dfrac{v_r^2}{R}=\omega^2 R$，方向从 A 指向 O'，a_r^τ 大小未知，其方位沿圆弧形滑道中心线的切线，指向假设斜向上。画加速度图如图 7-11 所示。

根据牵连运动为平移时的加速度合成定理 $\boldsymbol{a}_a=\boldsymbol{a}_e+\boldsymbol{a}_r$，得

$$\boldsymbol{a}_a=\boldsymbol{a}_e+\boldsymbol{a}_r^n+\boldsymbol{a}_r^\tau \tag{a}$$

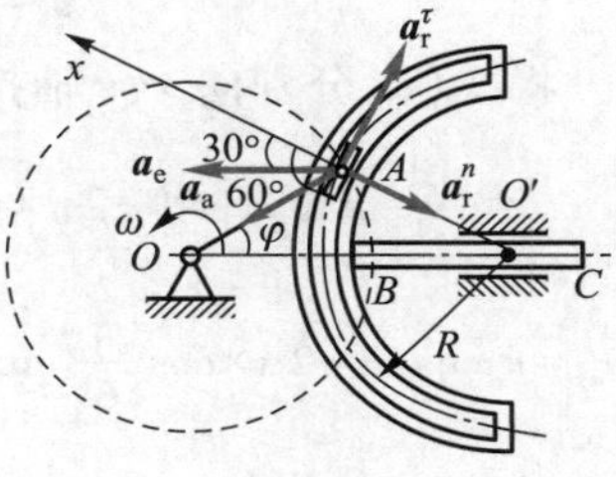

图 7-11

建立 x 轴，如图 7-11 所示，将矢量式(a)向 x 轴投影，得

$$a_a\cos 60°=a_e\cos 30°-a_r^n$$

$$a_e=\frac{a_a\cos 60°+a_r^n}{\cos 30°}=\sqrt{3}\,\omega^2 R$$

由于滑杆做直线平移，所以滑杆 BC 的加速度大小 $a_{BC}=a_e=\sqrt{3}\,\omega^2 R$，方向水平向左。

［例 7-5］　如图 7-12 所示四连杆机构由杆 O_1A、O_2B 及半圆形板 ADB 组成，各构件均在图示平面内运动。动点 M 沿圆弧运动，起点为 A 点，弧坐标 $s=\overset{\frown}{AM}=\pi t^2$(单位为 cm)。已知 $O_1A=O_2B=L=18$ cm，$R=18$ cm，$\varphi=\pi t^2/54$(φ 单位为 rad)。求 $t=3$ s 时动点 M 的速度 $\boldsymbol{v}_M$ 和加速度 $\boldsymbol{a}_M$。

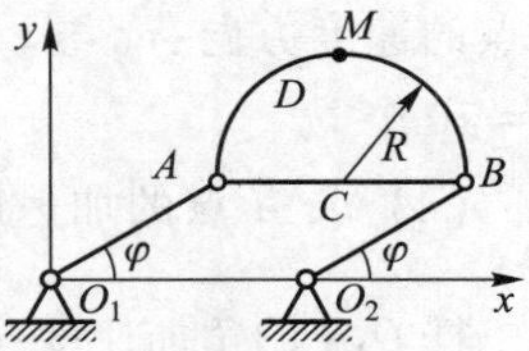

图 7-12

［解］　(1) 运动分析

M 点既相对于地面有运动，又相对于做曲线平移的半圆形板有运动。因此，取 M 点为动点，动坐标系固结在半圆形平板 ADB 上，静坐标系固结在地面上。M 点的相对运动为沿半径为 R 的圆弧 $\overset{\frown}{ADB}$ 运动，M 点的牵连运动是随 ADB 半圆板做曲线平移，其绝对运动由相对运动和牵连运动复合而成。

(2) 确定 M 点的位置

当 $t=3$ s 时，杆 O_1A(或杆 O_2B)转过的角度为 $\varphi=\dfrac{\pi}{54}\times3^2=\dfrac{\pi}{6}$，$M$ 点走过的弧长为 $s=\pi\times3^2$ cm $=9\pi$ cm，对应的圆心角为 $\theta=\dfrac{s}{R}=\dfrac{9\pi}{18}=\dfrac{\pi}{2}$，即当 $\varphi=\dfrac{\pi}{6}$ 时，M 点在半圆弧的最高点。

(3) 求 M 点的速度 $\boldsymbol{v}_M$

杆 O_1A 的角速度

$$\omega=\frac{\mathrm{d}\varphi}{\mathrm{d}t}=\frac{\pi t}{27}(\omega\text{ 单位为 rad/s})$$

牵连速度

$$v_{\mathrm{e}}=v_A=\omega R=\frac{2\pi t}{3}$$

相对速度

$$v_{\mathrm{r}}=\frac{\mathrm{d}s}{\mathrm{d}t}=2\pi t$$

当 $t=3$ s 时，$v_{\mathrm{e}}=2\pi$ cm/s，其方向垂直于 O_1A，$v_{\mathrm{r}}=6\pi$ cm/s，其方向水平向右，如图 7-13 所示。

根据速度合成定理，有

$$\boldsymbol{v}_{\mathrm{a}}=\boldsymbol{v}_{\mathrm{e}}+\boldsymbol{v}_{\mathrm{r}} \tag{a}$$

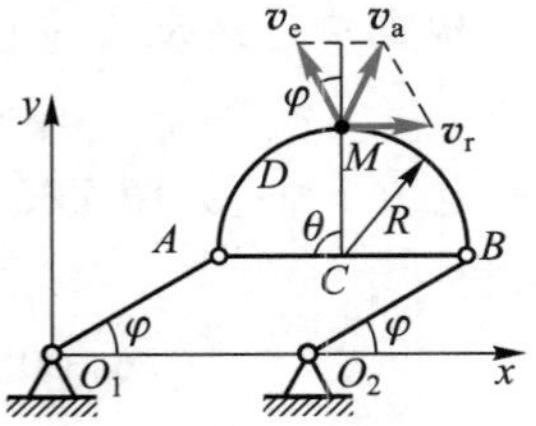

图 7-13

将式(a)分别向 x、y 轴投影，得

$$v_{\mathrm{ax}}=-v_{\mathrm{e}}\sin\varphi+v_{\mathrm{r}}=\left(-2\pi\times\sin\frac{\pi}{6}+6\pi\right)\ \mathrm{cm/s}=5\pi\ \mathrm{cm/s}$$

$$v_{\mathrm{ay}}=v_{\mathrm{e}}\cos\varphi=2\pi\times\cos\frac{\pi}{6}\ \mathrm{cm/s}=\sqrt{3}\pi\ \mathrm{cm/s}=1.732\pi\ \mathrm{cm/s}$$

M 点的速度大小为 $v_M=v_{\mathrm{a}}=\sqrt{v_{\mathrm{ax}}^2+v_{\mathrm{ay}}^2}=5.292\ \pi\ \mathrm{cm/s}$

$$\cos(\boldsymbol{v}_M,x)=\frac{v_{\mathrm{ax}}}{v_M}=0.945,\quad \cos(\boldsymbol{v}_M,y)=\frac{v_{\mathrm{ay}}}{v_M}=0.327$$

M 点的速度方向：$\boldsymbol{v}_M$ 与 x 轴正向交角为 $\angle(\boldsymbol{v}_M,x)=19.1°$，$\boldsymbol{v}_M$ 与 y 轴正向交角为 $\angle(\boldsymbol{v}_M,y)=70.9°$。

（4）求 M 点的加速度 $\boldsymbol{a}_M$

杆 O_1A 的角加速度 $\alpha=\frac{\mathrm{d}\omega}{\mathrm{d}t}=\frac{\pi}{27}\ \mathrm{rad/s^2}$；相对加速度的切向分量为 $a_{\mathrm{r}}^{\tau}=\frac{\mathrm{d}v_{\mathrm{r}}}{\mathrm{d}t}=2\pi\ \mathrm{cm/s^2}$；

$t=3$ s 时，$\omega=\frac{\pi}{9}$ rad/s，$\alpha=\frac{\pi}{27}\ \mathrm{rad/s^2}$，$a_{\mathrm{e}}^{\tau}=a_A^{\tau}=\alpha L=\frac{2\pi}{3}\ \mathrm{cm/s^2}$，方向垂直于 O_1A；$a_{\mathrm{e}}^{n}=a_A^{n}=\omega^2L=\frac{2\pi}{9}\ \mathrm{cm/s^2}$，方向平行于 O_1A；$a_{\mathrm{r}}^{\tau}=2\pi\ \mathrm{cm/s^2}$，其方向水平向右；$a_{\mathrm{r}}^{n}=\frac{v_{\mathrm{r}}^2}{R}=2\pi^2\ \mathrm{cm/s^2}$，方向由 M 指向 C，如图 7-14 所示。

根据牵连运动为平移时的加速度合成定理 $\boldsymbol{a}_{\mathrm{a}}=\boldsymbol{a}_{\mathrm{e}}+\boldsymbol{a}_{\mathrm{r}}$，得

$$\boldsymbol{a}_{\mathrm{a}}=\boldsymbol{a}_{\mathrm{e}}^{n}+\boldsymbol{a}_{\mathrm{e}}^{\tau}+\boldsymbol{a}_{\mathrm{r}}^{n}+\boldsymbol{a}_{\mathrm{r}}^{\tau} \tag{b}$$

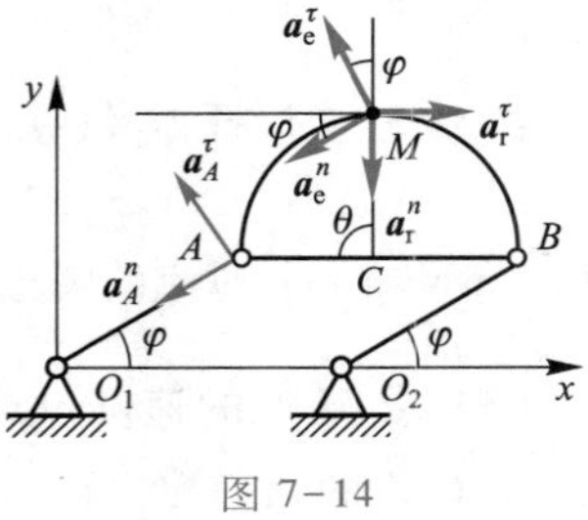

图 7-14

将式(b)分别向 x、y 轴投影，得

$$a_{\mathrm{ax}}=-a_{\mathrm{e}}^{\tau}\sin\varphi-a_{\mathrm{e}}^{n}\cos\varphi+a_{\mathrm{r}}^{\tau}=1.475\pi\ \mathrm{cm/s^2}$$

$$a_{\mathrm{ay}}=a_{\mathrm{e}}^{\tau}\cos\varphi-a_{\mathrm{e}}^{n}\sin\varphi-a_{\mathrm{r}}^{\tau}=-5.817\pi\ \mathrm{cm/s^2}$$

M 点的加速度大小和方向可表示为

$$a_M=a_{\mathrm{a}}=\sqrt{a_{\mathrm{ax}}^2+a_{\mathrm{ay}}^2}=6.0\pi\ \mathrm{cm/s^2}$$

$$\cos(\boldsymbol{a}_M, x) = \frac{a_{ax}}{a_M} = 0.245\ 8$$

$$\cos(\boldsymbol{a}_M, y) = \frac{a_{ay}}{a_M} = -0.969\ 5$$

M 点的加速度方向：$\boldsymbol{a}_M$ 与 x 轴正向交角为 $\angle(\boldsymbol{a}_M, x) = 75.8°$，$\boldsymbol{a}_M$ 与 y 轴正向交角为 $\angle(\boldsymbol{a}_M, y) = 165.8°$。

思考题

7-1　动点和动坐标系应如何选择？

7-2　一木船匀速前进，如桅杆上一物体相对于木船自由下落，空气阻力忽略不计，则该物体的绝对运动轨迹是一条什么线？

习　题

7-1　A 船以 $v_1 = 30\sqrt{2}$ km/h 的速度向南航行，另一船 B 以 $v_2 = 30$ km/h 的速度向东南航行。求在 A 船上看到的 B 船的速度。

7-2　当一轮船在雨中航行时，甲板上干与湿的分界线在雨篷于甲板上正投影之后的 2 m 处，篷高 4 m；当轮船停航时该分界线在雨篷正投影之前的 3 m 处。今若雨滴速度的大小为 10 m/s，求船速的大小。

7-3　一人以 4 m/s 的速度向东行走，觉得风自正南吹来；若速度增加到 6 m/s，觉得风自正东南吹来。求风的速度。

7-4　图示曲柄滑道机构中，杆 BC 为水平，而杆 DE 保持铅垂。曲柄长 $OA = 10$ cm，并以 $\omega = 20$ rad/s 绕 O 轴转动，通过滑块 A 而使杆 BC 沿水平直线往复运动。求当曲柄与水平线的交角分别为 $\varphi = 0°$，$\varphi = 30°$，$\varphi = 90°$ 时，杆 BC 的速度。

7-5　图示曲柄滑块机构中，曲柄 OA 长为 r 并以匀角速度 ω 绕 O 轴转动。装在水平杆上的滑槽 DE 与水平成 60°。求当曲柄与水平线的交角分别为 $\varphi = 0°$，$\varphi = 30°$，$\varphi = 60°$ 时，杆 BC 的速度。

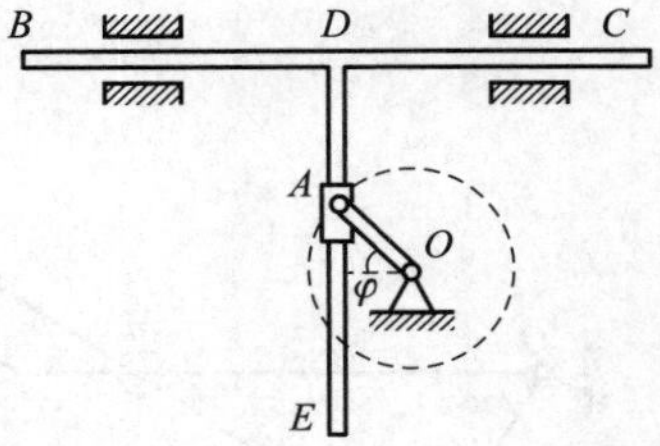

习题 7-4 图

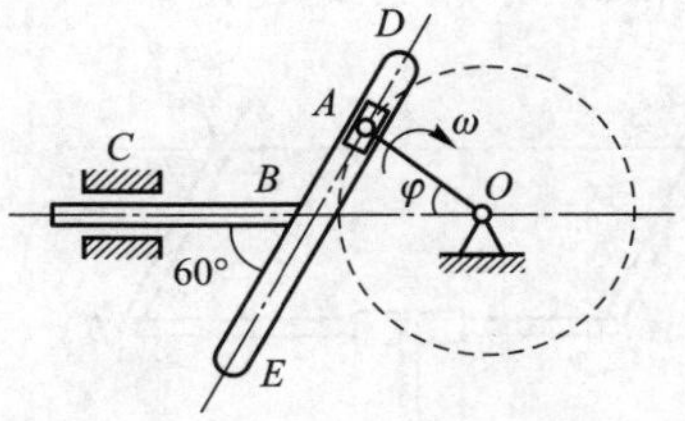

习题 7-5 图

7-6　如图所示两种摇杆机构中，已知：$O_1O_2 = a = 200$ mm，杆 O_1A 的角速度 $\omega = 3$ rad/s。试分别求两种机构在图示位置时杆 O_2A 的角速度。

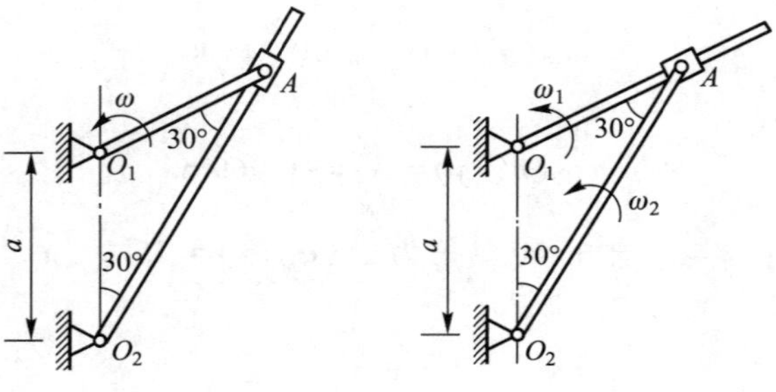

习题 7-6 图

7-7 如图所示摇杆机构的滑杆 AB 以匀速 v 向上运动，初瞬时摇杆 OC 位于水平位置，尺寸如图。求当 $\varphi=\dfrac{\pi}{4}$ 时点 C 的速度大小。

7-8 如图所示平面机构，已知轮 C 半径为 R，偏心距 $OC=e$，角速度 ω 为常量。求 $\varphi=30°$ 时，顶杆 AB 的速度。

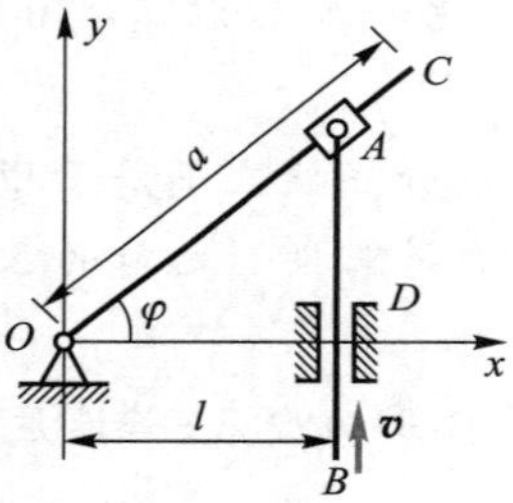

习题 7-7 图

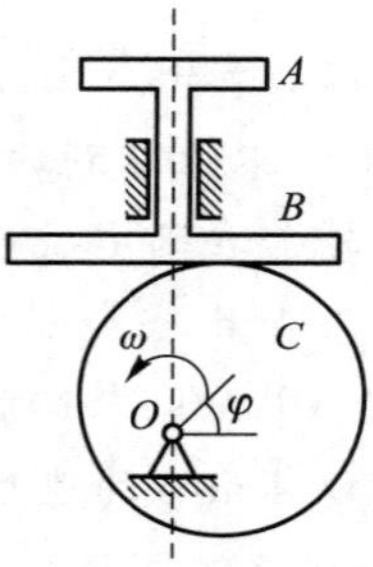

习题 7-8 图

7-9 如图所示铰接四边形机构，$O_1A=O_2B=100$ mm，$O_1O_2=AB$，杆 O_1A 绕轴 O_1 以匀角速度 $\omega=2$ rad/s 转动。杆 AB 上有可沿杆滑动的套筒 C，此套筒与 CD 杆相铰接，机构的各部件都在同一铅垂面内。求当 $\varphi=60°$ 时，杆 CD 的速度。

7-10 曲杆 OBC 绕 O 轴转动，使套在其上的小环 M 沿固定杆 OA 滑动（小环 M 同时也套在 OA 上），如图所示。已知 $OB=10$ cm，$OB\perp BC$，又曲杆的角速度 $\omega=0.5$ rad/s。求当 $\varphi=60°$ 时，小环 M 的速度。

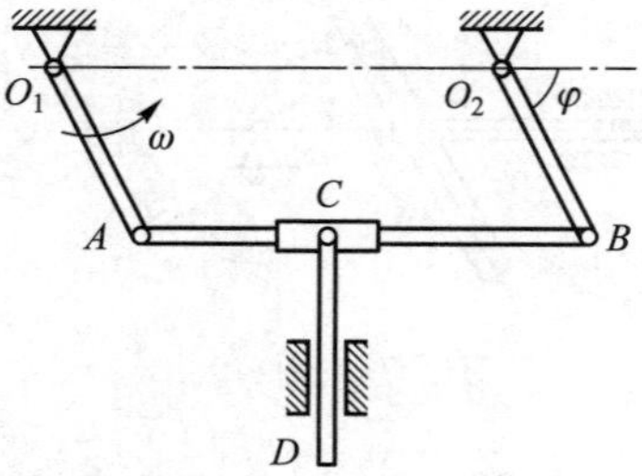

习题 7-9 图

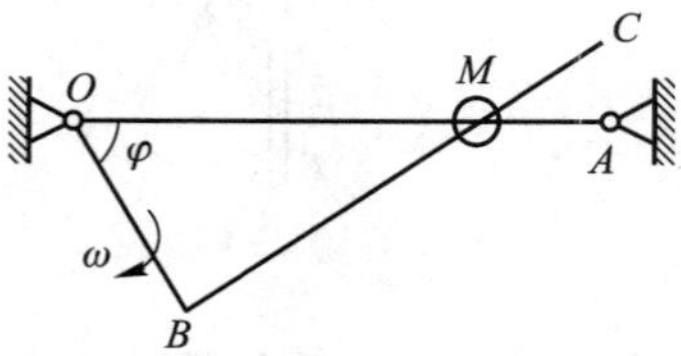

习题 7-10 图

7-11　求习题 7-8 中杆 AB 的加速度。

7-12　求习题 7-9 中杆 CD 的加速度。

习题答案 A7

第 8 章

刚体的平面运动

在前面两章中已分别讨论了刚体的两种基本运动并介绍了关于运动合成与分解的概念。在此基础上,本章将研究在工程中经常遇到的刚体的另一种较为复杂的运动——刚体的平面运动。

§8-1 刚体的平面运动及其分解

图 8-1a 所示的曲柄连杆机构中的连杆 AB 和图 8-1b 所示的沿固定齿轮外缘只滚不滑的行星齿轮等刚体,它们的运动既不是平移也不是定轴转动。可以看出,如不计厚度而将它们看成为平面机构时,它们的运动的共同特点是:在整个运动过程中,物体总保持在它自身原来所在的平面内。

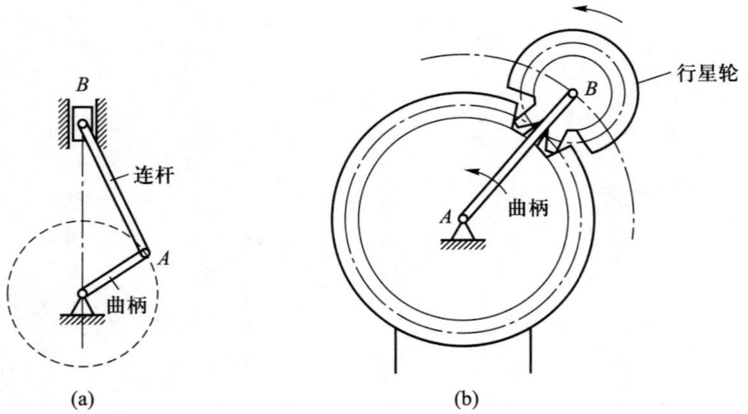

图 8-1

一般情况下刚体运动时,若刚体上任一点均保持与空间某固定平面的距离不变,或者说,刚体上任一点均保持在与空间某固定平面相平行的平面内运动,则刚体这种形式的运动称为平面平行运动,简称平面运动。

由上述平面运动的定义可知,当刚体做平面运动时,刚体上所有与空间某固定平面 P_0 距离相等的点所构成的平面图形 S 就保持在它自身所在的平面 P 内运动。且平

面 P 与 P_0 平行(图8-2);同时,刚体上所有与此平面图形 S 相垂直的直线段,例如 M_1M_2,均做平移。故刚体的平面运动,可以简化为平面图形 S 在其自身所在平面内的运动。

为了研究平面图形 S 在它自身所在的平面 P 内的运动,可在平面 P 上建立静坐标系 Oxy(图8-3)。在任一瞬时,平面图形 S 的位置可由其上任选的直线段 $O'M$ 的位置所确定。因此,只要知道了点 O' 的坐标 $x_{O'}$、$y_{O'}$,以及线段 $O'M$ 与某静坐标轴,例如 x 轴之间的夹角 φ 即可确定平面图形 S 的位置。O' 点称为基点。

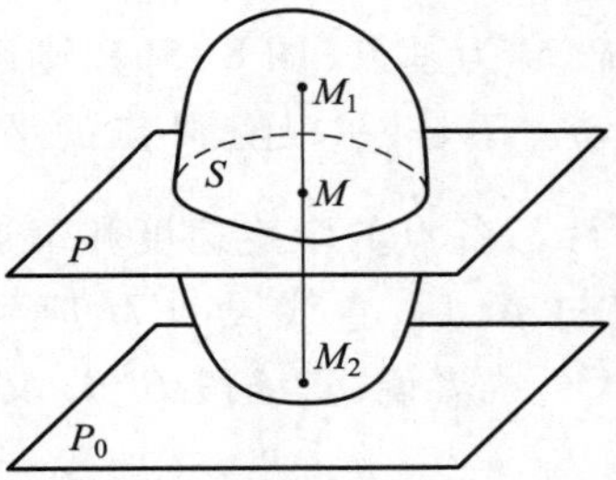

图 8-2

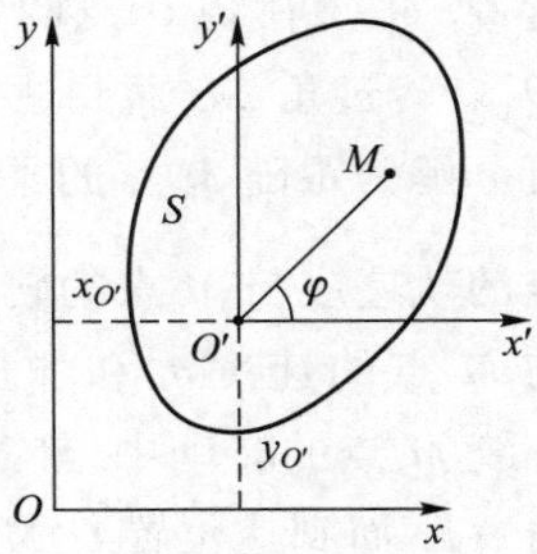

图 8-3

当刚体做平面运动时,$x_{O'}$、$y_{O'}$ 和 φ 均随时间而不断变化,它们都是时间 t 的单值连续函数,即

$$\left.\begin{aligned} x_{O'} &= f_1(t) \\ y_{O'} &= f_2(t) \\ \varphi &= f_3(t) \end{aligned}\right\} \tag{8-1}$$

这就是刚体做平面运动时的运动方程。

以沿平直道路只滚不滑的车轮为例。设轮心 C 以匀速 v_0 前进,若以 C 为基点建立如图8-4所示的平移坐标系 $Cx'y'$,且令半径 CM 在初瞬时位于静坐标轴 y 上,则此车轮的运动方程为

$$x_C = v_0 t$$
$$y_C = R$$
$$\varphi = \frac{v_0 t}{R}$$

式中,R 为车轮半径,φ 为车轮的转角。

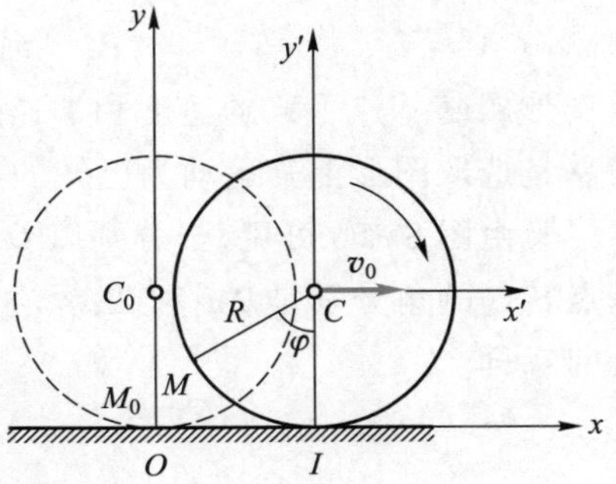

图 8-4

由图8-3不难看出:若基点 O' 固定不动,则平面运动变为绕定轴转动;若线段 $O'M$ 的方位不变(即角 φ 不变),则刚体做平移。由此可见,平面运动包含了平移和定轴转动这两种基本运动,或者说,平面运动由平移和转动复合而成。故可用运动的分解与合成的理论和方法研究刚体的平面运动,具体分析方法如下:

以所选的基点 O' 为原点建立跟随基点运动的平移坐标系 $O'x'y'$,在平面图形运动

过程中，坐标系 $O'x'y'$ 的方向保持不变且始终分别平行于静坐标系 Oxy 中相应的 x、y 轴，如图 8-3 所示。于是，平面图形 S 的绝对运动可看成为跟随基点的平移（牵连运动部分）和绕基点的转动（相对运动部分）的合成。

基点位置的选择是任意的。如图 8-5a 所示，若选 O' 为基点，则图形 S 的运动可分解为跟随 O' 点的平移和绕 O' 点的转动。在跟随 O' 点的平移中，图形上各点的轨迹均为与 O' 点的轨迹 $\overset{\frown}{O'O'_1}$ 相同并"平行"的曲线；各点的牵连速度和牵连加速度均分别与基点 O' 的速度 $\boldsymbol{v}_{O'}$ 和加速度 $\boldsymbol{a}_{O'}$ 相同；且经过时间间隔 Δt 后，图形上的直线段 $O'M$ 应到达位置 O'_1M'。在绕 O' 点的转动中，经过 Δt 后，直线段 $O'M$，或者说，直线段 O'_1M' 又应绕 O'_1 点转过角 $\Delta\varphi$ 而到达位置 O'_1M_1。但若选 M 为基点（图 8-5b），则图形 S 的运动又可分解为跟随 M 点的平移和绕 M 点的转动。于是，在跟随 M 点的平移中，图形上各点的轨迹应与 M 点的轨迹 $\overset{\frown}{MM_1}$ 相同并"平行"；各点的牵连速度和牵连加速度均分别与 M 点的速度 $\boldsymbol{v}_M$ 和加速度 $\boldsymbol{a}_M$ 相同；且经过 Δt 后，直线段 $O'M$ 应到达位置 $O''M_1$。在绕 M 点的转动中，经过 Δt 后，直线段 $O'M$，或者说，直线段 $O''M_1$ 又应绕 M_1 点转过角 $\Delta\varphi_1$ 而到达位置 O'_1M_1。

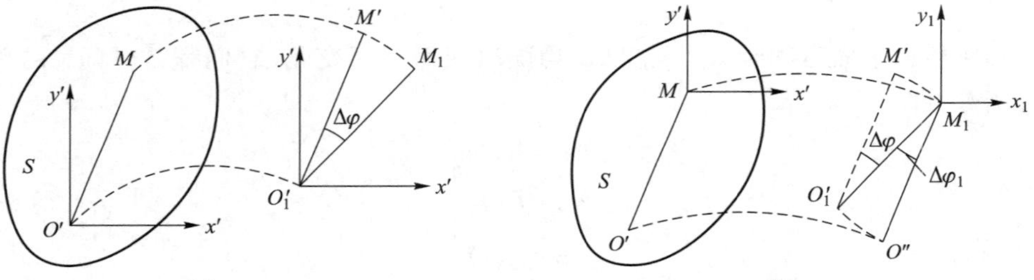

图 8-5

由于图形上不同的两点 O' 和 M 的轨迹一般说来是不同的，而且它们的速度和加速度也各不相同，即

$$\boldsymbol{v}_{O'} \neq \boldsymbol{v}_M, \quad \boldsymbol{a}_{O'} \neq \boldsymbol{a}_M$$

故图形跟随基点平移的速度和加速度与基点位置的选择有关。在解决具体问题时，一般总是选取图形上其运动为已知的点作为基点。

又由图 8-5b 可见，当分别以 O' 和 M 为基点时，在相同的时间间隔 Δt 内，图形绕基点转过的角分别是 $\Delta\varphi$ 和 $\Delta\varphi_1$，它们的大小相等转向相同（在图中它们都是顺时针转向），即

$$\Delta\varphi = \Delta\varphi_1$$

考虑到 $\omega = \lim\limits_{\Delta t \to 0} \dfrac{\Delta\varphi}{\Delta t}$ 和 $\alpha = \lim\limits_{\Delta t \to 0} \dfrac{\Delta\omega}{\Delta t}$，故有

$$\omega = \omega_1, \quad \alpha = \alpha_1$$

即图形绕基点转动的角速度和角加速度与基点的选择无关。因此，后面将只分别称它们为平面运动刚体的角速度和角加速度，而不必指明所选的基点。

§8-2

平面图形内各点的速度

既然平面图形在其自身所在平面内的运动可分解为跟随基点的平移和绕基点的转动两部分，那么与此相应，平面图形上任一点的运动也就可分解为跟随以基点为原点的平移坐标系的运动（牵连运动）和相对于该坐标系的运动（相对运动）两部分，从而就可利用速度合成定理求出平面图形上任一点的速度。

设已知在某瞬时平面图形 S 内某点 O' 的速度为 $\boldsymbol{v}_{O'}$，图形的角速度为 ω（图 8-6），则当以此 O' 点为基点建立平移坐标系 $O'x'y'$ 时，图形内任一点 M 的速度 $\boldsymbol{v}_M$ 为

$$\boldsymbol{v}_M=\boldsymbol{v}_{\mathrm{e}}+\boldsymbol{v}_{\mathrm{r}}=\boldsymbol{v}_{O'}+\boldsymbol{v}_{MO'} \qquad (8-2)$$

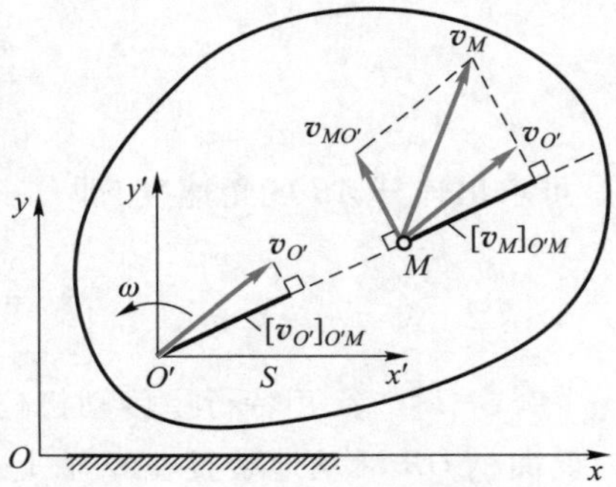

图 8-6

式中，$\boldsymbol{v}_{MO'}=\boldsymbol{v}_{\mathrm{r}}$，它是 M 点相对于基点 O'（亦即相对于平移坐标系 $O'x'y'$，下同）的速度。由于 M 点相对于 O' 点做圆周运动，故 $\boldsymbol{v}_{MO'}$ 应垂直于连线 $O'M$，且其指向与图形的转向相对应。又 $\boldsymbol{v}_{MO'}$ 的大小为

$$v_{MO'}=\omega\cdot O'M$$

由式（8-2）可知：平面图形内任一点的速度等于基点的速度和该点相对于基点做圆周运动的速度的矢量和。由于基点的选择是任意的，所以式（8-2）指明了平面图形内任意两点的速度之间的基本关系。

既然 M 点相对于 O' 点运动的速度 $\boldsymbol{v}_{MO'}$ 垂直于此两点的连线 $O'M$，因此它在 $O'M$ 上的投影为零。故如根据合力投影定理将式（8-2）中各项同时投影到连线 $O'M$ 上，则有

$$[\boldsymbol{v}_M]_{O'M}=[\boldsymbol{v}_{O'}]_{O'M} \qquad (8-3)$$

即平面图形内任意两点的速度在此两点连线上的投影相等，称为速度投影定理。

［例 8-1］　内燃机中的曲柄滑块机构如图 8-7 所示，设曲柄 OA 以匀角速度 ω 转动，已知曲柄长 $OA=r$，$AB=l=\sqrt{3}\,r$。求当 $\varphi=60^\circ$ 时滑块 B 的速度和连杆 AB 的角速度。

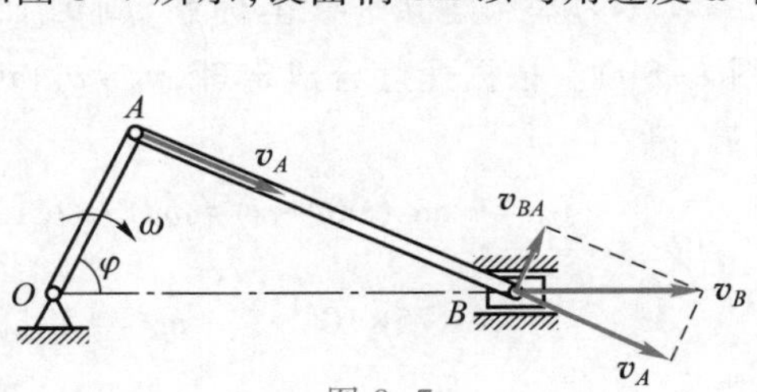

图 8-7

［解］　这是机构的运动分析问题。曲柄 OA 为主动件，滑块 B 为从动件，连杆 AB 为中间连接件，滑块 B 由连杆带动，且

B 点也是连杆上的点,故可通过对连杆运动的分析以求出 B 点的速度。

连杆 AB 做平面运动,其 A 端做匀速圆周运动,根据已知条件即可求出 A 点的速度$\boldsymbol{v}_A$,故选 A 为基点建立平移坐标系 $Ax'y'$。于是,B 点的速度为

$$\boldsymbol{v}_B=\boldsymbol{v}_e+\boldsymbol{v}_r=\boldsymbol{v}_A+\boldsymbol{v}_{BA} \tag{1}$$

其中 $v_A=r\omega$,方向与 OA 垂直,$\boldsymbol{v}_B$沿 OB 方向,$\boldsymbol{v}_{BA}$与 AB 垂直。上式中四个要素是已知的,可以作出其速度平行四边形,如图 8-7 中所示。

根据合力投影定理,将式(1)中的各项投影到直线 AB 上,得

$$v_B\cos 30^\circ=v_A$$

显然,如直接利用速度投影定理也可得出上式。于是有

$$v_B=v_A/\cos 30^\circ=1.15r\omega$$

再将式(1)中各项投影到 y 轴上,得

$$0=v_A\sin 30^\circ-v_{BA}\sin 60^\circ$$

$$v_{BA}=\frac{v_A\sin 30^\circ}{\sin 60^\circ}=\frac{r\omega}{\sqrt{3}}$$

于是可求出连杆 AB 的角速度,即

$$\omega_{AB}=\frac{v_{BA}}{l}=\frac{r\omega}{\sqrt{3}}\cdot\frac{1}{\sqrt{3}r}=\frac{\omega}{3}$$

[例 8-2]　在瓦特行星传动机构中,杆 O_1A 绕 O_1轴转动,并借连杆 AB 带动曲柄 OB,而曲柄 OB 活动地装置在 O 轴上。在 O 轴上另装有齿轮Ⅰ;齿轮Ⅱ的轴安装在杆 AB 的 B 端,并使齿轮Ⅱ与杆 AB 相固结。已知 $r_1=r_2=30\sqrt{3}$ cm,$O_1A=75$ cm,$AB=150$ cm,又杆 O_1A 的角速度 $\omega_{O_1}=6$ rad/s, 求当 $\alpha=60^\circ$与 $\beta=90^\circ$时,曲柄 OB 及齿轮Ⅰ的角速度(图 8-8a)。

[解]　杆 AB 与齿轮Ⅱ相固结而形成的图形 ABD 做平面运动,D 是两齿轮节圆的切点。

由题意知 A 点速度$\boldsymbol{v}_A\perp O_1A$,且 $v_A=\omega_{O_1}\cdot O_1A$;$B$ 点速度$\boldsymbol{v}_B\perp OB$,又两节圆切点 D 既是轮Ⅱ上的点,又是轮Ⅰ上的点,它的速度$\boldsymbol{v}_D\perp OD$,而半径 OD 与杆 OB 重合,故$\boldsymbol{v}_D/\!/\boldsymbol{v}_B$。

以 A 为基点建立平移坐标系,则$\boldsymbol{v}_{BA}\perp AB$,故当 $\beta=90^\circ$时,$\boldsymbol{v}_{BA}$沿 BO 而有$\boldsymbol{v}_{BA}\perp\boldsymbol{v}_B$(图 8-8b)。根据速度合成定理,$\boldsymbol{v}_B=\boldsymbol{v}_A+\boldsymbol{v}_{BA}$。画出 B 点的速度平行四边形如图 8-8b 所示,得

$$\begin{aligned}v_B&=v_A\cos(90^\circ-\alpha)=\omega_{O_1}\cdot O_1A\cdot\cos 30^\circ\\&=6\times75\times10^{-2}\times\frac{\sqrt{3}}{2}\ \text{m/s}=225\sqrt{3}\times10^{-2}\ \text{m/s}=225\sqrt{3}\ \text{cm/s}\end{aligned}$$

从而杆 OB 的角速度为

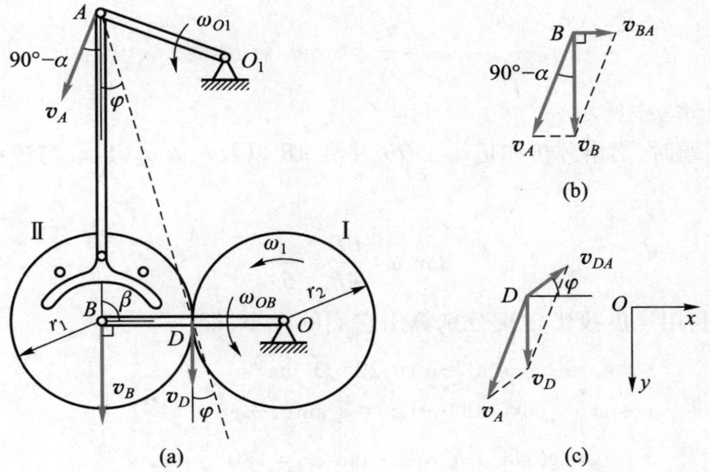

图 8-8

$$\omega_{OB}=\frac{v_B}{OB}=\frac{v_B}{r_1+r_2}=\frac{225\sqrt{3}}{2\times30\sqrt{3}}\ \mathrm{rad/s}=3.75\ \mathrm{rad/s}$$

又因

$$v_{BA}=v_A\sin(90°-\alpha)=6\times75\times\frac{1}{2}\ \mathrm{cm/s}=225\ \mathrm{cm/s}$$

故图形 ABD 的角速度 $\boldsymbol{\omega}$ 为

$$\omega=\frac{v_{BA}}{AB}=1.5\ \mathrm{rad/s}$$

由此可求出 D 点相对于基点 A 的速度$\boldsymbol{v}_{DA}$的大小为

$$v_{DA}=\omega\cdot AD=\omega\cdot\sqrt{AB^2+BD^2}$$

又$\boldsymbol{v}_{DA}$与 x 轴正向的夹角 φ(图 8-8c)等于连线 AD 与 AB 间的夹角。

由$\boldsymbol{v}_D=\boldsymbol{v}_A+\boldsymbol{v}_{DA}$画出 D 点的速度平行四边形如图 8-8c 所示，选图示坐标系，由合力投影定理得

$$\begin{aligned}v_{Dx}&=v_{DA}\cos\varphi-v_A\sin(90°-\alpha)\\&=\omega\cdot AD\frac{AB}{AD}-\omega_{O_1}\cdot O_1A\cdot\sin 30°\\&=0\\v_{Dy}&=v_A\cos(90°-\alpha)-v_{DA}\sin\varphi\\&=\omega_{O_1}\cdot O_1A\cdot\cos 30°-\omega\cdot AD\cdot\frac{r_2}{AD}\\&=180\sqrt{3}\ \mathrm{cm/s}\end{aligned}$$

于是，$v_D=180\sqrt{3}\ \mathrm{cm/s}$，且$\boldsymbol{v}_D$的方向为铅垂向下而与$\boldsymbol{v}_B$平行，这与前面分析的结果一致。

轮 I 的角速度 ω_1 为

$$\omega_1=\frac{v_D}{r_1}=6\ \text{rad/s}$$

其转向如图 8-8a 中所示。

在解本例题时，当由分析知道$\boldsymbol{v}_B\perp OB$ 并沿 AB 以及$\boldsymbol{v}_D /\!/ \boldsymbol{v}_B$，且$\boldsymbol{v}_D$与连线 AD 间的夹角 φ，可由

$$\tan\varphi=\frac{BD}{AB}=\frac{\sqrt{3}}{5}$$

确定后，即可利用速度投影定理分别算出它们的大小，即

$$v_B=v_A\cos(90°-\alpha)=225\sqrt{3}\ \text{cm/s}$$

$$v_D\cos\varphi=v_A\cos(90°-\alpha+\varphi)=v_A\sin(\alpha-\varphi)$$

$$v_D=v_A(\sin\alpha-\cos\alpha\cdot\tan\varphi)=180\sqrt{3}\ \text{cm/s}$$

这与前面利用速度合成定理所得结果一致。显然，利用速度投影定理进行计算较为简捷。

§8-3 瞬时速度中心

由式(8-2)可知，当利用分解运动的方法求平面图形上任一点的速度时，要进行矢量加法的运算。若需要同时求出在某一瞬时图形上若干点的速度，就要多次进行这样的矢量加法，不太方便。因此人们就寻求其他较简单的方法，计算图形上各点的速度。

在同一瞬时，平面图形上各点相对于基点的速度彼此不同。故根据式(8-2)不难看出，在图形(或其延伸部分)上总可以找到一点 C，其相对速度$\boldsymbol{v}_{CO'}$恰好与基点的速度$\boldsymbol{v}_{O'}$等值、反向，因而此 C 点的绝对速度$\boldsymbol{v}_C$为零，即

$$\boldsymbol{v}_C=\boldsymbol{v}_{O'}+\boldsymbol{v}_{CO'}=\boldsymbol{0}$$

于是，若另以此 C 点为基点，则图形上任一点的速度就等于该点绕基点 C 做圆周运动的速度。这样一来，便可使求图形上各点速度的问题大为简化。因此，在某瞬时图形上速度为零的点就由于有此特殊作用而必须加以专门研究。

在某瞬时，平面图形(或其延伸部分)上速度为零的点，称为该图形在此瞬时的瞬时速度中心，简称速度瞬心。

为了找出图形上任一点相对于速度瞬心 C 做圆周运动的速度，必须首先确定速度瞬心的位置。当已知图形上某点 O'的速度$\boldsymbol{v}_{O'}$和图形的角速度 ω 时，可按下述方法找出速度瞬心 C 的位置：在图形上自 O'点沿$\boldsymbol{v}_{O'}$的方向作半直线 $O'L$(图 8-9)。然后，将$O'L$沿图形角速度 ω 的转向转过 90°而至其新的位置 $O'L'$，最后在 $O'L'$上自 O'点起

截取一段长$O'C=\dfrac{v_{O'}}{\omega}$，则当以 O' 点为基点时，此 C 点的相对速度的大小为

$$v_{CO'}=\omega \cdot O'C=v_{O'}$$

且$\boldsymbol{v}_{CO'}$的方向与基点速度$\boldsymbol{v}_{O'}$的方向相反。从而有

$$v_C=v_{O'}+v_{CO'}=0$$

故此 C 点即为图形在此瞬时的速度瞬心。

当以速度瞬心 C 为基点时图形上其余各点，例如 A 与 B（图 8-10）的速度分别为

$$\boldsymbol{v}_A=\boldsymbol{v}_C+\boldsymbol{v}_{AC}=\boldsymbol{v}_{AC}$$

$$\boldsymbol{v}_B=\boldsymbol{v}_C+\boldsymbol{v}_{BC}=\boldsymbol{v}_{BC}$$

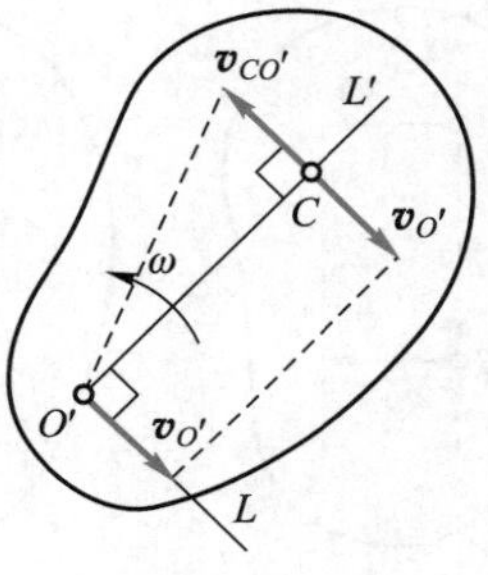

图 8-9

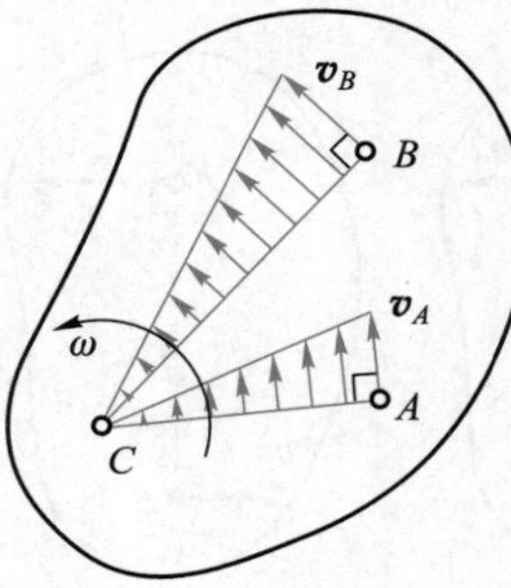

图 8-10

故知

$$v_A=v_{AC}=\omega \cdot CA$$

$$v_B=v_{BC}=\omega \cdot CB$$

以及$\boldsymbol{v}_A \perp CA$ 和$\boldsymbol{v}_B \perp CB$，且$\boldsymbol{v}_A$、$\boldsymbol{v}_B$的指向自当与 ω 的转向相对应。由此可见，图形内各点的速度垂直于该点与速度瞬心的连线，各点速度的大小与该点到速度瞬心的距离成正比。因此，图形内各点的速度分布情况与刚体绕定轴转动相同，所以速度瞬心又称为瞬时转动中心。

图形平面运动时，其上各点的速度均随时间不断变化。故某瞬时的速度瞬心虽然在该瞬时速度为零，但在下一瞬时，其速度就可能不再为零，因而也就不再是速度瞬心了。不过下一瞬时在图形（或其延伸部分）上又可找到另一速度为零的点。因此，速度瞬心在图形上的位置是随时间而改变的。或者说，速度瞬心在图形上的位置具有瞬时性。显然，由于图形在运动，所以速度瞬心在空间的位置也随时间改变。例如，当车轮沿地面只滚不滑时，它与地面相接触之点就是速度瞬心，此速度瞬心在轮缘上和在地面上的位置都随时间而改变。

利用速度瞬心求平面图形上各点的速度时，首先需要知道速度瞬心在图形（或其延伸部分）上的位置。根据不同的已知条件，还有下列几种确定速度瞬心位置的方法：

（1）若已知平面图形内任意两点的速度的方向，且它们互不平行（例如图 8-10中的$\boldsymbol{v}_A$、$\boldsymbol{v}_B$），则可自此两点分别作各自速度的垂线，于是此二垂线的交点 C 即为图形在

该瞬时的速度瞬心。

（2）若已知某瞬时图形内任意两点 A 和 B 的速度 $\boldsymbol{v}_A$ 和 $\boldsymbol{v}_B$（包括大小和方向），且 $\boldsymbol{v}_A$ 和 $\boldsymbol{v}_B$ 互相平行并垂直于连线 AB（图 8-11），则可将两速度矢量的末端用直线连接起来并使它与连线 AB 相交，所得的交点 C 即为速度瞬心。

特殊情况：若当 $\boldsymbol{v}_A=\boldsymbol{v}_B$，$\boldsymbol{v}_A$ 和 $\boldsymbol{v}_B$ 垂直于 AB 连线（图 8-12a），或 $\boldsymbol{v}_A$ 和 $\boldsymbol{v}_B$ 不垂直于 AB 连线（图 8-12b），则速度瞬心均在无限远处，因而在此瞬时图形的角速度为零 $\left(\omega=\dfrac{v_A}{CA}=\dfrac{v_A}{\infty}=0\right)$，亦即图形相对于基点的转动瞬时消失而只有跟随基点的平移，这称为瞬时平移。这时，图形上所有各点的速度均相等。

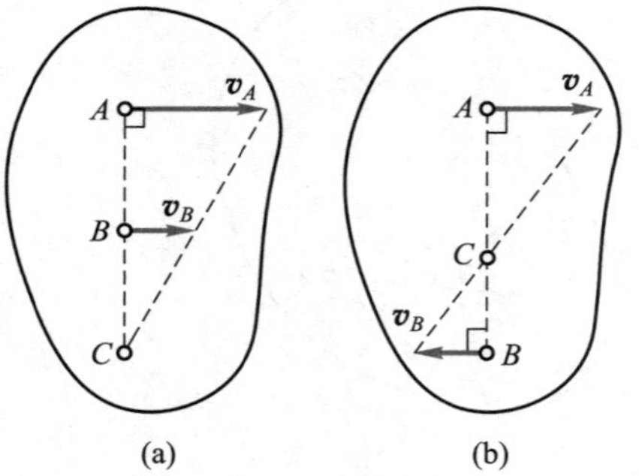

图 8-11

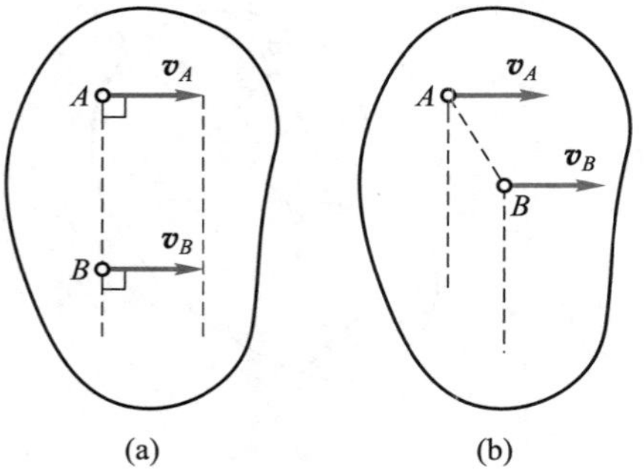

图 8-12

（3）如平面图形 S 沿某固定曲面做无滑动的滚动（图 8-13），则图形上与固定面的接触之点速度应为零，故此接触点即为此瞬时图形的速度瞬心，如沿平直轨道只滚不滑的车轮就是这样一个常见的特例。

［例 8-3］ 试利用速度瞬心法解例 8-1。

［解］ 因已知 $\boldsymbol{v}_A$ 和 $\boldsymbol{v}_B$ 的方向，故由 A、B 两点分别作 $\boldsymbol{v}_A$、$\boldsymbol{v}_B$ 的垂线，所得之交点 C 即为连杆 AB 在图 8-14 所示位置时的速度瞬心。从而连杆 AB 的角速度 ω_{AB} 为

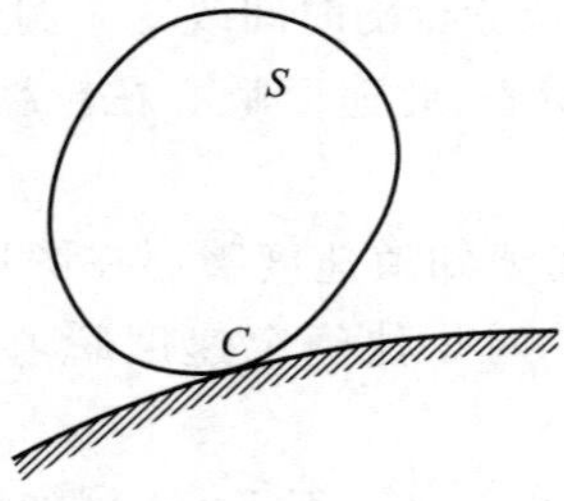

图 8-13

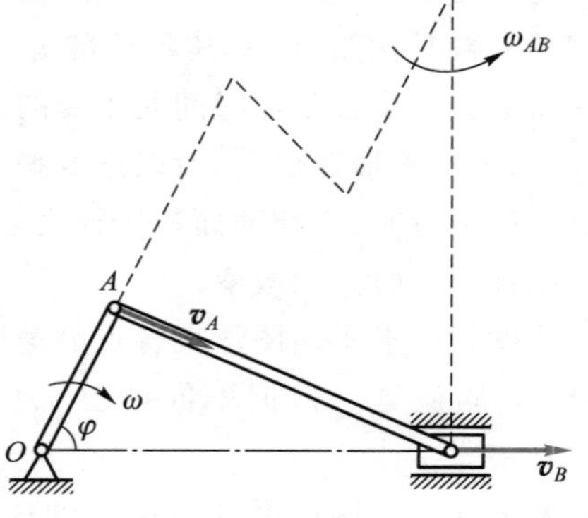

图 8-14

$$\omega_{AB}=\frac{v_A}{AC}=\frac{v_A}{AB\tan\varphi}=\frac{\omega}{3}$$

B 点速度 $\boldsymbol{v}_B$ 的大小为

$$v_B=\omega_{AB}\cdot CB=\frac{\omega}{3}\cdot\frac{AB}{\cos\varphi}=\frac{2\sqrt{3}}{3}r\omega=1.15\ r\omega$$

［例 8-4］ 试利用速度瞬心法解例 8-2(图 8-15)。

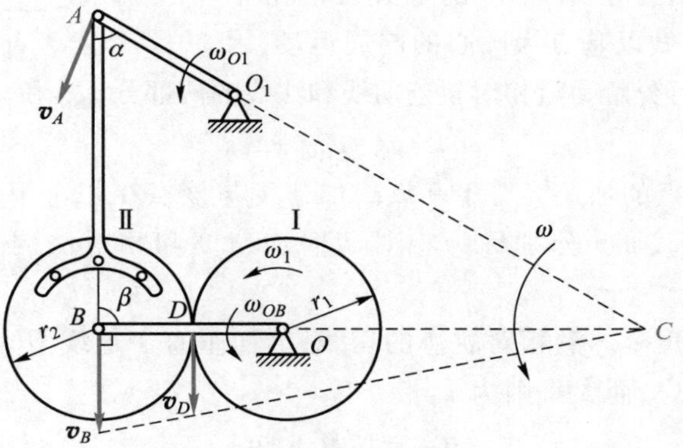

图 8-15

［解］ AB 两点的速度 $\boldsymbol{v}_A$、$\boldsymbol{v}_B$ 应分别垂直于杆 O_1A 和 OB。过 A、B 两点分别作其速度的垂线，所得交点 C 就是图形 ABD 在图示位置时的速度瞬心。因 $\beta=90°$，故 A、B 和 C 构成一直角三角形。图形 ABD 的角速度 ω 为

$$\omega=\frac{v_A}{AC}=\frac{v_A}{AB}\cdot\cos\alpha=\frac{\omega_{O_1}\cdot O_1A}{AB}\cdot\cos\alpha=\frac{6\times75}{150}\cos 60°\ \text{rad/s}=1.5\ \text{rad/s}$$

杆 OB 的角速度为

$$\omega_{OB}=\frac{v_B}{OB}=\frac{\omega\cdot BC}{OB}=\omega\cdot\frac{AB}{r_1+r_2}\cdot\tan\alpha=3.75\ \text{rad/s}$$

轮 Ⅰ 的角速度为

$$\omega_1=\frac{v_D}{OD}=\frac{\omega\cdot DC}{OD}=\omega\cdot\frac{BC-r_2}{r_1}$$

$$=\omega\cdot\frac{AB\tan\alpha-r_2}{r_1}=6\ \text{rad/s}$$

§8-4 平面图形内各点的加速度

如已知在某瞬时平面图形 S 内某点 O' 的加速度 $\boldsymbol{a}_{O'}$ 以及图形的角速度 ω 和角加

速度 α(图8-16),则可以 O' 为基点建立平移坐标系 $O'x'y'$ 而将图形的运动分解为跟随基点 O' 的平移和相对于基点 O' 的转动。从而,根据牵连运动为平移时的加速度合成定理可知,图形内任一点 M 的加速度 $\boldsymbol{a}_M$ 为

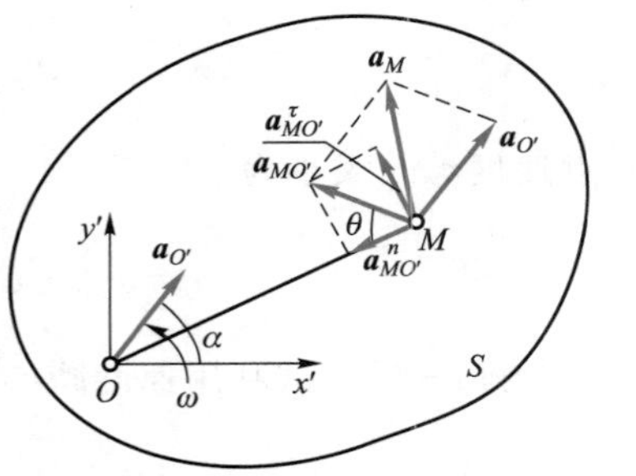

图 8-16

$$\boldsymbol{a}_M=\boldsymbol{a}_e+\boldsymbol{a}_r=\boldsymbol{a}_{O'}+\boldsymbol{a}_{MO'}$$

式中,$\boldsymbol{a}_{MO'}$ 为 M 点相对于基点 O' 的加速度。由于 M 点相对于基点 O' 做以基点为圆心的圆周运动,因而相对加速度 $\boldsymbol{a}_{MO'}$ 可分解为沿相对轨迹切线和法线的两部分 $\boldsymbol{a}^{\tau}_{MO'}$ 和 $\boldsymbol{a}^{n}_{MO'}$。故上式可写为

$$\boldsymbol{a}_M=\boldsymbol{a}_{O'}+\boldsymbol{a}^{\tau}_{MO'}+\boldsymbol{a}^{n}_{MO'} \tag{8-4}$$

即平面图形内任一点的加速度等于基点的加速度与该点在相对于基点运动中的切向加速度和法向加速度的(分别称为相对切向加速度和相对法向加速度)三者的矢量和。

相对切向加速度 $\boldsymbol{a}^{\tau}_{MO'}$ 沿相对轨迹的切线,因而垂直于连线 $O'M$,且其指向与角加速度的正负号相对应,而大小则为

$$a^{\tau}_{MO'}=O'M\cdot|\alpha| \tag{8-5}$$

而相对法向加速度 $\boldsymbol{a}^{n}_{MO'}$ 则应沿相对轨迹的法线,且由 M 指向基点 O',又其大小为

$$a^{n}_{MO'}=O'M\cdot\omega^2 \tag{8-6}$$

显然,相对加速度 $\boldsymbol{a}_{MO'}$ 的大小为

$$a_{MO'}=O'M\cdot\sqrt{\alpha^2+\omega^4} \tag{8-7}$$

且当以 θ 表示 M 点的相对加速度 $\boldsymbol{a}^{n}_{MO'}$ 与该点到基点的连线 MO' 之间所夹的锐角,则 $\boldsymbol{a}^{n}_{MO'}$ 的方向可由下式确定:

$$\tan\theta=\frac{|\alpha|}{\omega^2} \tag{8-8}$$

由此可见,平面图形上任一点的相对加速度的大小与它到基点的距离成正比,而相对加速度与该点到基点的连线之间的夹角则与该点的位置无关,且根据式(8-8)由图形的角速度和角加速度所确定。根据这一性质可利用某一点的相对加速度而迅速求出其余各点的相对加速度。

[例 8-5] 图 8-17 所示机构中,$OA=12$ cm,$AB=30$ cm,杆 AB 的 B 端以速度 $v_B=2$ m/s,$a_B=1$ m/s^2 向左沿固定平面运动。求图示瞬时杆 AB 的角速度 ω_{AB} 和角加速度 α_{AB}。

[解] 杆 AB 做平面运动,由 A、B 两点的速度方向可知 $\boldsymbol{v}_A=\boldsymbol{v}_B$,如图 8-17a 所示,即在图示瞬时杆 AB 做瞬时平移,则有

$$\omega_{AB}=0$$

以 A 为基点,求 B 点的加速度。作出加速度图如图 8-17b 所示,且

$$\boldsymbol{a}_B=\boldsymbol{a}^{\tau}_A+\boldsymbol{a}^{n}_A+\boldsymbol{a}^{\tau}_{BA}+\boldsymbol{a}^{n}_{BA} \tag{1}$$

式中,$\boldsymbol{a}_B$ 的大小和方向为已知;$\boldsymbol{a}^{n}_A$ 的大小为 $a^{n}_A=\dfrac{v_A^2}{OA}$,方向由 A 指向 O 轴,$\boldsymbol{a}^{\tau}_A$ 大小未知,

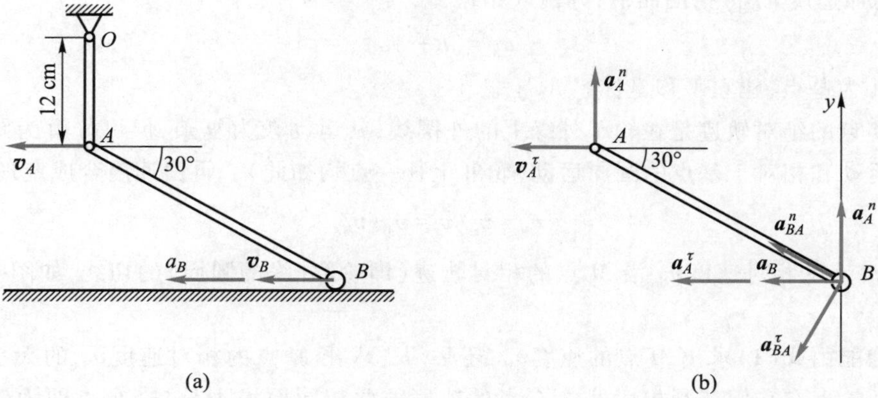

图 8-17

方向假设如图所示；a_{BA}^{τ} 的方位垂直于 AB，指向假设如图所示，大小未知；$a_{BA}^{n}=0$。

将式(1)向 y 轴投影

$$0=a_A^n-a_{BA}^{\tau}\cos 30^\circ$$

得

$$a_{BA}^{\tau}=\frac{a_A^n}{\cos 30^\circ}$$

从而，连杆 AB 的角加速度为

$$\alpha_{AB}=\frac{a_{BA}^{\tau}}{AB}=\frac{a_A^n}{AB\cos 30^\circ}=\frac{2^2\times 2}{0.12\times 0.3\times\sqrt{3}}\ \text{rad/s}^2=128.3\ \text{rad/s}^2$$

［例 8-6］ 如图 8-18a 所示，半径为 r 的行星齿轮Ⅱ由曲柄 OA 带动，并沿半径为 R 的固定齿轮Ⅰ做无滑动的滚动。设已知曲柄 OA 以匀角速度 ω_0 转动，求轮Ⅱ上 M 点的速度和加速度，设 $AM\perp OA$。

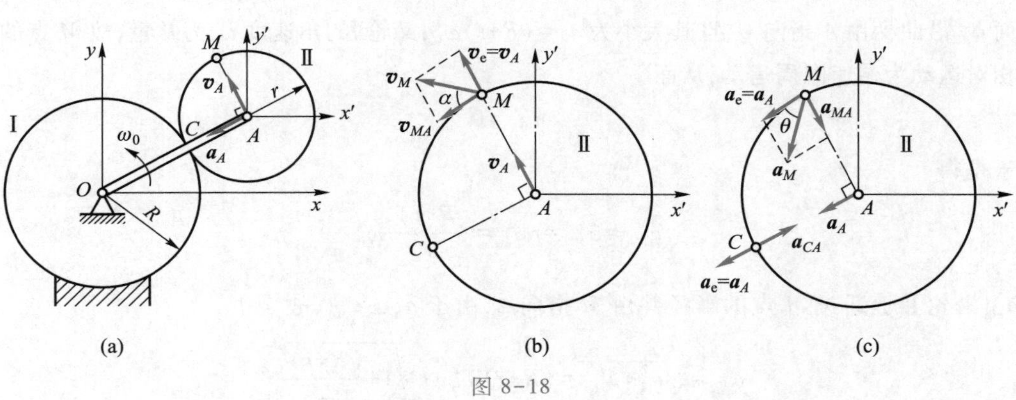

图 8-18

［解］ M 为轮Ⅱ上的点，轮Ⅱ做平面运动，又轮Ⅱ中心点 A 的运动已知，其速度 v_A 垂直于曲柄 OA，而大小为

$$v_A=(R+r)\omega_0$$

A 点的加速度 $\boldsymbol{a}_A$ 恒指向曲柄，并由 A 指向 O，其大小为

$$a_A=(R+r)\omega_0^2$$

故选 A 为基点，建立平移坐标系 $Ax'y'$。

M 点的绝对轨迹是在轮 I 外缘上的外摆线，其运动较为复杂，但可分解为跟随基点的运动和相对于基点的圆周运动（轮 II 上任一点均如此）。再由速度合成定理知

$$\boldsymbol{v}_M=\boldsymbol{v}_e+\boldsymbol{v}_r=\boldsymbol{v}_A+\boldsymbol{v}_{MA} \tag{1}$$

式中，M 点的相对速度 $\boldsymbol{v}_{MA}$ 沿 M 点的相对轨迹（即轮II外缘的圆周）的切线，如图 8-18b 所示。

为能由式(1)求出 M 点的速度 $\boldsymbol{v}_M$，还必须先求出 M 点的相对速度 $\boldsymbol{v}_{MA}$ 的大小。考虑到两轮上在它们节圆相切处之 C 点的速度彼此相同而均为零，故 C 点即为轮 II 的速度瞬心。从而，轮 II 的角速度 ω_{II} 为

$$\omega_{\text{II}}=\frac{v_A}{CA}=\frac{R+r}{r}\cdot\omega_0$$

于是

$$v_{MA}=r\cdot\omega_{\text{II}}=(R+r)\omega_0$$

再根据式(1)作出 M 点的速度平行四边形，如图 8-18b 所示，即可求出 M 点速度 $\boldsymbol{v}_M$ 的大小和方向，即

$$v_M=\sqrt{2}(R+r)\omega_0$$

$$\alpha=(\boldsymbol{v}_M,\boldsymbol{v}_{MA})=\frac{\pi}{4}$$

由牵连运动为平移时的加速度合成定理可求出点 M 的加速度。因

$$\boldsymbol{a}_M=\boldsymbol{a}_e+\boldsymbol{a}_r=\boldsymbol{a}_A+\boldsymbol{a}_{MA}^{\tau}+\boldsymbol{a}_{MA}^{n}$$

而 $\boldsymbol{a}_A$ 沿曲柄由 A 指向 O，且其大小为 $a_A=(R+r)\omega_0^2$；又轮II的角速度 ω_{II} 为常量，故 M 点的相对运动为匀速圆周运动，从而

$$a_{MA}^{\tau}=0$$

于是得

$$a_{MA}=a_{MA}^{n}=r\omega_{\text{II}}^2=\frac{(R+r)^2}{r}\omega_0^2$$

$\boldsymbol{a}_{MA}$ 沿轮 II 上通过 M 点的半径并由 M 指向 A，由于 $\boldsymbol{a}_A\perp\boldsymbol{a}_{MA}$，故

$$a_M=\sqrt{a_A^2+a_{MA}^2}=(R+r)\omega_0^2\cdot\sqrt{1+\frac{(R+r)^2}{r^2}}$$

$$=\frac{R+r}{r}\omega_0^2\cdot\sqrt{(R+r)^2+r^2}$$

此即所求 M 点加速度的大小，又 $\boldsymbol{a}_M$ 的方向可表示如下：

$$\theta=(\boldsymbol{a}_M,\boldsymbol{a}_A)=\arctan\left(\frac{R+r}{r}\right)$$

由图 8-18c 还可看出，轮Ⅱ上速度瞬心 C 的加速度 $\boldsymbol{a}_C$ 的大小应为

$$a_C=a_{CA}-a_e=a_{MA}-a_A=(R+r)\omega_0^2\left(\frac{R+r}{r}-1\right)$$
$$=\frac{R(R+r)}{r}\omega_0^2>0$$

这说明 $\boldsymbol{a}_C$ 应与 $\boldsymbol{a}_{CA}$ 同向，即由 C 指向 A（图中未画出）。

由此可见，速度瞬心的速度为零，但加速度却不为零。因此，不能像利用速度瞬心求图形上各点的速度那样去求各点的加速度，其原因在于基点（即速度瞬心）的加速度并不为零，请读者务必注意。

思考题

8-1 做平面运动的刚体以不同的基点固结平移坐标系，刚体上各点（动点）的牵连速度和牵连加速度是否相同？

8-2 做平面运动的刚体相对于不同基点的平移坐标系，其角速度和角加速度是否相同？

8-3 试证明：当角速度等于零时，平面图形上两点的加速度在此两点的连线上的投影相等。

习 题

8-1 如图所示，半径为 r 的齿轮Ⅰ由曲柄 OA 带动，沿半径为 R 的固定齿轮Ⅱ的外缘只滚不滑。如曲柄以匀角加速度 α 绕 O 轴转动，且当运动开始时，曲柄的角速度 ω 和转角 θ 均为零，而 M 点位于 M_0 处。求动齿轮以其中心 A 为基点的平面运动方程。

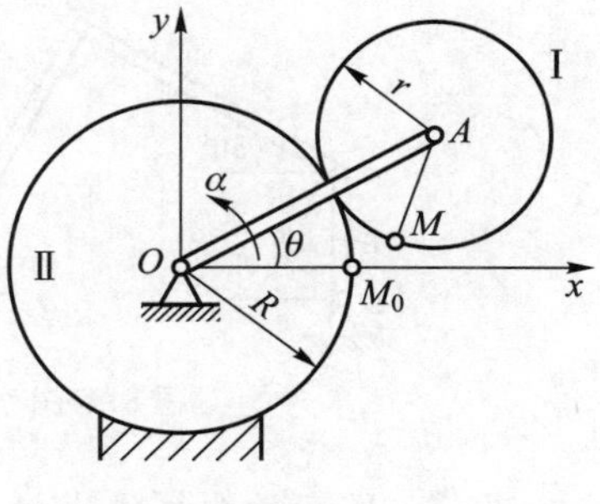

习题 8-1 图

8-2 如图所示，在圆柱 A 上绕以细绳，绳的 B 端固定在天花板上。圆柱从静止开始下落，其轴心 A 的速度为 $v_A=\frac{2}{3}\sqrt{3gh}$，其中 g 为常量，h 为圆柱轴心的下降距离。如半径为 r，求圆柱的平面运动方程。

8-3 在图示曲柄连杆机构中，曲柄 $OA=40$ cm，连杆 $AB=1$ m。曲柄绕 O 轴匀速转动，其转速 $n=180$ r/min。求当曲柄与水平面成 45° 角时，连杆的角速度和其中点 M 的速度大小。

8-4 用草图表示下列各图中做平面运动之杆的速度瞬心的位置。

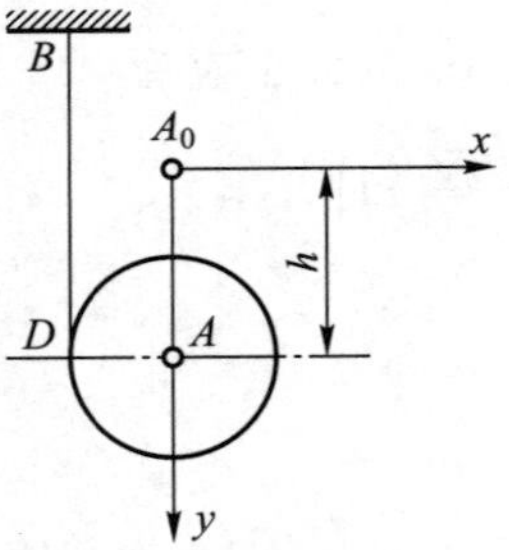

习题 8-2 图

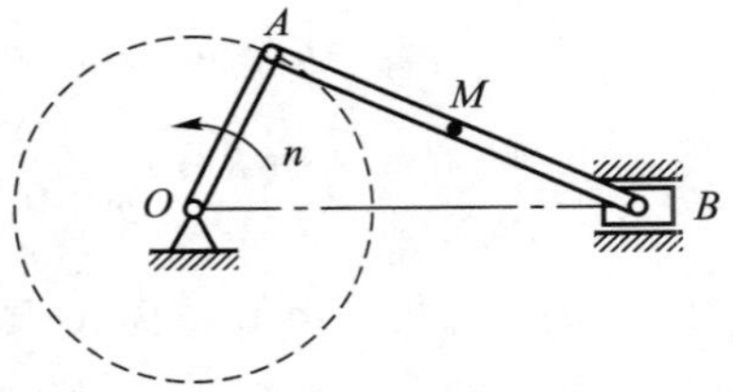

习题 8-3 图

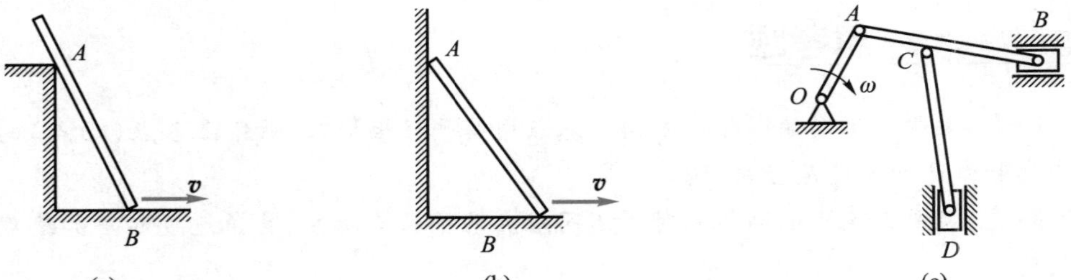

习题 8-4 图

8-5 已知曲柄 OA 长 $r=30$ cm，CB 长为 $2r$，OA 以角速度 $\omega=4$ rad/s 顺时针方向转动。试求图示 B 点瞬时速度的大小和杆 CB 的角速度。

8-6 图示四连杆机构 $OABO_1$ 中，$OA=O_1B=AB/2$，曲柄 OA 的角速度 $\omega_0=3$ rad/s。当 $\varphi=90°$ 而杆 O_1B 在水平位置时，求杆 AB 和杆 O_1B 的角速度。

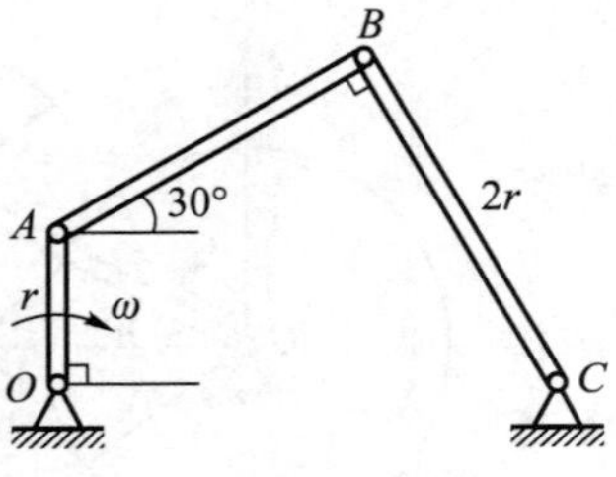

习题 8-5 图

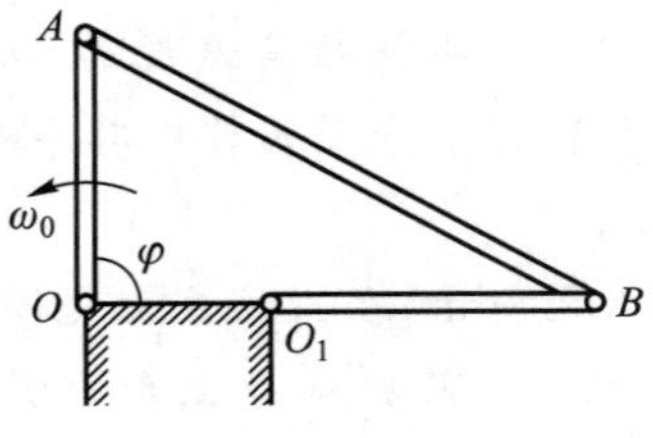

习题 8-6 图

8-7 图示的曲柄滑块机构中，曲柄 $OA=r$，并以角速度 ω_0 绕 O 轴转动。当 $\varphi=90°$ 时，求滑块 B 的速度及连杆 AB 在此瞬时的角速度。

8-8 滚压用的机构如图所示。已知长为 r 的曲柄以匀角速度 ω_0 转动。某瞬时曲柄转角是 60°，且曲柄与连杆垂直，圆轮的半径为 R，且做无滑动的滚动，试求此瞬时圆轮的角速度。

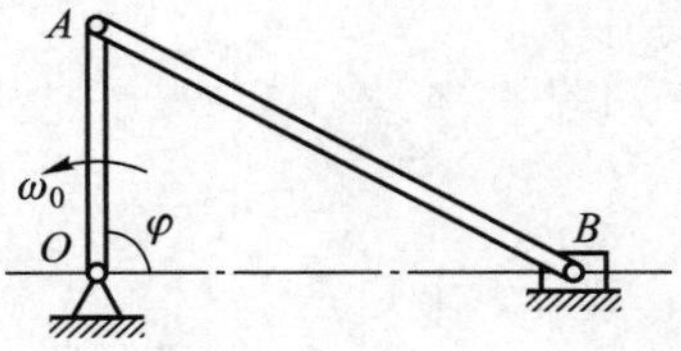

习题 8-7 图

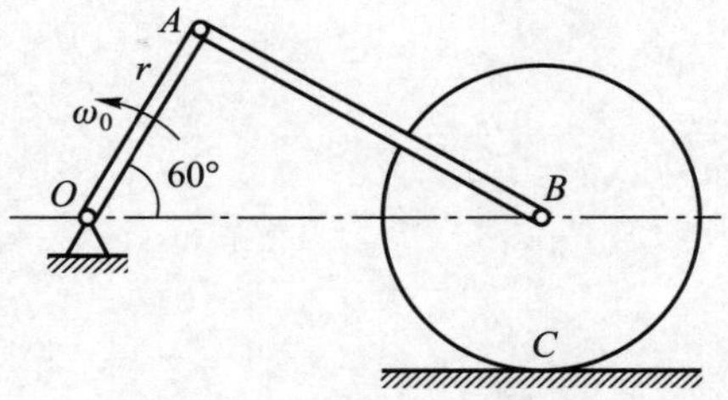

习题 8-8 图

8-9 平面机构的曲柄 OA 长为 $2a$，以角速度 ω_0 绕 O 轴转动，在图示位置时，套筒 B 距 A 和 O 两点等长，且 $\angle OAD=90°$。试求此时套筒 D 相对于杆 BC 的速度。

8-10 曲柄长 $OA=20$ cm，绕 O 轴以角速度 $\omega_0=10$ rad/s 转动，如图所示。此曲柄带动连杆而使连杆端点的滑块 B 沿铅垂滑道运动。如连杆长为 100 cm，当曲柄与连杆相互垂直并与水平线的夹角分别为 $\alpha=45°$，$\beta=45°$ 时，求连杆的角速度、角加速度以及滑块 B 的加速度。

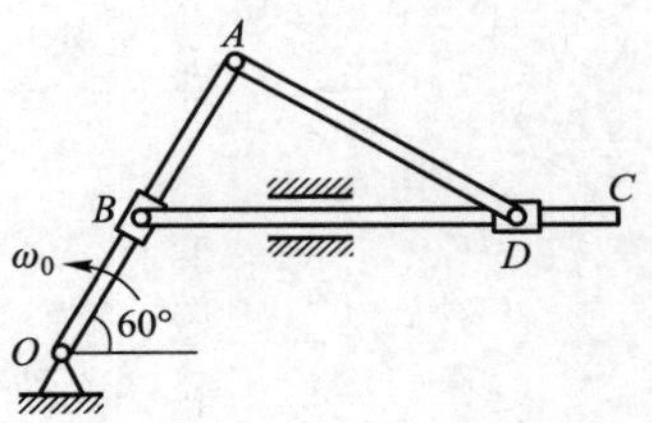

习题 8-9 图

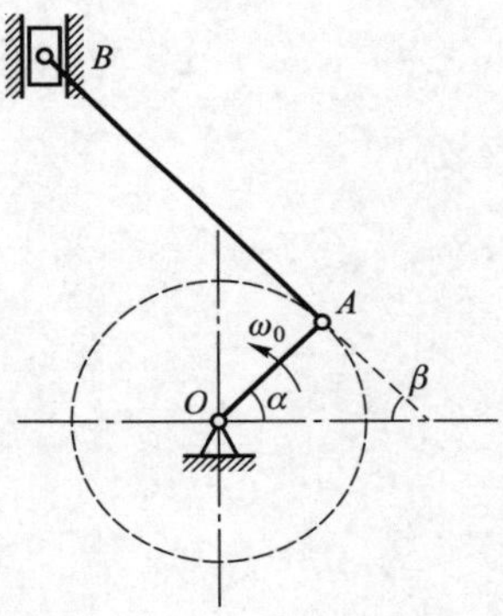

习题 8-10 图

8-11 拖拉机以速度 $\boldsymbol{v}_0$、加速度 $\boldsymbol{a}_0$ 沿直路前进，如图所示，求其履带上 M_1、M_2、M_3 和 M_4 四点加速度的大小。设车轮半径为 R，且轮缘与履带间无相对滑动。

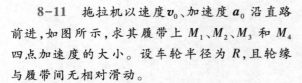

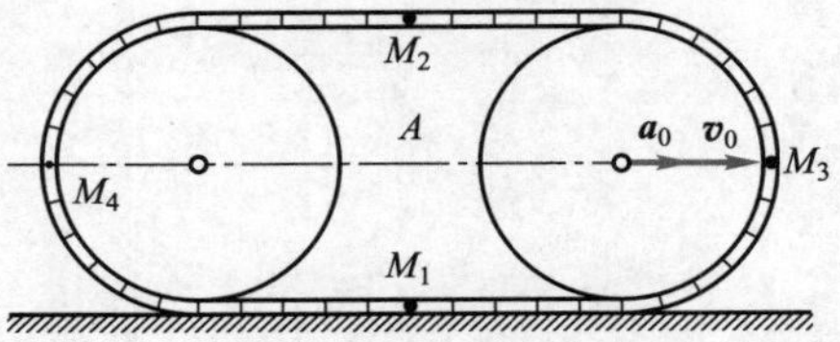

习题 8-11 图

8-12 求习题 8-8 图中的圆轮的角加速度。

8-13 求习题 8-7 图中的滑块 B 和连杆中点 M 的加速度的大小，并求习题 8-9 图中 M 点轨迹的曲率半径。设曲柄的角速度 ω_0 为常量，又连杆 AB 的长度为 l。

习题答案 A8

第三篇 动力学

第 9 章

动力学基本方程

§9-1

动力学基本定律

一、动力学的任务

动力学研究物体机械运动与其上作用力之间的关系。静力学研究的是作用在刚体上的力系的合成方法及其平衡条件,而对刚体的运动情况特别是刚体受不平衡力系作用的情况却没有研究。运动学所研究的是质点和刚体运动的几何特征,而没有研究这种运动和其受力之间的关系,即没有探究运动产生的原因。因此,静力学和运动学所研究的只是物体机械运动的某一个方面,而动力学要结合静力学和运动学,找出作用于物体上的力与物体的质量以及物体运动状态量之间的关系,对物体的机械运动进行全面的分析研究。根据研究对象的不同情况,动力学可分为质点动力学和质点系动力学两个方面。为了由浅入深地研究问题,可以先研究质点的运动,得到质点的运动规律,再把它推广到质点系和刚体的运动,得到物体机械运动的一般规律。

二、动力学的两类基本问题

根据所求解问题的不同情况,动力学可分为两类基本问题:一类是已知物体的运动规律,求作用在物体上的力;另一类是已知作用在物体上的力,求物体的运动规律。

三、动力学基本定律

质点动力学的基本定律是牛顿在总结前人特别是伽利略的研究成果的基础上,在其著作《自然哲学的数学原理》中提出来的,通常称为牛顿三定律。这些定律是动力学的基础。

1. 牛顿第一定律——惯性定律

任何质点都会保持其静止的或做匀速直线运动的状态，直到它受到其他物体的作用而被迫改变这种状态为止。

此定律表明：任何质点都具有保持静止或匀速直线运动状态的属性，即保持其原有运动状态的属性，这种属性称为惯性。而匀速直线运动也称为惯性运动，因此第一定律也称惯性定律。

此定律还表明：质点必须受到其他物体的作用时，也就是受到外力的作用时，才会改变其运动状态，即外力是改变质点运动状态的原因。

2. 牛顿第二定律——力和加速度之间的关系定律

质点受外力作用时，所产生的加速度的大小与作用力的大小成正比，与质点的质量成反比，加速度的方向与力的方向相同。

如果以 m 表示质点的质量，用 $\boldsymbol{F}$ 和 $\boldsymbol{a}$ 分别表示作用于质点上的力和加速度，同时选取适当的单位，则牛顿第二定律可以表示为

$$m\boldsymbol{a}=\boldsymbol{F} \tag{9-1}$$

此方程给出了质点的质量、力和加速度三者之间的关系，称为质点动力学基本方程。当质点同时受几个力作用时，则式中力 $\boldsymbol{F}$ 应理解为这些力的合力。

由牛顿第二定律可知，相同质量的质点，要获得较大的加速度，需要作用较大的力。而作用有相同外力的质点，质量较大的所获得的加速度较小；质量较小的所获得的加速度较大。这说明，质量较大的质点惯性较大，即保持其原有运动状态的能力较强；质量较小的质点惯性较小，即保持其原有运动状态的能力较弱。所以，质量是质点惯性大小的度量。

式(9-1)说明了质点所受外力与加速度的关系。速度和加速度是两个不同的概念，而且速度的大小和方向与质点的初始条件有关，因此由式(9-1)并不能确定质点的速度。

在式(9-1)中，若外力 $\boldsymbol{F}$ 为零，则质点的加速度为零。此时，质点做惯性运动，这就是牛顿第一定律所说的情况。牛顿第一定律单独作为一个定律被提出，是因为它指出了质点的惯性运动的表现方式，是对牛顿第二定律的补充。

在地球表面附近任何一点，物体都将受到地球的引力作用，这种作用称为重力，用符号 $\boldsymbol{G}$ 表示。地球对物体作用的重力的大小称为重量。物体在重力 $\boldsymbol{G}$ 作用下所产生的加速度称为重力加速度，用符号 $\boldsymbol{g}$ 表示。由牛顿第二定律表示的物体的重力与质量和重力加速度之间的关系为

$$\boldsymbol{G}=m\boldsymbol{g} \tag{9-2}$$

由上式可知，重量和质量是两个不同的概念。在古典力学中，质量是一个不变的常量；重量一般随物体在地球表面附近各点的位置的不同而有微小的差异，因地球并不是一个均匀的球体，所以在地球表面附近各点的重力加速度值有微小的差异，我国一般取 $g=9.8\ \mathrm{m/s^2}$。另外，失重的物体无重量。

3. 牛顿第三定律——作用与反作用定律

两个物体间的作用力与反作用力，总是大小相等、方向相反，沿同一直线，且同时

分别作用在这两个物体上。

这个定律在静力学中已讲过，这里进一步指出：它不但适用于静止的物体，也适用于运动的物体。

4. 惯性参考系与非惯性参考系

必须指出，牛顿定律中涉及物体的运动与作用在物体上的力。显然，物体及其所受的力不因参考系的选择而改变，但同一物体的运动在不同的参考系中的描述可能是完全不同的，这就存在着根本性的矛盾。这决定了牛顿定律不可能适用于一切参考系，而只能适用于某些参考系。那么，牛顿定律是否就无用了呢？近代科学实验表明，以牛顿定律为基础的古典力学，对于一般的工程技术问题是正确的。而当质点的速度大到可以与光速相比时，古典力学才不适用。

凡牛顿定律成立的参考系，称为惯性参考系。相对于惯性参考系静止或做匀速直线平移的参考系都是惯性参考系。相对于惯性参考系做加速运动或转动的参考系称为非惯性参考系。

那么，什么样的参考系才是惯性参考系呢？实验观察结果表明，对于大部分工程实际问题，可以近似地选取与地球相固连的参考系为惯性参考系。而对于必须考虑地球自转影响的问题，可以选取以地心为原点而三个轴分别指向三颗恒星的参考系作为惯性参考系。在天文计算中，取太阳中心作为坐标原点，三根坐标轴分别指向其他三颗恒星的参考系为惯性参考系。在以后的论述中，若没有特别说明，则所有的运动都是相对惯性参考系而言的。

§9-2 质点运动微分方程

由牛顿第二定律直接导出且含有表示质点的位置变量或速度变量对时间变化率的方程称为质点的运动微分方程。下面给出常用的三种质点运动微分方程的表达形式。

一、矢量形式的质点运动微分方程

设有一质量为 m 的质点 M，在该质点上作用有限个力 $\boldsymbol{F}_i(i=1,2,\cdots,n)$，其合力为 $\boldsymbol{F}=\sum\boldsymbol{F}_i$（图 9-1）。质点 M 沿某一空间曲线运动，某瞬时，质点位于 M，其加速度为 $\boldsymbol{a}$，则根据牛顿第二定律，有

$$m\boldsymbol{a}=\boldsymbol{F} \tag{1}$$

由运动学可知，若用矢径 $\boldsymbol{r}$ 表示质点 M 的空间位置，则用 $\boldsymbol{r}$ 表示的质点 M 的加速度为

$$\boldsymbol{a}=\frac{\mathrm{d}\boldsymbol{v}}{\mathrm{d}t}=\frac{\mathrm{d}^2\boldsymbol{r}}{\mathrm{d}t^2} \tag{2}$$

式中，$\boldsymbol{v}$是质点 M 的速度。式(2)代入式(1)后可得

$$m\frac{\mathrm{d}\boldsymbol{v}}{\mathrm{d}t}=\boldsymbol{F} \quad 或 \quad m\frac{\mathrm{d}^2\boldsymbol{r}}{\mathrm{d}t^2}=\boldsymbol{F} \tag{9-3}$$

这就是矢量形式的质点运动微分方程。

式(9-3)主要用于理论推导，在计算实际问题时，需应用它的投影形式。

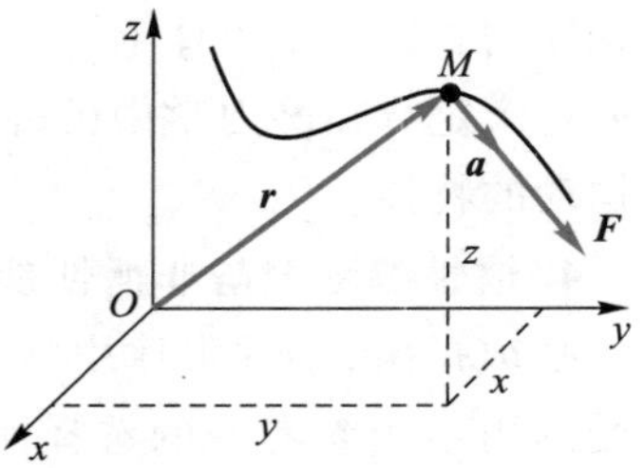

图 9-1

二、直角坐标形式的质点运动微分方程

过原点 O 建立直角坐标系 $Oxyz$(图 9-1)，将式(9-3)中各项投影到坐标轴上，则有

$$\left.\begin{aligned} m\ddot{x}&=F_x\\ m\ddot{y}&=F_y\\ m\ddot{z}&=F_z \end{aligned}\right\} \tag{9-4}$$

这就是直角坐标形式的质点运动微分方程。式中 F_x、F_y、F_z 是作用在质点上的各个力 $\boldsymbol{F}_i$ 在 x、y、z 轴上投影的代数和；$\ddot{x}$、$\ddot{y}$、$\ddot{z}$是质点的加速度 $\boldsymbol{a}$ 在 x、y、z 轴上的投影。

三、自然轴系形式的质点运动微分方程

若质点 M 的轨迹曲线已知，如图 9-2 所示。

在轨迹曲线上选 $t=0$ 时质点所在 O 点为弧坐标原点，则任意瞬时质点位于 M 点，其弧坐标为 s，规定其正负方向。作运动轨迹上 M 点的切线、主法线和次法线单位矢量 $\boldsymbol{\tau}$、$\boldsymbol{n}$ 和 $\boldsymbol{b}$，得自然轴系 $M\tau nb$，将式(9-3)中各项投影到自然坐标轴上，则有

$$\left.\begin{aligned} m\ddot{s}&=ma_\tau=F_\tau\\ m\frac{v^2}{\rho}&=ma_n=F_n\\ 0&=ma_b=F_b \end{aligned}\right\} \tag{9-5}$$

这就是自然轴系形式的质点运动微分方程。式中 F_τ、F_n、F_b 是作用在质点上的各个力 $\boldsymbol{F}_i$ 在运动轨迹上 M 点的切线、主法线和次法线上投影的代数和。需要强调的是，在不同弧坐标位置时，M 点的切线、主法线和次法线方向是不同的，即自然轴系随着 M 点的移动一直在变化，应用时需注意这一点。

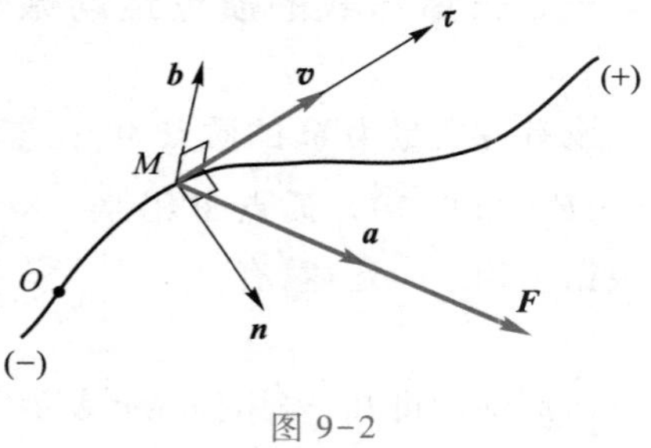

图 9-2

§9-3 质点动力学的两类基本问题

应用质点运动微分方程,可以求解质点动力学的两类基本问题。

第一类基本问题(微分问题)

已知质点的运动规律,即已知质点的运动方程,或已知质点在任意瞬时的速度或加速度,求作用在质点上的未知力。

第二类基本问题(积分问题)

已知作用在质点上的力,求质点的运动规律。

求解第一类基本问题比较简单。若已知质点的运动方程,则只需对时间求两次导数即可得到质点的加速度,代入适当形式的质点运动微分方程,得到一个代数方程组,求解这个方程组即可得解。

求解第二类基本问题要比求解第一类基本问题复杂,因为作用于质点上的力可能是常力,也可能是变力,而且变力在通常情况下可以是时间的函数,也可能是质点的位置坐标的函数,或者是质点速度的函数,还有可能是上述三种变量的函数。因此,只有当函数关系比较简单时,才能求得微分方程的精确解。当函数关系比较复杂时,求解将非常困难,有时只能求得近似解。此外,求解微分方程时还会出现积分常数,这些积分常数与质点运动的初始条件有关,如质点的初始位置和初始速度等。所以,求解这一类问题时,除了要知道作用在质点上的力以外,还必须知道质点运动的初始条件,才能完全确定质点的运动。

顺便指出,在质点动力学问题中,有一些问题是同时包含这两类问题的。

下面举例说明如何运用质点运动微分方程求解质点动力学的这两类基本问题。

一、第一类问题

[例 9-1] 质量为 m 的质点 M 在图 9-3 所示坐标平面 Oxy 内运动,已知其运动方程为

$$\left.\begin{aligned} x &= a\cos(\omega t) \\ y &= b\sin(\omega t) \end{aligned}\right\}$$

其中,a、b、ω 均为常数,求质点 M 所受到的力。

[解] 由运动方程消去时间 t,得

$$\frac{x^2}{a^2}+\frac{y^2}{b^2}=1$$

可见质点 M 的运动轨迹曲线是以 a 和 b 为半轴的椭圆。由运动方程求得质点的加速度在坐标轴上的投影为

$$\left.\begin{aligned} a_x &= \ddot{x} = -a\omega^2\cos(\omega t) = -\omega^2 x \\ a_y &= \ddot{y} = -b\omega^2\sin(\omega t) = -\omega^2 y \end{aligned}\right\}$$

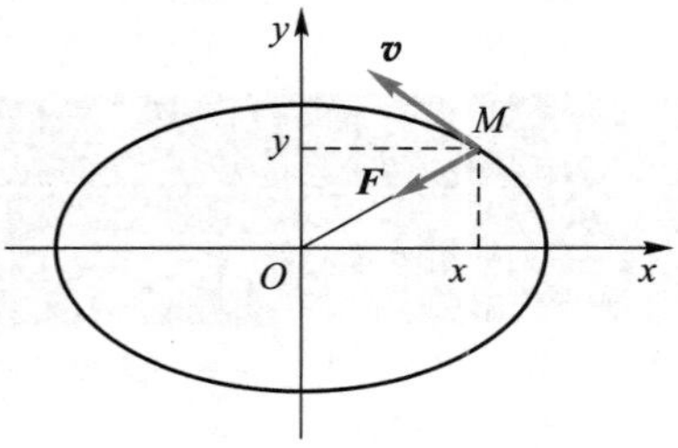

图 9-3

由直角坐标形式的质点运动微分方程,得

$$\left.\begin{aligned} F_x &= m\ddot{x} = -m\omega^2 x \\ F_y &= m\ddot{y} = -m\omega^2 y \end{aligned}\right\}$$

故,力 $\boldsymbol{F}$ 的大小为

$$F = \sqrt{F_x^2+F_y^2} = m\omega^2\sqrt{x^2+y^2} = m\omega^2 r$$

式中,r 为质点 M 相对于坐标原点 O 的矢径 $\boldsymbol{r}$ 的模,力 $\boldsymbol{F}$ 的方向余弦为

$$\left.\begin{aligned} \cos(\boldsymbol{F},\boldsymbol{i}) &= \frac{F_x}{F} = -\frac{x}{r} \\ \cos(\boldsymbol{F},\boldsymbol{j}) &= \frac{F_y}{F} = -\frac{y}{r} \end{aligned}\right\}$$

由此可见,力 $\boldsymbol{F}$ 的方向与矢径 $\boldsymbol{r}$ 的方向相反,并指向坐标原点 O,所以力 $\boldsymbol{F}$ 也可表示为

$$\boldsymbol{F} = -m\omega^2\boldsymbol{r}$$

这种力称为有心力。

[例 9-2]　质量为 m 的小球,悬挂于长为 l 的细绳上,绳的质量不计。小球在铅垂面内摆动时,在最低处的速度为 $\boldsymbol{v}$;摆到最高处时,即小球速度为零时,绳与铅垂线夹角为 φ,如图 9-4 所示。试分别计算小球在最低和最高位置时绳的拉力。

[解]　以小球为研究对象,作用在小球上的力有重力 $m\boldsymbol{g}$ 和绳拉力 $\boldsymbol{F}_T$。小球做圆弧线运动,在最低处时绳的拉力为 $\boldsymbol{F}_{T1}$,在最高处时绳的拉力为 $\boldsymbol{F}_{T2}$。

在最低处时,小球有法向加速度 $a_n = \dfrac{v^2}{l}$,由质点运动微分方程沿主法向的投影式,得

$$F_{T1} - mg = ma_n = m\frac{v^2}{l}$$

则绳拉力为

$$F_{T1} = mg + m\frac{v^2}{l}$$

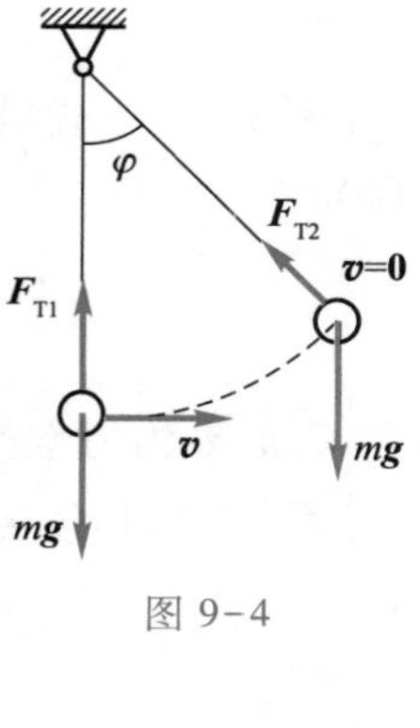

图 9-4

在最高位置 φ 角时,速度为零,法向加速度为零,由质点运动微分方程沿主法向的投影式,有

$$F_{T2} - mg\cos\varphi = ma_n = 0$$

则绳拉力为

$$F_{T2} = mg\cos\varphi$$

二、第二类问题

［例 9-3］ 一条长为 l,质量忽略不计的细绳上端固定于 O 点。下端系一质量为 m 的小球,并可在铅垂面内摆动,如图 9-5 所示。初瞬时绳的偏角为 $\varphi_0(\varphi_0<5°)$,小球无初速地释放。求单摆做微小摆动时的运动规律。(这种装置称为单摆。)

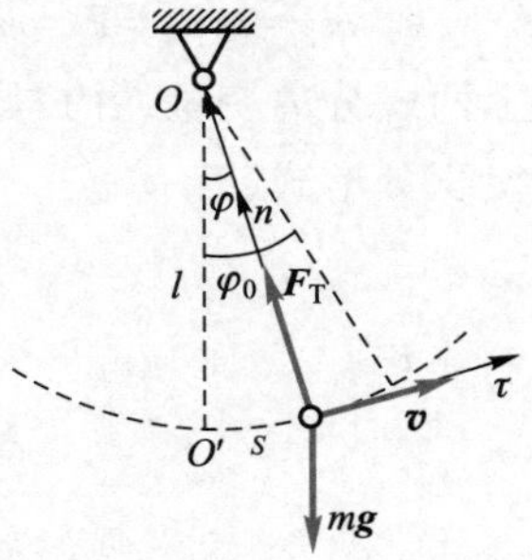

图 9-5

［解］ 以小球为研究对象,作用在小球上的力有重力 $\boldsymbol{mg}$ 和绳拉力 $\boldsymbol{F}_T$。小球做圆弧线运动,选用自然轴系形式的质点运动微分方程求解。以最低点 O'为弧坐标原点,以 φ 角增大的方向为弧坐标正向,建立自然轴系如图所示。于是,$s=l\varphi$。由式(9-5)有

$$m\ddot{s}=ma_\tau=F_\tau$$

得

$$ml\ddot{\varphi}=-mg\sin\varphi$$

由于绳做微小摆动,有 $\sin\varphi\approx\varphi$,可得单摆微小摆动的运动微分方程

$$\ddot{\varphi}+\frac{g}{l}\varphi=0$$

令 $k^2=\dfrac{g}{l}$,则上式成为

$$\ddot{\varphi}+k^2\varphi=0$$

这是二阶常系数线性齐次微分方程。由数学知识可知,此微分方程的通解为

$$\varphi=A\sin(kt+\beta)$$

其中,A、β 为待定常数,由初始条件确定。将 $t=0$ 时,$\varphi=\varphi_0$,$\dot{\varphi}=0$ 代入上式,得

$$\left.\begin{aligned}\varphi_0&=A\sin\beta\\0&=kA\cos\beta\end{aligned}\right\}$$

联立求解得

$$\left.\begin{aligned}A&=\varphi_0\\\beta&=\frac{\pi}{2}\end{aligned}\right\}$$

故微小摆动时的运动方程为

$$\varphi=\varphi_0\cos(kt)$$

可见,单摆作简谐振动,其周期 $T=\dfrac{2\pi}{k}=2\pi\sqrt{\dfrac{l}{g}}$,周期与单摆的运动起始条件无关,只取决于其摆长,即由单摆本身的构造决定。

［例 9-4］ 质量为 m 的小球以水平速度 $\boldsymbol{v}_0$ 射入静水之中,如图 9-6 所示,如水对小球的阻力 $\boldsymbol{F}$ 可视为与速度 $\boldsymbol{v}$ 的一次方成正比,即 $\boldsymbol{F}=-km\boldsymbol{v}$,其中 k 为常量。忽略水对

小球的浮力，试分析小球在重力和阻力作用下的运动。

[解]　以小球为研究对象，并取初始位置为坐标原点，建立如图所示坐标系。小球在任意位置 M 处，受力有重力 $m\boldsymbol{g}$ 和阻力 $\boldsymbol{F}=-km\boldsymbol{v}=-kmv_x\boldsymbol{i}-kmv_y\boldsymbol{j}$。小球沿 x、y 轴的运动微分方程为

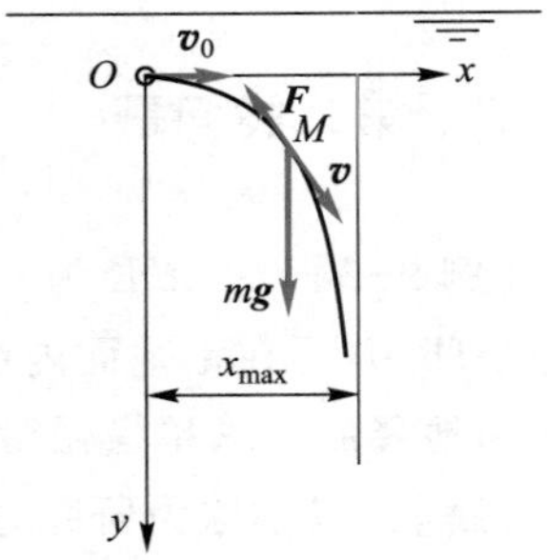

图 9-6

$$\left.\begin{aligned}m\ddot{x}&=m\dot{v}_x=F_x=-kmv_x=-km\dot{x}\\ m\ddot{y}&=m\dot{v}_y=F_y=mg-kmv_y=mg-km\dot{y}\end{aligned}\right\}$$

将上两式分离变量，并按题意，$t=0$ 时，$v_x=v_0$，$v_y=0$。写成定积分形式，有

$$\left.\begin{aligned}\int_{v_0}^{\dot{x}}\frac{\mathrm{d}\dot{x}}{\dot{x}}&=-k\int_0^t\mathrm{d}t\\ \int_0^{\dot{y}}\frac{\mathrm{d}\dot{y}}{g-k\dot{y}}&=\int_0^t\mathrm{d}t\end{aligned}\right\}$$

积分并经整理得

$$\left.\begin{aligned}v_x&=\dot{x}=v_0\mathrm{e}^{-kt}\\ v_y&=\dot{y}=\frac{g}{k}(1-\mathrm{e}^{-kt})\end{aligned}\right\}\tag{1}$$

将上两式分离变量，且注意到，$t=0$ 时，$x=y=0$。写成定积分形式，有

$$\left.\begin{aligned}\int_0^x\mathrm{d}x&=\int_0^t v_0\mathrm{e}^{-kt}\mathrm{d}t\\ \int_0^y\mathrm{d}y&=\int_0^t\frac{g}{k}(1-\mathrm{e}^{-kt})\mathrm{d}t\end{aligned}\right\}$$

积分并经整理后得质点的运动微分方程为

$$\left.\begin{aligned}x&=\frac{v_0}{k}(1-\mathrm{e}^{-kt})\\ y&=\frac{g}{k}t-\frac{g}{k^2}(1-\mathrm{e}^{-kt})\end{aligned}\right\}\tag{2}$$

由式(1)可见，当 $t\to\infty$ 时，$v_x\to0$，$v_y\to\dfrac{g}{k}$，即小球趋于等速铅垂下落，下落速度 $c=\dfrac{g}{k}$，称为极限速度。事实上，在静止的阻力介质中，不论初始速度如何，落体都将趋于以极限速度而铅垂下落。此时，重力等于阻力，即 $mg=kmc$。

由式(2)可见，当 $t\to\infty$ 时，$x\to x_{\max}=\dfrac{v_0}{k}$，即小球的轨迹趋于一铅垂直线，如图 9-6 所示。

如忽略介质阻力，应有 $k=0$。按高等数学中求极限的洛必达法则，当 $k\to0$ 时，式(2)的极限为

$$\left.\begin{aligned} x &= v_0 t \\ y &= \frac{1}{2}gt^2 \end{aligned}\right\}$$

这是熟知的水平抛体的运动方程,其轨迹为抛物线。

综上所述,在具体求解质点动力学两类基本问题时,应注意掌握以下三点:

1. 对抽象为质点的物体进行两个分析:受力分析,画出正确的受力图;运动分析,了解其轨迹、运动方程、速度、加速度等哪些是已知的或易于确定的,哪些是待求的。

2. 在正确的受力分析和运动分析的基础上,恰当选取坐标系和坐标轴,写出质点的运动微分方程在直角坐标轴或自然轴上的投影形式。

3. 注意与高等数学之间的密切联系,掌握好两类问题的解法。

思考题

9-1 三个质量相同的质点,在某瞬时的速度分别如思考题 9-1 图所示,若对它们作用了大小、方向相同的力 $\boldsymbol{F}$,问各质点的运动情况是否相同?

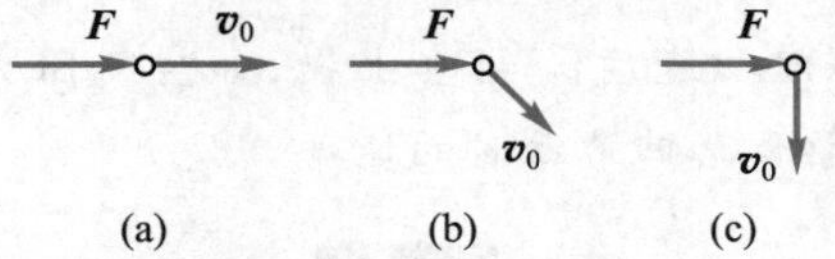

思考题 9-1 图

9-2 质点在空间运动,已知作用力。为求质点的运动方程需要几个运动初始条件?在平面内运动呢?沿给定的轨迹运动呢?

9-3 某人用枪瞄准了空中一悬挂的靶体。如在子弹射出的同时靶体开始自由下落,不计空气阻力,问子弹能否击中靶体?

9-4 自由质点做直线运动的必要与充分条件是什么?

习　题

9-1 如图所示,气球负荷的质量为 m,以匀加速度 $\boldsymbol{a}$ 下降,为能使气球以相同大小的加速度上升,问气球负荷应减少多少?

9-2 如图所示,桥式吊车上小车载重的质量为 m,小车以匀速 $\boldsymbol{v}_0$ 沿桥架移动,吊绳长为 l。小车因故突然刹车,这时因惯性而必然使绳和重物一起绕悬挂点摆动,试求摆动时吊绳所受的张力及此张力的最大值。

9-3 如图所示,两物体的质量分别为 m_1 和 m_2,用长为 l 的绳连接,此绳跨过一半径为 r 的滑轮,如在开始时两物体间的高差为 c,且 $m_1>m_2$,试求将重物由静止释放后,两物体达到相同高度时所需的时间。假设绳和滑轮的质量不计。

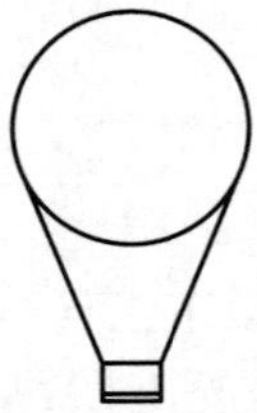

习题 9-1 图

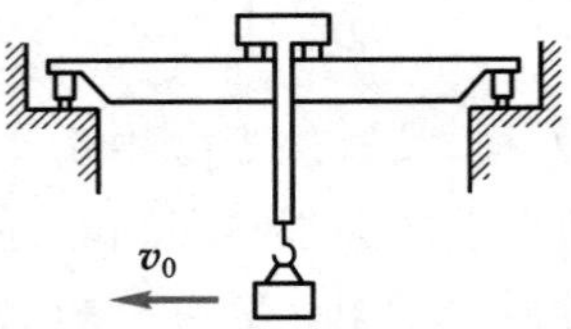

习题 9-2 图

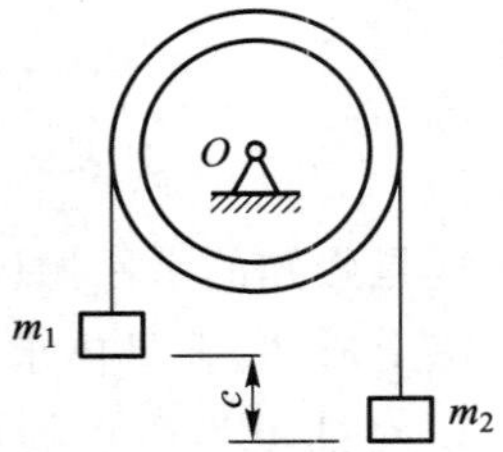

习题 9-3 图

9-4 一质量为 m 的物体放在匀速转动的水平转台上，它与转轴的距离为 r。如已知物体与转台表面间的摩擦因数为 f_s，试求物体不致因转台旋转而滑动时转台的最大转速。

9-5 质点的质量为 m，受恒指向坐标原点的力 $\boldsymbol{F}=-k\boldsymbol{r}$ 的作用，其中 k 为常数，$\boldsymbol{r}$ 为质点的矢径。在初瞬时，质点坐标为 $x=x_0, y=0$，且质点速度的投影 $v_x=0, v_y=v_0$。试求质点运动的轨迹。

9-6 物体自高 h 处以速度 $\boldsymbol{v}_0$ 水平抛出，空气阻力可视为与速度的一次方成正比，即 $\boldsymbol{F}=-km\boldsymbol{v}$，其中 m 为物体的质量，$\boldsymbol{v}$ 为物体的速度，k 为常量。试求物体的运动方程。

9-7 重为 G 的物体以初速度 $\boldsymbol{v}_0$ 铅垂上抛，如空气阻力与物体速度的平方成正比，且比例系数为 μ。求物体落回地面时的速度。

习题答案 A9

第 10 章 动量定理

§10-1 动力学普遍定理概述

在上一章中，我们研究了质点运动微分方程，并且讨论了一些简单的质点动力学问题。但在工程实际中所遇到的研究对象往往不能简化为单个质点，而必须把它看成是由有限个或无限个质点相互联系并构成一个运动整体的一群质点所组成的质点系。因此，在本书后面的内容里，将主要研究质点系的动力学问题，特别是研究非自由质点系的动力学问题。

对质点系的动力学问题，从理论上说，完全可以由上一章的方法，对每一质点分别列出运动微分方程，然后加以求解。但在解题时可以发现，即使是一个质点的运动微分方程的积分，其求解过程也较为复杂。而对于工程中遇到的大量质点系的动力学问题，则须求解联立运动微分方程组，大多数情况下，将会非常困难，甚至无法求得解析解。这就迫使人们去寻求解决质点系动力学问题的新途径。

在许多工程问题中，并不需要求出质点系中各质点的运动规律，而只需要知道整个质点系运动的某些特征就可以了。因此，以牛顿第二定律为基础，建立描述整个质点系运动特征的一些物理量（如动量、动量矩和动能）与作用在质点系上的力（如力系的主矢、主矩和力的功）之间的关系，这些关系统称为质点系动力学的普遍定理。它们包括动量定量、动量矩定量和动能定理，以及由这三个定理所推导出来的其他一些定理。通过这些定理的应用，达到简便解决质点系动力学问题的目的。

本章讨论动量定理。

§10-2 质点系的动量定理

一、质点系的质心

质点系的运动不仅与作用在各质点上的力及各质点的质量大小有关，而且与质量的分布情况有关。

设有 n 个质点所组成的质点系，质点系中任一质点 M_i 的质量为 m_i，相对于某一固定点 O 的矢径为 $\boldsymbol{r}_i$，如图 10-1 所示。质点系的质量 m 是各质点的质量 m_i 的总和，即 $m=\sum m_i$，则由矢径

$$\boldsymbol{r}_C=\frac{\sum m_i\boldsymbol{r}_i}{m} \tag{10-1}$$

所确定的几何点 C 称为质点系的质量中心，简称质心。

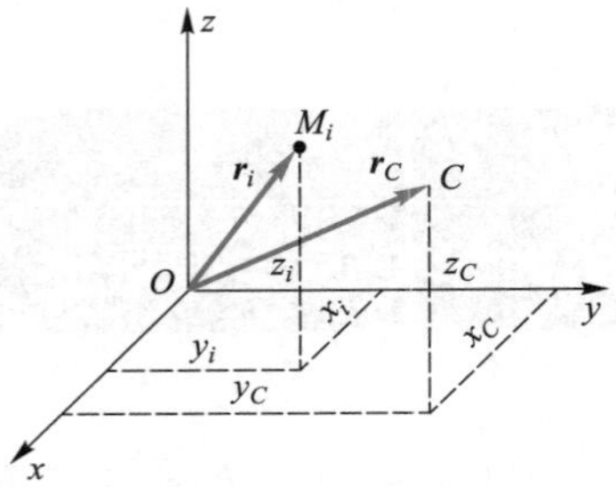

图 10-1

过点 O 取直角坐标系 $Oxyz$，令 M_i 的坐标为 x_i、y_i、z_i，则质心的位置坐标为

$$\left.\begin{aligned} x_C&=\frac{\sum m_ix_i}{m}\\ y_C&=\frac{\sum m_iy_i}{m}\\ z_C&=\frac{\sum m_iz_i}{m}\end{aligned}\right\} \tag{10-2}$$

质点系的质心是各质点的位置按其质量占总质量之比分布的平均位置，它仅与各质点的质量大小和分布的相对位置有关。它是表征质点系的质量分布情况的概念之一。若选择不同的坐标系，质心坐标的具体数值就会不同，但质心相对于质点系中各质点的相对位置与坐标的选择无关。

若将式(10-2)中各式等号右边的分子和分母同乘以重力加速度 $\boldsymbol{g}$，就变成重心的坐标公式。可见，在地面附近，质点系的质心与重心重合，因此可通过前面介绍的求重心的各种方法，找出质心的位置坐标。但质心和重心是不同的概念，质心是质点系固有的、始终存在的，它完全取决于质点系的质量分布情况，而与所受的力无关；而重心只在质点系受到重力作用时才存在，它是质点系各质点所受重力的合力作用点。所以，质心比重力具有更广泛的意义。另外，重心只对刚体才有意义，变形体要在平衡时经过刚化才能考虑其重心。

二、动量

任何物体总与周围其他有关物体有着一定的联系，使物体的机械运动与周围有关物体之间往往有机械运动的相互传递和转换。例如，球杆击球，杆给球一个冲击力，使它获得新的运动速度，球杆也改变了原来的运动状态。而物体在进行机械运动传递时产生的相互作用力不仅与物体的速度变化有关，而且还与物体的质量有关。例如，一颗高速飞行的子弹，虽然它的质量不大，但它可以产生很大的杀伤力；质量很大的桩锤，在打桩时，虽然它的落锤速度不大，但是它仍能将桩打入地基。据此，为了表征物体机械运动的强弱，引入动量这一物理量。

1. 质点的动量

质点的质量 m 与速度 $\boldsymbol{v}$ 的乘积称为质点的动量，记为

$$\boldsymbol{p}=m\boldsymbol{v}$$

质点的动量是矢量,它的方向与质点的速度方向一致。

2. 质点系的动量

质点系中各质点动量的矢量和称为质点系的动量,即

$$\boldsymbol{p}=\sum\boldsymbol{p}_i=\sum m_i\boldsymbol{v}_i \tag{10-3}$$

根据式(10-1)又可将质点系的动量表示为

$$\boldsymbol{p}=\sum\boldsymbol{p}_i=\sum m_i\boldsymbol{v}_i=m\boldsymbol{v}_C \tag{10-4}$$

由于动量是矢量,因此在具体计算时常将其向坐标轴上投影。于是,式(10-4)中各项向直角坐标轴上投影得

$$\left.\begin{aligned}p_x&=\sum m_i v_{ix}=mv_{Cx}\\p_y&=\sum m_i v_{iy}=mv_{Cy}\\p_z&=\sum m_i v_{iz}=mv_{Cz}\end{aligned}\right\} \tag{10-5}$$

即质点系动量在某一轴上的投影等于质点系的质量与其质心速度在对应轴上投影的乘积。

三、动量定理

设有由 n 个质点组成的质点系,其中第 i 个质点 M_i 的质量为 m_i,速度为 $\boldsymbol{v}_i$。根据式(10-4),该质点系的动量为

$$\boldsymbol{p}=\sum m_i\boldsymbol{v}_i=m\boldsymbol{v}_C$$

上式两端对时间求导,得

$$\frac{\mathrm{d}\boldsymbol{p}}{\mathrm{d}t}=m\boldsymbol{a}_C$$

再结合牛顿第二定律,则有

$$\frac{\mathrm{d}\boldsymbol{p}}{\mathrm{d}t}=\sum\boldsymbol{F}_i^{\mathrm{e}}=\boldsymbol{F}_{\mathrm{R}}^{\mathrm{e}} \tag{10-6}$$

上式表明:质点系的动量 $\boldsymbol{p}$ 对时间 t 的导数等于作用在质点系上的所有外力的矢量和,即外力系的主矢。这就是质点系动量定理。

将式(10-6)投影到固定的直角坐标轴上,得

$$\left.\begin{aligned}\frac{\mathrm{d}p_x}{\mathrm{d}t}&=\sum F_{ix}^{\mathrm{e}}=F_{\mathrm{R}x}^{\mathrm{e}}\\\frac{\mathrm{d}p_y}{\mathrm{d}t}&=\sum F_{iy}^{\mathrm{e}}=F_{\mathrm{R}y}^{\mathrm{e}}\\\frac{\mathrm{d}p_z}{\mathrm{d}t}&=\sum F_{iz}^{\mathrm{e}}=F_{\mathrm{R}z}^{\mathrm{e}}\end{aligned}\right\} \tag{10-7}$$

上式表明：质点系的动量在任一固定轴上的投影对时间的导数，等于作用在质点系上所有外力在同一轴上投影的代数和，即等于外力系的主矢在同一轴上的投影。

由质点系动量定理可知，只有外力才能改变质点系的动量，而内力不能改变质点系的动量，但内力却能改变个别质点的动量。

四、质点系的动量守恒定理

(1) 当作用于质点系的外力系的主矢恒等于零时，即 $\sum \boldsymbol{F}_i^e=\boldsymbol{F}_R^e\equiv\boldsymbol{0}$，则由式(10-6)知，质点系的动量保持不变，即 $\boldsymbol{p}$ = 常矢量。

(2) 当作用于质点系的外力系的主矢在某一坐标轴上投影值等于零时，不妨设 $\sum F_{ix}^e=F_{Rx}^e\equiv 0$，则由式(10-7)知，质点系的动量在该轴上的投影保持不变，即 p_x = 常量。

上述两个结论称为质点系的动量守恒定理。

质点是质点系的一种特殊情况，故以上关于质点系的动量定理也同样适用于求解质点的动力学问题。

［例 10-1］ 机车质量为 m_1，以速度 $\boldsymbol{v}_1$ 撞接一辆质量为 m_2 的静止车厢。设轨道不计摩擦。试求撞接后这一列车的速度 $\boldsymbol{v}$，并讨论撞接前后动量的变化。

［解］ 考虑由机车和车厢组成的质点系，作用于其上的外力有：机车和车厢的重力，轨道对它们的铅垂约束力。而机车和车厢撞接时的相互作用力则为内力。由于无水平外力作用，因而质点系的动量在水平轴 x 上的投影应保持不变，即 p_x 为常量撞接前后质点系的动量在水平轴 x 上的投影分别为

$$p_{x_1}=m_1v_1$$

$$p_{x_2}=(m_1+m_2)v$$

故有

$$m_1v_1=(m_1+m_2)v$$

得到

$$v=m_1v_1/(m_1+m_2)$$

此即撞接后列车的速度。

机车在撞接过程中所损失的动量为

$$m_1v_1-m_1v=m_2v$$

可见机车与车厢在撞接过程中借助于互相作用的力而发生了机械运动的传递，机车所损失的动量与车厢所增加的动量相等，所以质点系的动量保持不变。通过本例可看出，当机械运动从一物体传递给另一物体时，动量可作为被传递的那部分机械运动的度量。

§10-3
质心运动定理

从式(10-3)及式(10-4)知,质点系的动量 $\boldsymbol{p}=\sum\boldsymbol{p}_i=\sum m_i\boldsymbol{v}_i=m\boldsymbol{v}_C$,将此结果代入式(10-6),便得到

$$m\boldsymbol{a}_C=\sum m_i\boldsymbol{a}_i=\sum\boldsymbol{F}_i^{\mathrm{e}}=\boldsymbol{F}_{\mathrm{R}}^{\mathrm{e}} \tag{10-8}$$

上式表明:质点系的质量与质心加速度的乘积等于作用于质点系上所有外力的矢量和,即外力系的主矢。这个结论称为质心运动定理。

将式(10-8)在固定的直角坐标系轴上投影得

$$\left.\begin{aligned}ma_{Cx}&=m\ddot{x}_C=\sum m_ia_{ix}=\sum F_{ix}^{\mathrm{e}}=F_{\mathrm{R}x}^{\mathrm{e}}\\ma_{Cy}&=m\ddot{y}_C=\sum m_ia_{iy}=\sum F_{iy}^{\mathrm{e}}=F_{\mathrm{R}y}^{\mathrm{e}}\\ma_{Cz}&=m\ddot{z}_C=\sum m_ia_{iz}=\sum F_{iz}^{\mathrm{e}}=F_{\mathrm{R}z}^{\mathrm{e}}\end{aligned}\right\} \tag{10-9}$$

即质点系的质量与质心加速度在某一轴上的投影的乘积,等于作用于质点系上所有外力在对应轴上投影的代数和。

式(10-8)在自然轴上的投影为

$$\left.\begin{aligned}ma_{C\tau}&=\sum m_ia_{i\tau}=\sum F_{i\tau}^{\mathrm{e}}=F_{\mathrm{R}\tau}^{\mathrm{e}}\\ma_{Cn}&=\sum m_ia_{in}=\sum F_{in}^{\mathrm{e}}=F_{\mathrm{R}n}^{\mathrm{e}}\\0&=\sum F_{ib}^{\mathrm{e}}=F_{\mathrm{R}b}^{\mathrm{e}}\end{aligned}\right\} \tag{10-10}$$

从质心运动定理可知,质心的运动与质点系的内力无关,而只与外力系的主矢有关,即内力不能改变质心的运动。

另外,由式(10-8)知,若 $\sum\boldsymbol{F}_i^{\mathrm{e}}=\boldsymbol{F}_{\mathrm{R}}^{\mathrm{e}}=\boldsymbol{0}$,即作用于质点系的外力系的主矢恒等于零或质点系不受外力作用,则 $\boldsymbol{v}_C=$ 常矢量,即质心做匀速运动或处于静止(如果质心原来是静止的)。同理,由式(10-9)知,如果作用在质点系上的所有外力在某一轴上投影的代数和恒等于零,则质心在该轴上的速度投影值保持不变;开始时,质心速度在该轴上的投影值为零,则质心在该轴上的坐标值保持不变。以上结论称为质心运动守恒定理。

质心运动定理在研究质点系的动力学问题中起着重要的作用。对于任意质点系来说,不管其运动多么复杂,总可以将其运动分解为随质心的平移和相对于质心的运动。应用质心运动定理即可确定质点系随质心做平移的这一部分运动。

[例 10-2]　一电动机质量为 m,放在光滑水平基础上。有长为 l、质量为 m_1 的均质杆 AB,一端固连在电动机轴上,并与机轴垂直,另一端则焊接一质量为 m_2 的重物。设电动机转动的角速度为 ω,初瞬时杆 AB 铅垂,如图 10-2 所示。

(1) 初瞬时电动机静止,求电动机的水平运动。

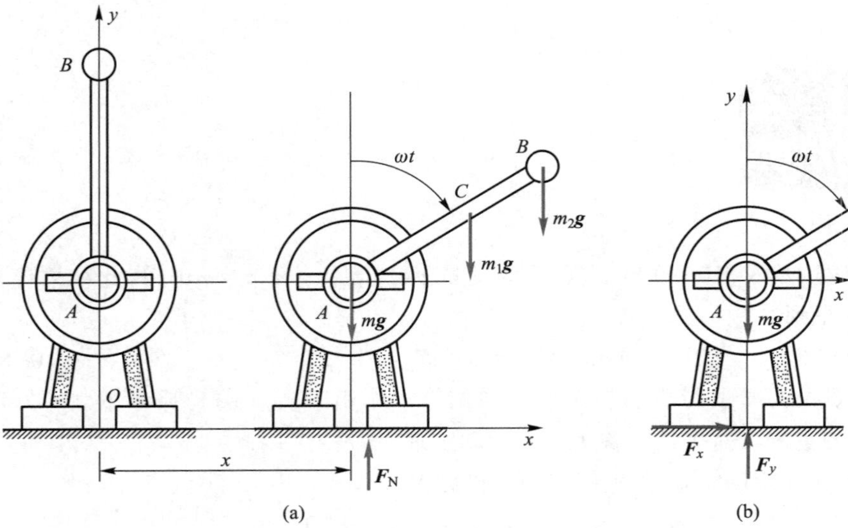

图 10-2

（2）如将电动机外壳用螺栓固定在基础上，求螺栓和基础作用于电动机的最大水平力和铅垂力。

［解］（1）以电动机、均质杆及焊接物组成的质点系为研究对象，质点系所受外力有重力 $\boldsymbol{mg}$、$m_1\boldsymbol{g}$、$m_2\boldsymbol{g}$ 及光滑基础的法向约束力 $\boldsymbol{F}_{\mathrm{N}}$，如图 10-2a 所示。以初瞬时杆 AB 轴线为 y 轴，建立图示 Oxy 固定坐标系。

经分析知：$F_{\mathrm{R}x}^{\mathrm{e}}=\sum F_{ix}^{\mathrm{e}}=0$，且初瞬时整个系统静止，因此系统质心的 x_C 坐标保持不变。初瞬时，由于 y 轴通过质心，因此 $x_{C_1}=0$。

当 AB 杆转过角度 $\varphi=\omega t$ 时，设电动机往右移动了 x 的位移，则此时质点系质心的 x_{C_2}坐标为

$$x_{C_2}=\frac{mx+m_1\left(x+\dfrac{l}{2}\sin\,\omega t\right)+m_2(x+l\sin\,\omega t)}{m+m_1+m_2}$$

因为，在 x 方向质心守恒，所以有 $x_{C_1}=x_{C_2}$，解得

$$x=-\frac{m_1+2m_2}{2(m+m_1+m_2)}l\sin\,\omega t$$

此即为电动机的水平运动方程。可见，电动机未用螺栓固定时，将在水平面上做往复运动。

（2）电动机外壳用螺栓固定在基础上时，仍以整个系统为研究对象。质点系所受外力有：重力 $\boldsymbol{mg}$、$m_1\boldsymbol{g}$、$m_2\boldsymbol{g}$，螺栓和基础共同作用于电动机的水平力 $\boldsymbol{F}_x$ 及铅垂力 $\boldsymbol{F}_y$。

因电动机机身不动，取静坐标系 Axy 固结于机身，如图 10-2b 所示。任一瞬时 t，均质杆 AB 与 y 轴夹角为 $\varphi=\omega t$。所研究的质点系质心的位置坐标为

$$x_C=\frac{m_1\dfrac{l}{2}\sin \omega t+m_2 l\sin \omega t}{m+m_1+m_2}=\frac{m_1+2m_2}{2(m+m_1+m_2)}l\sin \omega t$$

$$y_C=\frac{m_1\dfrac{l}{2}\cos \omega t+m_2 l\cos \omega t}{m+m_1+m_2}=\frac{m_1+2m_2}{2(m+m_1+m_2)}l\cos \omega t$$

求 x_C 及 y_C 对 t 的二阶导数，得

$$\left.\begin{aligned}a_{Cx}&=\ddot{x}_C=-\frac{m_1+2m_2}{2(m+m_1+m_2)}l\omega^2\sin \omega t\\a_{Cy}&=\ddot{y}_C=-\frac{m_1+2m_2}{2(m+m_1+m_2)}l\omega^2\cos \omega t\end{aligned}\right\}\tag{a}$$

由式(10-10)有

$$\left.\begin{aligned}(m+m_1+m_2)\ddot{x}_C&=F_x\\(m+m_1+m_2)\ddot{y}_C&=F_y-mg-m_1g-m_2g\end{aligned}\right\}\tag{b}$$

将式(a)代入式(b)，解得

$$F_x=-\left(\frac{m_1}{2}+m_2\right)l\omega^2\sin \omega t$$

$$F_y=(m+m_1+m_2)g-\left(\frac{m_1}{2}+m_2\right)l\omega^2\cos \omega t$$

水平力 $\boldsymbol{F}_x$ 和铅垂力 $\boldsymbol{F}_y$ 的最大值为

$$F_{x\max}=\left(\frac{m_1}{2}+m_2\right)l\omega^2$$

$$F_{y\max}=(m+m_1+m_2)g+\left(\frac{m_1}{2}+m_2\right)l\omega^2$$

在 F_x 和 F_y 的表达式中，$(m+m_1+m_2)g$ 是与质点系各部分重力的静力作用相对应的，称为静约束力；而 $-\left(\frac{m_1}{2}+m_2\right)l\omega^2\sin \omega t$ 和 $-\left(\frac{m_1}{2}+m_2\right)l\omega^2\cos \omega t$ 是由于电动机运动所引起的螺栓和基础对电动机的水平和铅垂约束力，称为动约束力。

［例 10-3］ 均质杆 AB，长为 $2l$，铅垂地静置于光滑水平面上，受到微小扰动后，无初速地倒下。求杆 AB 在倒下过程中，点 A 的轨迹方程。

［解］ 以均质杆 AB 为研究对象，并在以杆 AB 铅垂时的轴线为 y 轴，建立如图 10-3所示坐标系。杆 AB 倒下过程中所受外力有：重力 $m\boldsymbol{g}$ 及光滑水平面的法向约束力 $\boldsymbol{F}_N$。

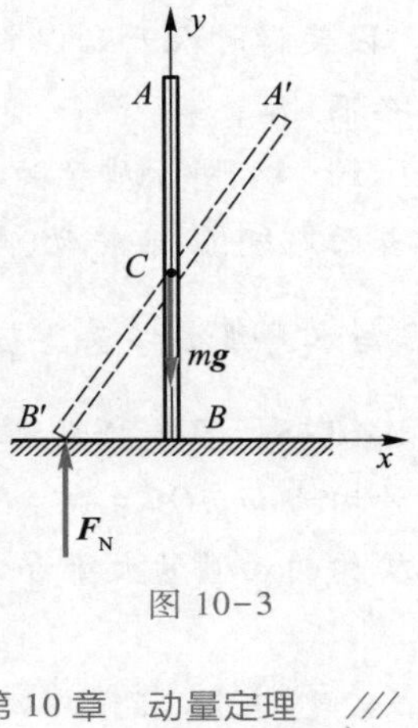

图 10-3

经分析知，$\boldsymbol{F}_{Rx}^e=\sum \boldsymbol{F}_{ix}^e\equiv \boldsymbol{0}$，且初始时杆为静止，因此杆 AB 质心的坐标 x_C 保持不变，即质心 C 做铅垂直线运动。根据图

示坐标系，$x_C=0$。

设任意瞬时，杆 AB 与 x 轴的夹角为 θ，则有

$$x_A=l\cos\theta$$

$$y_A=2l\sin\theta$$

所以，点 A 的轨迹方程为

$$\frac{x_A^2}{l^2}+\frac{y_A^2}{4l^2}=1$$

即点 A 沿椭圆弧轨迹运动。

思考题

10-1 当外力的矢量和 $\sum \boldsymbol{F}_i^e\equiv\boldsymbol{0}$ 时，质点系的动量守恒，其中各质点的动量是否也一定保持不变？

10-2 当质点系中每一个质点都做高速运动时，该质点系的动量是否一定很大？为什么？

10-3 两均质杆 AC 和 BC 的重量分别为 G_1 和 G_2，在 C 点用铰链连接，两杆立于铅垂平面内，如图所示。设地面光滑，开始两杆静止，然后两杆无初速分开倒向地面。问：当 $G_1=G_2$ 和 $G_1=2G_2$ 时，C 点的运动轨迹是否相同，为什么？

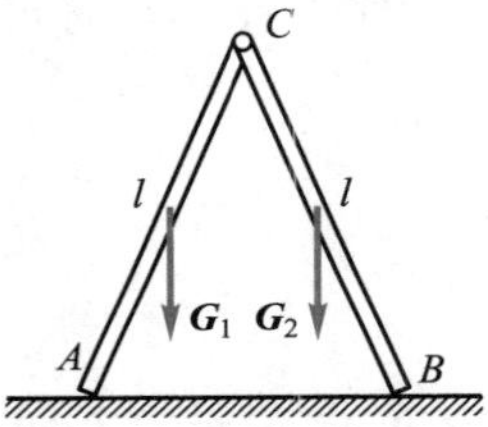

思考题 10-3 图

习 题

10-1 设炮身质量为 m_1，炮弹质量为 m_2，炮弹沿水平方向的发射初速度为 v_0。试求炮身的速度。

10-2 有一木块质量为 2.3 kg，放在光滑水平面上，一质量为 0.014 kg 的枪弹沿水平方向射入后，木块以3 m/s的速度向前运动，问枪弹原来的速度是多大？

10-3 一小船质量为 m_1，以速度 v_0 在静水中沿直线航行。站在船尾的人质量为 m_2，设某瞬时人开始以相对于船身的速度 v_r 走向船头，求此时小船的速度。水的阻力忽略不计。

10-4 图示质量为 m，半径为 R 的均质半圆形板，受力偶矩为 M 的力偶作用，在铅垂面内绕 O 轴转动，转动的角速度为 ω，角加速度为 α。C 点为半圆板的质心，当 OC 与水平线成任意角 φ 时，求此瞬时轴 O 的约束力$\left(OC=\dfrac{4R}{3\pi}\right)$。

10-5 图示椭圆规之尺 AB 的质量为 $2m_1$，曲柄 OC 的质量为 m_2，滑块 A 与 B 的质量均为 m_2，$OC=AC=BC=l$，曲柄与尺为均质杆。设曲柄以匀角速 ω 转动，求此椭圆规机构的动量的大小和方向。

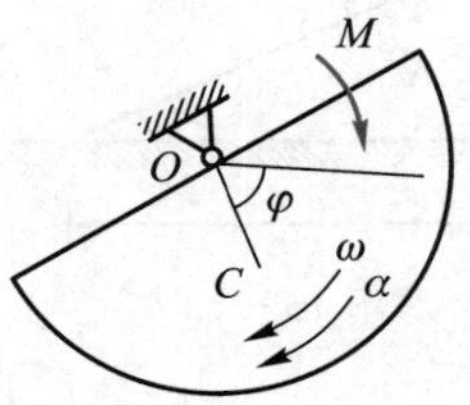

习题 10-4 图

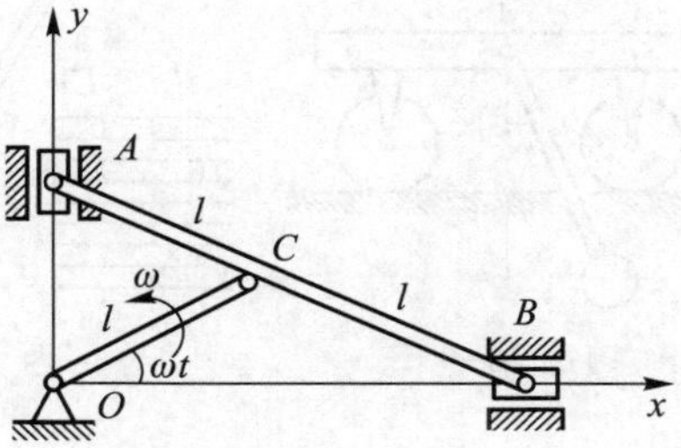

习题 10-5 图

10-6 汽车以 36 km/h 的速度在平直道上行驶。设车轮在制动后立即停止转动。问车轮对地面的滑动摩擦因数 f 应为多大方能使汽车在制动后 6 s 停止?

10-7 如图所示,两均质杆 AC 及 BC,长均为 l,质量各为 m_1、m_2,在 C 处用光滑铰相连。开始时直立于光滑的水平地面上,后来在铅垂平面内向两边分开倒下。问倒到地面上时,C 点的位置在哪里?设(1) $m_1=m_2$;(2) $m_1=2m_2$;(3) $m_1=4m_2$。

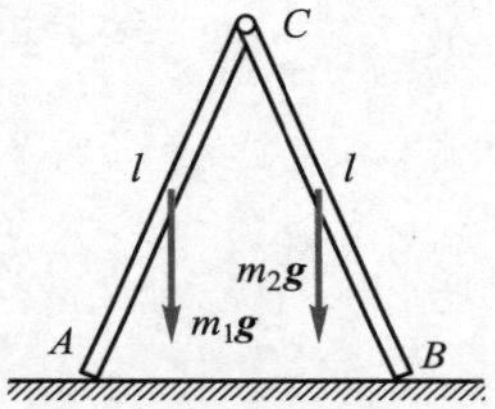

习题 10-7 图

10-8 图示各均质物体质量均为 m,物体尺寸、质心速度或绕轴转动的角速度如图所示。试计算各物体的动量。

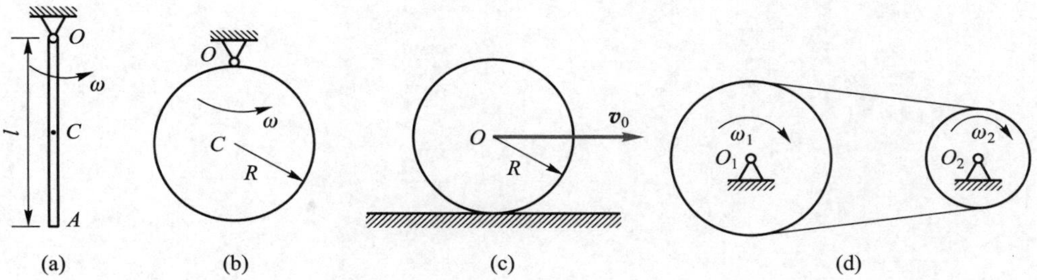

习题 10-8 图

10-9 图示小车 A,质量为 m_1,下悬一摆。摆按 $\varphi=\varphi_0\cos kt$ 摆动。设摆锤 B 的质量为 m_2,摆长为 l,摆杆的质量及各处的摩擦均忽略不计。试求小车的运动方程。

10-10 图示浮动起重机的举起质量 $m_1=2\ 000$ kg 的重物。设起重机质量 $m_2=20\ 000$ kg,杆长 $OA=8$ m;开始时杆与铅垂位置成60°角,水的阻力和杆重均略去不计。当起重杆 OA 转到与铅垂位置成30°角时,求起重机的位移。

10-11 图示水平面上放一均质三棱柱 A,在其斜面上又放一均质三棱柱 B。两三棱柱的横截面均为直角三角形。三棱柱 A 的质量 m_A 为三棱柱 B 质量 m_B 的 3 倍,其尺寸如图所示。设各处摩擦不计,初始时系统静止。求当三棱柱 B 沿三棱柱 A 滑下接触到水平面时,三棱柱 A 移动的距离。

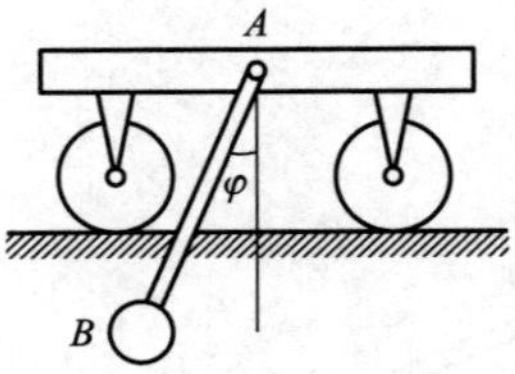

习题 10-9 图

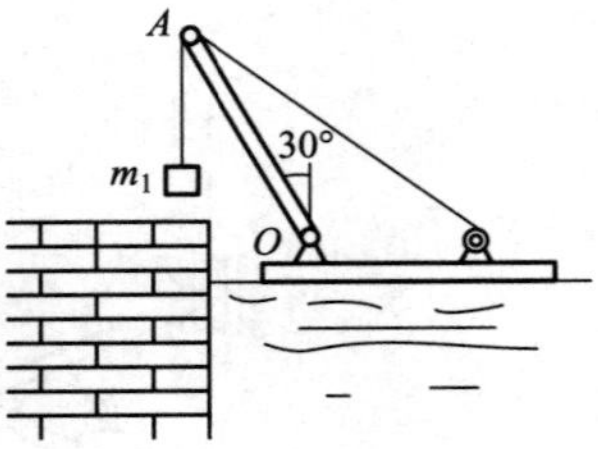

习题 10-10 图

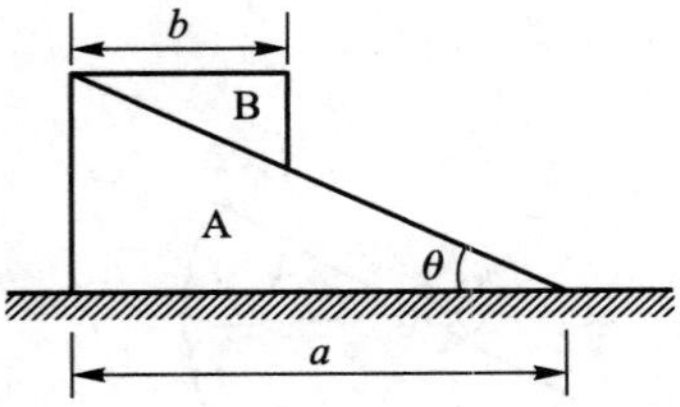

习题 10-11 图

习题答案 A10

第 11 章

动量矩定理

度量力对绕某点或某轴转动的刚体的作用效应，不能仅用力的大小和方向，还要用到力对该点或该轴之矩。同样，度量绕某点或某轴转动的刚体的机械运动，也不能仅用刚体的动量，还要用动量对该点或该轴之矩。例如，一刚体在外力系作用下绕过质心的固定轴转动，无论刚体转动的快慢如何，也无论其转动状态变化如何，它的动量恒等于零，此时，动量不能表征该刚体的运动强弱，动量定理也不能表征该刚体的运动规律。此种情况下，就要用动量矩这一概念来描述质点系的运动状态。本章将介绍的动量矩定理，建立刚体对点或轴的动量矩的变化与作用在该刚体上的力对该点或该轴之矩的关系，这将使我们更深入地了解当刚体绕某点或某轴转动时机械运动的规律。

§11-1 转动惯量

在以后将要讨论的问题里，有很多是与刚体的转动有关的。求解这些问题，将要用到表征刚体的力学特征的一个重要物理量——转动惯量。

一、刚体对轴的转动惯量

设有一刚体及任一轴 u（图 11-1），刚体上的任一质点 M_i，质量为 m_i，到轴 u 的距离为 r_i。则刚体上所有各 m_i 与 r_i^2 的乘积之和称为刚体对 u 轴的转动惯量，用符号 J_u 表示。即有

$$J_u = \sum m_i r_i^2 \tag{11-1}$$

可见，刚体对某一轴的转动惯量不仅与刚体的质量大小有关，而且与质量相对于轴的分布情况有关。一个刚体的各质点离轴越远，它对该轴的转动惯量越大；反之则越小。例如，为了使机器运转稳定，常常在主轴上安装一个飞轮，这个飞轮要做得边缘较厚、中间较薄且挖有一些空洞，以使其在质量相同的条件下具有较大的转动惯量。

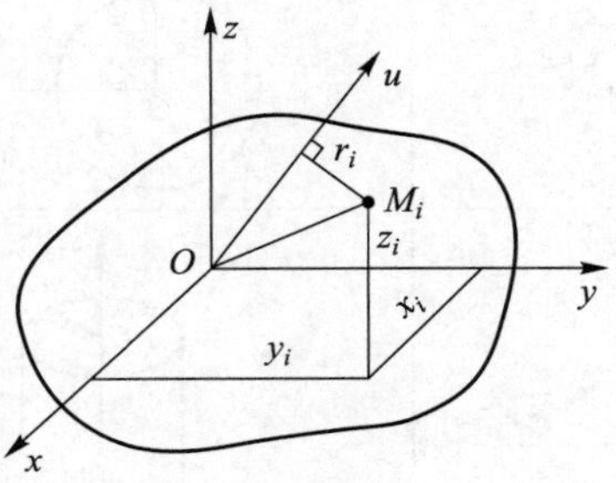

图 11-1

转动惯量是刚体转动惯性的度量。从式(11-1)可

见，转动惯量总是正标量。它的量纲为：dim $J=\mathrm{ML}^2$；它的常用单位为 $\mathrm{kg}\cdot\mathrm{m}^2$ 或 $\mathrm{kg}\cdot\mathrm{cm}^2$ 等。

对于简单形状的刚体，若刚体的质量连续分布，则式(11-1)应改写为

$$J_u = \int_m r^2 \mathrm{d}m \tag{11-2}$$

工程上在计算刚体的转动惯量时，常应用下面的公式：

$$J_u = m\rho_u^2 \tag{11-3}$$

其中，m 为整个刚体的质量，ρ_u 称为刚体对 u 轴的回转半径，它具有长度的量纲。

由式(11-3)得

$$\rho_u = \sqrt{J_u/m} \tag{11-4}$$

如果已知回转半径，则可按式(11-3)求出转动惯量；反之，如果转动惯量已知，则可由式(11-4)求出回转半径。

必须注意，回转半径不是刚体某一部分的尺寸。它只是在计算刚体的转动惯量时，在保证刚体对轴的转动惯性不变的前提下，假想地把刚体的全部质量集中在离轴距离为回转半径的某一圆柱面上（或点上），这样在计算刚体对该轴的转动惯量时，就简化为计算这个圆柱面或点对该轴的转动惯量。

下面举例说明简单形状刚体的转动惯量的计算，并将一些常见均质刚体对过质心的对称轴的转动惯量及回转半径列于表 11-1 中，以备查用。

表 11-1　简单均质刚体的转动惯量

刚体形状	简图	转动惯量	回转半径
细直杆	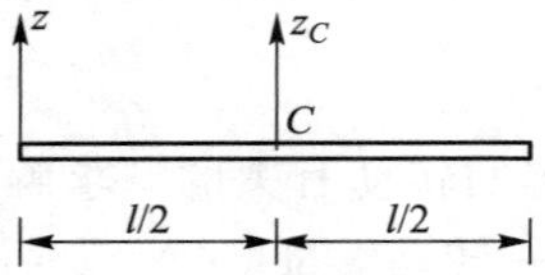	$J_{z_C}=\frac{1}{12}ml^2$ $J_z=\frac{1}{3}ml^2$	$\rho_{z_C}=\frac{l}{2\sqrt{3}}$ $\rho_z=\frac{l}{\sqrt{3}}$
细圆环	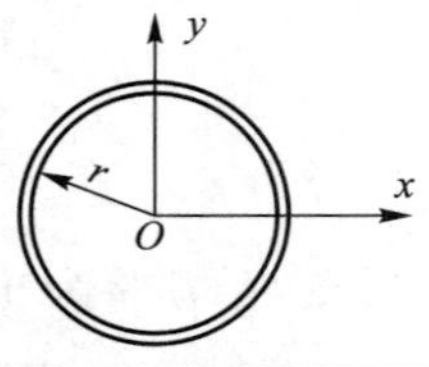	$J_x=J_y=\frac{1}{2}mr^2$ $J_O=mr^2$	$\rho_x=\rho_y=\frac{r}{\sqrt{2}}$ $\rho_O=r$
圆板	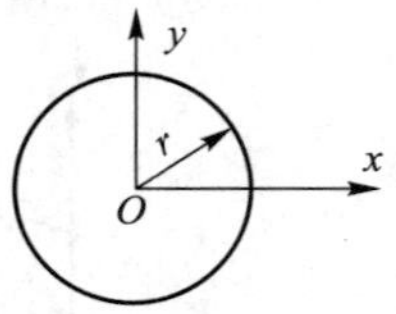	$J_x=J_y=\frac{1}{4}mr^2$ $J_O=\frac{1}{2}mr^2$	$\rho_x=\rho_y=\frac{r}{2}$ $\rho_O=\frac{r}{\sqrt{2}}$
圆柱体	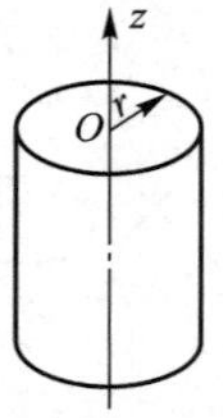	$J_z=\frac{1}{2}mr^2$	$\rho_z=\frac{r}{\sqrt{2}}$

续表

刚体形状	简图	转动惯量	回转半径
空心圆柱	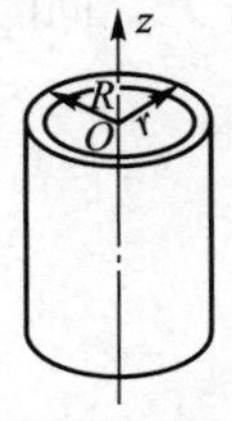	$J_z=\frac{1}{2}m(R^2+r^2)$	$\rho_z=\sqrt{\frac{1}{2}(R^2+r^2)}$
实心球	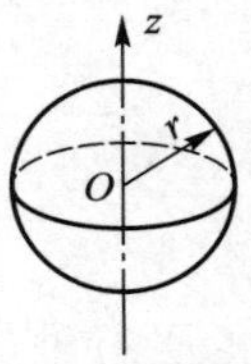	$J_z=\frac{2}{5}mr^2$	$\rho_z=\sqrt{\frac{2}{5}}\,r$

［例 11-1］ 设有等截面的均质细直杆(图 11-2),长 $AB=l$,质量为 m。试求其对过质心 O 且与杆轴线垂直的轴 y 的转动惯量。

［解］ 取 x 轴沿着杆轴线。令细杆每单位长度的质量为 ρ_l,则有 $\rho_l\cdot l=m$,微段长度 $\mathrm{d}x$ 的质量 $\mathrm{d}m=\rho_l\cdot\mathrm{d}x$,于是

$$J_y=\int_{-\frac{l}{2}}^{\frac{l}{2}}x^2\rho_l\mathrm{d}x=\frac{1}{12}\rho_l l^3=\frac{1}{12}ml^2$$

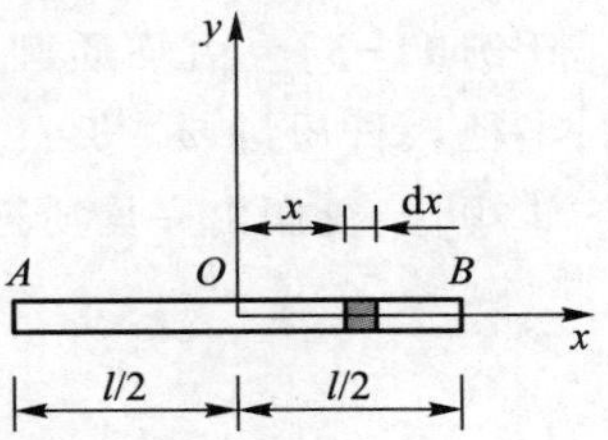

图 11-2

［例 11-2］ 求半径为 R,质量为 m 的均质等厚薄圆板对通过质心且与板面垂直的 z 轴的转动惯量。

［解］ 建立图 11-3 所示坐标系,分别取半径为 r 与 $r+\mathrm{d}r$的两同心圆,截得一细圆环。令板单位面积上的质量为 ρ_A,则有 $m=\rho_A\pi R^2$,细圆环的质量为 $\mathrm{d}m=\rho_A\cdot 2\pi\cdot r\mathrm{d}r$。于是

$$J_O=J_z=\int_m r^2\mathrm{d}m=\int_0^R\rho_A\cdot 2\pi\cdot r^3\mathrm{d}r$$

$$=\frac{1}{2}\rho_A\pi R^4=\frac{1}{2}mR^2$$

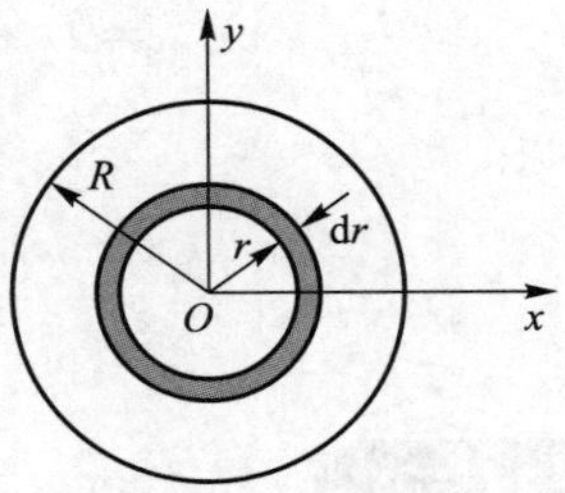

图 11-3

二、平行轴定理

从转动惯量的计算公式可见,同一刚体对不同的轴的转动惯量一般是不同的。在工程手册中往往只能查出物体对于通过其质心的轴的转动惯量,但在实际问题中,物体都常常绕不通过质心的轴转动,而往往由式(11-2)直接计算刚体对这些轴的转动惯量又非常困难。因此,需寻找求解转动惯量的方便途径,转动惯量的平行轴定理给

出了刚体对通过质心的轴和与它平行的轴的转动惯量之间的关系。

设刚体的质量为 m，z_C轴通过质心 C，z 轴与 z_C轴平行且相距为 d，并取 x 轴和 y 轴（图 11-4）。现研究刚体对 z_C轴和 z 轴的转动惯量 J_{z_C}与 J_z 之间的关系。

在刚体内任取一质量为 m_i 的质点 M_i，它至 z_C 轴和 z 轴的距离分别为 r_i 和 r_i'。刚体对于 z 轴的转动惯量为

$$\begin{aligned}J_z &= \sum m_i r_i'^2 = \sum m_i[x_i^2+(y_i-d)^2]\\ &= \sum m_i(x_i^2+y_i^2-2y_i d+d^2)\\ &= \sum m_i(x_i^2+y_i^2)-2d\sum m_i y_i+d^2\sum m_i\end{aligned}$$

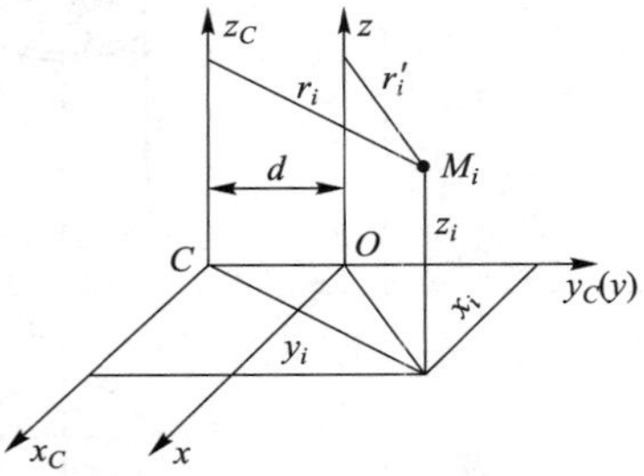

图 11-4

但 $\sum m_i(x_i^2+y_i^2)=\sum m_i r_i^2=J_{z_C}$，$\sum m_i=m$。又因 $Cx_Cy_Cz_C$ 坐标系原点为质心，故 $\sum m_i y_i=my_C=0$。因此，有

$$J_z=J_{z_C}+md^2 \qquad (11-5)$$

即刚体对任一轴的转动惯量，等于该刚体对于过质心的平行轴的转动惯量，加上该刚体的质量与两轴间距离的平方的乘积。这就是刚体转动惯量的平行轴定理。

由这一定理可知，在所有相互平行的轴中，刚体对过其质心的轴的转动惯量最小。应用式（11-5），我们就可以方便地计算出刚体对不同轴的转动惯量。

［例 11-3］　由均质圆盘与均质杆组成的复摆如图 11-5 所示。已知圆盘质量 m_1，半径 r；杆质量 m_2，长 l，试求复摆对悬挂轴 O 的转动惯量 J_O。

［解］　复摆由一均质杆和均质圆盘组成，所以有

$$J_O=J_{O杆}+J_{O盘}$$

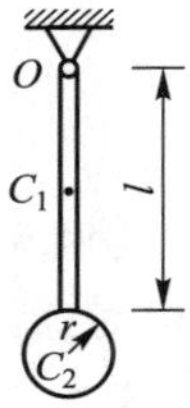

图 11-5

而

$$J_{O杆}=J_{C_1}+m_2\cdot\left(\frac{l}{2}\right)^2=\frac{1}{12}m_2l^2+\frac{1}{4}m_2l^2=\frac{1}{3}m_2l^2$$

$$J_{O盘}=J_{C_2}+m_1\cdot(l+r)^2=\frac{1}{2}m_1r^2+m_1(l+r)^2$$

所以

$$J_O=\frac{1}{3}m_2l^2+\frac{1}{2}m_1r^2+m_1(l+r)^2$$

§11-2 动量矩

一、质点的动量矩

设质量为 m 的质点 M 在某瞬时的动量为 $\boldsymbol{p}=m\boldsymbol{v}$，对固定点 O 的矢径为 $\boldsymbol{r}$（图 11-6），其在直角坐标轴上的投影分别为 x、y、z。

类似于力对点之矩，将质点的动量 $\boldsymbol{p}=m\boldsymbol{v}$ 对点 O 的矩，定义为质点对点 O 的动量矩，记为

$$\boldsymbol{L}_O=\boldsymbol{M}_O(\boldsymbol{p})=\boldsymbol{M}_O(m\boldsymbol{v})=\boldsymbol{r}\times m\boldsymbol{v} \qquad (11-6)$$

质点对点 O 的动量矩是矢量，其方位垂直于 $\boldsymbol{r}$ 和 $m\boldsymbol{v}$ 矢量所决定的平面，指向按右手螺旋法则确定。

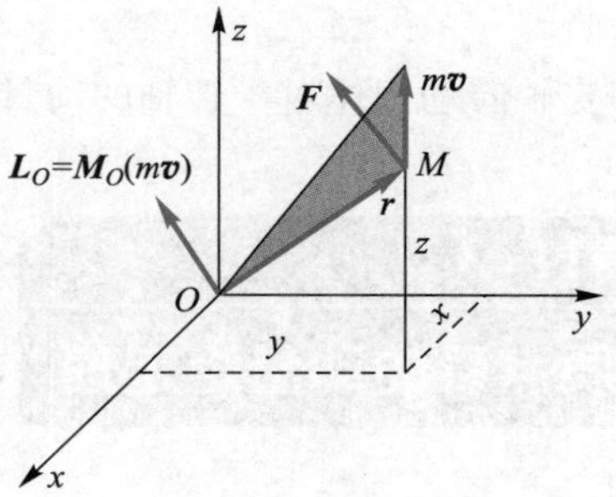

图 11-6

类似于力矩关系定理，可得到质点的动量对通过点 O 的固定轴之矩为

$$\left.\begin{aligned}L_x&=M_x(m\boldsymbol{v})=[\boldsymbol{r}\times m\boldsymbol{v}]_x=y\cdot mv_z-z\cdot mv_y\\L_y&=M_y(m\boldsymbol{v})=[\boldsymbol{r}\times m\boldsymbol{v}]_y=z\cdot mv_x-x\cdot mv_z\\L_z&=M_z(m\boldsymbol{v})=[\boldsymbol{r}\times m\boldsymbol{v}]_z=x\cdot mv_y-y\cdot mv_x\end{aligned}\right\} \qquad (11-7)$$

并分别称为质点对固定轴 x、y、z 的动量矩。质点对轴的动量矩是代数量，其正负号按右手螺旋法则确定。

动量矩的量纲为 $\dim L_O=\mathrm{ML^2T^{-1}}$，常用单位为 $\mathrm{kg\cdot m^2/s}$。

二、质点系的动量矩

质点系中各质点的动量对于任选的固定点 O 的矩的矢量和，称为质点系对固定点 O 的动量矩，记为

$$\boldsymbol{L}_O=\sum\boldsymbol{M}_O(m_i\boldsymbol{v}_i)=\sum(\boldsymbol{r}_i\times m_i\boldsymbol{v}_i) \qquad (11-8)$$

式中，m_i、$\boldsymbol{v}_i$、$\boldsymbol{r}_i$ 分别为质点 M_i 的质量、速度和相对于点 O 的矢径。

相似地，质点系中各质点的动量对于任一固定轴的矩的代数和，称为质点系对于该轴的动量矩，即

$$L_z=\sum M_z(m_i\boldsymbol{v}_i) \qquad (11-9)$$

利用式(11-7)，有

$$[\boldsymbol{L}_O]_z=\sum[\boldsymbol{M}_O(m_i\boldsymbol{v}_i)]_z=\sum M_z(m_i\boldsymbol{v}_i)=L_z \qquad (11-10)$$

即质点系对固定点 O 的动量矩在通过该点的某轴上的投影等于质点系对该轴的动量矩。

三、定轴转动刚体对转轴的动量矩

设刚体以角速度 ω 绕固定轴 z 转动，如图 11-7 所示。刚体内任一质点 M_i 的质量为 m_i，到转轴的距离为 r_i，速度为 $\boldsymbol{v}_i$。则质点 M_i 的动量 $m_i\boldsymbol{v}_i$ 对轴 z 的动量矩为

$$M_z(m_i\boldsymbol{v}_i)=m_iv_i\cdot r_i=m_ir_i^2\cdot\omega$$

而整个刚体对转轴 z 的动量矩为

$$L_z=\sum M_z(m_i\boldsymbol{v}_i)=\sum(m_ir_i^2\cdot\omega)=\left(\sum m_ir_i^2\right)\omega$$

注意到 $\sum m_ir_i^2=J_z$ 是刚体对转轴 z 的转动惯量，故

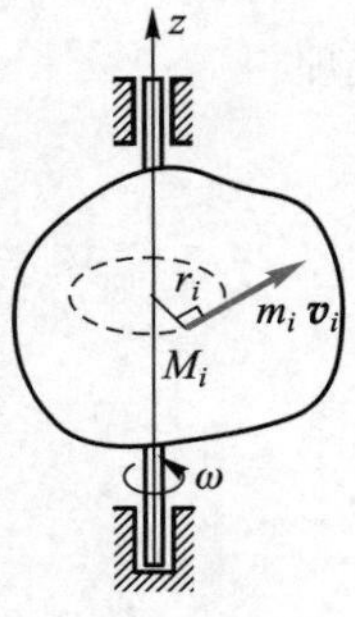

图 11-7

$$L_z = J_z \omega \tag{11-11}$$

即定轴转动刚体对于转轴的动量矩,等于刚体对于转轴的转动惯量与角速度的乘积。

§11-3 质点系的动量矩定理

一、质点系对固定点的动量矩定理

研究由 n 个质点组成的质点系。设质点系中第 i 个质点 M_i 的质量为 m_i,相对于固定点 O 的矢径为 $\boldsymbol{r}_i$,动量为 $m_i\boldsymbol{v}_i$,其上作用的外力合力为 $\boldsymbol{F}_i^{\mathrm{e}}$,内力合力为 $\boldsymbol{F}_i^{\mathrm{i}}$。则将式(11-8)两端分别对时间 t 求导数,有

$$\begin{aligned}\frac{\mathrm{d}\boldsymbol{L}_O}{\mathrm{d}t} &= \sum \frac{\mathrm{d}}{\mathrm{d}t}(\boldsymbol{r}_i \times m_i \boldsymbol{v}_i) \\ &= \sum \left[\boldsymbol{v}_i \times m_i \boldsymbol{v}_i + \boldsymbol{r}_i \times \frac{\mathrm{d}}{\mathrm{d}t}(m_i \boldsymbol{v}_i)\right] \\ &= \sum [\boldsymbol{r}_i \times (\boldsymbol{F}_i^{\mathrm{e}} + \boldsymbol{F}_i^{\mathrm{i}})] \\ &= \sum [\boldsymbol{M}_O(\boldsymbol{F}_i^{\mathrm{e}}) + \boldsymbol{M}_O(\boldsymbol{F}_i^{\mathrm{i}})]\end{aligned}$$

注意到内力总是大小相等,方向相反,作用线相同地成对出现,因此有 $\sum \boldsymbol{M}_O(\boldsymbol{F}_i^{\mathrm{i}}) \equiv \boldsymbol{0}$,故有

$$\frac{\mathrm{d}\boldsymbol{L}_O}{\mathrm{d}t} = \sum \boldsymbol{M}_O(\boldsymbol{F}_i^{\mathrm{e}}) \tag{11-12}$$

即质点系对于任一固定点 O 的动量矩对时间的一阶导数,等于作用于质点系的所有外力对同一点的力矩的矢量和。这就是质点系对固定点的动量矩定理。

二、质点系对固定轴的动量矩定理

将式(11-12)投影到过 O 点的固定直角坐标轴上,且利用式(11-10)和力矩关系定理得

$$\left.\begin{aligned}\frac{\mathrm{d}L_x}{\mathrm{d}t} &= \sum M_x(\boldsymbol{F}_i^{\mathrm{e}}) \\ \frac{\mathrm{d}L_y}{\mathrm{d}t} &= \sum M_y(\boldsymbol{F}_i^{\mathrm{e}}) \\ \frac{\mathrm{d}L_z}{\mathrm{d}t} &= \sum M_z(\boldsymbol{F}_i^{\mathrm{e}})\end{aligned}\right\} \tag{11-13}$$

即质点系对任一固定轴的动量矩对时间的一阶导数,等于作用于质点系的所有外力对

同一轴的力矩的代数和。这称为质点系对固定轴的动量矩定理。

三、动量矩守恒定理

由式(11-12)和式(11-13)可知,质点系在运动过程中,若$\sum \boldsymbol{M}_O(\boldsymbol{F}_i^e)\equiv\boldsymbol{0}$,则$\boldsymbol{L}_O$为常矢量;若$\sum M_z(\boldsymbol{F}_i^e)\equiv 0$,则$L_z$为常量。这表明,如果质点系不受外力或所受全部外力对某一固定点(或固定轴)之矩的矢量和(或代数和)始终等于零,则质点系对该点(或该轴)的动量矩保持不变。这结论称为动量矩守恒定理。

从以上结论可以看出,质点系的内力不能改变质点系的动量矩,只有作用于质点系的外力才能使质点系的动量矩发生改变。

质点只是质点系的一种特殊情况,故质点系的动量矩定理也同样适用于求解有关质点的动力学问题。

[**例 11-4**] 图 11-8a 中,小球A、B以细绳AB相连,质量皆为m,其余构件质量不计。忽略摩擦,系统绕轴z转动,初始时系统的角速度为ω_0。当细绳拉断后,求各杆与铅垂线成角θ时系统的角速度ω(图 11-8b)。

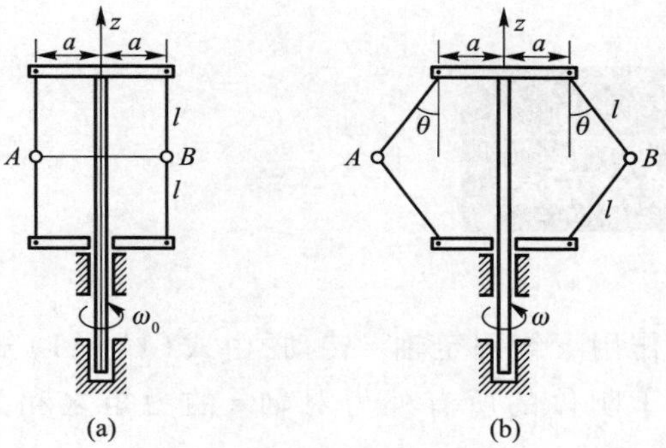

图 11-8

[解] 以系统为研究对象。此系统所受的重力和轴承的约束力对于转轴z的矩都等于零,即$\sum M_z(\boldsymbol{F}_i^e)\equiv 0$。因此,系统对于转轴$z$的动量矩守恒,即$L_z$=常量。

当$\theta=0$时,系统对于转轴z的动量矩$L_{z1}=2ma\omega_0\cdot a=2ma^2\omega_0$;

当$\theta\neq 0$时,系统对于转轴z的动量矩$L_{z2}=2m(a+l\sin\theta)^2\omega$。

由$L_{z1}=L_{z2}$,解得

$$\omega=\frac{a^2}{(a+l\sin\theta)^2}\omega_0$$

[**例 11-5**] 如图 11-9 所示,卷扬机鼓轮质量为m_1,半径为r,可绕过鼓轮中心O的水平轴转动。鼓轮上绕一绳,绳的一端悬挂一质量为m_2的重物。鼓轮视为均质,不计绳质量及轴承O处的摩擦。今在鼓轮上作用一不变力矩M,试求重物上升的加速度。

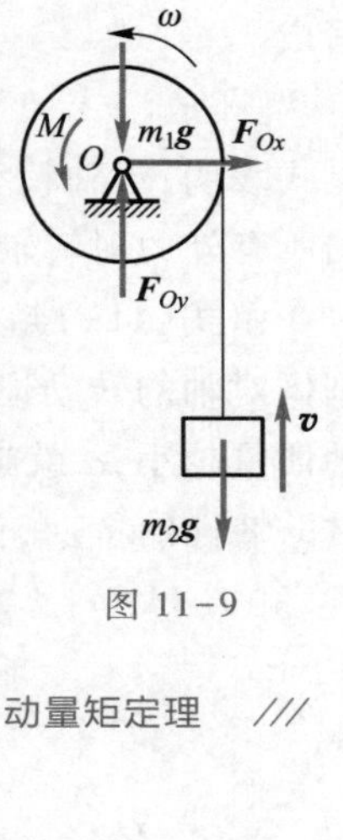

图 11-9

[解] 以鼓轮和重物构成的质点系为研究对象,该质点系所

受的外力有：重力 $m_1\boldsymbol{g}$ 和 $m_2\boldsymbol{g}$，力矩 M 及轴承约束力 $\boldsymbol{F}_{Ox}$、$\boldsymbol{F}_{Oy}$。

设重物在任一时刻具有向上的速度 $\boldsymbol{v}$，则由运动学知，鼓轮具有角速度 $\omega=\dfrac{v}{r}$。

质点系的动量及外力对轴 O 的矩分别为

$$L_O=J_O\omega+m_2v\cdot r=\frac{1}{2}m_1r^2\cdot\frac{v}{r}+m_2rv$$

$$=\frac{1}{2}(m_1+2m_2)rv$$

$$\sum M_O(\boldsymbol{F}_i^e)=M-m_2g\cdot r$$

由动量矩定理 $\dfrac{\mathrm{d}L_O}{\mathrm{d}t}=\sum M_O(\boldsymbol{F}_i^e)$，有

$$\frac{1}{2}(m_1+2m_2)r\cdot\frac{\mathrm{d}v}{\mathrm{d}t}=M-m_2gr$$

解得重物上升的加速度为

$$a=\frac{\mathrm{d}v}{\mathrm{d}t}=\frac{2(M-m_2gr)}{(m_1+2m_2)r}$$

§11-4 刚体定轴转动微分方程

设刚体在外力系作用下绕固定轴 z 转动，由式(11-11)知，刚体对轴 z 的动量矩为 $L_z=J_z\omega$，如作用于刚体的所有外力对轴 z 的力矩之和为 $\sum M_z(\boldsymbol{F}_i^e)$，则由式(11-13)得

$$\frac{\mathrm{d}}{\mathrm{d}t}(J_z\omega)=\sum M_z(\boldsymbol{F}_i^e) \tag{a}$$

考虑到刚体对转动轴的转动惯量 J_z 不随时间而变，又 $\dfrac{\mathrm{d}\omega}{\mathrm{d}t}=\alpha=\ddot{\varphi}$，所以式(a)可以写成

$$J_z\alpha=\sum M_z(\boldsymbol{F}_i^e) \quad 或 \quad J_z\ddot{\varphi}=\sum M_z(\boldsymbol{F}_i^e) \tag{11-14}$$

上式表明：定轴转动刚体对转轴的转动惯量与角加速度的乘积，等于作用于该刚体上的所有外力对转轴的力矩的代数和。这就是刚体的定轴转动微分方程。

由式(11-14)知，对于不同的刚体，假设作用于它们的外力系对转轴的矩相同，则刚体对轴的转动惯量越大，α 就越小，其转动状态的变化就越小；反之，刚体对轴的转动惯量越小，α 就越大，其转动状态的变化就越大。可见，刚体的转动惯量是刚体转动时的惯性的量度，正如质点的质量是质点的惯性的量度一样。

[例 11-6] 求图 11-10 所示悬挂在固定的水平轴上的刚体（称为复摆或物理

摆),在微小摆动时的运动规律及周期。空气阻力及转动轴处的摩擦都不计。

[解] 取经过质心 C 且垂直于悬挂轴的铅垂平面为图平面,悬挂轴与图平面的交点为 O,质心到悬挂轴的距离为 d,刚体在任一瞬时的位置可用 OC 与铅垂线所成的夹角 φ 来确定,并设 φ 以逆时针转向为正。

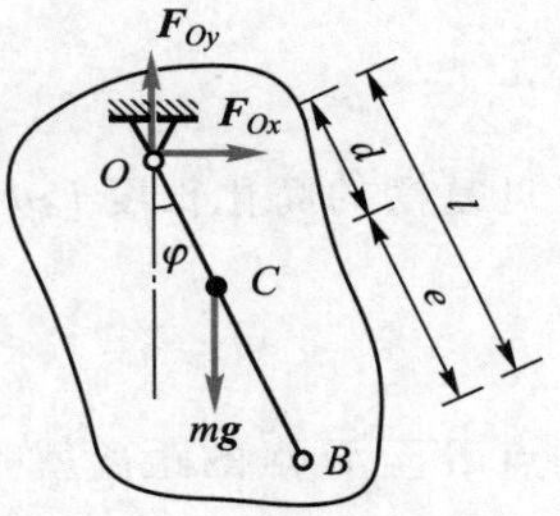

图 11-10

设刚体的质量为 m,因不计摩擦和空气阻力,则作用于刚体的外力有:重力 $m\boldsymbol{g}$ 及轴 O 处的约束力 $\boldsymbol{F}_{Ox}$、$\boldsymbol{F}_{Oy}$。所有外力对转轴的力矩之和为

$$\sum M_O(\boldsymbol{F}_i^e) = -mgd\sin\varphi$$

由式(11-14)有

$$J_O\ddot{\varphi} = -mgd\sin\varphi$$

即

$$\ddot{\varphi}+\frac{mgd}{J_O}\sin\varphi=0$$

对于微小摆动的情况,$\sin\varphi\approx\varphi$;令 $\dfrac{mgd}{J_O}=k^2$,则上式改写为

$$\ddot{\varphi}+k^2\varphi=0$$

解得

$$\varphi=\varphi_0\sin(kt+\theta)=\varphi_0\sin\left(\sqrt{\frac{mgd}{J_O}}\cdot t+\theta\right)$$

其中,φ_0 称为角振幅,θ 是初相位,它们都由初始条件确定,而 k 称为圆频率。可见,复摆做简谐振动,其振动周期为

$$T=\frac{2\pi}{k}=2\pi\sqrt{\frac{J_O}{mgd}}$$

工程中常用上式,通过测定零件(如曲柄、连杆等)的摆动周期,以计算其对转动轴的转动惯量。

已知长度为 l 的单摆的振动周期为

$$T=2\pi\sqrt{\frac{l}{g}}$$

因此,若设一单摆的长度为

$$l=\frac{J_O}{md}$$

则该单摆的振动周期与本例题中的复摆的振动周期相等。长度 $l=\dfrac{J_O}{md}$ 称为复摆的简化长度。

设复摆对于通过质心 C 而与悬挂轴平行的轴线的转动惯量为 J_C,则由转动惯量的平行轴定理有

$$J_O = J_C + md^2$$

于是有简化长度

$$l = d + \frac{J_C}{md}$$

可见复摆的简化长度 $l>d$。延长线段 OC 至点 B,使

$$CB = e = \frac{J_C}{md}$$

则点 B 至 O 点的距离就等于复摆的简化长度 l,这一点 B 称为复摆的摆心,点 O 称为复摆的悬点。

如果以点 B 为悬点,则由

$$J_B = J_C + me^2$$

可知,这时复摆的简化长度 l' 为

$$l' = e + \frac{J_C}{me}$$

又由 $\frac{J_C}{me} = d$,所以有

$$l' = d + e = l$$

即新复摆的摆心就在原来的复摆的悬点。也就是说,复摆的悬点与摆心可以互换,而不改变其振动周期。

[例 11-7]　均质杆 OA 长为 l,质量为 m,其 O 端用固定铰支座支承,A 端用细绳悬挂,如图11-11a 所示。求:(1) 将细绳突然剪断瞬时,支座 O 的约束力;(2) 杆落至任意位置时,铰链 O 的约束力。

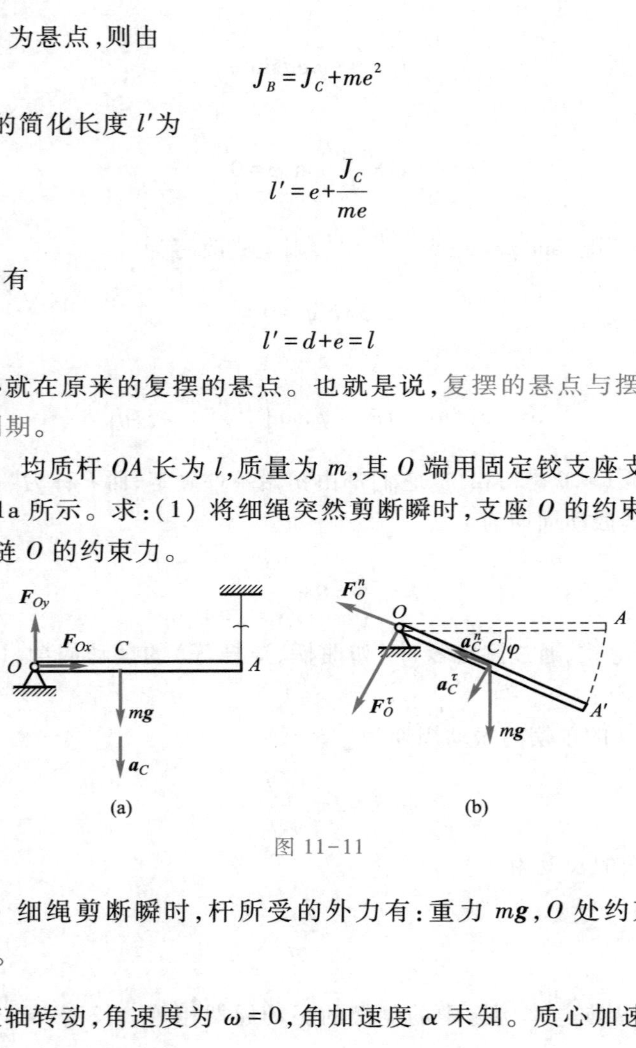

图 11-11

[解]　(1) 细绳剪断瞬时,杆所受的外力有:重力 $m\boldsymbol{g}$,O 处约束力 $\boldsymbol{F}_{Ox}$、$\boldsymbol{F}_{Oy}$,如图 11-11a 所示。

此时杆做定轴转动,角速度为 $\omega = 0$,角加速度 α 未知。质心加速度为 $a_C = \frac{l}{2}\alpha$。应用刚体的定轴转动微分方程,有

$$J_O\alpha = \sum M_O(F_i^e)$$

即

$$\frac{1}{3}ml^2\alpha = mg\cdot\frac{l}{2}$$

解得

$$\alpha = \frac{3}{2}\cdot\frac{g}{l} \tag{a}$$

应用质心运动定理，有

$$0 = ma_{Cx} = \sum F_{ix}^{e} = F_{Ox} \tag{b}$$

$$m\cdot\frac{l}{2}\alpha = ma_{Cy} = \sum F_{iy}^{e} = mg - F_{Oy} \tag{c}$$

联立式(a)、(b)、(c)解得

$$F_{Ox} = 0$$

$$F_{Oy} = \frac{1}{4}mg$$

(2) 杆落至任意角 φ 时，所受的外力有：重力 $m\boldsymbol{g}$，O 处约束力 $\boldsymbol{F}_O^n$、$\boldsymbol{F}_O^\tau$，如图 11-11b 所示。

杆运动的角速度、角加速度均未知。欲求 O 处约束力，必先求质心加速度 $\boldsymbol{a}_C$。因此，先应用定轴转动刚体的转动微分方程，有

$$\frac{1}{3}ml^2\cdot\ddot{\varphi} = J_O\ddot{\varphi} = \sum M_O(F_i^e) = mg\cdot\frac{l}{2}\cos\varphi$$

解得

$$\ddot{\varphi} = \frac{3}{2}\frac{g}{l}\cos\varphi \tag{d}$$

由于$\ddot{\varphi} = \frac{\mathrm{d}\dot{\varphi}}{\mathrm{d}t} = \frac{\mathrm{d}\dot{\varphi}}{\mathrm{d}\varphi}\cdot\frac{\mathrm{d}\varphi}{\mathrm{d}t} = \frac{\dot{\varphi}\,\mathrm{d}\dot{\varphi}}{\mathrm{d}\varphi}$，故将式(d)分离变量后积分，有

$$\int_0^{\dot{\varphi}}\dot{\varphi}\,\mathrm{d}\dot{\varphi} = \frac{3g}{2l}\int_0^{\varphi}\cos\varphi\,\mathrm{d}\varphi$$

得

$$\dot{\varphi}^2 = \frac{3g}{l}\sin\varphi \tag{e}$$

所以，杆质心的加速度为

$$\boldsymbol{a}_C = \boldsymbol{a}_C^n + \boldsymbol{a}_C^\tau = \frac{3}{2}g\sin\varphi\,\boldsymbol{n} + \frac{3}{4}g\cos\varphi\,\boldsymbol{\tau}$$

应用质心运动定理，有

$$m\cdot\frac{3}{2}g\sin\varphi = ma_C^n = \sum F_{in}^e = F_O^n - mg\sin\varphi$$

$$m\cdot\frac{3}{4}g\cos\varphi = ma_C^\tau = \sum F_{i\tau}^e = F_O^\tau + mg\cos\varphi$$

解得

$$F_O^n = \frac{5}{2}mg\sin\varphi$$

$$F_O^\tau = -\frac{1}{4}mg\cos\varphi$$

通过上述各例的分析知,应用动量矩定理求解动力学问题的步骤如下:

(1) 根据题意选择合适的研究对象。分析研究对象所受的全部外力,并画出受力图。

(2) 分析研究对象的运动情况,并根据运动学知识,找出研究对象中各刚体之间或刚体上各相关运动量之间的关系。

(3) 根据研究对象的运动情况及所求问题,选用合适的动力学方程——动量矩定理、动量矩守恒定理、刚体的定轴转动微分方程和质心运动定理。再根据已知条件,求解所建立的动力学方程。

思考题

11-1 质点系的动量按公式 $\boldsymbol{p}=\sum m_i\boldsymbol{v}_i=m\boldsymbol{v}_C$ 计算,那么质点系的动量矩是否也可以按公式 $\boldsymbol{L}_O=\sum\boldsymbol{M}_O(m_i\boldsymbol{v}_i)=\boldsymbol{M}_O(m\boldsymbol{v}_C)$ 计算?为什么?

11-2 表演花样滑冰的运动员利用手臂的伸张和收拢改变旋转速度,试说明其原因。

11-3 人坐在转椅上,双脚离地,是否可用双手将转椅转动?为什么?

11-4 为什么直升机要有尾桨?如果没有尾桨,直升机飞行时将会怎样?

11-5 细绳跨过定滑轮,一猴沿绳的一端向上爬动。绳另一端系一与猴等重的砝码。滑轮轴承处摩擦不计,系统开始时静止。问砝码如何运动?

习　题

11-1 如图所示,已知均质三角形薄板的质量为 m,高度为 h,求其对底边的转动惯量 J_x。

11-2 如图所示,连杆的质量为 m,质心在点 C。若 $AC=a$,$BC=b$,连杆对 B 轴的转动惯量为 J_B。求连杆对 A 轴的转动惯量。

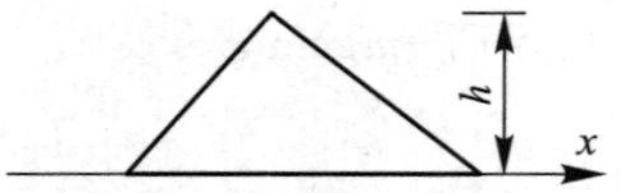

习题 11-1 图

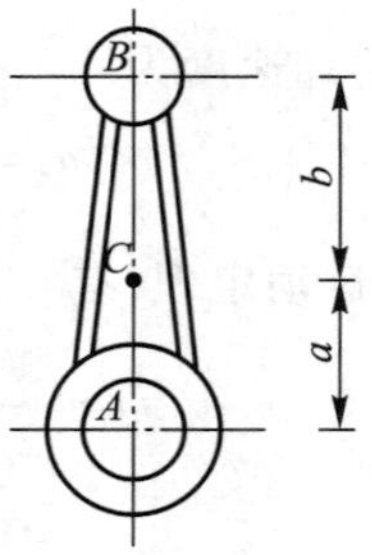

习题 11-2 图

11-3 如图所示,无重杆 OA 以角速度 $\omega_0=4$ rad/s 绕 O 轴转动。质量 $m=25$ kg,半径 $R=200$ mm 的均质圆盘与 OA 杆焊接在一起。试计算圆盘对 O 轴的动量矩。

11-4 如图所示，两球 C 和 D 的质量均为 m，尺寸不计，用直杆连接，并将其中点 O 固结在铅垂轴 AB 上，杆与轴的交角为 θ。如此杆绕轴 AB 以角速度 ω 转动，求在下列情况下，质点系对轴 AB 的动量矩。(1) 杆重忽略不计；(2) 杆为均质杆，质量为 2 m。

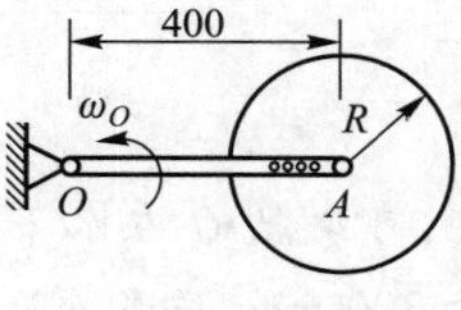

习题 11-3 图

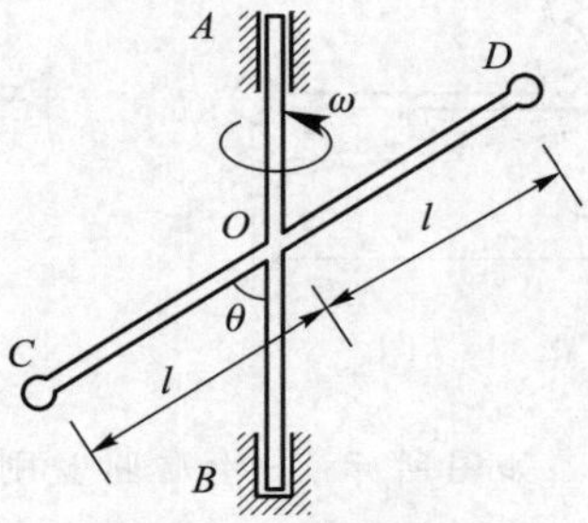

习题 11-4 图

11-5 如图所示，小球 M 系于线 MOA 的一端，此线穿过一铅垂小管。小球以 110 r/min 的速度绕管轴沿半径 $MC=R$ 的圆周运动。今将线段 AO 慢慢向下拉，使外面的线段缩短到 OM_1 的长度，此时小球沿半径 $C_1M_1=0.5R$ 的圆周运动。求小球沿此圆周每分钟的转数。

11-6 如图所示，两个重物 M_1 和 M_2 的质量各为 m_1 和 m_2，分别系在两条不计质量的绳上。此两绳又分别围绕在半径为 r_1 和 r_2 的塔轮上。塔轮质量为 m_3，质心为 O，对轴 O 的回转半径为 ρ。若 $m_1r_1>m_2r_2$，且轴 O 处摩擦不计，求塔轮的角加速度 α。

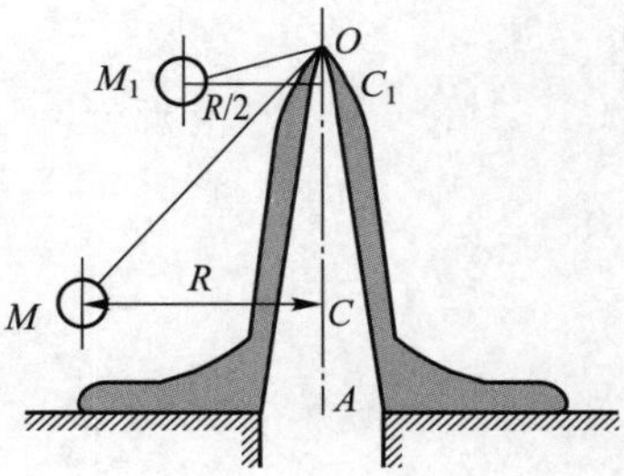

习题 11-5 图

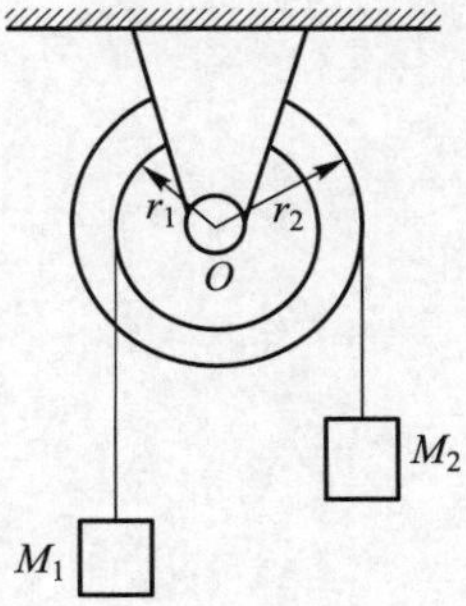

习题 11-6 图

11-7 如图所示，均质杆 AB 长为 l，质量为 m_1，B 端刚连一质量为 m_2 的小球（小球可看作质点），杆上 D 点连一刚度系数为 k 的弹簧，使杆在水平位置保持平衡。设给小球一微小初位移 δ_0，而 $v_0=0$，试求杆 AB 的运动规律。

11-8 如图所示，均质圆盘质量为 m，半径为 r，以角速度 ω 绕水平轴转动。今在闸杆的一端加一铅垂力 $\boldsymbol{F}$，以使圆盘停止转动。设杆与盘间的动摩擦因数为 f，问圆盘转动多少周后才停止转动？

11-9 如图所示，两根质量均为 8 kg 的均质细杆固连成 T 字形，可绕通过 O 点的水平轴转动，当 OA 处于水平位置时，T 形杆具有角速度 $\omega=4$ rad/s。求该瞬时轴承 O 处的约束力。

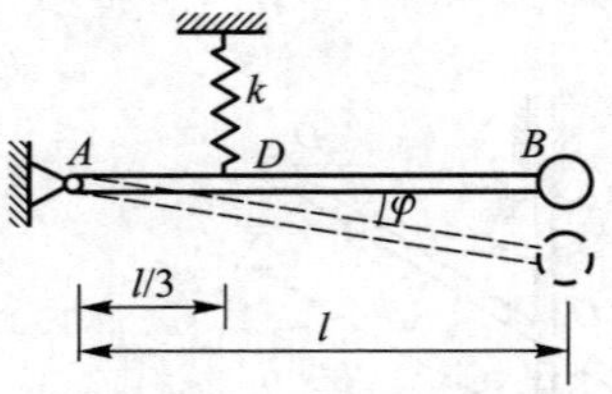

习题 11-7 图

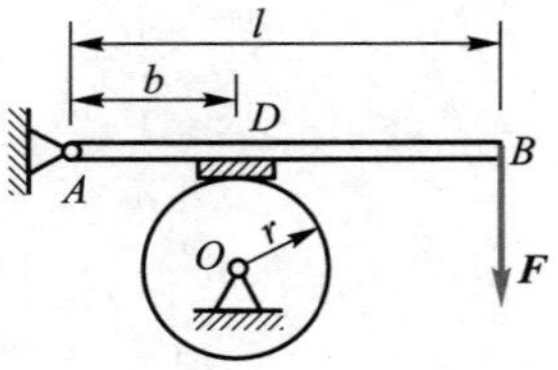

习题 11-8 图

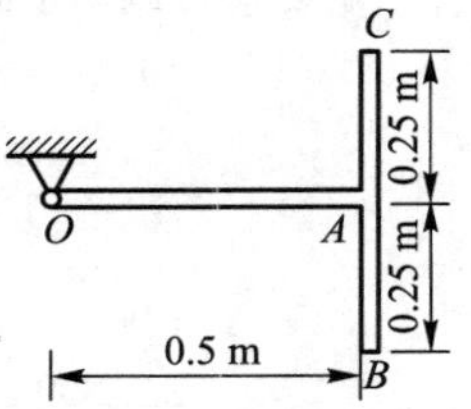

习题 11-9 图

11-10 如图所示，一均质圆盘刚连于均质杆 OC 上，可绕轴 O 在水平面内运动。已知圆盘的质量 $m_1=40$ kg，半径 $r=150$ mm；杆 OC 长 $l=300$ mm，质量 $m_2=10$ kg。设在杆上作用一常力偶矩 $M=20$ N · m，不计轴 O 处摩擦，试求杆 OC 转动的角加速度。

11-11 如图所示，一均质直角尺 ABC，$BC=2AB=2l$，在 B 处用铰固定，若在 $\theta=0$ 的位置无初速度地释放。运动中 BC 与铅垂线的夹角的最大值为多少？

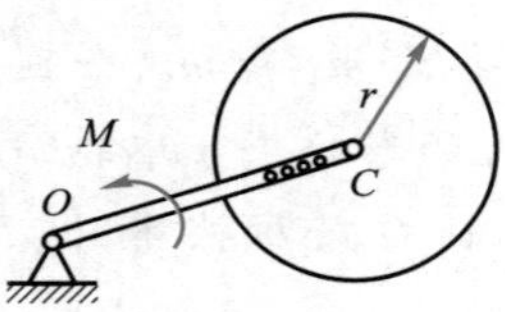

习题 11-10 图

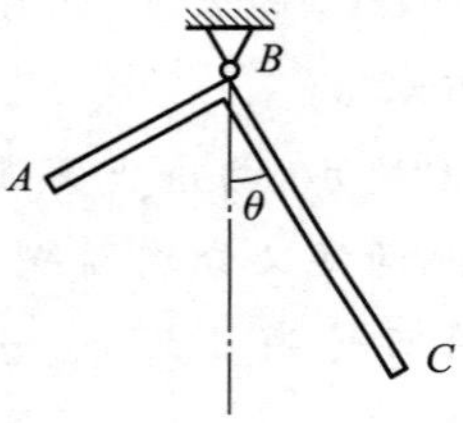

习题 11-11 图

习题答案 A11

第 12 章
动能定理

在自然界中，物质运动的形式是多种多样的。机械运动除保持机械运动的传递形式外，还可转变为其他形式的运动（如热、电、光等）。

前面我们讨论了物体机械运动的一种度量——动量，并建立了动量的改变与作用于质点或质点系的力的冲量之间的关系。本章将讨论物体机械运动的另一种度量——动能以及动能的改变与作用力的功之间的关系，这种关系就是动能定理。

§12-1 力的功

力的功是力在一段路程上对质点或质点系作用的累积效应的度量，其结果将引起质点或质点系能量的变化。

一、常力在质点直线路程中的功

设有大小和方向都不变的常力 $\boldsymbol{F}$ 作用于沿直线路程运动的物体上（直线平移物体视为质点），力 $\boldsymbol{F}$ 的作用点的位移为 $\boldsymbol{s}$，如图 12-1 所示。则力 $\boldsymbol{F}$ 与位移 $\boldsymbol{s}$ 的点积定义为力 $\boldsymbol{F}$ 对该物体在位移 $\boldsymbol{s}$ 上所作的功，用符号 W 表示。即

$$W=\boldsymbol{F}\cdot\boldsymbol{s}=Fs\cos\varphi \tag{12-1}$$

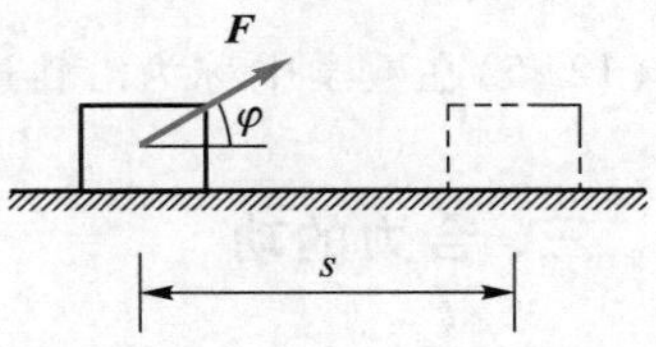

图 12-1

式中，φ 为 $\boldsymbol{F}$ 与 $\boldsymbol{s}$ 正向之间的夹角，$0°\leqslant\varphi<360°$。当 $-90°<\varphi<90°$ 时，功为正值；当 $90°<\varphi<270°$ 时，功为负值；当 $\varphi=\pm90°$ 时，即力和位移方向垂直，力在此位移上不作功。可见，力的功 W 是代数量。

功的量纲为

$$\dim W=\mathrm{ML^2T^{-2}}$$

功的国际单位是焦耳，代号为 J。

$$1\ \mathrm{J}=1\ \mathrm{N\cdot m}=1\ \mathrm{kg\cdot m^2\cdot s^{-2}}$$

二、变力在质点任意曲线路程中的功

设有变力 $\boldsymbol{F}$ 作用于沿曲线运动的质点 M 上，如图 12-2 所示。

1. 元功

当质点 M 有无限小位移 $\mathrm{d}\boldsymbol{r}$（其对应弧坐标的改变量为 $\mathrm{d}s$，可视为直线段）时，作用其上的力可视为常力，则变力 $\boldsymbol{F}$ 在此无限小位移 $\mathrm{d}\boldsymbol{r}$ 上所作的功称为元功，以 δW 表示为

$$\delta W=\boldsymbol{F}\cdot \mathrm{d}\boldsymbol{r} \tag{12-2}$$

上式称为矢量形式的元功。

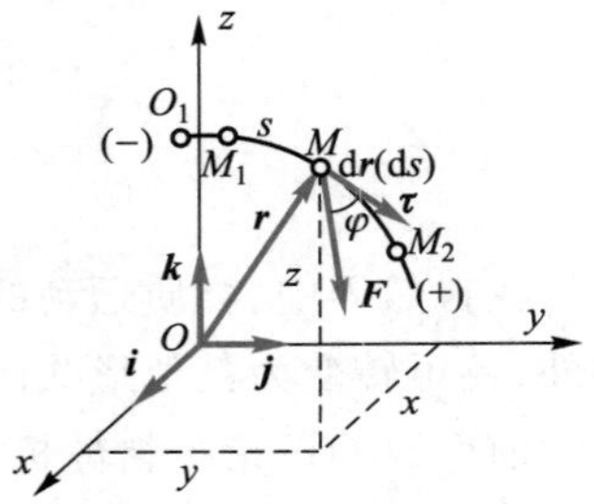

图 12-2

采用自然法时

$$\delta W=F\cdot \mathrm{d}s\cdot \cos\varphi=F_\tau\cdot \mathrm{d}s \tag{12-3}$$

式中，φ 为 $\boldsymbol{F}$ 与 $\boldsymbol{\tau}$ 正向之间的夹角，F_τ 为力 $\boldsymbol{F}$ 在 $\boldsymbol{\tau}$ 方向的投影。上式称为自然轴形式的元功。

采用直角坐标法时

$$\delta W=F_x\mathrm{d}x+F_y\mathrm{d}y+F_z\mathrm{d}z \tag{12-4}$$

式中，F_x、F_y、F_z 分别为力 $\boldsymbol{F}$ 在坐标轴 x、y、z 上的投影。上式称为直角坐标形式的元功。

元功用符号 δW，而不用全微分符号 $\mathrm{d}W$，是因为在一般情况下，等式右端不能表示成为某一函数的全微分，写成 δW 可以避免误解。

2. 功

当质点从位置 M_1 运动到 M_2 时，力 $\boldsymbol{F}$ 所作的功 W 就等于在这段路程中所有元功之和，即

$$W=\int_{M_1}^{M_2}\boldsymbol{F}\cdot \mathrm{d}\boldsymbol{r}=\int_{M_1}^{M_2}F_\tau \mathrm{d}s=\int_{M_1}^{M_2}(F_x\mathrm{d}x+F_y\mathrm{d}y+F_z\mathrm{d}z) \tag{12-5}$$

式(12-5)在数学中称为沿轨迹的曲线积分。在一般情况下，积分的值与路径有关。

三、合力的功

力 $\boldsymbol{F}_1,\boldsymbol{F}_2,\cdots,\boldsymbol{F}_n$ 为同时作用在质点 M 上的 n 个力，其合力 $\boldsymbol{F}_\mathrm{R}=\sum \boldsymbol{F}_i$ 在质点无限小位移 $\mathrm{d}\boldsymbol{r}$ 上的元功为

$$\delta W=\boldsymbol{F}_\mathrm{R}\cdot \mathrm{d}\boldsymbol{r}=(\sum \boldsymbol{F}_i)\cdot \mathrm{d}\boldsymbol{r}=\sum(\boldsymbol{F}_i\cdot \mathrm{d}\boldsymbol{r})=\sum \delta W_i \tag{12-6a}$$

合力 $\boldsymbol{F}_\mathrm{R}$ 在有限路程 $\widehat{M_1M_2}$ 上的总功为

$$W=\int_{M_1}^{M_2}\boldsymbol{F}_\mathrm{R}\cdot \mathrm{d}\boldsymbol{r}=\sum\int_{M_1}^{M_2}\boldsymbol{F}_i\cdot \mathrm{d}\boldsymbol{r}=\sum W_i \tag{12-6b}$$

式(12-6)表明：合力所作的元功等于各分力的元功的代数和；合力在质点任一段路程中所作的功，等于各分力在同一段路程中所作的功的代数和。这称为合力之功定理。

四、几种常见力的功

1. 重力的功

质量为 m 的质点在地面附近沿任意轨迹曲线运动，所受到的重力 $\boldsymbol{mg}$ 可视为常力。取直角坐标系 $Oxyz$ 的 z 轴与 $\boldsymbol{mg}$ 方向相反，如图 12-3 所示。重力 $\boldsymbol{mg}$ 在各坐标轴上的投影为

$$F_x=0,\quad F_y=0,\quad F_z=-mg$$

应用式(12-4)，重力的元功为

$$\delta W=-mg\cdot \mathrm{d}z=\mathrm{d}(-mgz+C)\qquad(12\text{-}7\mathrm{a})$$

其中 C 为积分常数。

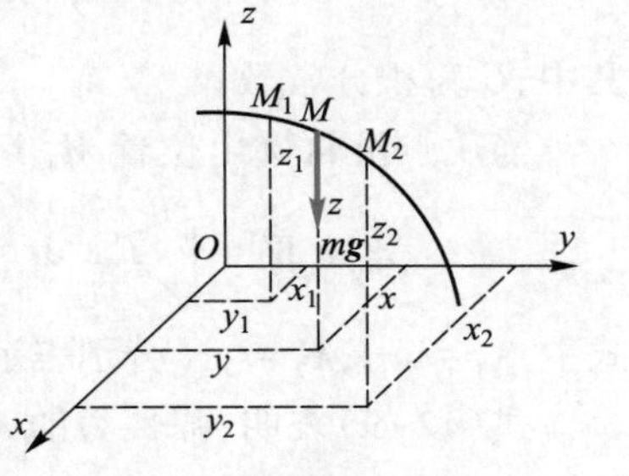

图 12-3

当质点沿轨迹由 $M_1(x_1,y_1,z_1)$ 运动到 $M_2(x_2,y_2,z_2)$ 时，重力所作的功为

$$W=\int_{z_1}^{z_2}\mathrm{d}(-mgz+C)=mg(z_1-z_2)=\pm mgh\qquad(12\text{-}7\mathrm{b})$$

式中，h 为质点运动始末位置高度差。式(12-7)表明：重力所作的元功为某一函数的全微分；重力所作的功与质点所沿的路径无关，只决定于质点运动的始末两位置的高度差。

对于质点系，其总重力 $\boldsymbol{mg}$ 在质点系的某一运动过程中所作的功为各质点的重力 $m_i\boldsymbol{g}$ 在对应过程中所作的功的代数和。即

$$W=\sum m_i g(z_{i1}-z_{i2})=mg(z_{C_1}-z_{C_2})=\pm mgh_C\qquad(12\text{-}8)$$

式中 z_{i1}、z_{i2} 及 z_{C_1}、z_{C_2} 分别为质点 m_i 及质点系质心 C 的始末位置的坐标，h_C 为质心 C 的始末位置高度差。上式表明：质点系重力所作的功与质点系中各质点所沿的路径无关，只决定于质点系质心运动的始末两位置的高度差。且质心下降，重力作正功；质心上升，重力作负功。

2. 弹力的功

设有一弹簧，自然长度为 l，一端固定于点 O，另一端系一质点 M，如图 12-4 所示。

当质点作任意曲线运动时，弹簧将发生变形(伸长或缩短)，因而对质点作用有弹性力 $\boldsymbol{F}$。根据胡克定律，在弹性限度内弹力的大小与弹簧的变形量 $\lambda=r-l$ 成正比，即

$$\boldsymbol{F}=-k(r-l)\cdot\frac{\boldsymbol{r}}{r}$$

其中，负号表示当弹簧受拉($r>l$) 时，弹性力 $\boldsymbol{F}$ 与质点径向单位矢量 $\boldsymbol{r}^0=\dfrac{\boldsymbol{r}}{r}$ 的方向相反；反之，当弹簧受压($r<l$)时，弹性力 $\boldsymbol{F}$ 与 $\boldsymbol{r}^0$ 的方向相同。而 k 为弹簧的刚度系数，它表示弹簧发生单位变形时所需的力的大小，其国际单位为 $\mathrm{N\cdot m^{-1}}$。

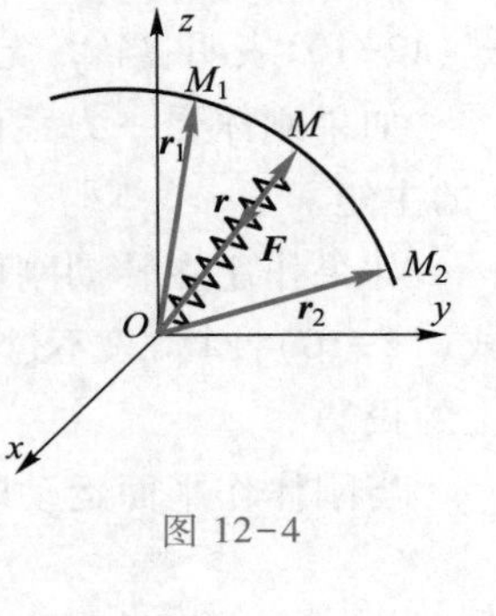

图 12-4

当质点运动时，应用式(12-2)，弹性力的元功为

$$\delta W = \boldsymbol{F} \cdot \mathrm{d}\boldsymbol{r} = -k(r-l) \cdot \frac{\boldsymbol{r}}{r} \cdot \mathrm{d}\boldsymbol{r} = -\frac{k(r-l)}{r} \cdot \mathrm{d}\left(\frac{\boldsymbol{r} \cdot \boldsymbol{r}}{2}\right)$$

$$= -\frac{k(r-l)}{r} \cdot \mathrm{d}\left(\frac{r^2}{2}\right) = -k(r-l) \cdot \mathrm{d}r = \mathrm{d}\left[-\frac{1}{2}k(r-l)^2 + C\right]$$

$$= \mathrm{d}\left(-\frac{1}{2}k\lambda^2 + C\right) \tag{12-9a}$$

其中，C 为积分常数。

当质点沿轨迹由位置 M_1 运动到 M_2 时，弹性力所作的功为

$$W = \int_{M_1}^{M_2} \boldsymbol{F} \cdot \mathrm{d}\boldsymbol{r} = \int_{\lambda_1}^{\lambda_2} \mathrm{d}\left(-\frac{1}{2}k\lambda^2 + C\right) = \frac{1}{2}k(\lambda_1^2 - \lambda_2^2) \tag{12-9b}$$

式中，$\lambda_1 = r_1 - l$，$\lambda_2 = r_2 - l$ 分别表示质点 M 在运动的始末位置 M_1 和 M_2 时弹簧的变形量。

式(12-9)表明：弹性力的元功是某一函数的全微分；弹性力的功只与质点运动的始末位置处的弹簧的变形量有关，而与质点所沿的路径无关。且当 $\lambda_1 > \lambda_2$ 时，弹性力作正功；当 $\lambda_1 < \lambda_2$ 时，弹性力作负功。

3. 作用于转动刚体上的力及力偶的功

设刚体绕固定轴 z 转动，一力 $\boldsymbol{F}$ 作用在刚体上 M 点，如图 12-5 所示。

若刚体有微小转角 $\mathrm{d}\varphi$，则 M 点有一微小位移 $\mathrm{d}s = r\mathrm{d}\varphi$，其中 r 是 M 点到转轴 z 的距离。由自然轴形式的元功可知，力 $\boldsymbol{F}$ 在位移 $\mathrm{d}s$ 上所作的元功为

$$\delta W = F_\tau \cdot \mathrm{d}s = F_\tau r \mathrm{d}\varphi$$

注意到 $F_\tau r = M_z(\boldsymbol{F})$ 是力 $\boldsymbol{F}$ 对于转轴 z 的矩。令 $M_z(\boldsymbol{F}) = M_z$，则

$$\delta W = M_z \mathrm{d}\varphi \tag{12-10a}$$

即作用在转动刚体上的力的元功等于该力对于转轴的力矩与刚体微小转角的乘积。

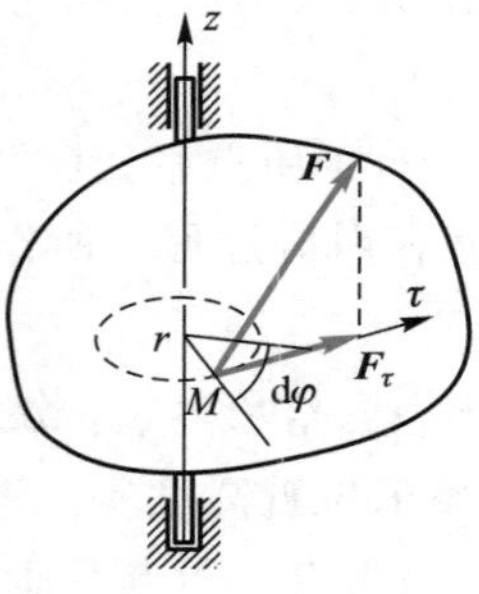

图 12-5

当刚体的转角由 φ_1 变为 φ_2 时，则力 $\boldsymbol{F}$ 所作的功为

$$W = \int_{\varphi_1}^{\varphi_2} M_z \mathrm{d}\varphi \tag{12-10b}$$

在刚体的转动过程中，若 M_z = 常量，则

$$W = M_z(\varphi_2 - \varphi_1) \tag{12-10c}$$

式(12-10)表明：当 M_z 与 φ 转向相同时，M_z 作正功；当 M_z 与 φ 转向相反时，M_z 作负功。

如果刚体受一力系作用，则式(12-10)中的 $M_z = \sum M_z(\boldsymbol{F}_i)$，也就是该力系对转轴 z 的主矩。

如果作用在转动刚体上的是力偶，则力偶在刚体的转动过程中所作的功仍可用式(12-10)计算，只不过其中 M_z 为力偶对转轴 z 的矩，或者说 M_z 为力偶矩矢 $\boldsymbol{M}$ 在 z 轴上的投影。

当刚体作平面运动时，作用于刚体上的力偶所作的功仍可由式(12-10)计算。

4. 摩擦力的功

一般情况下,摩擦力起着阻碍物体运动的作用,即摩擦力方向与其作用点的运动方向相反,所以摩擦力作负功;但有时摩擦力对物体起着主动力的作用,即摩擦力方向与作用点运动方向相同,作正功。摩擦力功的大小由式(12-2)及式(12-5)计算。但如果刚体在固定轨道上做无滑动的滚动时,由于刚体与固定轨道接触点为刚体的速度瞬心,因而该点的速度为零。同时该点也为摩擦力作用点,故

$$\delta W=\boldsymbol{F}\cdot \mathrm{d}\boldsymbol{r}=\boldsymbol{F}\cdot \boldsymbol{v}\mathrm{d}t=0$$

可见,刚体沿固定轨道做纯滚动时,其接触点处的摩擦力不作功。

5. 内力的功

内力虽然是成对出现的,但它们的功之和一般不等于零。例如,内燃机气缸中气体膨胀的压力对内燃机来说是内力,由于此内力推动活塞而作功,使机器不断地运转。但也有一些内力的功之和等于零。现就一般情况进行分析。

设质点系内任意两质点 A、B,其相互作用的力(内力)为 $\boldsymbol{F}$ 及 $\boldsymbol{F}'$,自然 $\boldsymbol{F}=-\boldsymbol{F}'$。令 A、B 两点相对于固定点 O 的矢径分别为 $\boldsymbol{r}_A$ 和 $\boldsymbol{r}_B$,A 点相对于 B 点的矢径为 $\boldsymbol{r}_{AB}$,如图 12-6 所示。则有

$$\boldsymbol{r}_{AB}=\boldsymbol{r}_A-\boldsymbol{r}_B$$

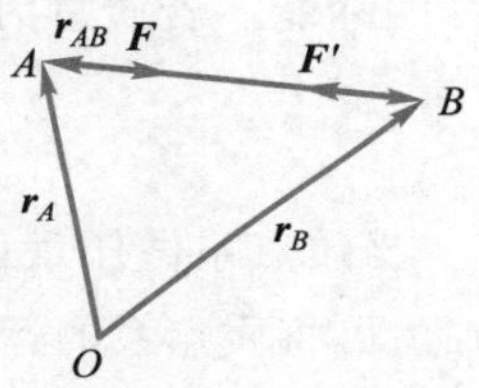

图 12-6

当质点 A 及 B 各发生位移 $\mathrm{d}\boldsymbol{r}_A$ 和 $\mathrm{d}\boldsymbol{r}_B$ 时,内力 $\boldsymbol{F}$ 及 $\boldsymbol{F}'$ 的元功之和为

$$\begin{aligned}\sum \delta W&=\boldsymbol{F}\cdot \mathrm{d}\boldsymbol{r}_A+\boldsymbol{F}'\cdot \mathrm{d}\boldsymbol{r}_B=\boldsymbol{F}\cdot \mathrm{d}\boldsymbol{r}_A-\boldsymbol{F}\cdot \mathrm{d}\boldsymbol{r}_B\\&=\boldsymbol{F}\cdot(\mathrm{d}\boldsymbol{r}_A-\mathrm{d}\boldsymbol{r}_B)=\boldsymbol{F}\cdot \mathrm{d}(\boldsymbol{r}_A-\boldsymbol{r}_B)=\boldsymbol{F}\cdot \mathrm{d}\boldsymbol{r}_{AB}\end{aligned}$$

式中,$\mathrm{d}\boldsymbol{r}_{AB}$表示矢量 $\boldsymbol{r}_{AB}$的改变,包括大小和方向的改变。由上式可知,只要 A、B 两点之间的距离保持不变,即 $\boldsymbol{F}$ 与 $\mathrm{d}\boldsymbol{r}_{AB}$垂直,内力的功之和就等于零。反之,若 A、B 两点之间的距离发生改变,即 $\boldsymbol{F}$ 与 $\mathrm{d}\boldsymbol{r}_{AB}$不垂直,则内力的功之和就不等于零。

据此可知,刚体内各质点间相互作用的内力的功之和恒等于零。

以上讨论了几种常见力的功。对于非自由物体,运动时还受有约束力。一般常见约束的约束力作功之和为零。例如,不可伸长的柔索、刚性杆、光滑面、光滑铰链和光滑轴承等构成的约束。

§12-2 动能

一、质点的动能

设质点 M 的质量为 m,在某一位置(或瞬时)的速度大小为 v,则$\frac{1}{2}mv^2$ 称为质点

M 在该位置(或该瞬时)的动能,用 T 表示,即

$$T=\frac{1}{2}mv^2 \tag{12-11}$$

动能是非负的标量,动能的量纲为

$$\dim T=\dim mv^2=\mathrm{ML^2T^{-2}}$$

可见,动能与功的量纲相同,因而动能的单位也可用与功相同的单位。

注:动能和动量都是表征物体机械运动强弱的物理量,前者与质点的速度的平方成正比,是一个标量;后者与质点的速度的一次方成正比,是一个矢量。它们是质点机械运动的两种度量。

二、质点系的动能

质点系在某一位置(或瞬时)时各质点的动能之和称为质点系在该位置(或该瞬时)的动能。若质量为 m_i 的质点 M_i 在该位置时的速度大小为 v_i,则质点系的动能为

$$T=\sum\frac{1}{2}m_iv_i^2 \tag{12-12}$$

当质点系做任意运动时,直接利用式(12-12)计算质点系的动能可能较为繁杂。为此,可将质点系的运动分解为随质心 C 的平移和相对于质心 C 的运动,据此来计算质点系的动能往往比较方便。

设质点系质心 C 的速度为 $\boldsymbol{v}_C$,质点系内任一质点 M_i 相对于质心 C 的速度为 $\boldsymbol{v}_{ir}$,则根据速度合成定理,M_i 的绝对速度为

$$\boldsymbol{v}_i=\boldsymbol{v}_C+\boldsymbol{v}_{ir}$$

于是质点系的动能为

$$\begin{aligned}T&=\sum\frac{1}{2}m_iv_i^2=\frac{1}{2}\sum m_i\boldsymbol{v}_i\cdot\boldsymbol{v}_i=\frac{1}{2}\sum m_i(\boldsymbol{v}_C+\boldsymbol{v}_{ir})\cdot(\boldsymbol{v}_C+\boldsymbol{v}_{ir})\\&=\frac{1}{2}\sum m_i(\boldsymbol{v}_C\cdot\boldsymbol{v}_C+2\boldsymbol{v}_C\cdot\boldsymbol{v}_{ir}+\boldsymbol{v}_{ir}\cdot\boldsymbol{v}_{ir})\\&=\frac{1}{2}(\sum m_i)v_C^2+\boldsymbol{v}_C\cdot\sum m_i\boldsymbol{v}_{ir}+\frac{1}{2}\sum m_iv_{ir}^2\end{aligned}$$

但由于 $\sum m_i=m$ 为整个质点系的质量,同时 $\sum m_i\boldsymbol{v}_{ir}=m\boldsymbol{v}_{Cr}=\boldsymbol{0}$,因为质心相对于跟随其本身的平移参考系的速度 v_{Cr} 恒等于零。于是有

$$T=\frac{1}{2}mv_C^2+\sum\frac{1}{2}m_iv_{ir}^2 \tag{12-13}$$

式(12-13)中右边第一项是质点系随同质心 C 平移的动能,第二项是质点系相对于质心 C 运动的动能,即质点系的动能等于质点系随同质心 C 平移的动能与质点系相对于质心 C 运动的动能之和,这称为柯尼希定理。应当注意,只有当动坐标系随质心 C 平移时此定理才成立。

三、刚体的动能

刚体是工程中常见的质点系，下面分别介绍刚体做平移、定轴转动和平面运动时的动能。

1. 平移刚体的动能

当刚体做平移时，同一瞬时，其上各点的速度相同，用质心的速度 $\boldsymbol{v}_C$ 表示，即 $\boldsymbol{v}_i=\boldsymbol{v}_C$。因此，平移刚体的动能为

$$T=\sum\frac{1}{2}m_iv_i^2=\frac{1}{2}\left(\sum m_i\right)v_C^2=\frac{1}{2}mv_C^2 \tag{12-14}$$

式中，$m=\sum m_i$ 是整个刚体的质量。即平移刚体的动能，等于刚体的总质量与刚体平移速度的平方乘积的一半。

2. 定轴转动刚体的动能

设刚体在某瞬时绕固定轴 z 转动的角速度为 ω，则与转动轴相距为 r_i，质量为 m_i 的质点的速度大小为 $v_i=r_i\omega$。于是，刚体绕固定轴转动的动能为

$$T=\sum\frac{1}{2}m_iv_i^2=\sum\frac{1}{2}m_ir_i^2\omega^2=\frac{1}{2}\left(\sum m_ir_i^2\right)\omega^2=\frac{1}{2}J_z\omega^2 \tag{12-15}$$

式中，$J_z=\sum m_ir_i^2$ 是刚体对于转动轴 z 的转动惯量。即定轴转动刚体的动能，等于刚体对于转动轴 z 的转动惯量与刚体转动角速度的平方乘积的一半。

3. 平面运动刚体的动能

刚体的平面运动可以分解为随质心 C 的平移和绕通过质心 C 且垂直于运动平面的轴的转动。因此，根据柯尼希定理并结合式(12-15)，可得刚体做平面运动时的动能为

$$T=\frac{1}{2}mv_C^2+\frac{1}{2}J_C\omega^2 \tag{12-16}$$

式中，J_C 是刚体对过质心 C 且垂直于运动平面的轴的转动惯量；ω 是刚体的角速度。

若平面图形所在平面上 C^* 点为该平面图形在某瞬时的速度瞬心，ω 为图形在该瞬时的角速度，则刚体质心 C 的速度大小为 $v_C=CC^*\cdot\omega$。CC^* 是质心 C 到过 C^* 垂直于图平面的轴的距离。于是式(12-18)可改写为

$$T=\frac{1}{2}m\cdot CC^{*2}\cdot\omega^2+\frac{1}{2}J_C\omega^2=\frac{1}{2}(J_C+m\cdot CC^{*2})\cdot\omega^2=\frac{1}{2}J_{C^*}\omega^2 \tag{12-17}$$

由转动惯量的平行轴定理可知，式中 $J_{C^*}=J_C+m\cdot CC^{*2}$ 为刚体对于过速度瞬心且垂直于运动平面的轴的转动惯量。即做平面运动刚体的动能，等于刚体随质心平移的动能与绕质心转动的动能之和；或等于刚体绕速度瞬心轴作瞬时转动的动能。

§12-3

质点系的动能定理

前面讨论了力的功、质点和质点系动能的计算，现在研究质点系动能的变化与作用力（包括全部外力和内力）所作的功之间的关系，即动能定理。动能定理有微分形式和积分形式两种表达方式。

一、微分形式的动能定理

设质点系中任一质点 M_i 的质量为 m_i，某瞬时弧坐标微小改变量为 $\mathrm{d}s_i$，速度为 $\boldsymbol{v}_i$，切向加速度代数量为 $a_{i\tau}$，作用于该质点的所有力的合力 $\boldsymbol{F}_i$ 在其运动轨迹的切线上投影为 $F_{i\tau}$，由牛顿第二定律有 $F_{i\tau}=m_i a_{i\tau}$，则由 $T=\sum\frac{1}{2}m_i v_i^2$，有

$$\frac{\mathrm{d}T}{\mathrm{d}t}=\sum m_i v_i a_{i\tau}=\sum(m_i a_{i\tau})\cdot\frac{\mathrm{d}s_i}{\mathrm{d}t}$$

或

$$\mathrm{d}T=\sum F_{i\tau}\cdot\mathrm{d}s_i=\sum\delta W_i \tag{12-18}$$

式中，$\delta W_i=F_{i\tau}\cdot\mathrm{d}s_i$ 为作用于质点 M_i 上所有力的元功之和。上式表明：质点系动能的微小改变量，等于作用于质点系上所有力的元功的代数和。这称为微分形式的质点系动能定理。

二、积分形式的动能定理

当质点系由位置 1 运动到位置 2 时，并以 T_1 和 T_2 分别表示质点系在这两个位置时的动能，将式（12-18）两边对相应的上、下限求积分，得

$$T_2-T_1=\sum W_i \tag{12-19}$$

上式表明：在某一运动过程中，质点系动能的改变量，等于作用于质点系上的所有力在同一运动过程中所作的功的代数和。这称为积分形式的质点系动能定理。

注：质点是质点系的一个特殊情况，故动能定理也适用于质点。

下面举例说明动能定理的应用。

[例 12-1] 质量为 m 的重物 A 置于倾角为 θ 的有摩擦斜面上，重物与斜面间的摩擦因数为 $f=\tan\varphi_{\mathrm{m}}$，重物 A 用刚度系数为 k 的弹簧系住，如图 12-7 所示。弹簧轴线与斜面平行。当弹簧处于自然长度时，将重物 A 由静止放开，求重物 A 沿斜面下滑的

最大距离 s_m。

[解]　以重物 A 为研究对象，重物 A 在运动过程中所受的力有重力 $m\boldsymbol{g}$、弹力 $\boldsymbol{F}_T$、斜面法向约束力 $\boldsymbol{F}_N$ 和摩擦力 $\boldsymbol{F}_d$。其中，只有 $\boldsymbol{F}_N$ 不作功。摩擦力的大小为 $F_d = fmg\cos\theta$。

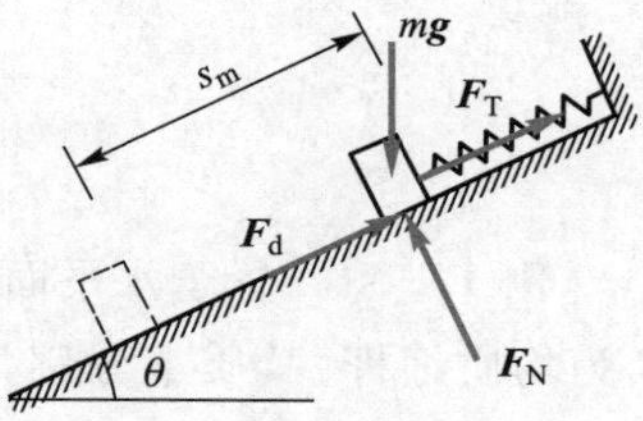

图 12-7

当重物 A 由静止沿斜面下滑到最大距离 s_m 时，重力、弹力、摩擦力所作功之和为

$$\sum W_i = mgs_m\sin\theta - \frac{1}{2}ks_m^2 - fmg\cos\theta \cdot s_m$$

因重物 A 初速度为零，而沿斜面下滑到最大距离 s_m 处时速度也为零，故

$$T_1 = 0,\quad T_2 = 0$$

由动能定理的积分形式 $T_2 - T_1 = \sum W_i$，有

$$mgs_m\sin\theta - \frac{1}{2}ks_m^2 - fmg\cos\theta \cdot s_m = 0$$

解得

$$s_{m1} = 0,\quad s_{m2} = \frac{2mg(\sin\theta - f\cos\theta)}{k}$$

其中，$s_{m1} = 0$ 表示 $\theta \leqslant \arctan f = \varphi_m$ 时，重物自锁。欲使重物沿斜面下滑，须 $s_{m2} > 0$，有 $\tan\theta > f$，即 $\theta > \varphi_m$。

[例 12-2]　一条质量为 m，长度为 l 的链条，放在光滑水平桌面上，有长为 b 的一段悬挂下垂，如图 12-8 所示。设链条开始时处于静止，在自重作用下运动。若链条可视为均质，且在离开桌面之前，均与桌面保持接触。当末端滑离桌面时，求链条的速度。

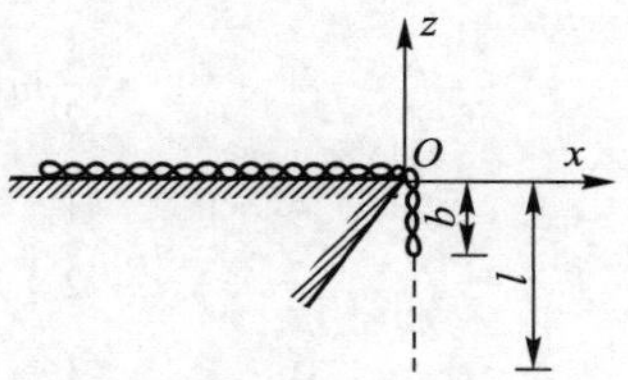

图 12-8

[解]　以链条为对象，这是一个质点系动力学问题，用动能定理求解。建立如图 12-8 所示 Oxz 直角坐标系。质点系所受的力有重力、桌面约束力（图中均未画出）。由于链条各环间相对距离不变，内力不作功，故作功的力只有重力。

初瞬时，链条质心 C 的 z 坐标为 $z_{C1} = -\dfrac{b^2}{2l}$，链条速度为零。

链条末端离开桌面瞬时，质心 C 的 z 坐标为 $z_{C2} = -\dfrac{l}{2}$，链条速度大小为 v。则有

$$\sum W_i = mg(z_{C1} - z_{C2}) = \frac{mg(l^2 - b^2)}{2l}$$

$$T_1 = 0,\quad T_2 = \frac{1}{2}mv^2$$

由动能定理的积分形式 $T_2 - T_1 = \sum W_i$，有

$$\frac{1}{2}mv^2 = \frac{mg(l^2 - b^2)}{2l}$$

解得

$$v=\sqrt{gl\left(1-\frac{b^2}{l^2}\right)}$$

[例 12-3]　置于水平面内的椭圆规尺机构，如图 12-9 所示。设曲柄 OC 和规尺 AB 为均质细杆，其质量分别为 m_1 和 $2m_1$，且 $OC=AC=BC=l$。滑块 A 和 B 的质量均为 m_2。在曲柄 OC 上作用矩为 M 的常力偶，不计摩擦。试求曲柄 OC 转动的角加速度 α。

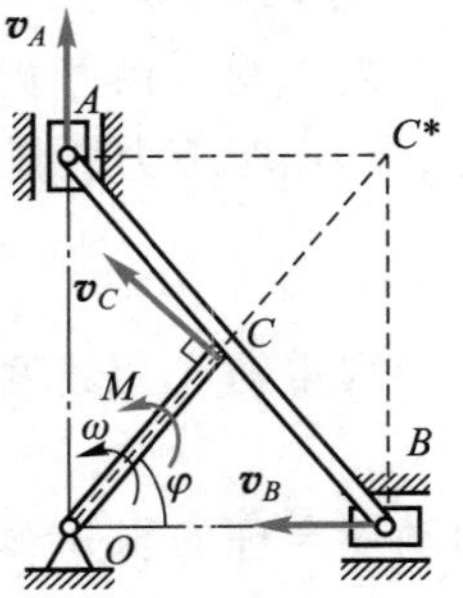

图 12-9

[解]　以机构为研究对象，其中滑块 A、B 做直线平移，OC 杆做定轴转动，AB 杆做平面运动。系统所受的重力、约束力及内力均不作功，只有矩为 M 的常力偶作功。设任意 φ 角时，曲柄 OC 的角速度为 ω，则由运动学知，AB 杆速度瞬心为 C^*，其角速度为 $\omega_{AB}=\omega$，而滑块 A、B 的速度大小分别为

$$v_A=2l\cos\varphi\cdot\omega,\quad v_B=2l\sin\varphi\cdot\omega$$

本例题中，机构运动的初始状态未知，因此拟采用动能定理的微分形式求解。

图示瞬时，设曲柄 OC 有微小角位移 $\mathrm{d}\varphi$，则所有力所作的元功之和为

$$\sum\delta W_i=M\cdot\mathrm{d}\varphi$$

任意瞬时，系统动能为

$$\begin{aligned}T&=\frac{1}{2}m_Av_A^2+\frac{1}{2}m_Bv_B^2+\frac{1}{2}J_O\omega^2+\frac{1}{2}J_{C^*}\omega_{AB}^2\\&=\frac{1}{2}m_2(2l\cos\varphi\cdot\omega)^2+\frac{1}{2}m_2(2l\sin\varphi\cdot\omega)^2+\frac{1}{2}\left(\frac{1}{3}m_1l^2\right)\omega^2+\\&\quad\frac{1}{2}\left[\frac{1}{12}(2m_1)(2l)^2+2m_1\cdot l^2\right]\omega^2\\&=\frac{1}{2}(3m_1+4m_2)l^2\omega^2\end{aligned}$$

由微分形式的质点系动能定理 $\mathrm{d}T=\sum\delta W_i$，有

$$(3m_1+4m_2)l^2\omega\mathrm{d}\omega=M\cdot\mathrm{d}\varphi$$

上式两端同除以 $\mathrm{d}t$，并考虑到运动学关系 $\omega=\frac{\mathrm{d}\varphi}{\mathrm{d}t}$，$\alpha=\frac{\mathrm{d}\omega}{\mathrm{d}t}$，于是求得曲柄 OC 的角加速度 α 为

$$\alpha=\frac{M}{(3m_1+4m_2)l^2}$$

可见，角加速度 α 为一常量，即曲柄做匀加速转动。

[例 12-4]　如图 12-10a 所示，轮 A 沿倾角为 θ 的斜面无滑动地滚动，轮 B 绕过其轮心的固定水平轴 B 转动，轮 A 和轮 B 的质量均为 m，半径均为 R，且都可视为均质圆轮；物块 C 的质量为 m_1。一不可伸长且不计质量的绳绕过轮 B，两端分别与轮 A 中心和物块 C 相连，绳和轮 B 之间无相对滑动。轴承 B 处的摩擦不计。求物块 C 在下

降过程中：(1) C 块的加速度；(2) A、B 轮间绳子的张力及轴承 B 的约束力；(3) 轮 A 沿斜面只滚不滑的条件。

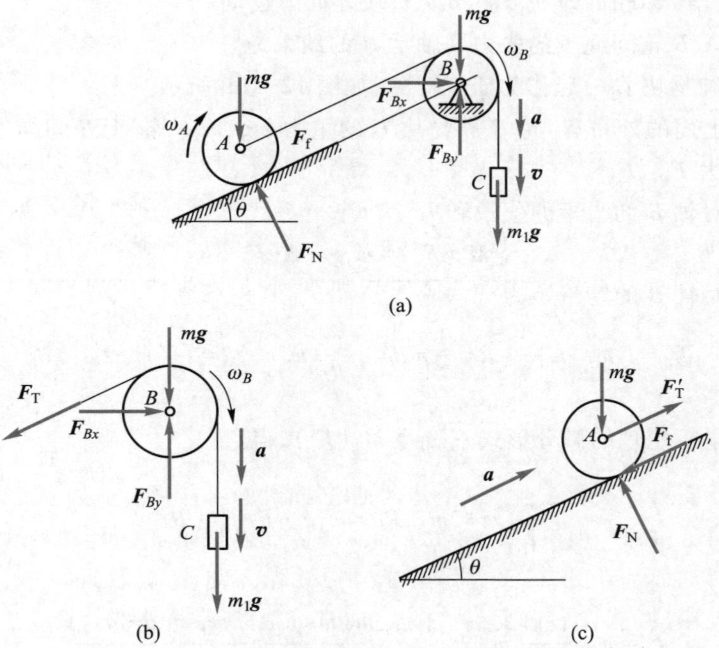

图 12-10

[解]　(1) 求 C 块的加速度

以整个系统为研究对象，如图 12-10a 所示。系统在运动过程中，只有物块 C 和轮 A 的重力作功。任意瞬时 t，设物块 C 下降微小距离 $\mathrm{d}s$，则轮 A 质心沿斜面上移 $\mathrm{d}s$，于是作用于系统上的所有力的元功之和为

$$\sum \delta W_i = m_C g \cdot \mathrm{d}s - m_A g \cdot \mathrm{d}s\sin\theta = (m_1 - m\sin\theta) g \cdot \mathrm{d}s$$

此时，物块 C 的速度设为 $\boldsymbol{v}$，则轮 A 和轮 B 转动的角速度为 $\omega_A = \omega_B = v/R$，轮 A 质心的速度大小为 $v_A = v$，于是系统的动能为

$$\begin{aligned} T &= \frac{1}{2}m_A v_A^2 + \frac{1}{2}J_A\omega_A^2 + \frac{1}{2}J_B\omega_B^2 + \frac{1}{2}m_C v^2 \\ &= \frac{1}{2}mv^2 + \frac{1}{2}\cdot\frac{1}{2}mR^2\cdot\left(\frac{v}{R}\right)^2 + \frac{1}{2}\cdot\frac{1}{2}mR^2\cdot\left(\frac{v}{R}\right)^2 + \frac{1}{2}m_1 v^2 \\ &= \frac{1}{2}(2m + m_1)v^2 \end{aligned}$$

根据动能定理的微分形式 $\mathrm{d}T = \sum \delta W_i$，有

$$(2m + m_1)v\cdot\mathrm{d}v = (m_1 - m\sin\theta)g\cdot\mathrm{d}s \tag{a}$$

式(a)两边同除以 $\mathrm{d}t$，且注意到 $\frac{\mathrm{d}v}{\mathrm{d}t} = a$，$\frac{\mathrm{d}s}{\mathrm{d}t} = v$，整理得

$$a=\frac{m_1-m\sin\theta}{2m+m_1}g \tag{b}$$

结果表明:仅当 $a>0$ 时,即 $m_1>m\sin\theta$,C 块才向下运动。

(2) 求 A、B 轮间绳子的张力及轴承 B 的约束力

以轮 B 和物块 C 一起作为研究对象,如图 12-10b 所示。

作用在上面的外力有:轮 B 和物块 C 的重力 $m\boldsymbol{g}$、$m_1\boldsymbol{g}$,轮 A、B 间绳的张力 $\boldsymbol{F}_{\mathrm{T}}$,轴承 B 的约束力 $\boldsymbol{F}_{Bx}$、$\boldsymbol{F}_{By}$。

外力系对轴 B 的力矩的代数和为

$$\sum M_B(F_i^{\mathrm{e}})=m_1g\cdot R-F_{\mathrm{T}}\cdot R$$

质点系对轴 B 的动量矩为

$$L_B=J_B\omega_B+m_1v\cdot R=\frac{1}{2}mR^2\cdot\frac{v}{R}+m_1v\cdot R=\frac{1}{2}(m+2m_1)Rv$$

根据动量矩定理的微分形式 $\frac{\mathrm{d}L_B}{\mathrm{d}t}=\sum M_B(F_i^{\mathrm{e}})$,得

$$\frac{1}{2}(m+2m_1)Ra=m_1g\cdot R-F_{\mathrm{T}}\cdot R$$

解得

$$F_{\mathrm{T}}=m_1g-\frac{1}{2}(m+2m_1)a=\frac{m(m\sin\theta+2m_1\sin\theta+3m_1)}{2(2m+m_1)}g \tag{c}$$

根据质心运动定理 $\sum m_i\boldsymbol{a}_i=\sum\boldsymbol{F}_i^{\mathrm{e}}$,有

$$0=F_{Bx}-F_{\mathrm{T}}\cos\theta$$

$$m_1a=mg+m_1g+F_{\mathrm{T}}\sin\theta-F_{By}$$

解得

$$F_{Bx}=F_{\mathrm{T}}\cos\theta=\frac{m(m\sin\theta+2m_1\sin\theta+3m_1)}{2(2m+m_1)}g\cos\theta$$

$$F_{By}=mg+m_1g+F_{\mathrm{T}}\sin\theta-m_1a$$

上式中 a、F_{T} 分别由式(b)、(c)给定。

(3) 求轮 A 沿斜面只滚不滑的条件

以轮 A 为研究对象,如图 12-10c 所示。

轮 A 所受外力有:重力 $m\boldsymbol{g}$,绳子张力 $\boldsymbol{F}'_{\mathrm{T}}$,斜面法向约束力 $\boldsymbol{F}_{\mathrm{N}}$ 和摩擦力 $\boldsymbol{F}_{\mathrm{f}}$。

根据质心运动定理 $\sum m_i\boldsymbol{a}_i=\sum\boldsymbol{F}_i^{\mathrm{e}}$,两端向平行于斜面和垂直于斜面方向投影,有

$$ma=F'_{\mathrm{T}}-mg\sin\theta-F_{\mathrm{f}}$$

$$0=F_{\mathrm{N}}-mg\cos\theta$$

将式(b)、(c)代入解得

$$F_{\mathrm{f}}=\frac{1}{2}ma=\frac{m(m_1-m\sin\theta)}{2(2m+m_1)}g,\quad F_{\mathrm{N}}=mg\cos\theta$$

欲使轮 A 沿斜面只滚不滑,必须 $F_{\mathrm{f}}\leqslant fF_{\mathrm{N}}$,故轮与斜面间的摩擦因数为

$$f \geqslant \frac{m_1 - m\sin\theta}{2(2m+m_1)\cos\theta}$$

通过上述各例的分析可知,应用动能定理求解动力学问题的步骤如下:

(1) 根据题意选择合适的研究对象、并选定应用动能定理的一段过程。

(2) 分析作用于质点系或质点的力,计算各力在选定过程中所作的功,并求它们的代数和。

(3) 分析质点系或质点的运动,计算质点系或质点在选定过程的起点和终点的动能。

(4) 应用动能定理建立方程,求解未知量。

§12-4 势力场 · 势能 · 机械能守恒定律

一、势力场

如果存在某一部分空间,当质点进入该部分空间时,就受到一个大小和方向都完全由所在位置确定的力的作用,则这部分空间称为力场。例如,质点在地球表面附近的任何位置都要受到一个确定的重力的作用,我们称地球表面附近的这部分空间为重力场。当质点离地面较远时,质点将受到万有引力的作用,引力的大小和方向也完全决定于质点的位置,所以这部分空间称为万有引力场。

当质点在某力场中运动时,如果作用于质点的力所作的功只与质点的起始位置和终了位置有关,而与质点运动的路径无关,则该力场称为势力场。在势力场中质点所受的力称为有势力,简称势力。我们已经知道,重力、弹性力的功都与质点运动路径无关,所以它们都是有势力,相应的力场都是势力场。

势力的功与质点运动时所沿路径无关,而只与质点的始末位置有关这一特征,是由于势力的元功可表示为与质点位置有关的某个函数的全微分的缘故。如以 $-U(x, y,z)$ 表示该函数(函数的自变量 x、y、z 为确定质点位置的坐标),则有

$$\delta W = \mathrm{d}(-U) = -\mathrm{d}U = -\left(\frac{\partial U}{\partial x}\mathrm{d}x + \frac{\partial U}{\partial y}\mathrm{d}y + \frac{\partial U}{\partial z}\mathrm{d}z\right) \tag{12-20}$$

函数 $U(x,y,z)$ 称为势函数。

当质点在势力场中从位置 M_1 运动到 M_2 时,有势力的功为

$$W = \int_{M_1}^{M_2} \delta W = -\int_{U_1}^{U_2} \mathrm{d}U = U_1 - U_2 \tag{12-21}$$

其中,U_1 和 U_2 分别表示势函数在位置 M_1 和 M_2 时的值。式(12-21)表明:质点在势力场中运动时,有势力的功等于质点在其运动的始末位置的势函数值之差。

将式(12-4)和式(12-20)比较,得

$$\left.\begin{aligned}F_x=-\frac{\partial U}{\partial x}\\F_y=-\frac{\partial U}{\partial y}\\F_z=-\frac{\partial U}{\partial z}\end{aligned}\right\}\tag{12-22}$$

即有势力在直角坐标系的某一轴上的投影,等于势函数对于对应坐标的偏导数并冠以负号。

显然,势函数 $U(x,y,z)$ 对坐标的偏导数 $\frac{\partial U}{\partial x}$、$\frac{\partial U}{\partial y}$ 和 $\frac{\partial U}{\partial z}$ 也是质点位置坐标的函数,故式(12-22)验证了质点所受有势力的大小和方向完全取决于质点在势力场中的位置。

二、势能

比较式(12-21)和式(12-19)可知,势函数与动能是同等量,但势函数与运动无关,仅决定于质点在势力场中的相对位置。

在势力场中,质点从点 $M(x,y,z)$ 运动到任选的基准点 $M_0(x_0,y_0,z_0)$,有势力所作的功称为质点在点 M 相对于基准点 M_0 的势能。以 V 表示为

$$V=W_{M\to M_0}=\int_M^{M_0}\boldsymbol{F}\cdot\mathrm{d}\boldsymbol{r}=\int_M^{M_0}(F_x\mathrm{d}x+F_y\mathrm{d}y+F_z\mathrm{d}z)=U-U_0\tag{12-23}$$

通常取基准点 M_0 的势能等于零,我们称它为零势能点或零势位置。在势力场中,势能的大小总是相对于零势位置而言的。零势位置 M_0 可以任意选取,对于不同的零势位置,在势力场中同一位置的势能可有不同的数值。

如令 $V(x,y,z)=C$,则由数学可知,这一方程表示某一曲面(或平面),无论质点位于该面上任何位置时,其势能都相等,因而称该面为等势面。由式(12-23)知,等势面上各点的势函数值相等。给予不同的 C 值,可以得到一族等势面。若取 $C=0$,则这个曲面就是经过零势位置的等势面,并称为零势面。质点在零势面上任何位置的势能都等于零。所以,零势面上任何一处都可作为零势位置。由式(12-21)知,当质点在等势面上运动时,有势力的功恒等于零。这表明有势力的方向恒与等势面垂直。

下面分别计算重力势能和弹性力势能。

1. 重力势能

在重力场中,任选一点 O 为坐标原点,并令 z 轴铅垂向上。取 $M_0(x_0,y_0,z_0)$ 为重力势能的零势位置,则质量为 m 的质点在 $M(x,y,z)$ 位置时具有的重力势能为

$$V=W_{M\to M_0}=mg(z-z_0)\tag{12-24}$$

其中,z 及 z_0 分别为质点在给定位置和零势位置时的位置坐标。同时可知,重力场中等势面为水平面。

对于质点系，则有

$$V=mg(z_C-z_{C0}) \tag{12-25}$$

其中，m 为质点系的总质量；z_C 及 z_{C0} 分别为质点系在给定位置和零势位置时的质心位置坐标。

2. 弹性力势能

设弹簧一端固定，另一端与质点相连，弹簧的刚度系数为 k。取弹簧自然长度时质点所在位置 M_0 为零势位置，则质点在任意位置 M 时的弹性力势能为

$$V=W_{M\to M_0}=\frac{1}{2}k\lambda^2 \tag{12-26}$$

其中，λ 为质点在位置 M 时弹簧的变形量。

三、机械能守恒定律

设质点系在运动过程中只有势力作功。当质点系从第一位置 M_1 运动到第二位置 M_2 时，根据动能定理

$$T_2-T_1=\sum W_{iM_1\to M_2} \tag{a}$$

考虑到势力所作的功与其作用点所沿路径无关。可以认为，质点 M_i 先从位置 M_{i1} 运动到零势位置 M_{i0}，再运动到位置 M_{i2}。则式(a)可写成

$$T_2-T_1=\sum W_{iM_1\to M_2}=\sum W_{iM_1\to M_0}+\sum W_{iM_0\to M_2}$$

再结合式(12-23)有

$$T_2-T_1=\sum V_{i1}-\sum V_{i2}=V_1-V_2$$

或

$$T_1+V_1=T_2+V_2 \tag{12-27}$$

其中，$V_1=\sum V_{i1}$ 为质点系在第一位置时的势能；$V_2=\sum V_{i2}$ 为质点系在第二位置时的势能。而质点系在某位置时的动能和势能的代数和 $T+V$ 称为机械能。式(12-27)就是机械能守恒定律的数学表达式，即质点系在运动过程中只有势力作功时，其机械能保持不变。这样的质点系称为保守系统。所以势力又称为保守力，势力场称为保守力场。

如果质点系有非保守力作功，则称为非保守系统。非保守系统的机械能是不守恒的。质点系在有非保守力作功时，将机械能转化为其他形式（如热能、声能、电能、光能等）的能量，或将其他形式的能量转化为机械能。但从广义的能量关系看，无论什么系统，总能量是不变的。在质点系的运动过程中，机械能和其他形式的能量之和仍保持不变，这就是能量守恒定律。

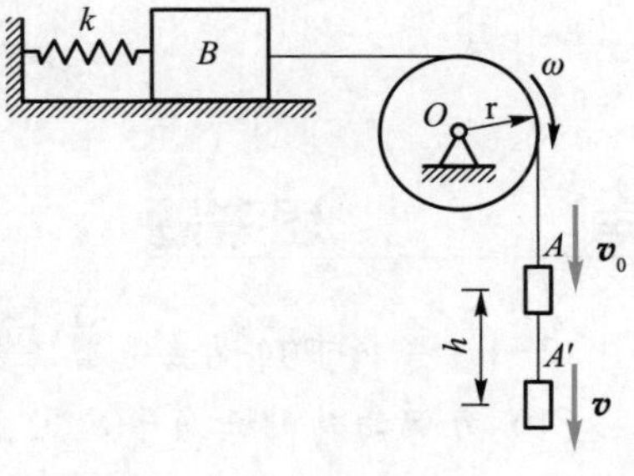

图 12-11

［例 12-5］ 图 12-11 所示系统中，物块 A 质量为 m_1，定滑轮 O 质量为 m_2，半径为 r，可视为均质圆盘；滑块 B 质量为 m_3，置于光滑水平面上；弹

簧刚度系数为 k，绳与滑轮间无相对滑动。轴承 O 处摩擦不计。当系统处于静平衡时，若给 A 块以向下的速度 v_0，试求 A 块下降距离为 h 时的速度。

［解］ 以整个系统为研究对象。在系统运动过程中，只有重力和弹力作功，故系统机械能守恒。

选弹簧处于自然长度时的末端为弹性力势能的零势位置；选各物体处于静平衡时，各自质心所在水平面位置为各物体的重力势能零势位置。而取静平衡时为第一位置，物块 A 下降距离 h 时系统所在位置为第二位置。

第一位置时，弹簧的变形量为 $\lambda_1=m_1g/k$，A 块的速度为 v_0，B 块的速度为 $v_{B1}=v_0$，滑轮 O 的角速度为 $\omega_1=v_0/r$。则系统的动能和势能分别为

$$T_1=\frac{1}{2}m_Av_0^2+\frac{1}{2}m_Bv_{B1}^2+\frac{1}{2}J_O\omega_1^2$$

$$=\frac{1}{2}m_1v_0^2+\frac{1}{2}m_3v_0^2+\frac{1}{2}\cdot\frac{1}{2}m_2r^2\cdot\left(\frac{v_0}{r}\right)^2$$

$$=\frac{1}{4}(2m_1+m_2+2m_3)v_0^2$$

$$V_1=\frac{1}{2}k\lambda_1^2$$

第二位置时，弹簧的变形量为 $\lambda_2=\lambda_1+h$。设 A 块速度为 v，则 B 块速度为 $v_{B2}=v$，滑轮 O 的角速度为 $\omega_2=v/r$。系统的动能和势能分别为

$$T_2=\frac{1}{2}m_Av^2+\frac{1}{2}m_Bv_{B2}^2+\frac{1}{2}\left(\frac{1}{2}m_2r^2\right)\omega_2^2$$

$$=\frac{1}{4}(2m_1+m_2+2m_3)v^2$$

$$V_2=\frac{1}{2}k\lambda_2^2-m_Agh=\frac{1}{2}k(\lambda_1+h)^2-m_1gh$$

根据机械能守恒定律 $T_1+V_1=T_2+V_2$，得

$$\frac{1}{4}(2m_1+m_2+2m_3)v_0^2+\frac{1}{2}k\lambda_1^2=\frac{1}{4}(2m_1+m_2+2m_3)v^2+\frac{1}{2}k(\lambda_1+h)^2-m_1gh$$

解得物块 A 下降 h 时的速度为

$$v=\sqrt{v_0^2-\frac{2kh^2}{2m_1+m_2+2m_3}}$$

思考题

12-1 分析下列说法是否正确：

（1）力偶的功的正负号决定于力偶的转向，逆时针为正，顺时针为负；

（2）元功 $\delta W=F_x\mathrm{d}x+F_y\mathrm{d}y+F_z\mathrm{d}z$ 在固定直角坐标系的 x、y、z 轴上的投影分别为

$F_x dx$、$F_y dy$、$F_z dz$。

12-2 质点在弹力作用下运动，设弹簧自然长度为 l，刚度系数为 k。若将弹簧拉长至 $l+2\lambda$ 时释放，问弹簧的变形量从 2λ 到 λ 时，和从 λ 到 0 时，弹力所作的功是否相同？

12-3 如思考题 12-3 图所示，一质点在粗糙的水平圆槽内滑动。如果该质点获得的初速度恰能使它在圆槽内滑动一周，则摩擦力的功等于零。这种说法对吗？为什么？

12-4 如思考题 12-4 图所示，自某高处以大小相等，但倾角不同的初速度 $\boldsymbol{v}_0$ 抛出质点。不计空气阻力，当这一质点落到同一水平面上时，它的速度大小是否相等？为什么？

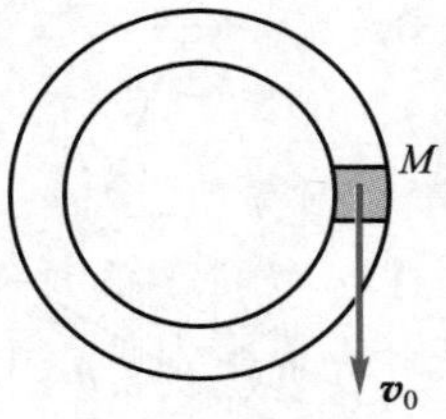

思考题 12-3 图

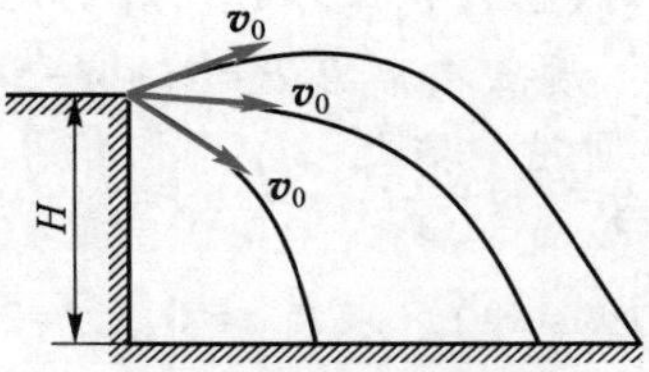

思考题 12-4 图

12-5 做平面运动的刚体的动能，是否等于刚体随任意基点做平移的动能与其绕通过基点且垂直于运动平面的轴而转动的动能之和？为什么？

12-6 设作用于质点系的外力系的主矢和对质心的主矩都等于零，试问该质点系的动能及其质心的运动状态会不会改变？为什么？

12-7 如思考题 12-7 图所示，质量为 m 的重物悬挂在刚度系数为 k 的弹簧上，弹簧的另一端与缠绕在鼓轮上的绳子相连。问当重物匀速下降时，即当鼓轮为匀速转动时，重力势能和弹性力势能有无改变？为什么？

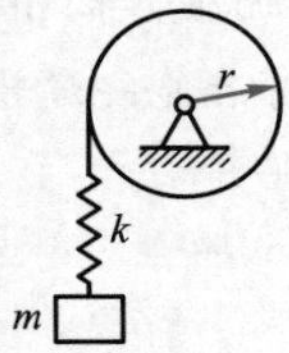

思考题 12-7 图

12-8 动能定理与机械能守恒定律在物理意义上和应用上有什么异同？

12-9 一质点沿一封闭曲线运动一周。若作用于质点的力为非有势力，该力作功如何计算？若为有势力，该力作了多少功？

习题

12-1 如图所示，弹簧 AD 的一端固定于 A 点，另一端 D 沿半圆轨道滑动。半圆的半径为 1 m，弹簧原长为1 m，刚度系数为 $k=50$ N/m。求当 D 点自 B 运动至 C 时，弹性力所作的功。

12-2 如图所示，质量为 m_1、半径为 r 的卷筒上，作用一力偶矩 $M=a\varphi+b\varphi^2$，其中 φ 为转角，a 和 b 为常数。卷筒上的绳索拉动水平面上的重物 B。设重物 B 的质量为

m_2，它与水平面之间的滑动摩擦因数为 f。绳索质量不计。当卷筒转过两圈时，试求作用于系统上所有力的功。

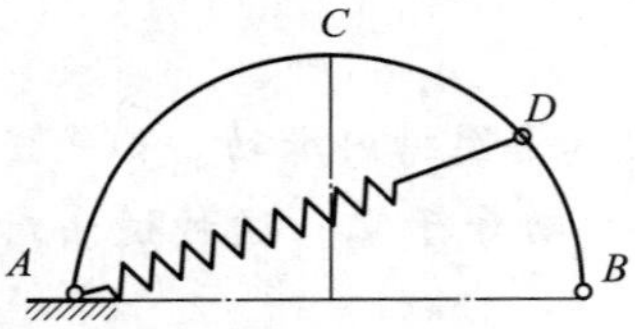

习题 12-1 图

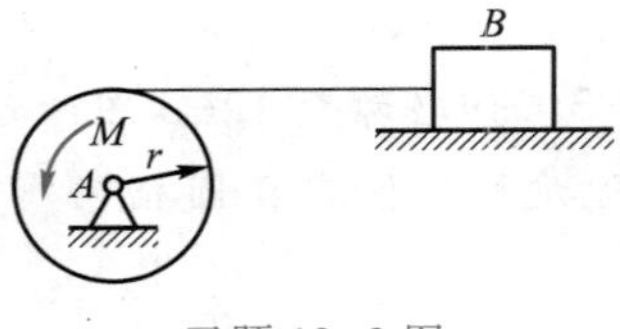

习题 12-2 图

12-3 如图所示，用跨过滑轮的绳子牵引质量为 2 kg 的滑块 A 沿倾角为 30°的光滑斜槽运动。设绳子拉力 $F=20$ N。计算滑块由位置 A 至位置 B 时，重力和拉力 $\boldsymbol{F}$ 所作的总功。

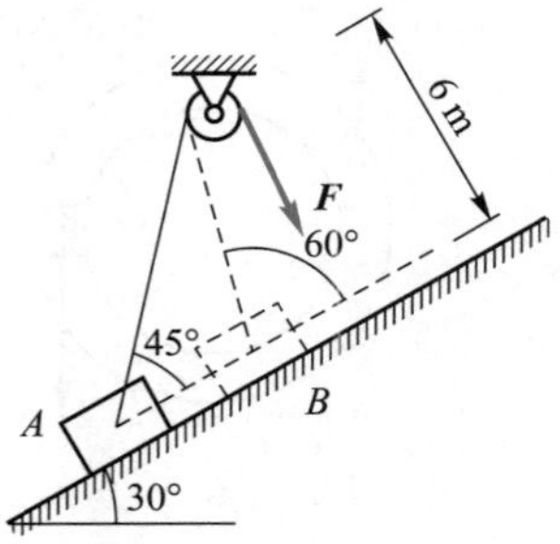

习题 12-3 图

12-4 质点在常力 $\boldsymbol{F}=3\boldsymbol{i}+4\boldsymbol{j}+5\boldsymbol{k}$ 作用下运动，其运动方程为 $x=2+t+\frac{3}{4}t^2$，$y=t^2$，$z=t+\frac{5}{4}t^2$（F 以 N 计，x、y、z 以 m 计，t 以 s 计）。求在 $t=0$ 至 $t=2$ s时间内力 $\boldsymbol{F}$ 所作的功。

12-5 如图所示，质量为 m_1、半径为 r 的齿轮Ⅱ与半径为 $R=3r$ 的固定内齿轮Ⅰ相啮合。齿轮Ⅱ通过均质曲柄 OC 带动而转动，曲柄的质量为 m_2，角速度为 ω。试计算行星齿轮机构的动能。齿轮可视为均质圆盘。

12-6 如图所示，小球 M 的质量为 m，用线固定于 O 点，线长为 l，初始时线与铅垂线的夹角为 θ，小球的速度为零。当小球运动到线与铅垂线夹角为 β 时碰到铁钉 O_1，而使线的下半段 O_1M 继续运动，且 $OO_1=h$，问 θ 角至少应为多大，才能使线在碰到铁钉后能绕过铁钉？并求线在碰到铁钉前后瞬时的拉力变化。铁钉尺寸忽略不计。

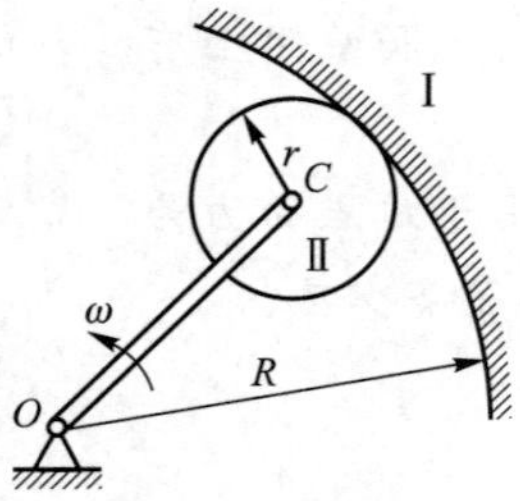

习题 12-5 图

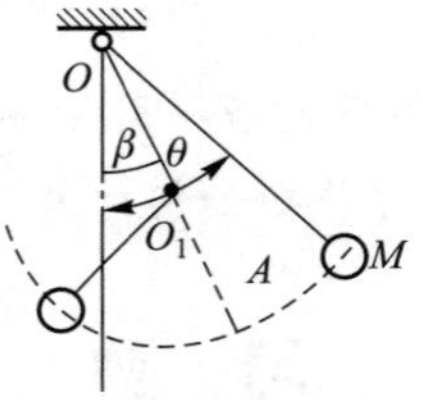

习题 12-6 图

12-7 如图所示，一不变力偶矩 M 作用在绞车的鼓轮上，鼓轮的半径为 r，质量为 m_1。绕在鼓轮上的绳的一端系一质量为 m_2 的重物，此重物沿与水平成 θ 角的斜面运动，重物与斜面之间的摩擦因数为 f。设系统开始时静止，试求绞车在转过了 φ 角之后的角速度。绳的质量不计，鼓轮可视为均质圆柱体。

12-8 如图所示,滑道连杆机构在水平面内运动,曲柄 OA 长为 l,其上作用一不变力偶矩 M,曲柄对于转动轴 O 的转动惯量为 J。滑道连杆 BC 的质量为 m,不计滑块的质量和各接触处摩擦。系统在 $\varphi=0$ 时由静止开始运动,试求 φ 角时,曲柄的角速度和角加速度。

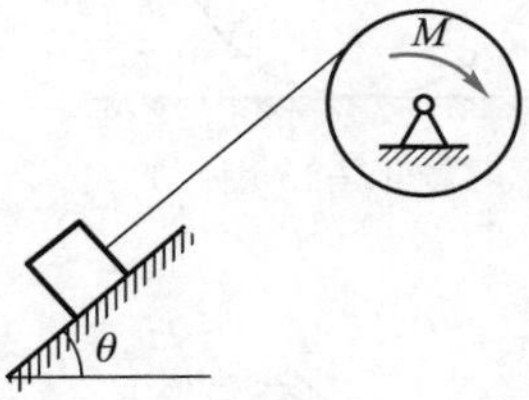

习题 12-7 图

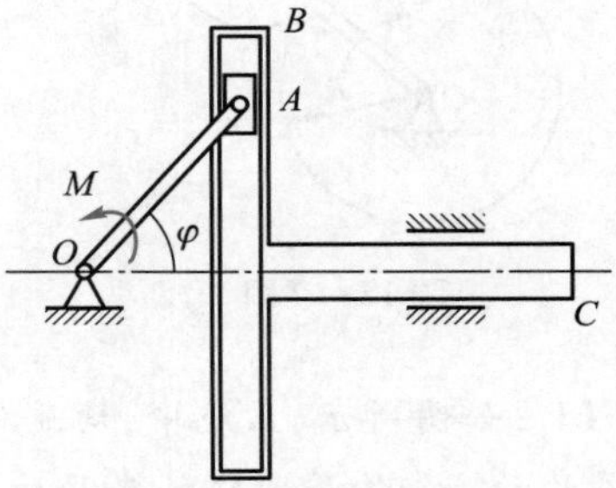

习题 12-8 图

12-9 如图所示,均质圆盘半径为 r,质量为 m_1,可绕固定水平轴 O 转动。重物 A 的质量为 m_2,BC 为弹簧,且位置水平,刚度系数为 k,$OC=e$,当 OC 铅垂时系统平衡。求 A 物受到微小干扰而做上下微小振动时,系统的周期。

12-10 如图所示,链条全长 $l=100$ cm,单位长度的重量为 $q_l=20$ N/m,悬挂在半径 $r=10$ cm,重量为 $G=10$ N 的滑轮上,在图示位置受微小扰动由静止开始运动。设链条与滑轮无相对滑动,滑轮为均质圆盘,求链条离开滑轮时的速度。

12-11 如图所示,在升降机下面的带轮 O_2 上作用一矩为 M 的常力偶,带轮 O_1 和 O_2 半径均为 r,质量均为 m,且可视为均质圆盘。如平衡锤 B 的质量为 m_2,带质量不计,轴承处摩擦不计。求被提升的质量为 m_1 的物体 A 的加速度。

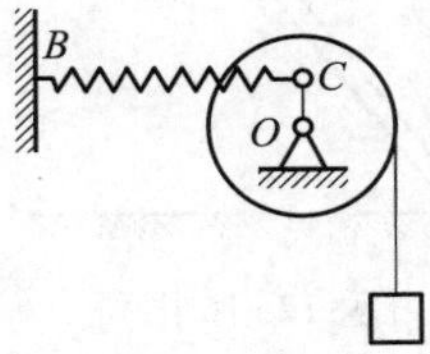

习题 12-9 图

习题 12-10 图

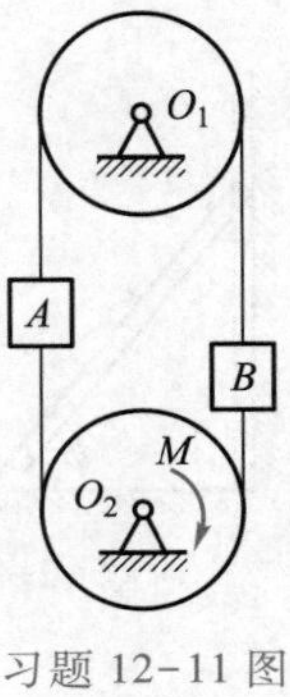

习题 12-11 图

12-12 如图所示,行星齿轮机构放在水平面内。已知行星齿轮 A 的半径为 r,质量为 m_1,可视为均质圆盘;曲柄 OA 质量为 m_2,可视为均质杆;固定齿轮半径为 R。今在曲柄上作用一矩为 M 的不变力偶,使机构由静止开始运动。求曲柄转过 φ 角后的角速度和角加速度。

12-13 如图所示,均质圆轮质量为 m_1,半径为 r,一质量为 m_2的小铁块固结在 A

点，$OA=e$。若 A 稍稍偏离最高位置，使圆轮由静止开始沿水平面做无滑动的滚动。求当 A 点运动到最低位置时圆轮的角速度。

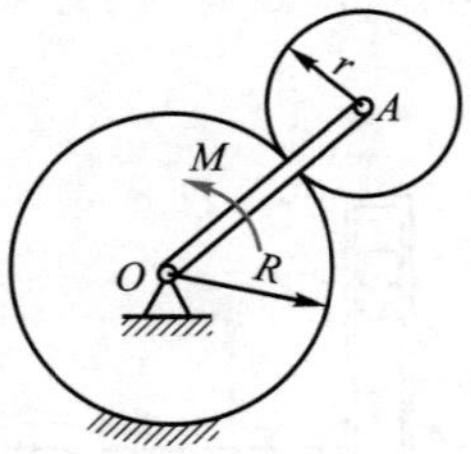

习题 12-12 图

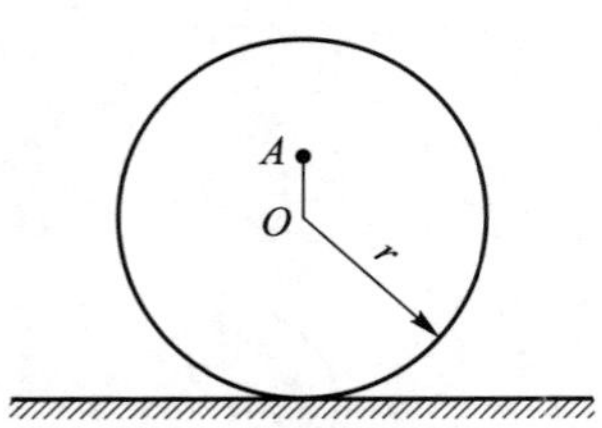

习题 12-13 图

12-14 如图所示，系统中，均质杆 OA、AB 长均为 l，质量均为 m_1，均质圆轮的半径为 r，质量为 m_2，当 $\theta=60^\circ$ 时，系统由静止在重力作用下开始运动。求当 $\theta=30^\circ$ 时轮心的速度。设轮在水平面上做纯滚动。

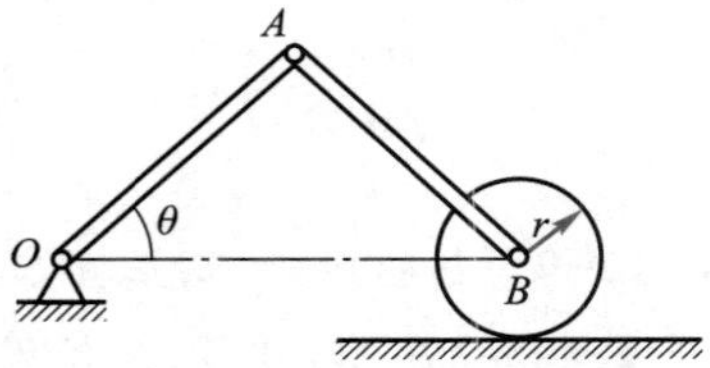

习题 12-14 图

12-15 如图所示，均质细杆 AB 长 l，质量为 m，由直立靠墙位置从静止开始在同一铅垂面内开始滑动。A 端沿墙面向下滑，B 端沿水平面滑动，不计摩擦。求 A 端未脱离墙时，细杆 AB 在任一角度 φ 时的角速度、角加速度及 A 和 B 处的约束力。

12-16 如图所示，均质细杆 AB 长为 l，质量为 m，直立靠墙静止。由于微小干扰，杆绕 B 点在同一铅垂平面内倾倒，如图所示。不计摩擦，求(1) B 端未脱离墙时杆 AB 的角速度、角加速度及 B 处的约束力；(2) B 端脱离墙时的 θ_1 角；(3) 杆 AB 着地瞬时质心的速度及杆 AB 的角速度。

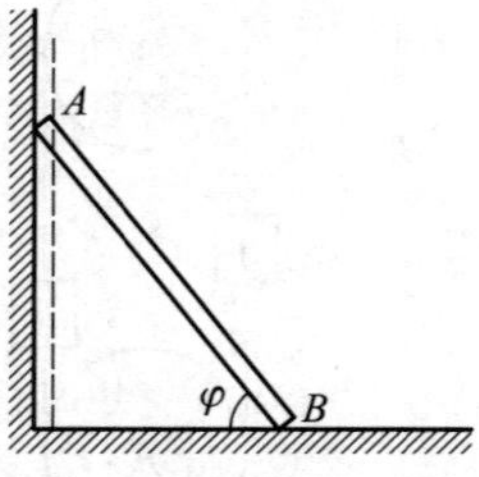

习题 12-15 图

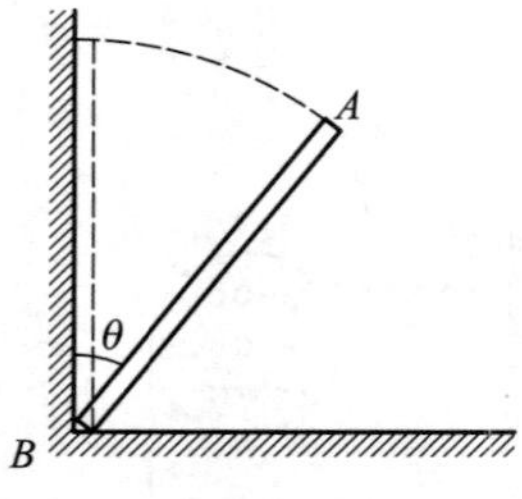

习题 12-16 图

习题答案 A12

第 13 章 动静法

以牛顿定律为基础的动力学普遍定理,能够有效地解决某些质点系的动力学问题。但对于工程中大量出现的非自由质点系的动力学问题,由于受外部约束的作用,除受到主动力外还受到未知约束力的作用,用普遍定理解决此类问题往往比较麻烦,因此需要寻找一条新途径。

动静法以达朗贝尔原理为基础,引入惯性力的概念,将动力学的问题在形式上转化为静力学问题进行求解,故称动静法。动静法大大地简化了对动力学问题的分析处理,因而应用较广。

§13-1 质点和质点系的达朗贝尔原理

根据动力学基本定律可知,任何物体都有保持静止或做匀速直线平移的属性,即惯性。因此,当其他物体对被研究物体施以作用力而引起被研究物体的运动状态发生变化时,由于物体本身的惯性,被研究物体对施力物体有一抵抗力,这种抵抗力就称为被研究物体的惯性力。

例如,当人沿水平直线轨道推动一小车,如施加于小车质心上的水平力为 $\boldsymbol{F}$,不计阻力,小车质量为 m,则小车获得加速度 $\boldsymbol{a}$,由牛顿第二定律知,$\boldsymbol{F}=m\boldsymbol{a}$。同时,由作用与反作用定律知,小车必定给人一反作用力 $\boldsymbol{F}^{\mathrm{I}}$,且 $\boldsymbol{F}^{\mathrm{I}}=-\boldsymbol{F}=-m\boldsymbol{a}$。力 $\boldsymbol{F}^{\mathrm{I}}$是因为人要改变小车的运动状态,由于小车的惯性而引起小车对人的抵抗力,即惯性力。

必须注意,小车的惯性力 $\boldsymbol{F}^{\mathrm{I}}$并不作用在小车上,而是作用在人的手上。显然,小车的质量越大,惯性力越大;而小车的运动变化越大,即加速度越大,惯性力也越大。

又例如,一重球系于一绳子一端,在光滑水平面内做匀速圆周运动。设球的质量为 m,速度为$\boldsymbol{v}$,圆半径为 r。球受到绳子的拉力 $\boldsymbol{F}_n$的作用,而引起向心加速度,即

$$\boldsymbol{a}_n=\frac{v^2}{r}\boldsymbol{n}$$

由牛顿第二定律得

$$\boldsymbol{F}_n=m\boldsymbol{a}_n$$

同时,由作用与反作用定律知,球对绳子有一反作用力 $\boldsymbol{F}_n^{\mathrm{I}}$,而且

$$\boldsymbol{F}_n^{\mathrm{I}}=-\boldsymbol{F}_n=-m\boldsymbol{a}_n$$

力 $\boldsymbol{F}_n^{\mathrm{I}}$ 是因为绳子要改变球的运动状态，由于球的惯性，而引起球对绳子的抵抗力，即球的惯性力。同样，此惯性力并不是作用在球上，而是作用在绳子上。

在一般情况下，设质量为 m 的质点做任意曲线运动，某瞬时，其加速度为 $\boldsymbol{a}$，则在该瞬时质点的惯性力的大小等于质点的质量与它的加速度大小的乘积，方向与加速度的方向相反，作用在使该质点产生加速度的施力物体上。如以 $\boldsymbol{F}^{\mathrm{I}}$表示，则有

$$\boldsymbol{F}^{\mathrm{I}}=-m\boldsymbol{a} \tag{13-1}$$

一、质点的达朗贝尔原理

设质量为 m 的非自由质点 M，在主动力 $\boldsymbol{F}^{\mathrm{A}}$和约束力 $\boldsymbol{F}^{\mathrm{N}}$作用下沿曲线轨迹运动如图 13-1 所示。在图示瞬时，设 M 点的加速度为 $\boldsymbol{a}$。根据牛顿第二定律，有

$$m\boldsymbol{a}=\boldsymbol{F}^{\mathrm{A}}+\boldsymbol{F}^{\mathrm{N}}$$

将上式移项，得

$$\boldsymbol{F}^{\mathrm{A}}+\boldsymbol{F}^{\mathrm{N}}-m\boldsymbol{a}=\boldsymbol{0}$$

令 $\boldsymbol{F}^{\mathrm{I}}=-m\boldsymbol{a}$，称为质点的惯性力。则有

$$\boldsymbol{F}^{\mathrm{A}}+\boldsymbol{F}^{\mathrm{N}}+\boldsymbol{F}^{\mathrm{I}}=\boldsymbol{0} \tag{13-2}$$

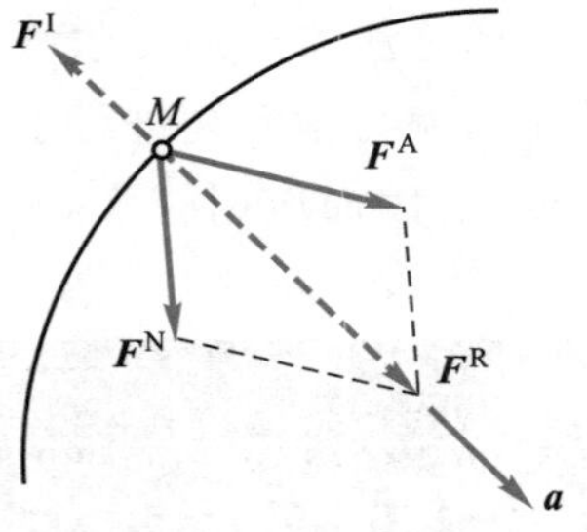

图 13-1

式(13-2)表明：质点在运动的每一瞬时，作用于质点上的主动力 $\boldsymbol{F}^{\mathrm{A}}$、约束力 $\boldsymbol{F}^{\mathrm{N}}$ 及质点的惯性力 $\boldsymbol{F}^{\mathrm{I}}$ 在形式上组成平衡力系。这就是质点的达朗贝尔原理。需要说明的是，该惯性力是虚加在质点上的，并非真实作用在质点上的力，因此一般用虚线表示，其方向与质点的加速度方向相反。

二、质点系的达朗贝尔原理

设非自由质点系由 n 个质点组成，其中任一质点的质量为 m_i，加速度为 $\boldsymbol{a}_i$，作用于该质点的主动力合力为 $\boldsymbol{F}_i^{\mathrm{A}}$，约束力的合力为 $\boldsymbol{F}_i^{\mathrm{N}}$。如果对这个质点假想地加上惯性力 $\boldsymbol{F}_i^{\mathrm{I}}=-m_i\boldsymbol{a}_i$，根据质点的达朗贝尔原理，有

$$\boldsymbol{F}_i^{\mathrm{A}}+\boldsymbol{F}_i^{\mathrm{N}}+\boldsymbol{F}_i^{\mathrm{I}}=\boldsymbol{0} \quad (i=1,2,\cdots,n) \tag{13-3}$$

对质点系的每个质点都做这样的处理，则整个质点系在形式上处于平衡。即质点系在运动的每一瞬时，作用于其上的所有主动力，约束力与假想地加在各质点上的惯性力，在形式上构成平衡力系。这就是质点系的达朗贝尔原理。

利用达朗贝尔原理，引入了惯性力的概念，可以利用静力学的平衡方程求解动力学的问题，这种求解动力学问题的方法称为动静法。

一般情况下，如果对质点系中的每一个质点都虚加上相应的惯性力，则作用在此质点系上的所有主动力，约束力及惯性力将在形式上构成空间平衡力系。空间力系的平衡条件是力系向任一点 O 简化的主矢和主矩都等于零，所以

$$\left.\begin{aligned}&\sum \boldsymbol{F}_i^{\mathrm{A}}+\sum \boldsymbol{F}_i^{\mathrm{N}}+\sum \boldsymbol{F}_i^{\mathrm{I}}=\mathbf{0}\\&\sum \boldsymbol{M}_O(\boldsymbol{F}_i^{\mathrm{A}})+\sum \boldsymbol{M}_O(\boldsymbol{F}_i^{\mathrm{N}})+\sum \boldsymbol{M}_O(\boldsymbol{F}_i^{\mathrm{I}})=\mathbf{0}\end{aligned}\right\}\tag{13-4}$$

式(13-4)称为质点系动静法的平衡方程的矢量形式。在具体应用时,可选用投影形式的平衡方程,即

$$\left.\begin{aligned}&\sum F_{ix}^{\mathrm{A}}+\sum F_{ix}^{\mathrm{N}}+\sum F_{ix}^{\mathrm{I}}=0\\&\sum F_{iy}^{\mathrm{A}}+\sum F_{iy}^{\mathrm{N}}+\sum F_{iy}^{\mathrm{I}}=0\\&\sum F_{iz}^{\mathrm{A}}+\sum F_{iz}^{\mathrm{N}}+\sum F_{iz}^{\mathrm{I}}=0\\&\cdots\cdots\cdots\cdots\\&\sum M_x(\boldsymbol{F}_i^{\mathrm{A}})+\sum M_x(\boldsymbol{F}_i^{\mathrm{N}})+\sum M_x(\boldsymbol{F}_i^{\mathrm{I}})=0\\&\sum M_y(\boldsymbol{F}_i^{\mathrm{A}})+\sum M_y(\boldsymbol{F}_i^{\mathrm{N}})+\sum M_y(\boldsymbol{F}_i^{\mathrm{I}})=0\\&\sum M_z(\boldsymbol{F}_i^{\mathrm{A}})+\sum M_z(\boldsymbol{F}_i^{\mathrm{N}})+\sum M_z(\boldsymbol{F}_i^{\mathrm{I}})=0\end{aligned}\right\}\tag{13-5}$$

上式表明:如果对质点系中每个质点都虚加上惯性力,则作用于质点系上的所有主动力,约束力以及惯性力在任意轴上投影的代数和,以及对任意轴的力矩的代数和同时等于零。

其中,F_{ix}^{A}、F_{ix}^{N}、F_{ix}^{I}分别代表主动力 $\boldsymbol{F}_i^{\mathrm{A}}$,约束力 $\boldsymbol{F}_i^{\mathrm{N}}$和惯性力 $\boldsymbol{F}_i^{\mathrm{I}}$ 在 x 轴上的投影,依此类推,可得主动力 $\boldsymbol{F}_i^{\mathrm{A}}$,约束力 $\boldsymbol{F}_i^{\mathrm{N}}$ 和惯性力 $\boldsymbol{F}_i^{\mathrm{I}}$ 在 y、z 轴上的投影;而 $M_x(\boldsymbol{F}_i^{\mathrm{A}})$,$M_x(\boldsymbol{F}_i^{\mathrm{N}})$,$M_x(\boldsymbol{F}_i^{\mathrm{I}})$分别代表主动力 $\boldsymbol{F}_i^{\mathrm{A}}$,约束力 $\boldsymbol{F}_i^{\mathrm{N}}$和惯性力 $\boldsymbol{F}_i^{\mathrm{I}}$ 对 x 轴的矩,依此类推可得主动力 $\boldsymbol{F}_i^{\mathrm{A}}$,约束力 $\boldsymbol{F}_i^{\mathrm{N}}$ 和惯性力 $\boldsymbol{F}_i^{\mathrm{I}}$ 对 y、z 轴的矩。对于平面问题有

$$\left.\begin{aligned}&\sum F_x^{\mathrm{A}}+\sum F_x^{\mathrm{N}}+\sum F_x^{\mathrm{I}}=0\\&\sum F_y^{\mathrm{A}}+\sum F_y^{\mathrm{N}}+\sum F_y^{\mathrm{I}}=0\\&\sum M_O(\boldsymbol{F}_i^{\mathrm{A}})+\sum M_O(\boldsymbol{F}_i^{\mathrm{N}})+\sum M_O(\boldsymbol{F}_i^{\mathrm{I}})=0\end{aligned}\right\}\tag{13-6}$$

对于质点的情形,仍然可以列出相应的平衡方程。

[例 **13-1**] 一圆锥摆,如图 13-2 所示。质量为 m 的小球系于长为 l 的绳上,绳的另一端系在固定点 O,并与铅垂线成 θ 角。如小球在水平面内做匀速圆周运动,求小球的速度$\boldsymbol{v}$ 与绳张力 $\boldsymbol{F}_{\mathrm{T}}$ 的大小。

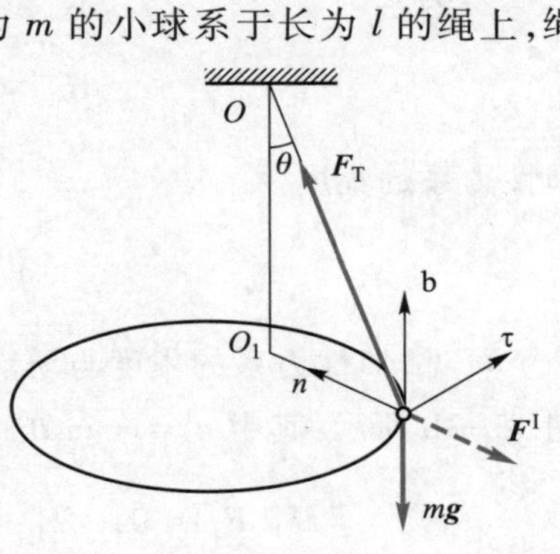

图 13-2

[解] 以小球为研究对象。在任一位置时,作用在小球上的力有:重力 $m\boldsymbol{g}$ 和绳子张力 $\boldsymbol{F}_{\mathrm{T}}$。由题意知,小球做匀速圆周运动,只有法向加速度 $a_n=v^2/l\sin\theta$。故给小球虚加惯性力 $\boldsymbol{F}^{\mathrm{I}}$ 如图所示。其大小为

$$F^{\mathrm{I}}=ma_n=m\cdot v^2/(l\sin\theta)\tag{1}$$

根据达朗贝尔原理,有

$$m\boldsymbol{g}+\boldsymbol{F}_{\mathrm{T}}+\boldsymbol{F}^{\mathrm{I}}=\mathbf{0}\tag{2}$$

建立图示自然坐标系,将式(2)分别在轴 n、b 上投影,有

$$\sum F_{ib}=0,\quad F_{\mathrm{T}}\cos\theta-mg=0\tag{3}$$

$$\sum F_{in}=0, \quad F_{\mathrm{T}}\sin\theta-F^{\mathrm{I}}=0 \tag{4}$$

由式(3)、(4)、(1)解得

$$F_{\mathrm{T}}=mg/\cos\theta$$

$$v=\sqrt{gl\sin\theta\tan\theta}$$

[例 13-2] 如图 13-3a 所示，均质细杆 AB 质量为 m，长为 $l=a+b$，用铰链 A 及绳 CD 与牵垂轴 AD 连接，杆与牵垂轴的夹角为 θ，CD 水平。如轴 AD 以匀角速度 ω 转动，求绳子 CD 的拉力和铰链 A 的约束力。

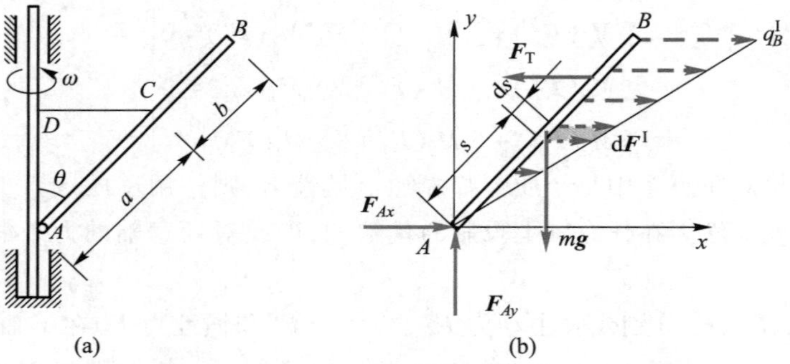

图 13-3

[解] 以杆 AB 为研究对象。作用于杆上的主动力为重力 mg，约束力有绳子的拉力 $\boldsymbol{F}_{\mathrm{T}}$ 和铰链 A 的约束力 $\boldsymbol{F}_{Ax}$、$\boldsymbol{F}_{Ay}$。杆绕铅垂轴以匀角速度 ω 转动，所以杆 AB 上各点只有法向加速度，但其大小随点在杆上的位置不同而发生变化。在杆上距 A 点为 s 处，取微小段 $\mathrm{d}s$，则由运动学知，此微小段的法向加速度大小为

$$a_n=s\cdot\sin\theta\cdot\omega^2$$

惯性力的大小为

$$\mathrm{d}F^{\mathrm{I}}=\mathrm{d}m\cdot a_n=\frac{m}{l}\mathrm{d}s\cdot s\sin\theta\cdot\omega^2$$

惯性力系的集度为

$$q^{\mathrm{I}}=\frac{\mathrm{d}F^{\mathrm{I}}}{\mathrm{d}s}=\frac{m}{l}\sin\theta\cdot\omega^2\cdot s$$

可见，惯性力系的集度与质点到 A 点的距离 s 成正比。对杆 AB 虚加惯性力系如图 13-3b 所示，其中 $q_B^{\mathrm{I}}=m\sin\theta\cdot\omega^2$。应用动静法列平衡方程

$$\sum M_A(\boldsymbol{F}_i)=0, \quad F_{\mathrm{T}}\cdot a\cos\theta-mg\cdot\frac{l}{2}\sin\theta-\frac{1}{2}q_B^{\mathrm{I}}l\cdot\frac{2}{3}l\cos\theta=0$$

将 q_B^{I} 代入，解得

$$F_{\mathrm{T}}=\frac{ml\sin\theta}{6a}\left(2l\omega^2+\frac{3g}{\cos\theta}\right)$$

$$\sum F_{ix}=0, \quad F_{Ax}+\frac{1}{2}q_B^{\mathrm{I}}l-F_{\mathrm{T}}=0$$

将 q_B^{I}、F_{T} 代入，解得

$$F_{Ax}=\frac{ml\sin\theta}{6a}\left[(2l-3a)\omega^2+\frac{3g}{\cos\theta}\right]$$

$$\sum F_{iy}=0,\quad F_{Ay}-mg=0$$

故

$$F_{Ay}=mg$$

§13-2 刚体惯性力系的简化

为了便于应用动静法解决刚体和刚体系统的动力学问题，有必要对刚体上各质点的惯性力所组成的惯性力系预先进行简化，然后直接应用惯性力系的简化结果建立刚体的形式上的平衡方程来求解刚体和刚体系统的动力学问题。下面分别对刚体做平移、绕定轴转动和平面运动时的惯性力系进行简化。

一、平移刚体惯性力系的简化

如图 13-4 所示，刚体做平移的某一瞬时，其上任一质点 M_i（质量为 m_i）的加速度 $\boldsymbol{a}_i$ 与质心加速度 $\boldsymbol{a}_C$ 相等。刚体内各质点的惯性力 $\boldsymbol{F}_i^{\mathrm{I}}=-m_i\boldsymbol{a}_i=-m_i\boldsymbol{a}_C$ 组成一同向空间平行力系。以质心 C 为简化中心，质点 M_i 相对于质心 C 的矢径为 $\boldsymbol{r}_i'$，则惯性力系的主矢为

$$\boldsymbol{F}_{\mathrm{R}}^{\mathrm{I}}=\sum\boldsymbol{F}_i^{\mathrm{I}}=\sum(-m_i\boldsymbol{a}_i)=-m\boldsymbol{a}_C$$

式中，$m=\sum m_i$ 为整个刚体的质量。惯性力系对质心 C 的主矩为

$$\begin{aligned}\boldsymbol{M}_C^{\mathrm{I}}&=\sum\boldsymbol{M}_C(\boldsymbol{F}_i^{\mathrm{I}})=\sum\boldsymbol{r}_i'\times\boldsymbol{F}_i^{\mathrm{I}}=\sum\boldsymbol{r}_i'\times(-m_i\boldsymbol{a}_C)\\&=-(\sum m_i\boldsymbol{r}_i')\times\boldsymbol{a}_C=-m\boldsymbol{r}_C'\times\boldsymbol{a}_C=\boldsymbol{0}\end{aligned}$$

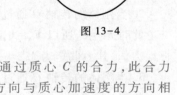

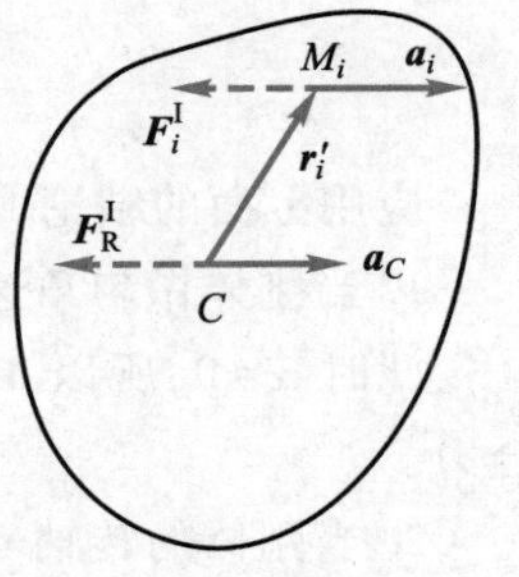

图 13-4

其中，$\boldsymbol{r}_C'$ 为质心 C 相对于质心 C 的矢径，显然，$\boldsymbol{r}_C'=\boldsymbol{0}$。

以上结果表明：刚体做平移时，其惯性力系简化为通过质心 C 的合力，此合力的大小等于刚体的质量和质心加速度的乘积，合力的方向与质心加速度的方向相反。即

$$\boldsymbol{F}_{\mathrm{R}}^{\mathrm{I}}=-m\boldsymbol{a}_C \tag{13-7}$$

二、刚体绕定轴转动时惯性力系的简化

这里只讨论质量分布具有对称平面，且此质量对称平面垂直于转轴的均质刚体的

情形。此时，可先将刚体的空间惯性力系简化为在质量对称平面内的平面力系，然后再将此平面力系向对称平面与转轴的交点 O 简化。

如图 13-5 所示，设刚体的质量为 m，对轴 O 的转动惯量为 J_O。某瞬时，绕轴 O 转动的角速度与角加速度分别为 ω 与 α，对称平面上任一质点 M_i 的质量为 m_i，到轴 O 的距离为 r_i，加速度及其切向与法向的分量为

$$\boldsymbol{a}_i=\boldsymbol{a}_i^{\tau}+\boldsymbol{a}_i^{n}$$

则该质点的惯性力及其切向与法向的分量为

$$\boldsymbol{F}_i^{\mathrm{I}}=-m_i\boldsymbol{a}_i=-m_i\boldsymbol{a}_i^{\tau}-m_i\boldsymbol{a}_i^{n}=\boldsymbol{F}_{i\tau}^{\mathrm{I}}+\boldsymbol{F}_{in}^{\mathrm{I}}$$

以 O 点为简化中心，惯性力系的主矢为

$$\boldsymbol{F}_{\mathrm{R}}^{\mathrm{I}}=\sum\boldsymbol{F}_i^{\mathrm{I}}=\sum(-m_i\boldsymbol{a}_i)=-m\boldsymbol{a}_C=-m(\boldsymbol{a}_C^{\tau}+\boldsymbol{a}_C^{n})=\boldsymbol{F}_{\mathrm{R}\tau}^{\mathrm{I}}+\boldsymbol{F}_{\mathrm{R}n}^{\mathrm{I}}$$

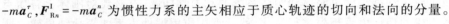

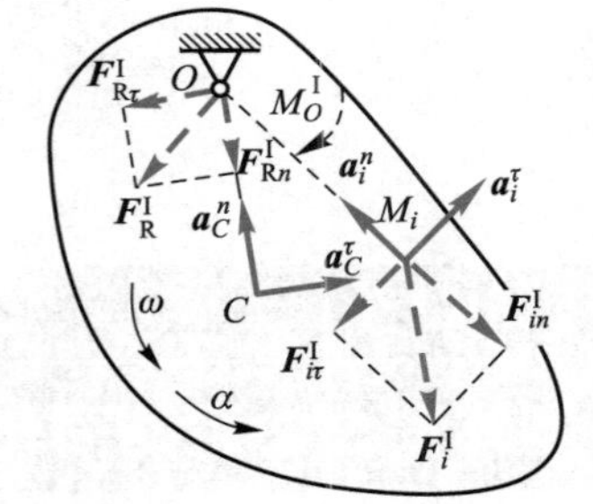

图 13-5

式中，$\boldsymbol{a}_C^{\tau}$、$\boldsymbol{a}_C^{n}$ 为质心加速度的切向和法向分量；$\boldsymbol{F}_{\mathrm{R}\tau}^{\mathrm{I}}=-m\boldsymbol{a}_C^{\tau}$，$\boldsymbol{F}_{\mathrm{R}n}^{\mathrm{I}}=-m\boldsymbol{a}_C^{n}$ 为惯性力系的主矢相应于质心轨迹的切向和法向的分量。

惯性力系对 O 点的主矩为

$$\begin{aligned}M_O^{\mathrm{I}}&=\sum M_O(\boldsymbol{F}_i^{\mathrm{I}})=\sum[M_O(F_{i\tau}^{\mathrm{I}})+M_O(F_{in}^{\mathrm{I}})]=\sum M_O(F_{i\tau}^{\mathrm{I}})\\&=-\sum F_{i\tau}^{\mathrm{I}}\cdot r_i=-\sum m_ir_i\alpha\cdot r_i=-(\sum m_ir_i^2)\cdot\alpha=-J_O\alpha\end{aligned}$$

上述结果表明：有质量对称平面的刚体做定轴转动，且转轴垂直于此对称平面时，其惯性力系向转轴 O 简化的结果为一主矢和一对转轴 O 的主矩。其主矢的大小等于刚体的质量乘以质心加速度，方向与质心加速度相反；对转轴 O 的主矩的大小，等于刚体对转轴的转动惯量与角加速度的乘积，转向与角加速度相反。即

$$\left.\begin{aligned}\boldsymbol{F}_{\mathrm{R}}^{\mathrm{I}}&=-m\boldsymbol{a}_C\\M_O^{\mathrm{I}}&=-J_O\alpha\end{aligned}\right\}\tag{13-8}$$

应用上面的结论，下面讨论几种特殊情况。

1. 当刚体做匀角速度转动时

此时 $\alpha=0$，所以 $M_O^{\mathrm{I}}=0$，$\boldsymbol{F}_{\mathrm{R}}^{\mathrm{I}}=-m\boldsymbol{a}_C=-m\boldsymbol{a}_C^{n}$，即惯性力系简化为一通过转轴 O 的合力。

2. 当刚体的转轴 O 通过质心 C 时

此时 $\boldsymbol{a}_C=\boldsymbol{0}$，所以 $\boldsymbol{F}_{\mathrm{R}}^{\mathrm{I}}=\boldsymbol{0}$，$M_O^{\mathrm{I}}=-J_O\alpha=-J_C\alpha=M_C^{\mathrm{I}}$，即惯性力系简化为一合力偶，称为惯性力偶，其力偶矩为 $M_O^{\mathrm{I}}=-J_C\alpha$。

3. 当刚体的转轴 O 通过质心 C 且做匀速转动时

此时 $\boldsymbol{a}_C=\boldsymbol{0}$，$\alpha=0$，所以 $\boldsymbol{F}_{\mathrm{R}}^{\mathrm{I}}=\boldsymbol{0}$，$M_O^{\mathrm{I}}=0$，即刚体的惯性力系向简化中心 O 简化的主矢和主矩均为零。

三、刚体做平面运动时惯性力系的简化

这里只讨论刚体具有质量对称平面，且此质量对称平面恒保持在自身所在平面内运动的情形。此时，刚体上各质点的惯性力所组成的力系可简化为在此质量对称平面

内的平面力系。

如图 13-6 所示,若以质心 C 为基点,将刚体的平面运动分解为随质心 C 的平移和绕质心轴 C 的转动,则刚体做平面运动的惯性力系可分为两部分。一部分是随质心 C 平移的惯性力系,这部分惯性力系简化的结果为一作用线通过质心 C 的力 $\boldsymbol{F}_{\mathrm{R}}^{\mathrm{I}}=-m\boldsymbol{a}_C$;另一部分是刚体绕质心轴 C 转动的惯性力系,根据本节“二”中的讨论,这部分惯性力系简化的结果为一惯性力偶,其力偶矩为 $M_C^{\mathrm{I}}=-J_C\alpha$。

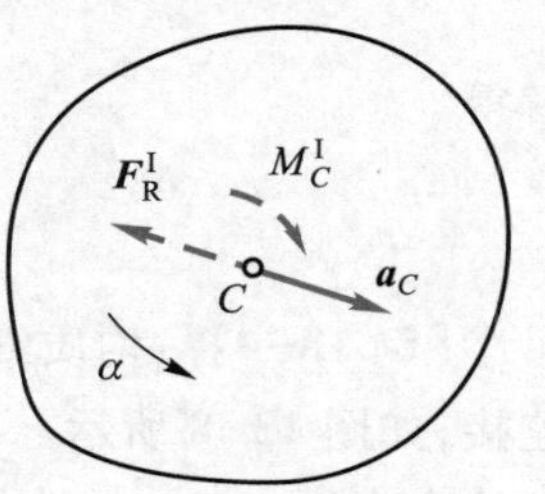

图 13-6

所以,具有质量对称平面的刚体做平面运动,且此质量对称平面恒保持在自身所在平面内运动时,其惯性力系向质心 C 简化的结果为一主矢 $\boldsymbol{F}_{\mathrm{R}}^{\mathrm{I}}$ 和一对质心轴的主矩 M_C^{I}。

其主矢的大小等于刚体的质量乘以质心加速度,方向与质心加速度相反;对质心轴 C 的主矩的大小,等于刚体对质心轴的转动惯量与角加速度的乘积,转向与角加速度相反。即

$$\left.\begin{aligned}\boldsymbol{F}_{\mathrm{R}}^{\mathrm{I}}&=-m\boldsymbol{a}_C\\ M_C^{\mathrm{I}}&=-J_C\alpha\end{aligned}\right\}\tag{13-9}$$

由以上讨论可见,刚体的运动形式不同,惯性力系简化的结果也不同。因此,在应用动静法求解刚体动力学问题时,必须先分析刚体的运动形式,根据刚体的运动形式,正确地虚加上相应的惯性力系的简化结果,然后再应用列平衡方程的方法进行求解。

[例 13-3] 如图 13-7 所示,小车沿水平直线道路行驶,加速度为 $\boldsymbol{a}$。均质杆 AB 质量为 m,长为 l,A 端用固定铰与小车相连,D 点光滑地靠在小车车架上,且 $AD=\dfrac{2}{3}l$,杆与水平成 θ 角。求铰链 A 和车架 D 处的约束力。

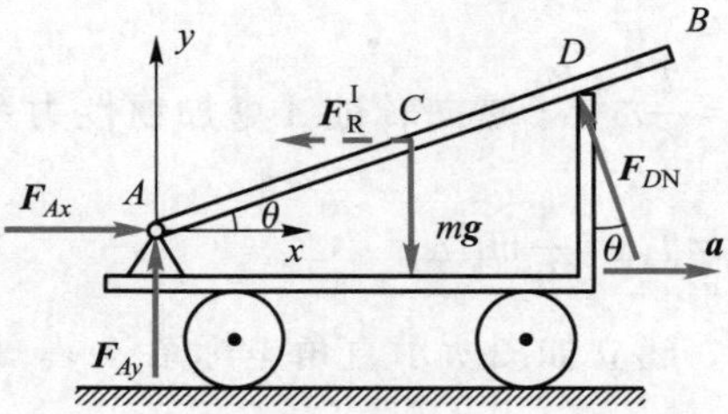

图 13-7

[解] 以杆 AB 为研究对象。作用在杆上的主动力为重力 $m\boldsymbol{g}$;约束力为铰链 A 的约束力 $\boldsymbol{F}_{Ax}$、$\boldsymbol{F}_{Ay}$ 和车架 D 处的法向约束力 $\boldsymbol{F}_{D\mathrm{N}}$。由于杆做平移,其加速度为 $\boldsymbol{a}$,则向质心虚加惯性力系的简化结果如图所示,且 $F_{\mathrm{R}}^{\mathrm{I}}=ma$。建立图示直角坐标系 Axy。根据动静法列平衡方程,有

$$\sum M_A(\boldsymbol{F}_i)=0,\quad F_{D\mathrm{N}}\cdot\frac{2}{3}l+F_{\mathrm{R}}^{\mathrm{I}}\cdot\frac{l}{2}\sin\theta-mg\cdot\frac{l}{2}\cos\theta=0$$

解得

$$F_{D\mathrm{N}}=\frac{3}{4}m(g\cos\theta-a\sin\theta)$$

$$\sum F_{ix}=0,\quad F_{Ax}-F_{\mathrm{R}}^{\mathrm{I}}-F_{D\mathrm{N}}\sin\theta=0$$

解得

$$F_{Ax}=ma+\frac{3}{4}m(g\cos\theta-a\sin\theta)\sin\theta$$

$$\sum F_{iy}=0,\quad F_{Ay}-mg+F_{DN}\cos\theta=0$$

解得

$$F_{Ay}=mg-\frac{3}{4}m(g\cos\theta-a\sin\theta)\cos\theta$$

[例 13-4]　均质细杆质量为 m，长为 l，在水平位置用铰链支座 A 和铅垂绳 BD 连接，如图 13-8 所示。如绳突然断开，求杆到达与水平位置成 φ 角时铰链支座 A 处的约束力。

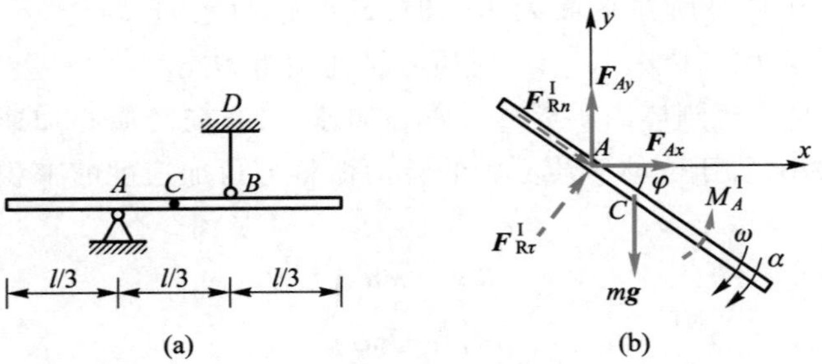

图 13-8

[解]　以细杆为研究对象。绳 BD 断开之后，作用于杆上的力有：重力 $m\boldsymbol{g}$，铰链支座 A 的约束力 $\boldsymbol{F}_{Ax}$、$\boldsymbol{F}_{Ay}$。绳 BD 断开之后，杆绕轴 A 转动。设 φ 角时，杆的角速度和角加速度分别为 ω 和 α，则质心 C 的切向和法向加速度的大小分别为 $a_C^\tau=\frac{l}{6}\alpha$ 和 $a_C^n=\frac{l}{6}\omega^2$。于是向转轴 A 虚加惯性力系的简化结果如图所示，且 $F^{\mathrm{I}}_{\mathrm{R}\tau}=ma_C^\tau$，$F^{\mathrm{I}}_{\mathrm{R}n}=ma_C^n$，$M^{\mathrm{I}}_A=J_A\alpha=\frac{1}{9}ml^2\alpha$。

建立如图所示直角坐标系 Axy。根据动静法，列平衡方程，有

$$\sum M_A(\boldsymbol{F}_i)=0,\quad M^{\mathrm{I}}_A-mg\cdot\frac{l}{6}\cos\varphi=0$$

代入 M^{I}_A，解得

$$\alpha=\frac{3g}{2l}\cos\varphi$$

注意到 $\alpha=\frac{\mathrm{d}\omega}{\mathrm{d}t}=\frac{\mathrm{d}\omega}{\mathrm{d}\varphi}\cdot\frac{\mathrm{d}\varphi}{\mathrm{d}t}=\frac{\omega\mathrm{d}\omega}{\mathrm{d}\varphi}$，代入上式并分离变量后积分，有

$$\int_0^\omega\omega\,\mathrm{d}\omega=\int_0^\varphi\frac{3g}{2l}\cos\varphi\cdot\mathrm{d}\varphi$$

解得

$$\omega=\sqrt{\frac{3g}{l}\sin\varphi}$$

$$\sum F_{ix}=0,\quad F_{Ax}+F^{\mathrm{I}}_{\mathrm{R}n}\cos\varphi+F^{\mathrm{I}}_{\mathrm{R}\tau}\sin\varphi=0$$

$$\sum F_{iy}=0,\quad F_{Ay}+F^{\mathrm{I}}_{\mathrm{R}\tau}\cos\varphi-F^{\mathrm{I}}_{\mathrm{R}n}\sin\varphi-mg=0$$

将 $F^{\mathrm{I}}_{\mathrm{R}\tau}=ma^{\tau}_{C}$,$F^{\mathrm{I}}_{\mathrm{R}n}=ma^{n}_{C}$ 及 ω 和 α 之值代入上两式,解得

$$F_{Ax}=-\frac{3}{4}mg\sin\varphi\cos\varphi$$

$$F_{Ay}=\frac{mg}{4}(6-3\cos^{2}\varphi)$$

[例 13-5] 图 13-9 所示为一沿倾角为 θ 的斜面滚下的质量为 m、半径为 r 的均质圆柱。问圆柱与斜面间的摩擦因数 f 应为多大时在接触处才无相对滑动?又此时质心的加速度多大?

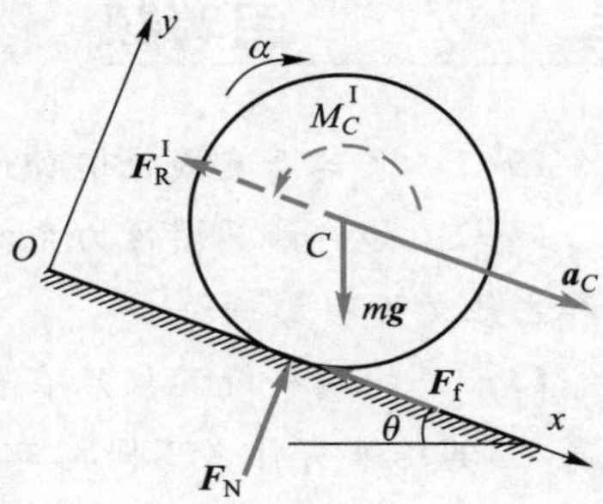

图 13-9

[解] 圆柱做平面运动,它所受之力有重力 $\boldsymbol{mg}$,法向约束力 $\boldsymbol{F}_{\mathrm{N}}$ 和摩擦力 $\boldsymbol{F}_{\mathrm{f}}$。

若圆柱的半径为 r,角加速度为 α,其质心加速度为 $\boldsymbol{a}_C$,则惯性力系向质心 C 简化所得的主矢和主矩的大小分别为

$$F^{\mathrm{I}}_{\mathrm{R}}=ma_{C}$$

$$M^{\mathrm{I}}_{C}=J_{C}\cdot\alpha=\frac{1}{2}mr^{2}\alpha$$

建立图中所示的坐标系,由动静法得

$$\sum F_{iy}=0,\quad F_{\mathrm{N}}-mg\cos\theta=0 \tag{1}$$

$$\sum F_{ix}=0,\quad -ma_{C}+mg\sin\theta-F_{\mathrm{f}}=0 \tag{2}$$

$$\sum M_{C}(\boldsymbol{F})=0,\quad \frac{1}{2}mr^{2}\alpha-F_{\mathrm{f}}r=0 \tag{3}$$

若只滚不滑,则 $v_C=r\omega$,$a_C=r\alpha$,故由式(3)得

$$a_{C}=2F_{\mathrm{f}}/m$$

将此 a_C 之值代入式(2)中,有

$$F_{\mathrm{f}}=\frac{1}{3}mg\sin\theta$$

由于接触面无相对滑动,$\boldsymbol{F}_{\mathrm{f}}$ 应为静摩擦力,即有

$$F_{\mathrm{f}}\leqslant fF_{\mathrm{N}}=fmg\cos\theta$$

于是得

$$f\geqslant\frac{F_{\mathrm{f}}}{mg\cos\theta}=\tan\theta$$

此即只滚不滑时摩擦因数之值所应满足的条件。

这时,质心的加速度为

$$a_{C}=\frac{2gF_{\mathrm{f}}}{mg}=2g\sin\theta$$

通过前面的例子可以看出，用动静法求解刚体动力学问题的主要步骤如下：

（1）选择研究对象，分析研究对象的受力情况，并画出受力图。

（2）对研究对象中各运动物体进行运动分析，弄清它们的运动形式，利用运动学知识找出运动物体间各运动量之间的关系，对研究对象中各运动物体按照它们各自的运动形式分别加上惯性力系的简化结果。

（3）利用动静法，建立形式上的平衡方程，然后求解所建立的方程，即得所需结果。

思考题

13-1 火车沿直线轨道加速行驶时，哪一节车厢挂钩受力最大？为什么？

13-2 如何计算惯性力系的主矢和主矩？选择不同的简化中心对惯性力系的主矢和主矩是否有影响？

13-3 均质杆绕其端点在平面内转动，将杆的惯性力系向此端点简化或向杆中心简化，其结果有什么不同？二者又有什么联系？此惯性力系能否简化为一合力？

习 题

13-1 均质圆盘 D，质量为 m，半径为 R。设在图示瞬时绕轴 O 转动的角速度为 ω，角加速度为 α。试求惯性力系向 C 点及向 A 点简化的结果。

13-2 如图所示，均质杆 AB 长为 50 cm，质量为 4 kg，置于光滑水平面上。在杆的 B 端作用一水平推力 $F=60$ N，使杆沿力 $\boldsymbol{F}$ 方向做直线平移。试求杆 AB 的加速度及 θ 角之值。

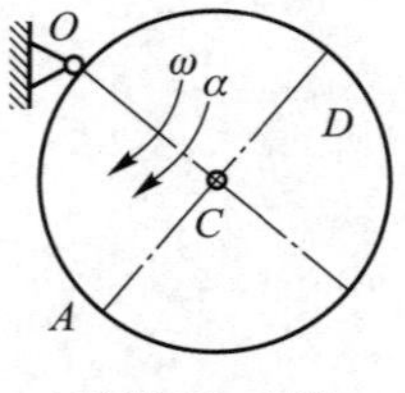

习题 13-1 图

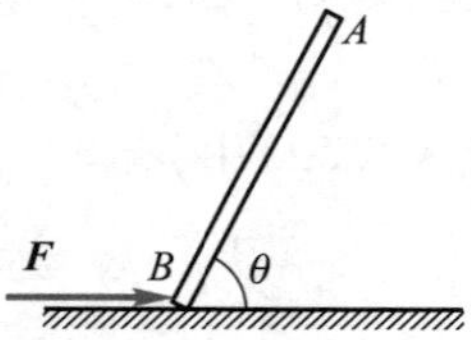

习题 13-2 图

13-3 如图所示，轮轴 O 具有半径 R 和 r，对于 O 轴的转动惯量为 J_O，在轮轴上系有两物体 A 和 B，其质量分别为 m_1 和 m_2，若此轮轴按逆时针转动。试求轮轴的角加速度 α。

13-4 图示长方形均质平板长为 20 cm，宽为 15 cm，质量为 27 kg，由两个销 A 和 B 悬挂。如果突然撤去销 B，求该瞬时平板的角加速度和销 A 的约束力。

13-5 如图所示，均质杆 AB 长为 l，质量为 m，置于光滑水平面上，B 端用细绳吊起。当杆与水平面的夹角 $\theta=45°$ 时将绳切断，求此时杆 A 端的约束力。

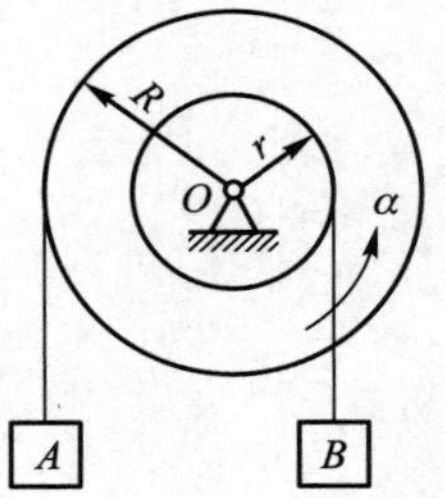

习题 13-3 图

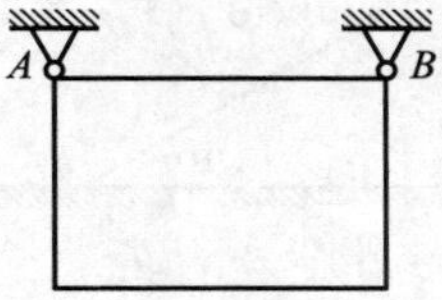

习题 13-4 图

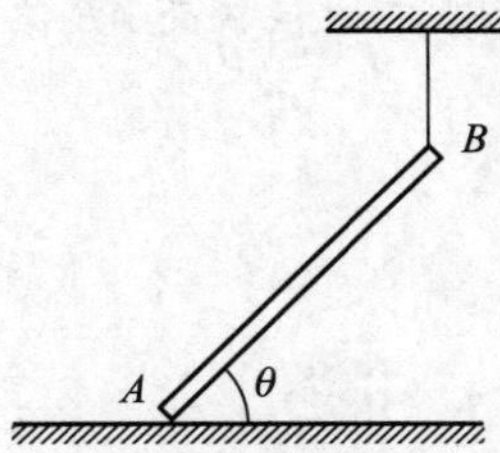

习题 13-5 图

13-6 图示曲柄 OA 质量为 m_1，长为 r 以匀角速度 ω 绕过 O 点的水平轴转动。由曲柄的 A 端推动，使质量为 m_2 的 T 形滑杆沿铅垂方向运动，不计摩擦。求当曲柄与水平方向的夹角为 30°时的力偶矩 M 及轴承 O 处的约束力。

13-7 如图所示，均质杆质量为 m，长为 l，悬挂如图所示。求一绳突然断开时，杆质心的加速度及另一绳的拉力。

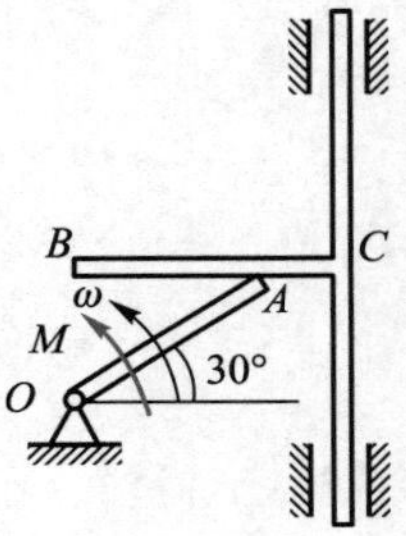

习题 13-6 图

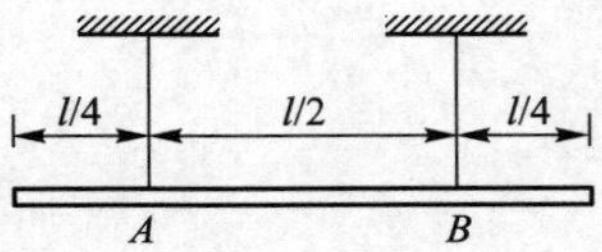

习题 13-7 图

13-8 如图所示，均质圆柱滚子重 $G_1=200$ N，被绳拉住沿水平面做无滑动的滚动。此绳跨过不计重量的滑轮 B 后系一重为 $G_2=100$ N 的重物 A，如图所示。求滚子中心 C 的加速度。

13-9 如图所示，均质滚子质量为 m，半径为 R，放在粗糙水平面上，今在滚子的鼓轮上绕以绳索，并在绳的一端作用一常力 $\boldsymbol{F}$，其方向与水平成 θ 角。鼓轮的半径为 r，滚子对于其中心轴 O 的回转半径为 ρ，不计滚动摩擦。当滚子由静止开始沿地面只滚不滑时，试求其中心 O 的运动规律。

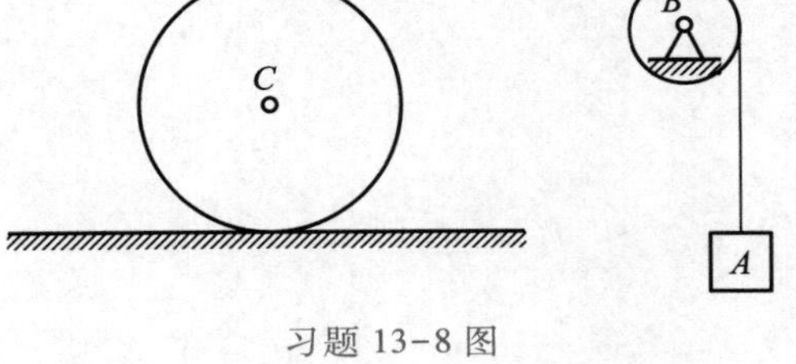

习题 13-8 图

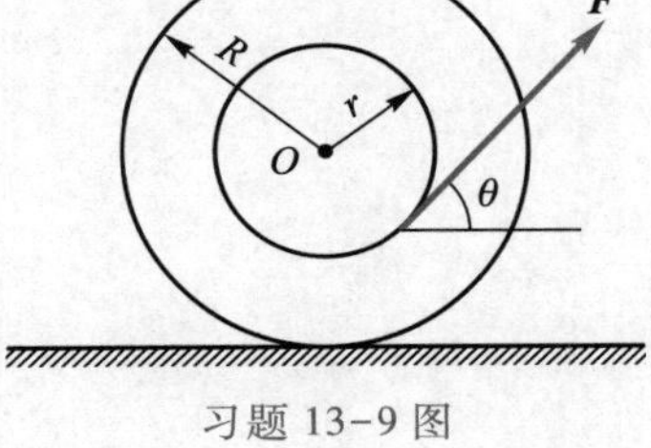

习题 13-9 图

13-10 如图所示,一重为 G_1 的三棱柱放在光滑的水平面上,另有一重为 G_2 的均质圆柱沿三棱柱斜面 AB 滚下而不滑动。求三棱柱的加速度。

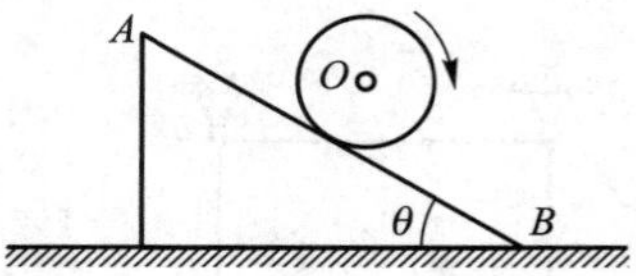

习题 13-10 图

习题答案 A13

主要参考书目

[1]　哈尔滨工业大学理论力学教研室.理论力学[M].8版.北京:高等教育出版社,2016.

[2]　郝桐生.理论力学[M].4版.北京:高等教育出版社,2017.

[3]　武清玺,徐鉴.理论力学[M].3版.北京:高等教育出版社,2016.

索　引

（按汉语拼音字母顺序）

主编简介

汪之松　博士，副教授。主要从事工程力学和工程结构方面的教学与结构风工程方面的科研工作。长期担任“理论力学”“材料力学”“流体力学”“结构风工程”等本科生和研究生课程的教学工作，参编教材3部。先后主持和主研了包括国家重点研发计划、国家自然科学基金等纵向课题10余项，发表相关学术论文50余篇。

李鑫　在职博士。主要从事工程力学和新型混凝土动态力学性能方面的研究工作，长期担任“理论力学”“工程力学”“流体力学”等本科生课程的教学工作，参编教材2部。先后主持和参与了包括国家自然科学基金、中央高校基本科研业务费专项资金等课题10余项，发表相关学术论文10余篇。

邹昭文　重庆大学副教授。曾任原重庆建筑大学理论力学教研室副主任，长期从事“理论力学”“材料力学”“水力学”等本科生课程的教学工作和结构工程的研究工作。

编著有《理论力学》和《水力学》教材，1998年获建设部科技进步二等奖，1998年获中国建设教育协会普通高等教育委员会优秀论文二等奖，2004年获重庆大学教学成果二等奖，重庆大学精品课程“理论力学”和“流体力学”骨干教师。